# 《工业污染核算》
## 编审委员会

主　　任　景立新
专　　家　董文福

主　　编　毛应淮
**编写人员**

| 曹晓凡 | 韩晓铮 | 王仲旭 | 宫银海 | 毛立敏 | 刘之杰 | 贾　宁 |
| 刘定慧 | 翟国辉 | 宋海鸥 | 程　俊 | 康　宏 | 刘　慧 | 来　勇 |
| 王宏磊 | 赵　博 | 王俊峰 | 罗　朋 | 丁成松 | 陈　磊 | 焦壮龙 |
| 马桂福 | 景爱国 | 冯彦星 | 胡小虎 | 王　亮 | 王鑫强 | 孙瑞雪 |

由毛应淮和曹晓凡统稿。

本教材可作为环境类专业的专业课或专业基础课教学用书，增加其课程的技术性和实用性，也可作为企业环保人员和环保部门岗位培训的参考用书。

本书在编写过程中参考了大量行业资料和书籍，由于我们水平有限，难免存在疏忽，我们衷心希望有关专家、读者提出宝贵意见。

编　者

2014 年 7 月

# 前　言

鉴于节能减排工作的持续推进和技术进步，我国主要工业行业的原辅料结构、生产工艺、污染排放特点近年来都有很大变化，本教材的大部分内容是以2012年的技术和行业数据为基础，内容和数据都得到了及时更新。由于本书要对涉及的许多重污染行业的生产工艺和污染要素进行分析，又考虑到目前环境类专科层次学生的学习基础对掌握某些内容有一定难度，本教材在《工业污染核算》（2007年版）的基础上，减少了定量污染核算的相关内容，适当增加了产排污节点分析方面的内容。

工业污染核算在我国环境保护工作的大部分基础工作中都会得到运用，如环境影响评价工作中会涉及工业生产的原材料消耗、生产工艺、污染的产出分析、控制分析等方面的知识，环境统计、污染物排放总量核算、污染控制、环境监测、环境监察、污染治理、清洁生产、ISO 14001体系管理、环境风险源分析和环境应急等工作也会涉及工业污染核算的相关内容。可以说在工业企业的污染控制（污染预防、清洁生产、污染治理）和环境管理（制度管理、体系管理、环保设备管理）工作中重点需要考虑如下两个问题，一是在原辅材料消耗的结构、生产工艺、排污节点基础上，进行污染来源和污染要素分析；二是通过对原辅料消耗与产品之间的物料平衡、水平衡的分析，加上对污染产生机理的分析，完成对主要污染的产排污强度分析。本教材重点阐述第一个问题和第二个问题中的污染物产生机理的分析。

全书共13章，由中国环境管理干部学院毛应淮教授等人共同编写，其中第一、五章由毛应淮编写，第二章由贾宁编写，第三章由毛立敏编写，第四章由刘之杰编写，第六、十章由韩小铮编写，第七、十二章由曹晓凡编写，第八、十一章由宫银海编写，第九、十三章由王仲旭编写。全书由毛应淮总体设计，

图书在版编目（CIP）数据

工业污染核算/毛应淮主编. —2 版. —北京：中国
环境出版社，2014.9
高职高专系列教材
ISBN 978-7-5111-2042-7

Ⅰ．①工… Ⅱ．①毛… Ⅲ．①工业生产—环
境污染—污染物—排污量—计算方法—高等职业
教育—教材 Ⅳ．①X7

中国版本图书馆 CIP 数据核字（2014）第 181007 号

出 版 人　王新程
责任编辑　沈　建　王　焱
责任校对　尹　芳
封面设计　彭　杉

出版发行　**中国环境出版社**
　　　　　（100062　北京市东城区广渠门内大街 16 号）
　　　　　网　　　址：http://www.cesp.com.cn
　　　　　电子邮箱：bjgl@cesp.com.cn
　　　　　联系电话：010-67112765（编辑管理部）
　　　　　　　　　　010-67113412（教材图书出版中心）
　　　　　发行热线：010-67125803，010-67113405（传真）
印　　刷　北京中科印刷有限公司
经　　销　各地新华书店
版　　次　2014 年 12 月第 2 版
印　　次　2014 年 12 月第 1 次印刷
开　　本　787×1092　1/16
印　　张　24.25
字　　数　582 千字
定　　价　49.00 元

"十二五"职业教育国家规划教材

经全国职业教育教材审定委员会审定

# 工业污染核算

## （第二版）

毛应淮　主编

中国环境出版社·北京

# 目　录

# 第一章　我国工业污染防治政策

本章介绍了我国工业化带来的环境问题，工业"三废"污染物的行业特点，控制工业污染的基本途径，工业"三废"的主要来源，我国工业污染防治政策的演变。

专业能力目标：

1. 了解和分析工业化带来严重环境问题的主要原因；
2. 了解和总结产生各类工业"三废"污染物的主要行业；
3. 了解各类工业"三废"污染物的主要来源；
4. 了解和分析我国工业污染防治政策的演变；
5. 总结控制工业污染的基本途径。

## 第一节　工业污染防治面临的新形势

我国目前已经进入工业化和城市化的快速发展阶段，带给我国的是工业规模跃居世界第一，在 500 余种主要工业产品中，有 220 多种产品的产量位居世界第一，我国也因此成为名副其实的世界制造业第一大国。以火电、钢铁、水泥为例，2000 年这三个行业的产量分别为发电量 11 142 亿 kWh、生产 1.285 0 亿 t 粗钢、生产 5.97 亿 t 水泥，2012 年这三个行业的产量分别为发电量 39 108 亿 kWh、生产 7.165 4 亿 t 粗钢、生产 22.1 亿 t 水泥，这三个行业年到 2012 年分别增长为 2000 年的 3.51 倍、5.58 倍、3.70 倍。工业生产的高速度和大规模发展必然大量地消耗自然资源，必然导致工业"三废"的高产生量；低技术水平的设备、工艺、技术，导致单位产品原辅料的高消耗，也导致单位产品"三废"的高产生量；低水平的污染控制技术、未能实现清洁生产和污染预防，必然导致单位产品"三废"的高排放量。

### 一、我国工业化快速发展带来的环境问题

当前，我国工业化发展进程中不平衡不协调不可持续的矛盾十分突出。我国已成为世界上能源、钢铁、氧化铝、铜、铅、锌、水泥等消耗量最大的国家。主要矿产资源进口增长幅度较大，对外依存度逐年提高。2012 年煤炭消费总量超过世界上其他国家的总和。我国重化工等行业单位能耗明显高于世界先进水平。资源能源消耗大的结果是环境污染问题突出，环境问题的背后是资源能源的过度消耗和能源消费结构不合理。

### 1．资源与能源消耗过大

目前，我国正处于加速工业化和经济重型化的进程之中，能源需求的快速增长不可避免。2012 年我国国内生产总值（GDP）为 519 322 亿元人民币，折合为 83 506.98 亿美元（全世界 GDP 总值 717 073.02 亿美元），约占世界生产总值的 11.6%，但为此投入的各类国内资源和进口资源，却比产出所占比例高得多，我国消费石油 5 亿 t、原煤 36.2 亿 t、粗钢 7 亿 t、水泥 22.1 亿 t 和氧化铝 4 165 万 t，分别约为世界消费量的 7.8%、50.2%、46.3%、57.0% 和 44.5%。2012 年，我国消耗了占全世界近一半的煤炭，火电则燃烧了全国一半的煤炭。

我国矿产资源总回收率和共伴生矿产资源综合利用率分别为 30% 和 35% 左右，比国外先进水平低 20 个百分点。金属矿山采选回收率平均比国际水平低 10%～20%；已综合利用的矿山，资源综合利用率不到 20%；尾矿利用率仅为 10%。大中型矿山中，几乎没有开展综合利用的矿山占 43%。我国工业用水的重复利用率仅为 55% 左右，而发达国家平均为 75%～85%。

### 2．资源能源利用率低

我国目前虽然已经进入工业化发展阶段，但现有的工业总体技术水平和发达国家相比还比较落后，资源能源利用率过低，单位产品资源消耗水平大大低于发达国家的水平，使得大量宝贵的资源以"三废"的形式流失于环境。即使考虑汇率因素，我国经济增长付出的能源资源代价过大，也是不争的事实。

在 2013 年 7 月 30 日—31 日，由全球契约中国网络主办、以"生态文明·美丽家园"为主题的"关注气候中国峰会"上，国家相关部门负责人指出：2012 年我国一次能源总消耗折 36.2 亿 t 标准煤，约占全世界总能耗的 21.3%，只创造了全世界 11.6% 的 GDP，单位 GDP 能耗是国际水平的 2 倍，是美国的 4 倍。我国是世界第一制造业大国，工业占国内生产总值的 40% 左右，是能源消耗及温室气体排放的主要领域，工业能耗占全社会总能耗的 70% 以上。因此，工业企业也成为减缓和应对气候变化的主力。中国现在是第二大经济体，但中国现在已是全球第一大污染体。$SO_2$ 排放量占全球 26%，$NO_x$ 占全球 28%，$CO_2$ 占全球的 20%～25%，很快就将达到美国和欧盟排放的 $CO_2$ 总和。

### 3．工业结构不合理

"十一五"期间，第三产业增加值占国内生产总值的比重低于预期目标，重工业占工业总产值比重由 68.1% 上升到 70.9%，高耗能、高排放产业增长过快，结构节能目标没有实现。十年来我国能源结构和工业结构并没有得到改善。2002 年我国煤炭在一次能源中占比为 63.9%，2011 年增加至 69.1%。同样，2002 年我国重工业（高耗能）在工业结构的比重是 60.9%，而 2011 年增至 71.9%。最近持续扩大的雾霾，深刻说明我国环境污染的严重程度。

我国工业发展带来的环境问题一个根本性原因，就是长期以来沿袭的以"高投入、高消耗、高排放、低效益、难循环"为主要特征的传统粗放的经济增长模式。这种增长模式在促进经济总量大幅度增长的同时，给资源、生态、环境带来了巨大损耗和危害，是不可持续的。

我国以电力、煤炭、钢铁、水泥、有色金属、焦炭、造纸、制革、印染等行业为重点，"十一五"、"十二五"期间加快淘汰落后产能。

### 4．工业环境问题突出

老的环境问题尚未得到解决，新的环境问题日益显现。我国面临的环境问题比世界上任何国家都要复杂，解决起来的难度比任何国家都要大。我国大气污染形势严峻，$PM_{2.5}$问题引起公众普遍关注。工业的火电、冶金、建材、化工等行业有组织和无组织排放的烟粉尘、$SO_2$、$NO_x$等大气污染物排放总量，以及城镇化过程产生的汽车尾气和建筑扬尘导致以可吸入颗粒物（$PM_{10}$）、细颗粒物（$PM_{2.5}$）为特征污染物的区域性大气环境问题日益突出。

水污染问题依然突出。我国每年化学需氧量（COD）的排放量约 2 400 万 t，氨氮排放量约 245 万 t，远远超过了目前的环境容量。2012 年，10 大流域中劣 V 类水质比例占10.2%，61 个重点湖（库）中 24 个劣于Ⅲ类标准。地下饮用水水源地水质 10%不达标。地下水污染呈现由条带状向面上扩散、由浅层向深层渗透、由城市向周边蔓延的趋势，部分平原地区的浅层地下水有机物污染严重。

环境风险不断凸显。许多地方存在较大的环境风险。全国排查的 4 万多家化学品企业中，12%距离饮用水水源保护区、重要生态功能区等环境敏感区不足 1 km。电子废物、工业废物、医疗废物和危险废物产生量持续增加。全国共有近 1.2 万座尾矿库，其中危、险、病库 1 470 多座。2005 年至 2012 年，环境保护部调度处理的突发环境事件共计 941 件，其中涉化学品 500 件，占 53%。2012 年 6 月初，联合国发布的报告显示，全球 70%左右的电子垃圾最终都汇集到我国。

据政府部门预测，"十二五"期间是我国全面建设小康社会的关键时期，工业化、城镇化将继续推进，到 2015 年 GDP 将增长 37.52%，煤炭消费量将增长 30%以上，汽车保有量将是 2010 年的 2 倍。按目前污染控制力度，将新增 $SO_2$、$NO_x$、工业烟粉尘、挥发性有机物的排放量分别达 759 万 t、400 万 t、103 万 t，占 2010 年排放量的 40%、22%、23%。因此，我国大气污染防治面临着严峻的挑战，改善严重的大气污染现状是系统性工程。

在第七次环境保护会议上，李克强总理强调，"十一五"期间，环境保护从认识到实践都发生了重要变化，取得了显著成效，为经济较快增长、应对国际金融危机和新兴产业发展提供了支撑和保障。但要看到，我国正处于工业化和城镇化快速发展的时期，发达国家一两百年间逐步出现的环境问题在我国现阶段集中显现，环境保护仍是经济社会发展的薄弱环节，形势依然严峻，今年主要污染物排放有所反弹。对此，必须有充分认识，进一步增强紧迫感和责任意识，继续为保护和改善环境作出不懈努力。

## 二、我国工业污染的现状

### 1．我国各类工业水污染物的主要排放行业

据 2010 年全国环境统计资料表明：

废水排放总量中工业废水排放量 27.5 亿 $m^3$，占废水排放总量的 38.5%；生活污水排放量 379.8 亿 $m^3$，占废水排放总量的 61.3%。工业废水中 COD 排放量 434.8 万 t，占总 COD 总排放量的 35.1%；生活污水中 COD 排放量 803.3 万 t，占总 COD 总排放量的 64.9%。工业废水中氨氮排放量 27.3 万 t，占总氨氮总排放量的 22.7%；生活污水中氨氮排放量 93.0 万 t，占 COD 总排放量的 77.3%。废水中其他有毒有害污染物（包括汞、镉、六价铬、铅、砷、挥发酚、氰化物、石油类）主要是工业废水排放的。

造纸业、化工原料及化学品制造业、农副食品加工业（含食品、饮料制造业）、纺织业、电力工业、黑色金属冶炼及压延业等六行业的废水排放量分别占工业废水排放量的18.6%、14.6%、12.9%、11.6%、6.1%、5.5%，这六个行业污水总量超过工业废水排放量的69.3%以上。

造纸业、农副食品制造业（含食品、饮料制造业）、化工原料及化学品制造业、纺织业废水中 COD 排放量分别占工业行业 COD 总排放量的26.0%、23.0%、12.2%、8.2%，这四个行业 COD 总排放量占工业行业 COD 总排放量的69.4%。

化工原料及化学品制造业、农副食品制造业（含食品、饮料制造业）、造纸业、纺织业废水中氨氮排放量分别占工业氨氮排放总量的31.0%、15.4%、10.2%、7.1%，这四个行业氨氮总排放量占工业氨氮排放总量的63.7%。

黑色金属冶炼及压延加工业，化工原料及化学品制造业，石油加工、炼焦及核燃料加工业，煤炭开采和洗选业，石油和天然气开采业，农副食品制造业（含食品制造业）废水中石油类排放量分别占工业石油类排放总量的18.4%、16.8%、17.5%、8.5%、4.0%、3.5%，这六个行业石油类总排放量占工业石油类排放总量的68.7%。

有色金属冶炼及压延加工业、黑色金属冶炼及压延加工业、有色金属采选业、化工原料及化学品制造业废水中汞的排放量分别占工业排放总量的31.6%、28.6%、17.7%、16.0%，这四个行业占汞的排放量占排放总量的93.9%。

有色金属冶炼及压延加工业、有色金属采选业、化工原料及化学品制造业废水中镉的排放量分别占工业排放总量的40.7%、39.5%、12.5%，这三个行业镉的总排放量占工业镉总排放量的92.7%。

金属制品业（含通用设备、专用设备、交通运输设备、通信计算机及其他电子设备制造业），皮革、毛皮、羽毛及其制品业，黑色金属冶炼及压延工业，有色金属冶炼及压延加工业，化工原料及化学品制造业，有色金属采选业，非金属矿物制品业废水中六价铬的排放量分别占工业总排放量的58.7%、13.2%、7.6%、5.0%、3.5%、2.9%、2.1%，这七个行业六价铬总排放量占工业排放总量的93%。

有色金属采选业、有色金属冶炼及压延加工业、黑色金属冶炼及压延工业、金属制品业（含通用设备、专用设备、交通运输设备、通信计算机及其他电子设备制造业）、黑色金属矿采选业、化工原料及化学品制造业废水中铅的排放量分别占排放总量的 61.6%、20.3%、6.0%、4.9%、3.2%、2.7%，这六个行业铅的总排放量占工业总排放量的95.5%。

化工原料及化学品制造业、有色金属采选业、有色金属冶炼及压延加工业废水中砷的排放量分别占排放总量的36.3%、41.0%、19.9%，这三个行业砷的总排放量占工业总排放量的97.2%。

石油加工、炼焦及核燃料加工业，煤炭开采和洗选业，化工原料及化学品制造业，黑色金属冶炼及压延工业，造纸业，医药制造业废水中挥发酚的排放量分别占工业排放总量的46.3%、27.0%、8.9%、4.7%、4.5%、2.4%。这六个行业挥发酚的总排放量占工业总排放量的93.8%。

化工原料及化学品制造业，金属制品业（含通用设备、专用设备、交通运输设备、通信计算机及其他电子设备制造业），黑色金属冶炼及压延工业，石油加工、炼焦及核燃料加工业废水中氰化物的排放量占工业排放总量的36.6%、30.3%、14.7%、9.5%，这四个行业氰化物的总排放量占工业总排放量的 91.1%。

### 2．我国各类工业大气污染物的主要排放行业

据 2010 年全国环境统计资料表明：

2010 年全国煤炭消费量 35.6 亿 t，占全球煤炭消费量的 48.2%。工业耗煤 33.8 亿 t，其中，火电耗煤 16.29 亿 t，约占工业煤耗的 48.2%。燃料消耗煤炭约 24.1 亿 t，燃料燃烧废气量持续增加，是产生和排放 $SO_2$、$NO_x$ 和烟尘的主要污染源。

2010 年全国废气中 $SO_2$ 排放量 2 185.1 万 t，工业 $SO_2$ 排放总量 1 864.4 万 t（主要排放行业有电力、热力生产供应业，非金属矿物制品业，化工原料及化学品制造业，黑色金属冶炼及压延工业，造纸及纸制品业，有色金属冶炼及压延工业，石油加工、炼焦及核燃料加工业，分别占工业 $SO_2$ 排放量的 52.8%、7.6%、5.9%、5.6%、3.5%、2.9%、2.2%，这七个行业 $SO_2$ 的总排放量占工业总排放量的 80.5%），占全国 $SO_2$ 排放总量的 85.3%；生活 $SO_2$ 排放总量 351.2 万 t，占全国 $SO_2$ 排放总量的 13.6%。

2010 年全国烟尘排放量 829.1 万 t。其中，工业烟尘排放量 603.2 万 t，占全国烟尘排放总量的 72.8%；生活烟尘排放量 225.9 万 t，占全国烟尘排放总量的 27.2%。全国工业粉尘排放量 448.7 万 t，其中，非金属矿物制品业（包括水泥）占 56.9%以上（非金属矿物制品业，黑色金属冶炼及压延工业，各类采矿业，石油加工、炼焦及核燃料加工业，化学原料及制品工业，有色金属冶炼及压延工业粉尘排放总量分别占工业粉尘排放量的 56.9%、22.9%、5.9%、4.7%、3.5%、2.5%，这六类行业粉尘的总排放量占工业总排放量的 96.4%）。

2010 年 $NO_x$ 排放量为 1 852.4 万 t，其中工业 $NO_x$ 排放量为 1 465.6 万 t，占全国 $NO_x$ 排放量的 79.1%；生活 $NO_x$ 排放量为 386.8 万 t，占全国 $NO_x$ 排放量的 20.9%；其中交通源 $NO_x$ 排放量为 290.6 万 t，占全国 $NO_x$ 排放量的 15.7%。主要排放行业有电力、热力及生产供应业，非金属矿物制品业，黑色金属冶炼及压延工业，化学原料及制品工业，石油加工、炼焦及核燃料加工业，造纸及纸制品业分别占工业 $NO_x$ 排放量的 65.2%、11.6%、6.8%、4.1%、2.5%、1.7%，这六类行业 $NO_x$ 的总排放量占工业总排放量的 91.9%。

### 3．我国工业固体废物的主要排放行业

据 2010 年全国环境统计资料表明：

2010 年全国环境统计表明全国工业固体废物产生量为 24.094 4 亿 t，工业固体废物排放量 498 万 t。工业固体废物处置量 5.726 4 亿 t。工业固体废物处置率为 23.8%；全国危险废物产生量 1 587 万 t，其中危险废物处置量 513 万 t，危险废物处置率为 32.3%。工业固体废物综合利用量 16.177 2 亿 t，工业固体废物综合利用率为 67.1%。各类矿山采选业，电力、热力生产供应业，黑色金属冶炼及压延工业，化工原料及化学品制造业等行业为主要排放工业固体废物的行业，占工业固体废物排放总量的 87.4%。

### 三、工业发展带来的环境压力

无论是发达国家还是发展中国家，无论是某一个地区工业化对于经济的快速发展，都应该是最直接、最明显的贡献。早期的工业化国家和后来的发展中国家都是采用了"先污染后治理"的模式，只追求工业的增长和直接的经济利益，以破坏环境和资源为代价推动工业化的发展，导致工业生产严重污染环境的后果，最后，不得不投入更多的资源和资金

进行环境治理。由于自身的经济实力、技术水平和控制污染的水平，许多发展中国家都选择了"先污染后治理的发展模式"。

我国快速的工业发展带来巨大的环境压力：

### 1．工业化的快速增长带来污染压力增加

工业增长在相当程度上依靠资源支撑，资源和原材料消耗规模大、增长快。生产要素投入数量的增加和使用效率的提高是工业发展的主要推动因素。许多地区工业规模过大，尤其是重化工业的规模过大，导致"三废"产生量过大，主要污染物排放量都超过环境承载能力，工业发展的环境压力越来越大。我国工业化快速推进，自然资源消耗和污染排放量增加过快，污染物构成日趋复杂，污染物排放对工业发展的制约越来越突出，污染控制和生态保护的任务更加艰巨。从近些年经济发展较快的地区，屡屡发生雾霾天气，发生雾霾的区域逐渐扩大的趋势；我国劣五类水域面积也不断加大的趋势；我国的重金属污染土壤不断加重的趋势，都说明工业化的快速增长带来污染压力在不断增加。

### 2．能源结构与环境保护的矛盾尖锐带来大气污染的压力

我国的工业发展之快，规模之大，重化工业是工业的主体，都导致了对能源需求的快速增加，但我国一次能源消费结构中高污染的煤炭在 2001—2012 年始终在 65%～70%高位徘徊，而发达国家大多在 20%左右，我国火电的燃料消费，煤炭占据了近 95%，2012年火电消耗动力煤 18.554 8 亿 t，其他行业供热工业锅炉消耗动力煤 11.262 1 亿 t，动力煤炭的大量使用和消耗，导致烟尘、$SO_2$、$NO_x$、$CO_2$ 的产生量急剧增加，增大了污染控制和 $PM_{2.5}$ 污染加剧的压力。

### 3．落后的工业结构和落后的产能带来节能减排的压力

区域和产业的发展不平衡，许多行业的产业集中度不高，导致大量中小企业仍在使用落后装置、工艺、技术，大量落后产能淘汰缓慢，落后产能向经济不发达地区转移的情况也很严重，落后技术和工艺在一些地区仍有生存空间。落后产能和低品质的原辅料导致生产过程的高消耗、高污染。煤炭、采矿、钢铁、电镀、化工、食品、印染、酿造、制革生产等传统产业的相当部分产能，仍然依靠过时、效率低且污染严重的技术。我国正处在基础重化工业加快发展的特殊阶段，外延型增长仍有较大发展空间，较高的单位产品能耗、物耗、水耗短期难以改变。

重化工业包括能源矿产、原材料和重加工业这三大门类。能源矿产和原材料工业属于高耗能产业，重加工业是以工业能源为动力生产原材料并对各类原材料进行加工的部门，单位产出能源消耗少得多。加工越精细，附加值就越高，单位产值能耗越低。按照各国工业化的一般规律，在工业化进入重工业阶段后，石化、钢铁、有色金属冶炼、水泥、造纸等高耗能、高污染的基础重化工业发展到一定阶段后，才能进入以重加工业为主导的发展阶段。只有重加工产业结构地位提高，单位产值能耗才会出现明显下降趋势。

### 4．企业环境管理不到位，导致环境突发事件频发

一些地方政府以牺牲环境为代价发展经济，为发展经济降低环保要求。一些地方因决策失误造成污染物长期超标，并引发突发环境事件。一些地方政府为污染企业大开绿灯，甚至为违法排污企业充当"保护伞"。一些地方政府对环境应急工作重视不够，应对不及时，处置不科学，信息迟报现象严重，致使错失最佳处置时机，造成巨大损失和恶劣影响。相当多的企业缺少完善的环境管理机构，没有健全的环境管理制度，没有落实企业的环境

应急管理责任，导致环境突发事件频发，造成巨大的环境安全的压力。

### 5．企业追求利润、忽视环境成本造成环境违法行为屡禁不止的压力

我国的经济体制虽然已经变为市场经济，但政府的管理职能和法规制度还远没有健全和到位，尤其地方政府给予发展经济，对企业的污染采取了明显的地方保护主义措施，大大制约了环境保护部门的执法作用，在一定程度上削弱了企业治理污染的压力。在市场经济运行中，企业实施市场经济使得计划经济更加分散和灵活，企业为了自身的发展，就要追求更高的经济效益，尽量减少生产成本，作为对增加企业经济效益不太明显，甚至是负面影响的污染防治工作，企业往往不予重视。许多企业只重视生产，追求利润，降低环境成本，导致许多企业环境隐患严重，甚至出现利用私埋暗管、偷排偷倒、采用渗井渗坑排污等明显环境犯罪的行为。如何采用法律手段迫使企业自律，如何利用经济手段体现企业的环境成本，在目前的污染防治工作中还是一个需要探讨和落实的问题。

### 四、控制工业污染源的基本途径

控制工业污染源的基本途径是减少"三废"产出量和降低废水、废气中污染物浓度。以废水为例：

#### 1．减少废水产出量

减少废水产出量是减小处理装置规模的前提，必须充分注意，可采取以下措施：

（1）废水进行分流。将工厂所有废水混合后再进行处理往往不是好方法，一般都需进行分流。对已采用混合系统的老厂来说，无疑是困难的，但对新建工厂，必须考虑废水分流的工艺和措施。

（2）节制用水。每生产单位产品或取得单位产值产出的废水量称为单位废水量。即使在同一行业中，各工厂的单位废水量也相差很大，合理用水的工厂，其单位废水量低。

（3）改革生产工艺。改革生产工艺是减少废水产出量的重要手段。措施有更换和改善原材料，改进装置的结构和性能，提高工艺的控制水平，加强装置设备的维修管理等。若能使某一工段的废水不经处理就用于其他工段，就能有效地降低废水量。

（4）避免间断排出工业废水。例如电镀工厂更换电镀废液时，常间断地排出大量高浓度废水，若改为少量均匀排出，或先放入贮液池内再连续均匀排出，能减少处理装置的规模。

#### 2．降低废水污染物的浓度

通常，生产某一产品产生的污染物量是一定的，若减少排水，就会提高废水污染物的浓度，但采取各种措施也可以降低废水的浓度。工业废水中污染物来源有两种：一是某些本应成为产品的成分，由于某种原因而进入废水中，如制糖厂的糖分、造纸厂的纤维素、印染中的染料等；二是从原料到产品的生产过程中产生的杂质，如纸浆废水中含有的木质素等。后者是应废弃的成分，即使减少废水量，污染物质的总量也不会减少，因此废水中的污染物浓度会增加。对于前者，若能改革工艺和设备性能，减少产品的流失，废水的浓度便会降低。一般采取以下措施降低废水污染物的浓度：

（1）改革生产工艺，尽量采用不产生污染的工艺。例如，纺织厂棉纺的上浆，传统都采用淀粉作浆料，这些淀粉再织成棉布后，由于退浆而变成废水的成分，因此纺织厂废水中总 $BOD_5$ 的30%～50%来自淀粉。最好采用不产生 BOD 的浆料，如羧甲基纤维素（CMC）的效果很好，目前已有厂家使用。但在采用此项新工艺时，还必须从毒性等方面研究它对

环境的影响。其他例子很多，例如电镀工厂镀锌、镀铜时避免使用氰的方法，已在生产上采用。

（2）改进装置的结构和性能。废水中的污染物质是由产品的成分组成时，可通过改进装置的结构和性能，来提高产品的收率，降低废水的浓度。以电镀厂为例，可在电镀槽与水洗槽之间设回收槽，减少镀液的排出量，使废水的浓度大大降低。又如炼油厂，可在各工段设集油槽，防止油类排出，以减少废水的浓度。

（3）废水进行分流。在通常情况下，避免少量高浓度废水与大量低浓度废水互相混合，分流后分别处理往往是经济合理的。例如电镀厂含重金属废水，可先将重金属变成氢氧化物或硫化物等不溶性物质与水分离后再排出。电镀厂有含氰废水和含铬废水时，通常分别进行处理。适于生物处理的有机废水应避免含有毒物质和 pH 过高或过低的废水混入。应该指出的是，不是在任何情况下高浓度废水或有害废水分开处理都是有利的。

（4）废水进行均和。废水的水量和水质都随时间而变动，可设调节池进行均质。虽然不能降低污染物总量，但可均和浓度。在某种情况下，经均质后的废水利于处理排放标准。

（5）回收有用物质。这是降低废水污染物浓度的最好方法。例如从电镀废水中回收铬酸，从纸浆蒸煮废液中回收药品等。

（6）排出系统的控制。应设立自动监控系统和预警系统。当废水的浓度超过规定值时，能立即停止污染物发生源工序的生产或预先发出警报。

# 第二节   工业"三废"污染源与污染指标

## 一、常见的工业水污染物来源

### 1．常见的工业水污染物质的来源

工业废水按主体污染物采用的治理方法，可以分为三大类：

含悬浮物和含油的工业废水（主要有选矿废水、轧钢废水、煤气洗涤废水、除尘废水等），多采用沉降、絮凝、气浮、过滤等物理方法治理；

含无机盐、酸、碱、重金属离子的无机物废水（金属加工废水、矿山废水、冶金电镀废水等），多采用物理化学方法治理；

含有机污染物的废水（造纸、印染、石化废水等），多采用生化方法或物化和生化相结合的方法处理；冷却水，工业用水量的 60%是冷却水，应增加其循环利用率。

表 1-1   常见的工业废水污染物的行业特征

| 污染物类型 | 主要污染行业 |
| --- | --- |
| 重金属废水 | 矿山、冶炼、金属处理、电解、电镀、电子、电池、油漆、颜料及医药、农药等行业 |
| 含汞废水 | 含汞有色金属采选工业，有色金属冶炼及压延工业，氯碱、化工原料及化学品制造业，干电池及热工仪器仪表厂等行业产生含较高浓度的含汞废水 |
| 含镉废水 | 有色采选、冶炼加工业，电镀工业，硫酸矿石制硫酸，磷矿石制磷肥，颜料工业，化学工业，机械电器制造，火力发电，蓄电池等行业产生较高浓度的含镉废水 |

| 污染物类型 | 主要污染行业 |
|---|---|
| 含铬废水 | 铬的采矿、选矿、冶炼工业,颜料、化工、印刷工业,皮革、染料工业,电镀、飞机、汽车、机械制造工业,烟草加工业等行业产生较高浓度的含六价铬废水 |
| 含铅废水 | 铅和重金属的开采、选矿、冶炼、铸造工业,化学工业,电子工业,石油加工,蓄电池等行业产生的较高浓度的含铅废水 |
| 含砷废水 | 采矿、冶炼、化学工业、硫酸、农药、磷酸盐加工、制药、涂料、玻璃、石油加工和炼焦、非金属矿采选等行业产生含较高浓度的含砷废水 |
| 含氟废水 | 含氟矿石的开采加工、金属冶炼、铝电解、焦炭、玻璃、电子、电镀、磷肥、农药、化工等行业排放高浓度的氟化物废水 |
| 含酚废水 | 石油和天然气开采、石油加工和焦化、造纸、煤气供应、煤化工、树脂、化学工业、化学纤维制造、医药制造、煤炭开采、饮料制造等行业产生含较高浓度的挥发酚废水 |
| 含氰废水 | 化学工业、黑色金属加工、金属制品、化纤、石油加工和焦化、煤气洗涤、金属清洗、电镀、提取金银、非金属矿物采选和制造等行业产生较高浓度的氰化物废水 |
| 含硫化物废水 | 炼油、纺织、印染、焦炭、煤气、纸浆、制革及多种化工原料的生产行业产生含有硫化物废水 |
| 氨氮废水 | 氨及系列氮肥行业、硝酸工业、化工制造业、石化厂、炼油厂、食品加工业、屠宰、造纸、制革、焦化、稀土、酿造发酵等行业产生含较高浓度的氨氮废水 |
| 含磷废水 | 磷酸盐、磷肥、制药、农药、酸洗磷化表面处理、洗涤剂、水产品加工等生产过程会产生较高浓度的含磷废水 |
| 含油废水 | 石油、石油化工、钢铁、机械加工、焦化、煤气发生站、食品加工、油脂加工、餐饮等行业产生较高浓度的含油废水 |
| 有机废水 | 化工、炼油、制药、酿造、橡胶、食品、造纸、纺织、农药等行业产生含较高浓度的有机物废水 |
| 酸性废水 | 化工、矿山、金属酸洗、电镀、钢铁加工、有色金属冶炼与压延、染料等行业常产生酸性废水 |
| 碱性废水 | 制碱、造纸、印染、化纤、制革、化工、炼油等行业常产生碱性废水 |
| 硝基苯废水 | 化工、制药、染料、火炸药等行业会产生含硝基苯废水 |
| 放射性废水 | 放射性矿物开采、核研究、核工业、核材料试验、核医疗、核电站等行业会产生放射性废水 |
| 高色度废水 | 印染、染料、造纸、食品、制革、医药原料药等行业会产生高色度废水 |
| 臭味废水 | 食品、制革、炼油、石化、制药、农药、酿造发酵、水产品加工、煤化工、人造革、污水处理等行业会产生恶臭废水 |
| 含大肠菌群废水 | 医疗、制革、医院、屠宰、畜禽养殖等行业会产生含大肠菌群废水 |

**2．常见的工业废水的污染物**

工业废水所含有的污染物可分为以下十种物质:

（1）固体物质。其中包括不溶性、难溶性和可溶性固体,排放含有高浓度无机性固体物质污水的工厂有选煤厂、钢铁厂等,而造纸厂、制糖厂、肉类加工厂等则是排放含有高浓度有机性固体物质污水的工厂。

（2）耗氧物质。包括有机物和无机物两种。前者主要是能被微生物降解的有机物,排放者多是以动、植物为原料生产的工厂和有机合成物质（包括合成洗涤剂、多氯联苯等一些高稳定性的合成物质,难以被微生物所降解,排出含有这类物质污水的工厂,主要是有机化学工厂）；后者主要是还原性物质,如硫化物、氨等。这类污染物质来源广泛,如制浆造纸、制糖厂、酿造厂、制药厂、纤维厂、各类化工厂等工业。

（3）有机有毒物质。包括农药、有机磷、酚、醛、多氯联苯、多环芳烃、高分子聚合物（塑料、人造纤维、合成橡胶）等一些难降解的有机物质。其特点是化学性质稳定、残留时间长、毒性大，不仅影响了水生生物的繁衍，而且通过食物链危害人体健康。排出含有这类物质污水的工厂，主要是有机化学工厂。

（4）无机有毒物质，其中主要有汞、镉、铬、铅、氰、砷等以及它们的化合物。这类物质具有较强的生物毒性，称为有毒污染物。其中的重金属会在食物链中富集，引起慢性中毒。氰化物会致人窒息死亡。砷的化合物毒性极强。工业上使用的有毒化合物质已经超过 10 000 种。含有这一类物质的污水多来源于电镀加工、化工、有色金属、炼焦等工业。

（5）油类污染物质。包括石油类和动植物油。石油类主要来源于石油开发与加工、机械加工等工业。动植物油主要来自油脂化工和餐饮业等行业。

（6）放射性物质。也就是各种可裂变物质，主要来自原子反应堆、有关的工业部门和医疗部门。

（7）感官性污染物质。主要指产生高色度和高臭味的物质。这类物质虽然没有严重的危害，但能引起人们感官上的极度不快，常引起污染纠纷。含有这类物质的污水多来自制革、造纸、染料、印染以及某些化工厂等。

（8）生物污染物质。主要是指废水中致病性的微生物，包括可以引起肠炎、传染病和寄生虫类病的细菌、病毒和病虫卵等。主要来自生活污水、医院污水、屠宰肉类加工企业、制革企业等工业废水。

（9）富营养化污染物质。主要是废水中的含碳有机物和含有氮、磷的化合物及其他一些物质，进入水体，促使水体中的植物迅速生长，恶化水质，称为是水体富营养化。含氮有机物主要是蛋白质和氮肥，含磷的主要有含磷洗涤剂和磷肥。

（10）热污染。排放的废水温度过高，引起水体水温升高，减少水中溶氧、加快藻类繁殖，使水质迅速恶化，造成水生生物死亡。如电厂和一些化工厂的冷却水会造成热污染。

决定工业污水特征及其成分的首要因素是工业类型、生产工艺与生产过程所用的原料，其次则是生产用水的水质及给水系统的模式。此外，管理操作水平也有一定影响。

**3．工业废水中主要控制的环境指标**

（1）COD 称化学需氧量（又称化学耗氧量）。这是指在规定的条件下，水样中能被氧化的物质氧化所需耗用氧化剂的量，它是衡量污水中有机污染物浓度的综合指标，单位是毫克/升（mg/L）。COD 越高，污水中有机物浓度就越高。遭受有机物污染的水体中溶解氧严重下降，造成水生生物死亡，水体富营养化。COD 值的测定根据氧化剂不同，有高锰酸钾法和重铬酸钾法。实际测定中所用氧化剂种类、浓度和氧化条件对结果均有影响。目前我国统一规定以重铬酸钾法作为 COD 测定的标准方法。有机污染物是我国排放的水污染物中量最大、最普遍的一种污染物。

（2）BOD 称生化需氧量。这是指微生物分解水体中有机物质的生物化学过程中所需耗用溶解氧的量，也是衡量污水中有机污染物浓度的综合指标之一，单位是毫克/升（mg/L）。由于微生物分解有机质是个缓慢过程，将所能分解的有机质全部分解需 20 天，并与环境温度有关。目前国内外普遍采用 20℃培养 5 天的生物化学过程中溶解氧的消耗量为指标，计为 $BOD_5$，简称 BOD。城市生活废水 BOD 一般小于 100 mg/L，而焦化、皮革、炼油、造纸等工业部门废水中的 BOD 常大于 1 000 mg/L，个别甚至大于 2 000 mg/L。BOD 的测定方法主要采用稀释接种法。

（3）总有机碳（TOC）。这是以碳的含量反映污水中有机物总量的综合指标，单位是毫克/升（mg/L）。通过燃烧使有机物全部转化为 $H_2O$ 和 $CO_2$，再以生成的 $CO_2$ 的量测算污水中有机物的总含碳量。TOC 指标可以测定既不易发生氧化又不易被生物降解的有机物，因此比 COD 和 BOD 能更全面反映污水中有机物的量。TOC 的测定多采用 TOC 分析仪，根据工作原理又分为红外吸收法、电导法和气相色谱法等，其中红外吸收法操作简单、灵敏度高，得到广泛使用。

（4）石油类。这是指各类水污染源排放的石油及石油制品，单位是毫克/升（mg/L）。如石油化工企业常排放的含油废水，船只动力机械漏油，油船压舱水、洗舱水，机械加工厂排放的污水等，其中含有大量的石油类污染物质，进入水体后会严重影响水生生物的生存。

（5）氰化物。这是指氰化钾、氰化钠和氰氢酸等一些剧毒化合物，单位是毫克/升（mg/L）。常见于化学工业、电镀、煤气和炼焦等生产过程排放的废水中。

（6）重金属。主要指汞、镉、铅、铬以及非金属砷等生物毒性显著的重元素，单位为毫克/升（mg/L）。重金属以汞毒性最大，镉次之，铅、六价铬、砷也有相当毒害，这类污染物毒性大，具有较强的生物累积性，在环境中还可能转化成毒性更大的二次污染物。采矿、冶炼和电镀工业是向环境释放重金属的主要污染源。

（7）挥发酚。水体中酚的主要来源是煤制气、炼焦、石油化工、塑料等工业排放的含酚污水，单位为毫克/升（mg/L）。其浓度随工业部门不同而不同，一般在 40～3 000 mg/L，石油加工厂的含酚废水中酚的质量浓度通常为 50 mg/L。

（8）pH 值。这是表示污水中在化学酸碱程度上是酸性、中性、碱性的程度指标。它用污水中 $H^+$ 浓度的负对数确定 pH 值数值。测定 pH 值的取值范围在 0～14，6～9 为中性，0～6 为酸性，9～14 为碱性。pH 值的测定方法有比色法和玻璃电极法。比色法使用试纸或比色液进行比色，操作比较简单。

（9）色度。这是指当污水中存在某些物质时，呈现出一定颜色的混浊程度。水的颜色可分为真色和表色两种，真色是指除去悬浮物后水的颜色。没去除悬浮物的水的颜色称为表色。水的色度是指水的真色。色度的测定通常采用钴铂标准比色法、稀释倍数法。在测量色度时 pH 值对色度有较大的影响。稀释倍数法是广泛使用的测定方法，是将水样按一定的稀释倍数，用水将污水稀释至接近无色时的稀释倍数，即为污水水样的色度，色度单位是倍数。

（10）总磷。含磷污水水样经消解以后，各种形态的磷转变成正磷酸盐的结果叫总磷，单位是毫克/升（mg/L）。其主要来源为生活（含磷洗涤剂）和农业（化肥、农药）排放的污水。水体的磷是促进藻类生长的关键元素。过量的磷是造成水体污秽异臭的主要原因，是湖泊发生富营养化和海洋赤潮的主要原因。

（11）总氮。含氮污水水样经消解以后，各种形态的氮转变成正硝酸盐的结果叫总氮，单位是毫克/升（mg/L）。氮也是导致水体富营养化的主要原因。一般认为水体中的无机氮大于 300 mg/L 时，就会导致水体富营养化。其主要来源为生活和农业（化肥、畜禽粪便等）排放的污水。

（12）总大肠菌群。这是指 1 L 水样中含有的大肠菌群的数目，以个/L 为计量单位。

总大肠菌群是指那些需氧和兼性厌氧的，在 35℃、48 h 内使乳糖发酵产酸、产气的革兰氏阴性无芽孢杆菌，还包括有埃希氏菌属、柠檬杆菌属、常杆菌属等菌属的细菌。大肠菌群进入水体，随水传播，可引起肠道病流行。为确保水体的卫生和安全，必须对其进行监测和控制。该指标在医疗污水、畜禽养殖污水和生活污水中都很高。大肠菌群可以采用发酵管法或滤膜法加以检定。

（13）总余氯量。这是在对医院等污水处理中使用了液氯、次氯酸钠、二氧化氯、氯片等消毒措施进行氯化消毒后，残留在污水中的有效氯的总数量。总余氯分为游离余氯和化合余氯。污水中的余氯对水生生物有毒害作用。余氯量随时间的推移而减小，因此只要提到余氯量就离不开接触时间。余氯量的单位是毫克/升（mg/L）。我国《医疗机构水污染物排放标准》（GB 18466—2005）规定，使用氯化消毒时，对一般的医院（含肠道传染病医院）污水接触时间应不小于 1 h。接触池出口的总余氯质量浓度为 3～10 mg/L，结核病医院污水的接触时间应大于 1.5 h，余氯质量浓度为 6.5～10 mg/L。

表 1-2　污水污染物的毒性简介表

| 污染物 | 来源 | 毒　性 |
|---|---|---|
| 汞 | 在氯碱、炸药、农药、电子、电器、仪表、制药、塑料、油漆、有机合成、胶卷生产与冲印、皮毛加工等部门，用于防腐剂、抗污剂、防霉剂、塑料中的催化剂 | 汞在自然界以金属汞、有机汞和无机汞形式存在，汞及其化合物均属有毒物质，有机汞的毒性较金属汞和无机汞大，毒性最大的是烷基汞化合物。汞为积蓄性毒物，也可在沉淀物中累积。汞对人的致死剂量为 75～100 mg/d，并有致癌和致突变作用。汞的毒性是积累的，需要很长时间才能表现出来。食物链对于汞有极强的富集能力，淡水鱼和浮游植物对汞的富集倍数为 1 000，淡水无脊椎动物的富集倍数为 100 000，海洋动物的富集倍数为 200 000。汞中毒多为慢性，主要影响人的神经中枢系统，主要是人在生产活动中长期吸入汞蒸气和汞化合物粉尘所致。以神经异常、齿龈炎、震颤为主要症状。大剂量汞蒸气吸入或汞化合物摄入即发生急性汞中毒，严重可导致死亡。<br>汞对水生生物有严重危害：水体中汞质量浓度达 0.006～0.01 mg/L 时，可使鱼类或其他生物死亡；质量浓度为 0.01 mg/L 时，抑制水体的自净作用 |
| 镉 | 矿山的采选、冶炼、电解、农药、医药、油漆、合金、陶瓷、与无机颜料制造、电镀等 | 镉大多不溶于水，化合物毒性很大，是很强的积累性毒物，人体组织也对其具有积聚作用。自然环境受到镉污染后，可通过在生物体内的富集作用，通过食物链进入人体，进而对人体产生不利影响。植物吸收富集于土壤中的镉，可使农作物中镉含量增高。水生动物吸收富集于水中的镉，可使动物体中镉含量升高。<br>进入人体内的镉，在体内形成镉硫蛋白，通过血液到达全身，并有选择性地蓄积于肾、肝等器官，产生神经痛、分泌失调等症状。引起贫血、肾功能衰退等症，还会致畸、致癌，长期饮用受镉污染的水，还可能引起骨节变形，导致骨痛病。氧化镉、氯化镉、硝酸镉毒性较大，硫化镉毒性较小。<br>镉通过尘和废水产生污染，最后沉积在土壤，对水生物、微生物、农作物都有毒害作用，与其他金属（如铜、锌）的协同作用可增加其毒性，可造成公害痛痛病。镉极易被植物吸收，通过植物和饮水进入人体。水体中镉质量浓度为 0.01～0.02 mg/L 时，对鱼类有致死的毒性影响；质量浓度为 0.1 mg/L 时，可破坏水体自净能力。玉米、蔬菜、小麦等对其具有富集性 |

| 污染物 | 来源 | 毒 性 |
|---|---|---|
| 六价铬 | 制革、染料、油漆颜料、预电镀 | 铬的毒性与其存在形式有关，金属铬的毒性较小，三价铬有微毒，但六价铬毒性很大。六价铬为吞入性毒物/吸入性极毒物，皮肤接触可能导致敏感；更可能造成遗传性基因缺陷，吸入可能致癌，对环境有持久危险性。六价铬是很容易被人体吸收的，它可通过消化、呼吸道、皮肤及黏膜侵入人体，具有强刺激和腐蚀作用，还会致畸、致癌，六价铬的毒性比三价铬要高100倍，六价铬可以诱发肺癌和鼻咽癌。三价铬盐水解性强，易氧化沉积水底，减轻毒性。 |
| 三价铬 | 工业废水中铬主要是以六价铬存在，废水中的三价铬大部分来源于废水处理的六价铬还原预处理 | 铬的化合物对水生物都有致害作用，特别是六价铬危害最大。低浓度铬对蔬菜、谷物等的生产具有刺激作用。灌溉水中含铬质量浓度为 0.1 mg/L，可抑制水稻种子萌芽 |
| 铅 | 蓄电池生产、铅玻璃、燃料、照相材料、橡胶、农药、涂料、炸药、颜料、铅矿的开采与冶炼 | 铅是一种蓄积性毒物，铅及其化合物对人体都是有毒的。铅可以影响人体肠道内消化酶的合成，从而会对消化系统造成影响；铅暴露可使机体自身免疫功能紊乱，导致某些自身免疫性疾病铅过量还对神经系统、骨髓造血系统、消化系统、肾脏及生殖系统有严重的损害；铅污染尤其对儿童健康危害严重，铅中毒儿童生长迟缓、个子矮小，智力受损。<br>铅是一种积累性毒物，人类通过摄取铅，也能从被污染的空气中摄取铅。铅可通过食物链富集。铅对鱼类的致死质量浓度为 0.1～0.3 mg/L。质量浓度为 0.1 mg/L 时，可破坏水体自净能力 |
| 砷 | 冶金、玻璃器皿和陶瓷产品、化工、合金、硫酸、皮毛、染料、农药和除草剂、颜料、矿山开采的酸性废水等 | 砷是剧毒物质，元素砷的毒性极低，砷化物均有毒性，三价砷化合物比其他砷化合物毒性更甚。$As_2O_3$ 即砒霜，其氧化物和盐易经消化道、呼吸道和皮肤吸收。饮水中含砷 0.2～1.0 mg/L 会引起慢性中毒，其剂量随人的体重、忍受性、敏感性等因素而不同。砷能在肝、肾、肺、脾等蓄积。其毒性主要表现是复痛、呕吐、肝痛及神经衰弱等，还有多种致癌作用。<br>砷化合物在水中相当稳定，但如水温升高，沉积于河底的砷化合物会产生重新溶解的现象。砷对水生生物毒性很大。砷可以在土壤中积累并由此进入农作物的组织之中，砷对农作物产生毒害作用的最低质量浓度为 3 mg/L |
| 氰化物 | 电镀、焦化、合成纤维、金属表面处理、煤气厂、染料厂，某些矿物的开采和提炼 | 氰化物污染是指氰化物（即氰的化合物）所引起的环境污染。氰化物分两类：一类为无机氰，如氢氰酸及其盐类氰化钠、氰化钾等；一类为有机氰或腈，如丙烯腈、乙腈等。由于氰化物有剧毒，并在工业中应用广泛。氰化物是剧毒物质，氰化物极易被人体吸收。急性氰化物中毒的病人，其症状主要为呼吸困难，继而可出现痉挛；呼吸衰竭往往是致死的主要原因。其毒性主要表现在破坏血液机能，致人以死亡，特别是处于酸性环境时会变成剧毒的氢氰酸。<br>氰化物污染水体，可以引起鱼类、家畜乃至人群急性中毒。多数无机氰化物属剧毒，高毒物质，极少量的氰化物也会使鱼等水生物中毒死亡，还会造成农作物减产。氰化物污染水体引起鱼类、家畜乃至人群急性中毒的事例 |
| 酚 | 石油化工、塑料、合成纤维、焦化、树脂厂 | 酚可通过皮肤和胃肠道吸收。但环境中的酚污染大多是低浓度和局部性的。酚被人体吸收后，主要是肝脏组织的解毒功能将使其大部分失去毒性，并随尿排出。但是当进入量超过人体的解毒功能时，部分酚会蓄积在各脏器组织中，造成慢性中毒如出现不同程度的头昏、头痛、精神不安等神经症状，以及食欲不振、吞咽困难、流涎、呕吐和腹泻等慢性消化道症状。急性酚中毒者主要表现为大量出汗、肺水肿、吞咽困难、肝及造血系统损害、黑尿等。<br>酚污染水体能显著恶化水的感官性状，产生异臭和异味 |

| 污染物 | 来源 | 毒　性 |
|---|---|---|
| 氟化物 | 磷肥生产、电解铝、铅锡的电镀、玻璃和硅酸盐的生产、钢铁厂的烧结和炼钢涤气水、木材防腐剂、电视显像管的生产等 | 人摄入过量氟会干扰酶的活性，破坏钙、磷的代谢平衡，出现牙齿生斑、关节变形等症状的氟骨病。地方性氟骨病是由于天然水氟污染引起的地方性氟中毒和氟骨病的主要原因。少量的氟是人体必需的，但多量是有害的，氟对人的致死量是 6～12 g，饮用水中含氟量超过 2.4～5 mg/L，就可出现氟骨症。<br>氟是积累性毒物，植物叶子、牧草能吸收氟。氟化物对植物的毒性比 $SO_2$ 大 10～1 000 倍，而且比重比空气小，扩散距离远，往往在较远距离也能危害植物。牛羊食用这种污染的草料后，会引起关节肿大、骨质疏松，甚至瘫卧不起 |
| 铜 | 电镀、金属的清洗、黄铜和铜的加工、铜矿采选废水、油漆和颜料 | 人体摄入铜化合物过多，表现为腹痛，皮疹、腹泻、呕吐等症状。据 Luckey 报道，当铜超过人体需要量的 100～150 倍时，可引起坏死性肝炎和溶血性贫血。<br>铜对低等生物和农作物毒性较大，其质量浓度达 0.1～0.2 mg/L，即可致鱼类死亡，与锌共存时毒性可以增加。对贝壳类水生物毒性更大，一般水产用水要求铜的质量浓度在 0.01 mg/L 以下。灌溉水中含铜较高时，即在土壤和作物中累积，可使农作物枯死。铜对水体自净作用有较严重影响 |
| 镍 | 主要是电镀业，还有采矿、冶金、机器制造、化学、仪表、石油化工、纺织、汽车飞机制造、印刷、陶瓷、玻璃等行业 | 金属镍无毒，但镍盐毒性很强，尤其是羟基镍，急性中毒时会造成呼吸困难，直至死亡。动物吃了镍盐可引起口腔炎、牙龈炎和急性胃肠炎，并对心肌和肝脏有损害。实验证明，镍对家兔的致死量为 7～8 mg/L，镍及其化合物对人皮肤黏膜和呼吸道有刺激作用，可引起皮炎和气管炎，甚至发生肺炎。通过动物实验和人群观察已证明：镍具有积存作用，在肾、脾、肝中积存最多，可诱发鼻咽癌和肺癌 |
| 锌 | 钢铁厂的镀锌车间、电镀、矿山的采选、电镀和金属加工、无机颜料、重金属的冶炼 | 锌对人和动物的毒性较小，对水生生物有较大的毒性，锌能在水生生物的组织内累积。锌对敏感鱼类的致死质量浓度约为 0.01 mg/L。水中锌质量浓度为 0.1～1.0 mg/L 时，开始对农作物产生危害。此外，锌对水体自净也有影响，对生物法处理设施和城市污水处理厂也有影响 |
| 铍 | 由于火箭的冶金材料工业、荧光灯、X射线管的制造、无线电零件、陶瓷工业等 | 铍对人和动物是一种剧毒元素，与动物相比，铍植物的毒性要低得多。铍进入肺部可引起呼吸道疾病，铍可能引起骨癌，水中铍质量浓度超过 0.15 mg/L，会引起鱼类死亡，铍质量浓度超过 0.5 mg/L，会对水体生物的自净能力产生强烈的抑制 |
| 钡 | 主要用于冶金、玻璃、陶瓷、染料及硫化橡胶工业 | 可溶性钡化物有毒，累积于人的肝、肺、脾中，并对心肌、血管、神经系统产生毒害作用。水溶性越大，毒性越强。钡中毒症状为呕吐、下痢、腹疼、震颤、肌肉麻痹，并伴随心电图变化而出现低钾血症。硫酸钡无毒，但职业暴露吸入粉尘可引起尘肺病。钡盐，对水生物有致毒作用，对水体自净有危害 |
| 锰 | 合金钢、玻璃、陶瓷、油漆、油墨、染料等 | 过量的锰蓄积体内，会引起神经系统的功能障碍、神经衰弱，对植物也有明显的毒害作用，会降低水体自净能力，锰的质量浓度高于 2 mg/L，会对农作物产生致毒作用 |
| 铝 | 氧化铝生产、制铝业、铝制品的清洗等 | 铝对人和动物的毒性不大，但对农作物的影响较大，当铝的质量浓度大于 1 mg/L，会对农作物有害 |

| 污染物 | 来源 | 毒　性 |
|---|---|---|
| 硫化物 | 染料、制革、医药、农药、焦化、煤制气、黏胶纤维、化工原料及石油化工等行业 | 水中硫化物包括溶解性的硫化氢，酸溶性的金属硫化物，以及不溶性的硫化物和有机硫化物。通常所测定的硫化物是指溶解性的和酸溶性的硫化物。硫化物无体内蓄积作用。硫化氢经黏膜吸收快，皮肤吸收甚慢。$H_2S$ 毒性的临界值为 10 mg/kg，短期暴露于 $H_2S$ 时临界值为 15 mg/kg。在高浓度下（500～1 000 mg/kg），$H_2S$ 可以通过呼吸系统麻痹而使人昏迷甚至死亡。较低一些浓度时（50～500 mg/kg），$H_2S$ 刺激呼吸道。腐蚀性：沼气中存在 $H_2S$ 时能引起锅炉或发电机的腐蚀。当出水中存在 $H_2S$ 时能引起反应器的水泥壁面、下水道系统及管道管件腐蚀。臭味：空气中含有 0.2 mg/kg 的 $H_2S$ 时即可察觉到臭鸡蛋的气味 |
| 硒 | 颜料、染料、油漆业、电子、玻璃、农药生产、重金属的采选、冶炼等 | 人和动物在摄入含硒量高的食物或饲料时，可发生中毒。急性中毒时出现一种被称作"蹒跚盲"的综合征。其特征是失明、腹痛、流涎，最后因肌肉麻痹而死于呼吸困难。慢性中毒时出现脱毛、脱蹄、角变形、长骨关节糜烂、四肢僵硬、跛行、心脏萎缩、肝硬化和贫血，即所谓"家畜硒中毒或碱毒（质）病"。<br>硒可以在动物、鱼类和农作物体内富集，能在体内富集，人一次摄入硒的量超过 2～4 mg，就会致死，饮水中硒的质量浓度超过 0.5 mg/L，可使牛致毒，对人类和生物都有危害 |
| pH 值 | 石油化工、电镀、各种酸碱生产和使用 | 污水中的酸碱度超标对水中的水生生物的生长有很大影响，同时对水体的自净能力有很大影响。<br>pH 值越低，硫化物大多变成硫化氢而极具毒性；pH 值过低，细菌和大多数藻类及浮游动物受到影响，硝化过程被抑制，光合作用减弱，水体物质循环强度下降；pH 值过高或过低都会使鱼类新陈代谢低落，血液对氧的亲和力下降（酸性），摄食量少，消化率低，生长受到抑制。鱼卵孵化时，pH 值过高（10 左右），卵膜和胚体可自动解体；过低（6.5 左右）胚胎大多为畸形胎 |
| 油和脂 | 石油工业、金属加工工业、食品工业、钢铁工业轧制润滑、纺织工业的洗毛 | 油类污染物在水面形成油膜，使大气与水面隔绝，影响氧气进入水体，破坏了水体的复氧条件，同时自身的分解氧化又会大量耗氧，影响水生动植物的生存。当水中含油 0.01～0.1 mg/L 时，对鱼类和水生生物就会产生影响 |
| 氨氮 | 焦化、皮革、氮肥、肉类、食品和饲料加工、炸药、炼油、胶合板 | 氨氮的污染危害有：影响饮用水处理，原水中氨氮含量过高时，需要加过量的氯气，仅造成大量氯气的浪费，还易产生的挥发性三卤甲烷(是致癌物质)；就对大多数鱼类产生危害。分子氨渗进鱼体内，使鱼类的呼吸机能下降，损害神经系统，引起体表及内脏充血以致死亡；过量的氮元素导致水体藻类等生物异常增殖，造成水体富营养化，藻类暴发致使水体缺氧时，均易导致底泥厌氧发酵，会再次产生氨氮，使湖泊的生态系统进入恶性循环。一般认为水体中的无机氮大于 300 mg/L 时，将会导致水体富营养化 |
| 磷酸盐 | 磷肥生产、含磷洗涤剂的使用 | 水体的磷是促进藻类生长的关键元素，是造成水体污秽异臭的主要原因，是湖泊发生富营养化和海洋赤潮的主要原因。<br>过量的磷元素会导致水体中藻类和细菌大量繁殖。疯长的藻类死亡之后成为水体中细菌的营养，于是细菌迅速增殖，大量消耗水中的氧气，水体缺氧会引起鱼类死亡。同时藻类和细菌往往会释放毒素，使水体被进一步毒化。有些鱼类会携带这些毒素，通过食物链将毒素带给人类 |
| 色度 | 造纸、化学浆粕、印染、制革鞣制 | 天然的水是无色无味的，水体的色度变化，影响了感官，也影响了景观，同时不易处理。水体色度高，光进不去，植物不能光合作用，影响水生生物的正常生长 |
| 热污染 | 电厂、化工厂 | 会影响水体的溶解氧，破坏鱼类和水生生物的发育生长,促使水体富营养化，一般水生生物能生存的上限为 33～35℃，在 20℃时硅藻占优势，30℃时绿藻占优势，35～40℃时蓝藻占优势，则发生水污染 |

表 1-3　主要工业污染源的废水主要污染物质

| 主要工业行业或产品 | 主要污染物质（监测项目） |
|---|---|
| 黑色金属（包括磁铁矿、赤铁矿、锰矿等）矿采选 | pH 值、水质中悬浮物（SS）、硫化物、铜、铅、锌、镉、汞、六价铬等 |
| 钢铁（包括选矿、烧结、炼铁、炼钢、铁合金、轧钢、炼焦等） | pH 值、SS、硫化物、氟化物、COD、挥发酚、氰化物、石油类、铜、铅、锌、砷、镉、汞、六价铬等 |
| 选矿 | SS、硫化物、COD、BOD、挥发酚等 |
| 有色金属矿山与冶炼（包括选矿、烧结、冶炼、电解、精炼等） | pH 值、SS、硫化物、COD、氟化物、挥发酚、铜、铅、锌、砷、镉、六价铬等 |
| 火力发电、热电 | pH 值、SS、硫化物、挥发酚、铅、锌、砷、镉、石油类、热污染等 |
| 煤矿（包括洗煤） | pH 值、SS、硫化物、砷等 |
| 焦化 | COD、BOD、SS、硫化物、挥发酚、氰化物、石油类、氨氮、苯类、环芳烃等 |
| 石油开采 | pH 值、COD、BOD、SS、硫化物、挥发酚、石油类等 |
| 石油炼制 | 石油类、硫化物、挥发酚、COD、BOD、pH 值、SS、氰化物、苯类、环芳烃等 |
| 硫铁矿 | pH 值、SS、硫化物、pH 值、铜、铅、锌、砷、镉、汞、六价铬等 |
| 磷矿、磷肥厂 | pH 值、SS、氟化物、硫化物、砷、铅、总磷等 |
| 雄黄矿 | pH 值、SS、硫化物、砷等 |
| 萤石矿 | pH 值、SS、氟化物等 |
| 汞矿 | pH 值、SS、硫化物、砷、汞等 |
| 硫酸厂 | pH 值、SS、硫化物、氟化物 |
| 氯碱 | pH 值、COD、SS、汞等 |
| 铬盐工业 | pH 值、总铬、六价铬等 |
| 氮肥厂 | COD、BOD、挥发酚、硫化物、氰化物、砷等 |
| 磷肥厂 | pH 值、氟化物、COD、SS、总磷、砷等 |
| 有机原料工业 | pH 值、COD、BOD、SS、挥发酚、氰化物、苯类、硝基苯类、有机氯等 |
| 合成橡胶 | pH 值、COD、BOD、石油类、铜、锌、六价铬、环芳烃等 |
| 橡胶加工 | COD、BOD、硫化物、六价铬、石油类、苯、环芳烃等 |
| 塑料工业 | COD、BOD、硫化物、氰化物、铅、砷、汞、石油类、有机氯、苯、环芳烃等 |
| 化纤工业 | pH 值、COD、BOD、SS、铜、锌、石油类等 |
| 农药厂 | pH 值、COD、BOD、SS、硫化物、挥发酚、砷、有机氯、有机磷等 |
| 制药厂 | pH 值、COD、BOD、SS、石油类、硝基苯类、硝基酚类、苯胺类等 |
| 染料 | pH 值、COD、BOD、SS、挥发酚、硫化物、苯胺类、硝基苯类等 |
| 颜料 | pH 值、COD、SS、硫化物、汞、六价铬、铅、镉、砷、锌、石油类等 |

| 主要工业行业或产品 | 主要污染物质（监测项目） |
|---|---|
| 油漆、涂料 | COD、BOD、挥发酚、石油类、镉、氰化物、铅、六价铬、苯类、硝基苯类等 |
| 其他有机化工 | pH值、COD、BOD、挥发酚、石油类、氰化物、硝基苯类等 |
| 合成脂肪酸 | pH值、COD、BOD、油、SS、锰等 |
| 合成洗涤剂 | COD、BOD、油、苯类、表面活性剂等 |
| 机械工业 | COD、SS、挥发酚、石油类、铅、氰化物等 |
| 电镀工业 | pH值、氰化物、六价铬、COD、铜、锌、镍、锡、镉等 |
| 电子、仪器、仪表工业 | pH值、COD、苯类、氰化物、六价铬、汞、镉、铅等 |
| 水泥工业 | pH值、SS等 |
| 玻璃、玻璃纤维工业 | pH值、SS、COD、挥发酚、氰化物、砷、铅等 |
| 油毡 | COD、石油类、挥发酚等 |
| 石棉制品 | pH值、SS等 |
| 陶瓷制品 | pH值、COD、铅、镉等 |
| 人造板、木材加工 | pH值、COD、BOD、SS、挥发酚等 |
| 食品制造 | pH值、COD、BOD、SS、挥发酚、氨氮等 |
| 纺织印染工业 | pH值、COD、BOD、SS、挥发酚、硫化物、苯胺类、色度等 |
| 造纸 | pH值、COD、BOD、SS、挥发酚、木质素、色度等 |
| 皮革及皮革加工工业 | 总铬、六价铬、硫化物、色度COD、BOD、pH值、SS、油脂等 |
| 绝缘材料 | COD、BOD、挥发酚等 |
| 火药工业 | 硝基苯类、硫化物、铅、汞、锶、铜等 |
| 电池 | pH值、铅、锌、汞、镉等 |

## 二、常见的工业废气污染物来源

### （一）大气污染物排放的主要大气污染物和控制指标

大气污染物的种类包括几十种，常见的污染物主要是 $SO_2$、烟尘、粉尘、$NO_x$ 和 CO 等。

（1）工业二氧化硫。工业废气中的 $SO_2$ 主要来自燃料燃烧和有色金属冶炼，浓度单位取毫克/立方米（$mg/m^3$）。燃料燃烧产生的二氧化硫主要来自火力发电、冶金、机械、热力蒸汽加工、建材、轻工等行业。我国的有色金属矿大多为硫化矿，且为多种金属伴生，在冶炼氧化、还原过程中会产生大量 $SO_2$。$SO_2$ 超量排放是产生酸雨的主要原因。

（2）工业烟尘。工业烟尘主要是燃料燃烧过程产生的黑烟（主要是游离态的碳和挥发分）和飞灰（由燃料中的灰分产生），浓度单位取毫克/米³（$mg/m^3$）。主要是来自火力发电、冶金、机械、热力蒸汽加工、建材、轻工等行业使用燃料的锅炉和炉窑。

（3）工业粉尘，主要来自煤炭和矿石的开采、运输、贮存，建材工业，建筑施工，道路、铁路、桥梁的施工，露天的仓储、转运、装卸、运输等场所的生产过程，浓度单位取毫克/米$^3$（mg/m$^3$）。

（4）氮氧化物。废气中除了 NO、NO$_2$ 比较稳定外，其他的 NO$_x$ 都不太稳定，故通常所指 NO$_x$ 主要是指 NO 和 NO$_2$ 的混合物，用 NO$_x$ 表示，浓度单位取毫克/米$^3$（mg/m$^3$）。含 NO$_x$ 的废气主要来自电厂的废气、机动车尾硝酸、氮肥、火药等工业，NO$_x$ 是形成光化学烟雾的重要物质。

（5）一氧化碳。无色无气味的有毒气体，主要是矿物性燃料燃烧、石油炼制、钢铁冶炼、固体废物焚烧、汽车尾气等过程产生，浓度单位取毫克/米$^3$（mg/m$^3$）。CO 是排放量较大的大气污染物，城市中的汽车多，大气中的 CO 含量较高。CO 被人吸入体内能与血红蛋白结合，降低人体的输氧能力，严重时可使人窒息，CO 还可参与光化学烟雾的形成反应而造成环境危害。

（6）碳氢化合物。碳氢化合物包括烷烃、烯烃和芳烃等复杂多样的物质。主要来源是石油化工、燃油机动车等，浓度单位取毫克/米$^3$（mg/m$^3$）。碳氢化合物中的多环芳烃化合物，具有明显的致癌作用。碳氢化合物也是产生光化学烟雾的主要成分，在大气中活泼的氧化物自由基作用下，碳氢化合物发生一系列链式反应，生成烷、烯、酮、醛及重要的中间产物——自由基。自由基促使 NO 向 NO$_2$ 转化。造成光化学烟雾的主要二次污染物有臭氧、醛、过氧乙酰硝酸酯、过氧苯酰硝酸酯等物质，最终形成的有刺激性的、浅蓝色的混合型烟雾就是光化学烟雾。光化学烟雾对人的眼、鼻、咽喉、肺等器官有明显的刺激作用。

## （二）主要工业废气污染源的环境要素

表 1-4　主要工业污染源的废气主要污染物质

| 主要工业行业或产品 | 主要污染物质（监测项目） |
|---|---|
| 燃料燃烧（火电、热电、工业、民用锅炉、垃圾发电） | SO$_2$、NO$_x$、烟尘、CO$_2$、CO、汞及烃类（油气燃料）、HCl、二噁英等垃圾发电 |
| 黑色金属冶炼工业 | SO$_2$、NO$_x$、CO、粉尘、氰化物、酚、硫化物、氟化物等 |
| 有色金属冶炼工业 | SO$_2$、NO$_x$、烟粉尘（含铜、砷、铅、锌、镉等）、CO$_2$、CO 及氟化物、汞等 |
| 炼焦工业 | SO$_2$、NO$_x$、CO、烟粉尘、硫化氢、苯并[a]芘、氨、酚等 |
| 矿山 | 粉尘、NO$_x$、CO、硫化氢等 |
| 选矿 | SO$_2$、硫化氢、粉尘等 |
| 非金属制品加工 | SO$_2$、NO$_x$、烟粉尘、CO$_2$、CO 及氟化物 |
| 有机化工 | 酚、氰化氢、氯、苯、粉尘、酸雾、氟化氢等 |
| 石油化工 | SO$_2$、NO$_x$、硫化氢、氰化物、烃、苯类、酚、醛、粉尘等 |
| 氮肥工业 | 硫化氢、氨、氰化物、酚、烟粉尘等 |
| 磷肥工业 | 粉尘、酸雾、氟化物、砷、SO$_2$ 等 |
| 化学矿山 | NO$_x$、粉尘、CO、硫化氢等 |
| 硫酸工业 | SO$_2$、NO$_x$、粉尘、氟化物、酸雾、砷等 |
| 氯碱工业 | 氯、氯化氢、汞等 |
| 化纤工业 | 硫化氢、粉尘、二硫化碳、氨等 |

| 主要工业行业或产品 | 主要污染物质（监测项目） |
|---|---|
| 燃料工业 | 氯、氯化氢、SO₂、氯苯、苯胺类、硫化氢、硝基苯类、光气、汞等 |
| 橡胶工业 | 硫化氢、苯类、粉尘、甲硫醇等 |
| 油脂化工 | 氯、氯化氢、SO₂、氟化氢、氯磺酸、NOₓ、粉尘等 |
| 制药工业 | 氯、氯化氢、硫化氢、SO₂、醇、醛、苯、肼、氨等 |
| 农药工业 | 氯、硫化氢、苯、粉尘、汞、二硫化碳、氯化氢等 |
| 油漆、涂料工业 | 苯、酚、粉尘、醇、醛、酮类、铅等 |
| 造纸工业 | 粉尘、SO₂、甲醛、硫醇等 |
| 纺织印染工业 | 粉尘、硫化氢、有机硫等 |
| 皮革及皮革加工业 | 铬酸雾、硫化氢、粉尘、甲醛等 |
| 电镀工业 | 铬酸雾、氰化氢、粉尘、NOₓ等 |
| 灯泡、仪表工业 | 粉尘、汞、铅等 |
| 铝工业（含氧化铝） | 氟化物、粉尘、SO₂、沥青烟（自焙槽）等 |
| 机械加工 | 烟粉尘、SO₂、NOₓ、CO₂、CO、VOC、酸雾等 |
| 铸造 | 烟粉尘、SO₂、NOₓ、CO₂、CO及氟化物、铅等 |
| 玻璃钢制品 | 烟粉尘、SO₂、NOₓ、苯类等 |
| 油毡工业 | 沥青烟、粉尘等 |
| 蓄电池、印刷工业 | SO₂、NOₓ、粉尘、铅尘等 |
| 油漆施工 | 溶剂、苯类等 |

## （三）工业炉窑

### 1．工业炉窑的主要分类

表1-5　工业炉窑的主要分类

| 行业 | 冶金 | 机械 | 建材 | 轻工 |
|---|---|---|---|---|
| 用途 | 炼铁、炼钢、轧钢、热处理、耐火、焦化、机修 | 铸铁、铸钢、锻压热处理、干燥 | 水泥、砖瓦、平板玻璃、建筑陶瓷、玻璃纤维 | 民用陶瓷、玻璃器皿、搪瓷器具、合成洗涤剂等 |
| 炉窑种类 | 高炉、焦炉、平炉、转炉、电炉、焙烧炉、均热炉、隧道窑、倒焰窑、轧钢加热炉、热处理炉 | 熔化炉（反射炉、冲天炉、平炉、电弧炉、感应电炉）、加热炉、热处理炉、干燥装置 | 水泥回转窑、玻璃熔炉（池炉、坩埚炉）、陶瓷窑（倒焰窑、隧道窑）、砖瓦窑、玻璃纤维坩埚炉 | 玻璃、陶瓷同左；搪瓷炉 |
| 燃料结构 | 煤70%（炼焦煤55%，燃料煤15%）、电力17%、重油10%、天然气2%、其他1% | 炼钢：电力为主<br>化铁：焦炭为主<br>{煤55%<br>加热炉　重油33%<br>煤气10%<br>电　2% | 玻璃熔炉、陶瓷隧道窑以烧煤气、重油为主；水泥窑和砖瓦窑以烧煤为主 | 玻璃、陶瓷同左；搪瓷炉以烧煤为主，部分烧油 |

### 2. 几种工业炉窑简介

表 1-6　工业炉窑简介

| 工序 | 炉窑名称 | 炉窑结构与温度 | 燃料 |
|---|---|---|---|
| 炼铁 | 高炉 | 为横断面为圆形的炼铁竖炉。高炉本体自上而下分为炉喉、炉身、炉腰、炉腹、炉缸 5 部分。炉温 1 500℃ | 焦炭和辅助燃料（煤粉、重油、天然气） |
| | 热风炉 | 分内燃式热风炉（包括改进型）、外燃式热风炉、顶燃式热风炉。炉温 1 250℃ | 高炉煤气或混合煤气 |
| 炼钢 | 转炉 | 炉体圆筒形，架在一个水平轴架上，可以转动。按气体吹入炉内的部位分为底吹、顶吹和侧吹转炉。出钢温度达 1 650℃ | 基本不需要燃料，加氧气进行吹炼 |
| | 电炉 | 电弧炉：炉体由炉盖、炉门、出钢槽和炉身组成，弧区温度 3 000℃；感应电炉：主要包括感应器和坩埚两部分，炉温 1 600℃ | 电能 |
| 轧钢 | 加热炉 | 推钢式加热炉，步进式加热炉，还是连续式加热炉，炉温 1 200～1 300℃ | 混合煤气、重油或天然气 |
| 炼焦 | 普通机焦炉 | 属于顶装侧推型。包括燃烧室、炭化室、蓄热室、小烟道。炉温 1 200～1 300℃ | 煤气 |
| | 捣固焦炉 | 属于侧装侧推型。捣固设备加焦炉。炉温 1 200～1 300℃ | 煤气 |
| | 直立焦炉 | 属于顶装底出型焦炉炉温 400～700℃ | 煤气 |
| 铸造 | 冲天炉 | 铸造生产中熔化铸铁的重要设备，一种竖式圆筒形熔炉。冲天炉一般容积很小，一般无热风。炉温 1 450℃ | 焦炭 |
| 锻造 | 火焰加热炉 | 又分为燃煤炉（手锻炉、反射炉）、燃气炉、燃油炉（室式炉、连续炉、转炉、台车炉），炉温 800～1 200℃ | 重油、天然气、焦炉煤气、发生炉煤气 |
| | 中频炉 | 电感应加热器。炉温 1 100℃ | 电能加热 |
| | 室式炉 | 有开闭式炉门的加热炉为室式炉。应用于小批量工件的加热或热处理。炉温 800～1 200℃ | 电阻加热 |
| | 反射炉 | 主要由燃烧室、加热室、鼓风机、烟道、烟囱组成。炉温 800～1 200℃ | 烟煤 |
| 水泥 | 立窑 | 窑筒体是立置不转动的称为立窑。窑温达 1 300～1 450℃ | 烟煤 |
| | 新型干法旋窑 | 能作回转运动的称为回转窑（也称旋窑），新型干法窑包括旋窑、预分解窑、旋风预热器等。窑温达 1 600℃ | 烟煤 |
| 陶瓷 | 隧道窑 | 一般是一条长的直线形隧道，其两侧及顶部有固定的墙壁及拱顶，底部铺设的轨道上运行着窑车。窑温 1 000～1 900℃ | 压缩空气雾化燃油或发生炉煤气 |
| | 辊道窑 | 辊道窑是连续烧成的窑，以转动的辊子作为坯体运载工具的隧道窑 | |
| | 倒焰窑 | 属于间歇式窑炉，主要由燃烧室、料箱、火道、大拱顶、炉底、烟道等组成。窑温度在 1 350～1 650℃ | 燃煤、天然气、发生炉煤气 |
| 玻璃窑 | 池窑 | 主要由用耐火砖砌建的熔制池和蓄热室或换热室等所组成。工作温度高达 1 600℃ | 常用气体燃料加热 |
| | 坩埚窑 | 窑膛内放置单只或多只坩埚。分倒焰式、平焰式、综合火焰式。窑温 1 600℃ | |
| | 电熔窑 | 窑膛侧壁安装碳化硅或二硅化钼电阻发热体，进行间接电阻辐射加热。窑温 1 600℃ | 使用电能 |

| 工序 | 炉窑名称 | 炉窑结构与温度 | 燃料 |
|---|---|---|---|
| 砖瓦窑 | 轮窑 | 轮窑的窑体是两条平行的拱形隧道，平行隧道两端连接为椭圆形的窑洞。根据窑室多少，可分为54门窑、32门窑等。窑温1 000℃ | 燃煤、煤矸石 |
| | 隧道窑 | 一般是一条长的直线形隧道，其两侧及顶部有固定的墙壁及拱顶，底部铺设的轨道上运行着窑车。窑体构成了固定的预热带、冷却带、烧成带，通常称为隧道窑的"三带"。烧成带温度950~1 100℃ | 多使用燃煤，少量使用燃油、燃气 |
| 铜铅锌冶炼 | 鼓风炉 | 由炉基、炉底、炉缸、炉身、炉顶（包括加料装置）、支架、鼓风系统、水冷或汽化冷却系统、放出熔体装置和前床等部分组成。炉温1 100~1 450℃ | 焦炭 |
| | 反射炉 | 由炉基、炉底、炉墙、炉顶、加料口、产品放出口、烟道等部分所构成。炉温1 250℃ | 焦炭、燃气、燃油 |
| | 白银炉 | 主体结构由炉基、炉底、炉墙、炉顶、隔墙和内虹吸池及炉体钢结构等部分组成。炉温1 300~1 350℃ | 重油或粉煤 |
| | 电炉 | 属电弧炉。弧区温度在3 000℃以上 | 电能 |
| | 闪速炉 | 由反应塔、沉淀池、上升烟道三大部分组成 | |
| | 转炉 | 一般为卧式转炉，主要由炉体、燃油装置、转动装置、炉口等部分组成 | |

### 三、部分工业行业固体废物来源

#### （一）工业行业固体废物污染

**1. 冶金矿山固体废物的污染**

冶金矿山在生产中产生的固体废物包括开采过程产生的剥离石和废石以及在选矿过程中废弃的尾矿。

矿山的开采有露天开采和地下开采两种，以大型露天有色金属矿为例，每开采 1 m³ 矿石要剥离 8~10 m³ 的剥离物，每开采 1 m³ 铝土矿要剥离 13~16 m³ 的剥离物。地下开采的井巷掘进过程中也能产生大量的废石，按一般掘进开采计算，每开采 1 t 矿石排出的石渣近 3~4 t。

有色金属矿石的金属含量品位一般较低，因此开采矿石都要经过选矿，才能得到高品位的各种金属精矿粉。选矿过程中将废弃大量的尾矿。

**2. 能源工业固体废物的污染**

全国煤炭产量约 55% 用于发电，发电产生的粉煤灰和炉底渣的量非常大，一般为火电厂燃煤量的 20%~40%。粉煤灰的主要来源是以煤粉为燃料的火电厂和城市集中供热锅炉，其中 80% 以上为湿性排灰，悬浮式燃烧炉渣产生量较小，层式燃烧炉渣产生量较大。

**3. 冶金工业固体废物的污染**

冶金工业产生的固体废物主要包括：

（1）焦化固体废物。焦化工业产生的固体废物多属于危险废物。焦煤与焦炭在运输、破碎、筛分过程中收集得到煤尘和焦尘；废弃的焦油渣、酸焦油、洗油再生器残渣、黑萘、吹苯残渣及残液、酚和吡啶精制残渣、脱硫残渣及煤气发生炉煤焦油和焦油渣。

（2）烧结固体废物。产生的主要部位是烧结机头、机尾、成品整粒、冷却筛分等处，通过各种除尘装置净化得到的烧结粉尘和污泥统称为含铁尘泥。

（3）炼铁固体废物。主要为出渣口产生的高炉渣。高炉渣的产生量与原料品位和冶炼工艺有关，其次为煤气净化塔产生的尘泥及原料厂、出铁厂收集的粉尘。一般每炼 1 t 铁，产生 0.3～0.9 t 高炉渣，20～40 kg 尘泥。

（4）炼钢（转炉、电炉）固体废物。炼钢厂产生的固体废物主要是炼钢渣、浇铸渣、喷溅渣、化铁炉渣和净化系统收集的含铁尘泥，以及少量的残铁、残钢、残渣、废耐火材料等，每炼 1 t 钢约产生 0.1 t 钢渣和 20 kg 尘泥。

（5）轧钢固体废物。热轧产生大量热轧氧化铁皮，清除钢材氧化表皮产生的硫酸、盐酸、氢氟酸、硝酸酸洗废液。

（6）铁合金固体废物。火炼的炉口废渣，每吨火炼法冶炼铁合金，约产生废渣 1 t，湿法冶炼的浸出渣，除尘净化装置的尘泥等。

**4．化学工业固体废物的污染**

化学工业行业多，产品杂，有化肥、农药、橡胶、染料、无机盐及有机化工原料等众多分行业。化学工业固体废物包括化工生产过程中产生的废品、副产品、失效催化剂、废添加剂，未反应的原料及原料中夹带的杂质，产品在精制、分离、洗涤时由相应装置排出的工艺废物，净化装置排出的粉尘，废水处理产生的污泥，化学品容器和工业垃圾。化学工业固体废物大多数为危险废物。

有些化工生产固体废物产生量较大，一般每生产 1 t 产品可以产生 1～3 t 固体废物，有的可高达 8～12 t。

**5．石油化学工业固体废物的污染**

石油化学工业中的石油炼制行业固体废物主要有酸碱废液、废催化剂和页岩渣；石油化工和化纤行业的固体废物主要有废添加剂、聚酯废料、有机废液等。

**6．其他工业固体废物的污染**

（1）煤矸石。煤矸石按其产生过程分为四类：

采煤厂产生的原煤矸石，洗煤场产生的洗煤矸石，各运输煤炭、贮存煤炭、使用煤炭单位挑选出来的矸石，堆积在大气中经过自燃的矸石。

煤矸石的积存占用大量土地；矸石山由于硫化铁和含炭物质的存在发生自燃，产生大量 $SO_2$、$H_2S$ 和 $NO_x$，严重污染环境；矸石山经雨水冲刷，污染水体。

开采 1 t 煤产生的矸石量在 0.15～4 t，北方煤矿在正常开采时，开采 1 t 煤排矸石 0.15 t；南方煤矿在正常开采时，开采 1 t 煤排矸石 0.2～0.4 t。

（2）粉煤灰。以煤粉为燃料的火力发电厂和城市集中供热的煤粉锅炉产生大量粉煤灰，各种锅炉房的除尘器也能收集烟尘中的粉煤灰。

（3）炉渣。我国的锅炉以燃煤锅炉为主。以层燃方式的燃煤锅炉产生大量的块状废渣称为炉渣，沸腾炉也能产生一定量的炉渣。

（4）水泥窑窑灰。回转窑生产水泥熟料时，有大量窑灰从窑中随尾气排出，有相当多的水泥厂不能充分利用收尘器收集窑灰，而是不进行治理，将窑灰从烟囱中排放。

### （二）工业固体废物的主要来源

固体废物的来源很多，依据 2008 年 8 月 1 日起施行的《国家危险废物名录》（环保部、发改委令[2008]1 号），危险废物和一般废物的主要来源见表 1-7。

表 1-7　固体废物的来源

| 废物类别 | 行业及来源 | 废物名称 |
|---|---|---|
| 医疗废物 HW01 | 卫生、医疗、防疫、动物医疗及与此有关的非特定行业 | 医疗、卫生、防疫、动物治疗、处置、手术、培养、化验、动物试验、检查残余物，传染性废物、废水处理污泥等中的废医用塑料制品、玻璃器皿、一次性医疗器具、棉纱、废敷料等手术残物，传染性废物，动物实验废物等 |
| 医药废物 HW02 | 化学药品、原药制造、制剂制造、兽用药品制造、生物、生化制品的制造等 | 从药物的生产和制作中产生的废物（包括兽药产品），包括制药中产生的各种蒸馏反应脱色残渣、催化剂、各种母液、吸附剂、废溶剂、废药、过期原料、废液、滤饼、催化剂、废培养基、废吸附剂、废水处理污泥等 |
| 废药物、药品 HW03 | 药品生产、销售、使用、科研、化验、医疗、卫生等部门 | 过期的、报废的、无标签的及多种混杂的药物、药品，生产、销售及使用过程产生的报废药品，科研、监测、学校、医疗单位、化验室等使用单位积压或报废的药品（物）废化学试剂、废药品、废药物 |
| 农药废物 HW04 | 农药制造、销售、使用、科研、检验等部门 | 从生物杀虫剂如氯丹、乙拌磷、甲拌磷、2,4,5-三氯苯氧乙酸、2,4-二氯苯氧乙酸、乙烯基双二硫代氨基甲酸、溴甲烷等生产过程的废液、残渣、吸附剂、蒸馏渣等废物，包括杀虫、杀菌、除草、灭鼠和植物生长调节剂的生产、经销、配制和使用过程中产生的废物，过期的原料和产品，生产母液和容器清洗液等，污水处理污泥，农药生产、配制过程中产生的过期原料及报废药品，废水处理的污泥 |
| 木材防腐剂废物 HW05 | 锯材、木片加工、专用化学产品制造等 | 从木材防腐化学品的生产、配制和使用中产生的废物，木材防腐处理过程中产生的反应残余物、吸附过滤物及载体，木材防腐化学品生产的废水处理污泥，沾染防腐剂的废弃物，销售及使用过程中产生的失效、变质、不合格、淘汰、伪劣的木材防腐剂产品 |
| 有机溶剂废物 HW06 | 基础化学原料制造 | 硝基苯-苯胺、羧酸肼法生产 1,1-二甲基肼、甲苯硝化法生产二硝基甲苯、有机溶剂的合成、裂解、分离、脱色、催化、沉淀、精馏等过程等化工原料的合成、裂解、分离、脱色、催化、沉淀、精馏等过程中产生的废液、残渣、废催化剂、吸附过滤物、洗涤废液等，有机溶剂的生产、配制、使用过程中产生的含有有机溶剂的清洗杂物 |
| 热处理含氰废物 HW07 | 金属表面处理及热处理加工包括机械、金属加工、电镀、装备制造等 | 使用氰化物进行金属热处理产生的淬火池残渣、废水处理污泥，热处理渗碳炉产生的热处理渗碳氰渣，盐浴槽釜清洗工艺产生的废氰化物残渣，其他热处理和退火作业中产生的含氰废物如：热处理氰渣、含氰污泥及冷却液、氰热处理炉内衬、热处理渗碳氰渣、电镀钝化液。石油初炼过程中产生的废水处理污泥，以及储存设施、油-水-固态物质分离器、积水槽、沟渠及其他输送管道、污水池、雨水收集管道产生的污泥 |

| 废物类别 | 行业及来源 | 废物名称 |
|---|---|---|
| 废矿物油 HW08 | 天然原油和天然气开采、精炼石油产品制造、涂料、油墨、颜料及相关产品制造、专用化学产品制造、船舶及浮动装置制造 | 石油开采、炼制过程产生的油泥、油脚、浮渣、废油或乳剂、清洗污泥、隔油设施的污泥、储存设施底部的沉渣、过滤或分离装置产生的残渣沉积物、废弃过滤黏土，API 分离器产生的污泥，以及汽油提炼工艺废水和冷却废水处理污泥等，石油初炼过程中产生的废水处理污泥，以及储存设施、油-水-固态物质分离器、积水槽、沟渠及其他输送管道、污水池、雨水收集管道产生的污泥 |
| 油/水、烃/水混合物或乳化液 HW09 | 从金属切削、机械加工、设备清洗、皮革、纺织印染、农药乳化等过程产生的废乳化液、废油水混合物等 | 来自于水压机定期更换的油/水、烃/水混合物或乳化液，使用切削油和切削液进行机械加工过程中产生的油/水、烃/水混合物或乳化液，其他工艺过程中产生的废弃的油/水、烃/水混合物或乳化液等 |
| 多氯（溴）联苯类废物 HW10 | 电力设备、电气装置生产、氯联苯（PCBs）、多氯三联苯（PCTs）、多溴联苯（PBBs）生产 | 含 PCBs、PCTs、PBBs 的废线路板、电容、变压器，含有 PCBs、PCTs 和 PBBs 的电力设备的清洗液、废介质油、绝缘油、冷却油及传热油、废弃包装物及容器，含有或沾染 PCBs、PCTs、PBBs 和多氯（溴）萘，且质量分数≥50 mg/kg 的废物、物质和物品 |
| 精（蒸）馏残渣 HW11 | 煤气生产、原油蒸馏及精制、化学品和化学原料、常用有色金属冶炼生产、废油再生 | 石油精炼过程、炼焦过程、煤气及煤化工生产、轻油回收蒸氨塔、萘回收及再生、焦油储存设施产生的压滤污泥、焦油状污泥、残渣、蒸馏残渣、污水池残渣等，乙醛、苄基氯、氯醇、苯酚、丙酮、硝基苯、四氯化碳、甲苯二异氰酸酯、邻苯二甲酸酐、1,1,1-三氯乙烷、苯胺、二硝基甲苯、甲苯二胺、二溴化乙烯、四氯化碳、氯乙烯单体、三氯乙烯的化工产品生产过程产生的废渣、蒸馏底渣、冷凝物、废液、重馏分等，有色金属火法冶炼产生的焦油状废物，其他精炼、蒸馏和任何热解处理中产生的废焦油状残留物 |
| 染料、涂料废物 HW12 | 油墨、颜料、涂料、纸浆制造、生产及相关产品销售、使用 | 废染料、废溶剂、废母液、废液、废吸附剂等，废水处理污泥，废弃原料与产品，废纸回收利用处理过程中产生的脱墨渣，生产、销售及使用过程中产生的失效、变质、不合格、淘汰、伪劣的油墨、染料、颜料、油漆、真漆、罩光漆产品 |
| 有机树脂类废物 HW13 | 基础化学原料制造行业树脂、乳胶、增塑剂胶水/胶塑剂生产 | 从树脂、乳胶、增塑剂胶水/胶塑剂生产过程中产生的不合格产品、废副产物、催化剂、釜残液、过滤介质和残渣、废水处理污泥、废弃黏合剂和密封剂，废弃的离子交换树脂，剥离下的树脂状、黏稠杂物等 |
| 新化学药品废物 HW14 | 研究、发展和教学等活动 | 新化学品、药品开发、研制、教学中产生的废物中产生的尚未鉴定的和（或）新的对人类和（或）环境的影响未明的新化学废物 |
| 爆炸性废物 HW15 | 炸药及火工产品制造、销售、使用 | 炸药生产和加工、生产、配制和装填铅基起爆药剂、三硝基甲苯（TNT）过程中产生的废水处理污泥、废炭，拆解后收集的尚未引爆的安全气囊 |
| 感光材料废物 HW16 | 专用化学产品制造、印刷、电子元件制造、医疗院所、电影、摄影扩印服务等 | X 光和 CT 检查产生的废显（定）影液、胶片机废像纸，从摄影化学品、感光材料的生产、配制和使用光刻胶及其配套化学品（如添加剂、显影剂、增感剂）中产生的废物感光乳液、废显影液、废定影液、落地药粉、废胶片头、像纸、感光原料和药品等，处理污泥等 |

| 废物类别 | 行业及来源 | 废物名称 |
|---|---|---|
| 表面处理废物 HW17 | 机械、金属加工、电镀、装备加工金属表面处理及热处理加工工序 | 金属和塑料表面酸（碱）洗、除油、除锈、洗涤工艺产生的废腐蚀液、洗涤液、残液和污泥，电镀工艺产生的槽液、槽渣、废渣、废液、废腐蚀液、洗涤液及其他工艺过程中产生的表面处理废物，废水处理污泥，金属和塑料表面酸（碱）洗、除油、除锈、洗涤工艺产生的废腐蚀液、洗涤液和污泥 |
| 焚烧处置残渣 HW18 | 生活垃圾焚烧、危险废物焚烧、热解等处置、等离子体、高温熔融等处置、固体废物及液态废物焚烧 | 焚烧过程产生的废渣、飞灰、废气处理产生的废活性炭、滤饼等 |
| 含金属羰基化合物废物 HW19 | 在精细化工、金属有机化合物合成，金属羰基化合物制造 | 在金属羰基化合物生产及使用过程中产生的含有羰基化合物成分的废物，如五羰基铁、八羰基钴、四羰基镍、羰基磷废物、羰基容器废物等 |
| 含铍废物 HW20 | 在含铍稀有金属冶炼、铍化合物生产和使用 | 生产和使用中产生的含铍或化合物的废渣、粉尘、废水处理污泥等 |
| 含铬废物 HW21 | 在基础化学原料制造、皮革、铁合金冶炼、金属表面处理及热处理、电子元件制造、电镀、颜料含金属铬与含六价铬生产与使用 | 铬鞣、再鞣、皮革切削碎渣，使用含重铬酸盐的胶体有机溶剂、黏合剂，使用铬化合物进行抗蚀层化学硬化，使用铬酸镀铬废渣、槽液与废水处理污泥，铬盐与铬铁合金生产过程飞灰、污泥，铬酸处理废物及污泥，铬酸进行塑料表面粗化、钻孔除胶、阳极氧化废渣及污泥 |
| 含铜废物 HW22 | 常用有色金属矿采选、印刷、玻璃及玻璃制品制造、电子元件制造 | 采选及冶炼粉尘，铜板蚀刻产生的废蚀刻液及废水处理污泥，镀铜产生的槽渣、槽液及废水处理污泥，用酸进行铜氧化处理产生的废液及废水处理污泥 |
| 含锌废物 HW23 | 金属表面处理及热处理加工、电池制造 | 热镀锌工艺产生的废弃熔剂、助熔剂、焊剂，尾气处理产生的固体废物，电池生产废锌浆，使用氢氧化钠、锌粉进行贵金属沉淀过程中产生的废液及废水处理污泥 |
| 含砷废物 HW24 | 含砷有色金属采选及冶炼、砷及其化合物的生产、石油化工、农药生产、染料和制革业产生的废物 | 硫砷化合物（雌黄、雄黄及砷硫铁矿）或其他含砷化合物的金属矿石采选过程中集（除）尘装置收集的粉尘 |
| 含硒废物 HW25 | 含硒有色金属冶炼及电解、颜料、橡胶、玻璃生产中产生的含硒及硒化合物废物 | 硒化合物生产过程中产生的熔渣、集（除）尘装置收集的粉尘和废水处理污泥 |
| 含镉废物 HW26 | 含镉有色金属采选及冶炼、镉化合物生产、电池制造业、电镀行业中产生的含镉及镉化合物废物 | 镍镉电池生产过程中产生的废渣和废水处理污泥 |
| 含锑废物 HW27 | 含锑有色金属冶炼、锑化合物生产和使用中产生的含锑及锑化合物废物 | 氧化锑、锑金属、生产过程中除尘器收集的灰尘、熔渣 |
| 含碲废物 HW28 | 含碲有色金属冶炼及电解、碲化合物生产和使用中产生的含碲及碲化合物废物 | 碲化合物生产过程中产生的熔渣、集（除）尘装置收集的粉尘和废水处理污泥 |

| 废物类别 | 行业及来源 | 废物名称 |
|---|---|---|
| 含汞废物 HW29 | 石油天然气开采、基础化学原料制造、含汞催化剂、含汞电池、汞冶炼、有机汞和无机汞化合物生产、农药、合成材料、照明器具等 | 天然气净化过程中产生的含汞废物，氰化提金选矿生产工艺、汞矿采选产生的含汞粉尘、残渣，使用显影剂、汞化合物进行影像加厚（物理沉淀）以及使用显影剂、氨氯化汞进行影像加厚（氧化）产生的废液及残渣，制造中产生的含汞及汞化合物废物，水银电解槽法生产氯气产生的处理污泥、废渣、污水处理污泥，含汞催化剂、废含汞灯具、仪器等 |
| 含铊废物 HW30 | 有色金属冶炼、基础化学原料制造及铊化合物生产、使用过程 | 金属铊及铊化合物生产过程中产生的熔渣、集（除）尘装置收集的粉尘和废水处理污泥 |
| 含铅废物 HW31 | 铅冶炼及电解、铅（酸）蓄电池生产、铅铸造业和铅化合物、玻璃制品、印制电路板生产加工 | 铅采选、冶炼、铅酸蓄电池生产过程中产生的飞灰、废渣、废水处理污泥，印刷线路板制造过程中镀铅锡合金产生的废液，使用铅盐和铅氧化物进行显像管玻璃熔炼产生的废渣，使用硬脂酸铅进行抗黏涂层产生的废物 |
| 无机氟化物废物 HW32 | 不锈钢、电解铝、磷酸盐加工、冶炼及产生的氟化物废物加工 | 产生的氟化物废物（不含氟化钙）废蚀刻液、废渣和废水处理污泥 |
| 无机氰化物废物 HW33 | 在金属制品业的除油和表面硬化、电镀业、电子零件制造业、金矿开采、首饰加工及其他生产、试验、化验分析过程中产生的含氰废物 | 使用氰化物进行浸洗产生的废液，使用氰化物进行表面硬化、碱性除油、电解除油产生的废物，使用氰化物剥落金属镀层产生的废物，使用氰化物和双氧水进行化学抛光产生的废物 |
| 废酸 HW34 | 石油精炼、基础化学原料制造、金属压延、金属表面处理及热处理、电子元件制造、工业酸的制造与使用、金属制品的清洗等 | 石油炼制过程产生的废酸及酸泥，工业酸制造的废渣，生产钛白粉、金属电解锰产生的废酸和酸泥，卤素和卤素化学品生产过程产生的废液和废酸，金属压延产生的废酸性洗液，电子元件刻蚀产生的废酸液，工业酸使用过程产生的废酸液、酸渣等 |
| 废碱 HW35 | 精炼石油、基础化学品制造、金属制品的清洗、废水处理、碱法造纸制浆、纺织印染前处理、毛皮鞣制等过程 | 生产过程产生的废碱渣、盐泥、废碱液（pH≥12.5）、碱性废物、碱清洗剂、造纸废液等 |
| 石棉废物 HW36 | 石棉开采、加工、耐火材料加工、汽车制造、船舶及浮动装置制造含石棉设施的保养、车辆制动片的生产和使用 | 含石棉尘、隔热材料、石棉隔板、石棉纤维废物、石棉绒、石棉水泥、石棉尾矿渣等废物 |
| 有机磷化合物废物 HW37 | 基础化学原料制造、农药以及有机磷化合物生产 | 除农药以外其他有机磷化合物生产、配制过程中产生的反应残余物、过滤物、催化剂（包括载体）及废弃的吸附剂、废水处理污泥，生产、销售及使用过程中产生的废弃磷酸酯抗燃油 |
| 有机氰化物废物 HW38 | 基础化学原料制造工业在合成、缩合反应中产生的，催化、精馏、过滤过程 | 丙烯腈生产过程中水汽提器塔底的流出物、乙腈蒸馏塔底的流出物、乙腈精制塔底的残渣，有机氰化物生产过程中，合成、缩合等反应中产生的母液及反应残余物催化、精馏和过滤过程中产生的废催化剂、釜底残渣和过滤介质、废水处理污泥等 |

| 废物类别 | 行业及来源 | 废物名称 |
|---|---|---|
| 含酚废物 HW39 | 在石油、基础化学原料制造、焦化、煤化工、煤气、煤焦油精馏等生产过程 | 石油化工、炼焦行业、煤气生产、煤化工、煤焦油精馏、石油化工生产过程产生的残渣、母液、吸附过滤物、废催化剂、精馏釜残、废水处理污泥 |
| 含醚废物 HW40 | 基础化学原料制造在生产、配制和使用过程 | 生产、配制过程中产生的醚类残液、反应残余物、废水处理污泥及过滤渣 |
| 卤化有机溶剂废物 HW41 | 印刷、基础化学原料制造、电子元件制造、化学分析、塑料橡胶制品制造，电子零件清洗、化工产品制造、印染涂料调配、商业干洗、家庭装饰业上生产、使用 | 清洗印刷工具产生的废卤化有机溶剂，氯苯生产分离出的废液，卤化有机溶剂生产、配制过程中产生的报废产品、残液、吸附过滤物、反应残渣、废水处理污泥及废载体，液晶显示板生产产生的废卤化有机溶剂，清洗产生的废卤化有机溶剂，其他生产、销售及使用过程中产生的废卤化有机溶剂、水洗液、母液、污泥 |
| 有机溶剂废物 HW42 | 在印刷、基础化学原料制造、电子元件制造、皮革鞣制、化学分析、塑料橡胶制品制造，电子零件清洗、化工产品制造、印染涂料调配、商业干洗、家庭装饰业生产、使用和配制过程产生的废物 | 清洗印刷工具产生的废有机溶剂，有机溶剂生产、配制过程中产生的残液、吸附过滤物、反应残渣、水处理污泥及废载体、废品，液晶显示板生产产生的废有机溶剂，皮革工业中含有有机溶剂的除油废物，纺织染整过程中含有有机溶剂的废物，脱碳、干洗、清洗、油漆剥落、溶剂除油和光漆涂布产生的废有机溶剂，其他生产、销售及使用过程中产生的废有机溶剂、水洗液、母液、废水处理污泥 |
| 含多氯苯并呋喃类废物 HW43 | 含多氯苯并呋喃同系物生产、使用过程产生的废物 | 含呋喃类药残渣、糠醛废渣、含砒啶焦化渣、含多氯二苯并呋喃类废物 |
| 含多氯二苯并二噁英类废物 HW44 | 含多氯二苯并二噁英类同系物生产、使用过程产生的废物 | 含甲氯苯并二噁英废物、含氯苯并二噁英废物、含六氯苯并二噁英废物等 |
| 含有机卤化物废物 HW45 | 基础化学原料制造 | 二溴化乙烯、α-氯甲苯、苯甲酰氯和含此类官能团的化学品生产过程、氯乙烷、电石乙炔生产氯乙烯生产过程产生的废催化剂、重馏分、残液、吸附过滤物、废水处理污泥，石墨作阳极隔膜法生产氯气和烧碱过程中产生的污泥，其他生产、销售及使用过程中产生的含有机卤化物废物 |
| 含镍废物 HW46 | 基础化学原料制造、电池制造、电镀工艺 | 镍化合物生产过程中产生的反应残余物及废品，镍镉电池和镍氢电池生产过程中产生的废渣和废水处理污泥，报废的镍催化剂 |
| 含钡废物 HW47 | 基础化学原料制造、金属表面处理及热处理加工、钡化合含钡化合物生产 | 钡化合物（不包括硫酸钡）生产过程中产生的熔渣、集（除）尘装置收集的粉尘、反应残余物、废水处理污泥，热处理工艺中的盐浴渣 |
| 有色金属冶炼废物 HW48 | 常用有色金属冶炼 | 铜火法冶炼、铅锌冶炼、粗铝精炼加工、铜再生过程、汞金属回收工业、铅再生过程产生的飞灰、残渣、冶炼废渣、阳极泥、浮渣、浸出渣、废水处理污泥等 |
| 其他危险废物 HW49 | 环境治理及其他产生危废生产过程 | 危险废物物化处理过程中产生的废水处理污泥和残渣，其他无机化工行业生产过程产生的废活性炭、烟粉尘、废催化剂、非电子器件、废印制电路板、离子交换装置再生过程产生的废液和污泥，未经使用而被所有人抛弃或者放弃的；淘汰、伪劣、过期、失效的；有关部门依法收缴以及接收的公众上交的危险化学品 |

| 废物类别 | 行业及来源 | 废物名称 |
|---|---|---|
| 冶炼废渣 | 冶金、机械、铸造等行业 | 高炉渣、钢渣、铁合金渣、铸造废渣等 |
| 粮食及食品加工废物 | 粮食及食品加工丢弃的渣土 | 腐败变质的粮食渣土、制酒业的酒糟 |
| 粉煤灰 | 燃煤电厂、集中供热、除尘器产生的粉状废渣 | 电厂的粉煤灰浆、除尘器排放的废物、烟筒底部定期掏出的废灰等 |
| 炉渣 | 各种燃煤锅炉、炉窑、锅炉房产生的废渣 | |
| 煤矸石 | 煤矿、煤炭的洗选、煤场、锅炉房 | 煤矸石是与煤层伴生的，比煤坚硬的岩石。主要由采煤、洗煤、贮煤、用煤单位产生 |
| 尾矿 | 各种金属和废金属的洗选和水冶厂、电解产生的废渣 | 如同矿石洗选废渣、铁矿石的选矿废渣等 |
| 放射性废物 | 核工业的核燃料开采、冶炼过程，农业、医疗、科研、教学、军工等行业产生的放射性废物 | 有些含伴生放射性物质的采矿、冶炼过程，核燃料的开采、提取、加工产生的尾矿和渣土，医疗照射、透视使用的示踪药物废物 |
| 其他工业固废 | 机械、建筑、建材、电器仪表、轻纺食品、污水处理、矿业等行业产生的上述之外的废物 | 建筑垃圾、废旧设备、废器皿、废玻璃、渣土、废布头、废纸张、废杂草、污泥秸秆、动植物体废物等 |

注：HW01～HW47属于危险废物，其他为一般废物。

# 第三节　我国工业污染综合防治政策

综合污染防治目标应该包括四方面内容：通过循环、治理等方法减少有害物质、污染物排放到环境中的数量；减少危险物质排入环境危害人群健康；提高原材料、水资源、能源及其他资源的利用率；保护自然资源。综合污染防治的实施包括生产设备和生产技术的改进，生产工艺的提高，单位产品原辅材料、能源、水资源消耗的减少，污染治理设施技术水平提升、运行率提高，环境管理制度改善、员工素质的提高、管理水平提高。环境污染预防和综合防治应贯穿于生产的全过程。

## 一、我国工业污染防治政策的演变

污染源的监督管理是与国家环境污染控制的宏观政策相一致的。在各类污染源中工业污染负荷占全国总污染负荷很大比例，尤其是有毒有害物质主要是工业污染源排放的，工业污染控制仍然是我国污染源监督管理的重点。我国的工业污染控制政策的发展大体经历了三个阶段。

第一个阶段是1978年至1992年。这一时期受计划经济体制和对环境问题认识水平的限制，工业污染防治的管理主要是以"三废"治理和综合利用为中心进行的。这一时期的环境保护法律法规不健全，排污单位污染防治责任不明确，污染治理投资主要依靠国家财政投资，排污单位对污染治理的自觉性和积极性都不高，加上工业污染防治的历史欠账较多，工业污染一直未能得到有效控制，致使环境污染趋于恶化。1982 年 8 月我国召开了全国工业系统防治工业污染经验交流会，在工业污染管理方面提出"调整不合理布局，结合技术改造防治工业污染，开展工业'三废'的综合利用，提高'三废'排放物处理水平，强化环境管理"的污染控制政策。这一时期主要是依靠污染治理，采用污染物排放标准，进行工业生产的"末端"控制政策。实际上是承认排污单位"先污染，后治理"的污染现实。

第二阶段是从 1992 年至 2000 年。自 1992 年巴西"里约会议"之后，我国对污染源管理的观念发生了转变，这一阶段以 1993 年第二次全国工业污染防治大会为标志，提出了在新时期多种经济体制并存的市场经济条件下，如何有效防止或控制工业污染的问题。这一时期的主要指导思想是提出工业污染的全过程控制以及清洁生产的观念。同时强调在工业污染控制的基本战略上要逐步实现三个转变：即由污染的末端治理转向污染的全过程控制和末端治理相结合，由排放污染物的浓度控制转向总量控制与浓度控制相结合，由污染的点源治理转向污染的集中控制综合治理和点源治理相结合。随着环境管理观念的变化，污染源监督管理的要求也不断深化，对排污单位不仅要求其达标排放还要进一步限制其污染物排放总量，并进一步强化环境执法，逐步提高排污收费标准，使其高于污染治理成本，更有效地促进污染防治。

第三个阶段是 2000 年至今。工业污染防治在指导思想和工作思路上，又进行了重大调整与转变。提出以削减污染物排放总量为主线，实行浓度控制与总量控制相结合，向总量控制转变；力争结合工业结构调整，解决一些重点行业的工业结构性污染问题。随着工业化、城镇化进程加快和消费结构持续升级，我国能源需求呈刚性增长，受国内资源保障能力和环境容量制约以及全球性能源安全的影响，资源环境约束日趋强化，我国环境形势十分严峻，任务十分艰巨。"十五"期间把削减工业污染物排放总量作为工业污染防治的主线，实施工业污染物排放全面达标工程，促进产业结构调整和升级；"十一五"期间面临工业快速增长面临的环境问题，我国"十一五"规划纲要提出"节能减排"政策。国家发改委会同有关部门制定的《节能减排综合性工作方案》，进一步明确了实现节能减排的目标和总体要求。提出大气和水的主要污染物的节能减排目标，对工业污染防治提出控制高耗能、高污染行业过快增长；加快淘汰落后生产能力；完善促进产业结构调整的政策措施；积极推进能源结构调整；促进服务业和高技术产业加快发展等节能减排方法。"十二五"《节能减排综合性工作方案》对工业污染防治提出：进一步调整优化产业结构；加强工业节能减排；大力推行清洁生产和发展循环经济；强化节能减排市场化机制等措施。

"十二五"期间国家进一步加强重点污染源和治理设施运行监管。严格排污许可证管理。强化重点流域、重点地区、重点行业污染源监管，适时发布主要污染物超标严重的国家重点环境监控企业名单。以"十二五"环境保护的主要任务为中心，把控制和削减污染物排放总量作为工业污染防治的主要目标，实施工业污染源的全面达标排放，促进工业的产业结构调整和升级，解决工业行业的结构性污染问题。

## 二、我国工业污染防治的指导思想

新时期我国污染防治的指导思想有较大的转变，主要有以下三点：

1．以削减污染物排放总量为主线，要求所有企业在全面实现达标排放的基础上，继续控制和削减排放总量，实现浓度控制和总量控制相结合。

2．工业污染防治与工业结构调整相结合，抓住一些重点行业，集中力量解决工业结构性污染的问题。

3．工业污染防治应与清洁生产相结合，把末端治理为主转变为全过程控制。再把清洁生产扩展到循环经济的发展模式，提高经济效益，减少资源损失，把污染物的产生量降到最低限度。

**思考与练习：**

1．从网上寻找资料分析我国工业化带来环境问题的原因。

2．通过最新的国家环境统计年报总结产生各类工业"三废"污染物的主要行业。

3．分析各类工业"三废"污染物的主要来源。

4．分析我国工业污染防治政策的演变。

5．通过大气污染防控，总结控制工业污染的基本途径。

# 第二章　火电与热力工业污染核算

　　本章介绍了我国火电和供热工业的主要环境问题；这个行业采用的燃料与品质参数；锅炉基本类型、基本结构、工作原理、基本参数；火电基本生产工艺和与环保相关的参数；火电的废气污染物烟尘、二氧化硫、氮氧化物的产生机理；火电企业废水和固体废物的基本来源。

专业能力目标：

1. 了解固体燃料煤炭的种类、品质、燃料比等参数；
2. 了解标准煤概念，与原煤的关系；
3. 了解工业锅炉的基本类型、基本结构、工作原理、基本参数；
4. 了解火电废水和固体废物的基本来源；
5. 掌握火电的基本生产工艺和与环保相关的参数；
6. 掌握火电的排污节点，烟尘、二氧化硫、氮氧化物的产生机理；
7. 掌握层燃锅炉和悬燃锅炉废气污染物产生的差异。

## 第一节　火电与热力工业的主要环境问题

　　火电与热力工业在国民经济行业调查中均属于电力、热力的生产与供应业，其原料多采用一次能源（如动力煤、燃气、重油等），其产品多属二次能源（如电力、蒸汽、热水等）。

### 一、我国一次能源消费的结构与现状

　　火电及热力工业与能源的利用和转化密切相关，环境问题和能源问题是一个能源利用的两个方面。由于我国煤炭资源相当丰富，造成我国一次能源消费结构很不合理，煤炭占比过大，以 2012 年为例，我国能源消费中煤炭占近 67.89%，石油、天然气、水电、核电和风电共占 32.11%，这种能源消费结构的副作用是能源利用率低，环境污染严重。

　　煤炭在我国全国电力工业的消费结构比例保持在 80% 左右，短期内也难以改变。2012年，我国原煤产量达到 36.6 亿 t，约占全世界原煤总产量的 47.5%。从使用方式上看，煤炭消费量的 80% 以上直接用于火电与热力工业的燃料（动力煤），火电厂燃煤消耗量占煤

炭总消耗量的 50% 以上。长期以来，以煤为主的能源结构是影响我国大气环境质量的主要因素，燃煤是大气环境中 $SO_2$、$NO_x$、烟尘、$CO_2$ 的主要来源。

火电和热力工业是我国目前节能减排的重点领域，在节能减排和应对气候变化中，责任重大。2010 年，电力行业消耗了全国 55.1% 的煤炭资源，在能源转换过程中排放的 $SO_2$ 占全国的 40% 以上，排放的 $CO_2$ 约占全国总量的 50%，排放的 $NO_x$ 约占全国氮氧化物排放总量的三分之一以上。

### 二、我国火电工业的主要环境问题

"十一五"期间，针对电力行业存在的问题，我国政府和企业采取了一系列措施，重点在我国电力行业开展节能减排工作，经过不断的努力，在结构优化、节能效率和污染物排放控制等方面已经取得了明显成绩。但电力行业在节能减排中还存在着以下环境问题：一是燃煤电厂装机增速过快，二是污染物排放居行业之首，三是还有部分落后产能，四是脱硫设施运行效果有待提高，五是还有相当火电企业未上脱硝设施。

### 三、我国热力工业的主要环境问题

我国热力工业主要是利用工业锅炉将水加工成高温热水或蒸汽，工业锅炉是重要的热能动力设备，主要用于工厂动力、建筑采暖、人民生活等各个方面，我国是当今世界工业锅炉生产和使用最多的国家。

我国工业锅炉的使用一直以燃煤锅炉为主。我国工业锅炉的主要环境问题表现在以下几个方面：

（1）我国工业锅炉使用的燃料燃煤占 90% 以上，燃油燃气的锅炉很少，不到 10%。燃煤使用过程产生大气污染严重。

（2）我国热力工业使用的锅炉多是小容量、低压工业锅炉，不仅燃烧效率低，而且在大气污染控制措施上，烟尘治理设施多为效率较低的机械除尘，$SO_2$ 和 $NO_x$ 多数直接排放。

（3）我国工业锅炉燃烧方式落后，多为层燃式，燃烧效率低，污染物排放强度高。我国锅炉烟尘排放质量浓度一般为 400 mg/m$^3$，而国外为 50～100 mg/m$^3$。

（4）我国工业锅炉多数热效率较低，一般为 55%～60%，而国外工业锅炉和商业锅炉的热效率为 80%～85%，两者相差 25%，耗煤强度较高。

（5）我国工业锅炉烟囱低矮，一般低于 30 m，含颗粒物、$SO_2$ 和 $NO_x$ 污染物多为低空排放，对城市大气 $PM_{2.5}$ 污染贡献率较高，尤其是冬季取暖时期尤为严重。

## 第二节　燃料

火电和热力工业使用的燃料按形态可以分为固体燃料、液体燃料和气体燃料 3 类，见表 2-1。

表 2-1　按形态分类的常见燃料

| 燃料类型 | 常见燃料 |
|---|---|
| 固体燃料 | 煤炭、煤矸石、油页岩、炭沥青、天然焦、型煤、水煤浆、焦炭、石油焦、生物质燃料等 |
| 气体燃料 | 天然气、焦炉煤气、高炉煤气、转炉煤气、人工煤气、油制气、气化炉煤气、液化石油气、沼气、炼油厂和化肥厂弛放气等 |
| 液体燃料 | 原油、轻柴油、重油、汽油、煤油、渣油、煤焦油、页岩油、煤液化油、醇类燃料等 |

## 一、固体燃料

### 1. 主要固体燃料——燃煤

我国火电和热力工业使用的燃料中固体燃料占 90%以上，固体燃料中煤炭又占 95%以上，其余少量是燃油、燃气和生物质燃料。火电和热力行业是消费煤炭最多，大气污染物排放最突出的行业，成为我国大气污染物减排的重点监控行业。

根据煤炭使用目的的不同，煤炭主要可以分为：动力煤和原料煤。我国动力煤主要用于发电用煤（我国约 50%以上的煤用来发电）、建材用煤（约占动力用煤的 10%以上，以水泥用煤量最大，其次为砖、瓦、石灰等）、一般工业锅炉用煤（用煤量约占动力煤的 15%）、生活用煤（约占燃料用煤的 20%）、冶金用动力煤（冶金用动力煤主要为烧结和高炉喷吹用无烟煤，其用量不到动力用煤量的 1%）。

### 2. 煤炭的分类

工业上按照煤炭的灰分和挥发分（固定碳除以挥发分称燃料比，燃料比越高，煤炭的利用价值越高）可以把煤炭分为以下品种，见表 2-2。

表 2-2　煤炭的类别

| 煤炭品种 | 特　点 | 煤质与燃料比 | 用　途 |
|---|---|---|---|
| 褐煤 | 外表呈褐色，无光泽，质脆，故称褐煤 | 燃料比<1，固定碳含量 15%～20%，挥发分在 40%～60%。易燃，发热值在 4 000 kcal[①]/kg 以下，灰分高是褐煤的特点 | 褐煤多用于工业动力和煤化工用煤 |
| 烟煤（又称软煤） | 煤质黑亮有光泽，燃烧时烟多，故称烟煤 | 燃料比为 1～7，固定碳含量 50%以上，挥发分为 10%～40%。易燃，燃烧速度快，发热值高，火焰长，易结焦，易冒烟是烟煤的特点 | 工业上烟煤多用于锅炉燃煤、焦炭和煤炭加工等 |
| 无烟煤（又称白煤或硬煤） | 色黑，质硬，无烟煤煤化程度最高 | 燃料比大于>7，固定碳含量 75%以上，挥发分在 10%以下。着火性能差，燃烧速度缓慢，发热值高，着火温度高，结焦性能差，不易冒烟是无烟煤的特点 | 工业上无烟煤大量用于煤气化、合成氨、碳素、冶金还原吹煤等生产过程 |
| 焦炭 | 将黏结性强、固定碳多的烟煤隔绝空气干馏，是挥发酚挥发和分解，形成一种多孔的人造固体燃料 | 燃料比很高，固定碳含量为 75%～85%，挥发分为 1%～6%。焦炭挥发分低，燃烧火焰短、少烟、着火性差、无黏结性，但热值高，燃烧持续性好，发热值在 6 500～7 500 kcal/kg 以下 | 工业上主要用于冶金和铸造 |
| 型煤 | 人工制作的煤制品，主要指蜂窝煤和煤球 | 使用方便，燃烧时比散煤节煤 20%～30%，可以减少烟尘和 $SO_2$ 排放量 | 型煤主要用于茶炉、大灶等民用锅炉 |

---

① 1 cal = 4.187 J。

### 3．煤炭的煤质参数

煤炭中的主要成分有碳元素（主要是有机碳）、灰分、硫元素、氮元素和氢元素。煤碳中各种元素成分不同，对煤的性质影响也不同，见表 2-3、表 2-4。

表 2-3　煤炭的主要成分

| 成分 | kg 热值/kJ | 平均含量/% | 说明 |
|---|---|---|---|
| 碳 | 31 365 kJ（折 7 500 kcal） | 40～90 | 煤炭分为泥煤、褐煤、烟煤、无烟煤。泥煤呈黑褐色，碳含量为45%以下；褐煤呈褐色，碳含量55%～73%；烟煤一般呈黑色，具有不同程度光泽，碳含量70%～85%；无烟煤呈灰黑色，带金属光泽，燃烧时无烟，碳含量85%～95%，煤化程度最高 |
| 灰分 | 不燃烧 | 40～50 | 煤完全燃烧后的残留物统称为灰分。灰分大部分来自矿物质，其组成十分复杂，主要成分为黏土、氧化物和金属化合物（钙镁铁的碳酸盐和钾镁硅酸盐等） |
| 硫 | 9 033 kJ（折 2 160 kcal） | 0.2～3 | 硫是煤中的有害成分。它以三种形态存在：有机硫、硫铁矿和硫酸盐，有机硫、硫铁矿的硫分称为可燃硫 |
| 氮 | 不燃烧 | 1～2 | 受热分解生成氮的化合物，如煤气中的氨、氰化物、焦油中的吡啶及 $NO_x$ 等 |
| 氢 | 12 036 kJ（折 2 878 kcal） | 1～6 | 氢元素是煤中有机质的组成元素，氢燃烧生成水 |

表 2-4　各种煤的煤质参数

| 燃料 | $Q$/（kcal/kg） | 碳含量/% | 灰分/% | 挥发分/% | 硫分/% | 氮/% | 燃烧值 |
|---|---|---|---|---|---|---|---|
| 褐煤 | <4 500 | 40～70 | 20～40 | >40 | 0.60 | 1.34 | 易燃，热值低 |
| 烟煤 | 5 000～6 500 | 70～85 | 8～15 | 10～40 | 0.3～3 | 1.55 | 燃烧快，烟多 |
| 无烟煤 | 6 000～7 200 | 85～95 | 3～8 | 6～10 | 0.98 | 0.15 | 燃烧缓，烟少 |
| 焦炭 | 6 500～7 500 | 75～85 | 10～18 | — | — | — | 不易燃，少烟 |
| 重油 | 10 012 | 85～90 | 0.02～0.1 | | 0.5～3.5 | 0.14 | 易燃，热值高 |

注：重油中的硫在燃烧时几乎全部转化为 $SO_2$，优质重油含氮0.02%，劣质重油含氮0.2%，煤中的氮在燃烧时25%～40%转化为 $NO_x$。重油中的氮在燃烧时30%～40%转化为 $NO_x$。

### 4．煤炭成分含量的表示基准

煤炭使用过程中，煤炭的性质常用以下基准来表示：

应用基——进入燃烧设备的燃料实际成分为应用基，含一切成分和水分。

分析基——实验室内由应用基去掉水分的煤样品成分为分析基，应用基去除外在水分是分析基。

干燥基——去掉煤样品的外部和内部水分后的煤样成分称为干燥基，灰分的含量常用干燥基来表示。

可燃基——去掉煤样中的水分和灰分，剩余有机质和部分可燃硫成分称可燃基。

### 5．标准煤概念

燃料分固体燃料、液体燃料和气体燃料。燃烧后产生的废气量与燃烧热值有关。燃料之间的换算一般采用标准煤折算。环境统计中常接触到标准煤的概念，标准煤是以一定燃烧值为标准的当量概念。规定 7 000 kcal 的燃料相当于 1 kg 标准状态下的煤。

$$B_{标} = Q^Y / 7\,000 \text{ kcal} = Q^Y / 29\,307 \text{ kJ}（kg标态煤）$$

式中：$Q^Y$——燃料的低位热值；

$B_{标}$——折成标煤的量值。

常见能源折算标煤系数见表2-5。

表2-5 常用能源折算标煤系数

| 燃料名称 | 折标煤量 | 燃料名称 | 折标煤量 |
|---|---|---|---|
| 普通原煤/（t/t） | 0.714 3 | 天然气/（t/1 000 m³） | 1.33 |
| 洗精煤/（t/t） | 0.900 | 炼厂干气/（t/1 000 m³） | 1.571 4 |
| 煤泥/（t/t） | 0.285 7~0.428 6 | 煤矿瓦斯气/（t/1 000 m³） | 0.500 0~0.517 4 |
| 焦炭/（t/t） | 0.971 4 | 液化石油气气油/（t/t） | 1.714 3 |
| 原油/（t/t） | 1.428 6 | 液化石油气/（t/1 000 m³） | 1.714 |
| 汽油、煤油/（t/t） | 1.471 4 | 焦炭制气/（t/1 000 m³） | 0.557 1 |
| 柴油/（t/t） | 1.457 1 | 发生炉煤气/（t/1 000 m³） | 0.178 6 |
| 燃料油/（t/t） | 1.428 6 | 水煤气/（t/1 000 m³） | 0.357 1 |
| 1 万 kWh 电/t 标煤 | 1.228 6 | 电力（等价）/（t/1 000 m³） | 3.246 9 计算最终消费 |
| 热力 | 百万 kcal/t 标煤 | 0.034 12 t | 压力气化煤气/（t/1 000 m³） | 0.514 3 |
| | 1 000 kcal/t 标煤 | 0.142 86 t | 重油热裂煤气/（t/1 000 m³） | 1.214 3 |

### 6．燃料的低位发热值

燃料的发热量（燃烧值）是指 1 kg 燃料完全燃烧放出的热量。燃料的高位热值是指燃烧值，但煤燃烧后自身含水及燃烧生成的水的气化要用掉部分热量，这部分热在锅炉内是收不回来的。燃料的高位热值减去水的汽化热才是锅炉得到的热量，称为燃料的低位热值 $Q^Y$。见表2-6。

表2-6 各种燃料的低位燃烧值表

| 燃料类型 | 低位热值 $Q^Y$ | 燃料类型 | 低位热值 $Q^Y$ | 燃料类型 | 低位热值 $Q^Y$ |
|---|---|---|---|---|---|
| 石煤和矸石/（kJ/kg） | 8 374 | 焦炭/（kJ/kg） | 27 183 | 氢/（kJ/m³） | 10 798 |
| 无烟煤/（kJ/kg） | 22 051 | 重油/（kJ/kg） | 41 870 | 一氧化碳/（kJ/m³） | 12 636 |
| 烟煤/（kJ/kg） | 17 585 | 柴油/（kJ/kg） | 46 057 | 煤气、高炉气/（kJ/m³） | 7 500~13 000 |
| 褐煤/（kJ/kg） | 11 514 | 纯碳/（kJ/kg） | 31 401 | 焦炉气、沼气/（kJ/m³） | 12 500~27 000 |
| 贫煤/（kJ/kg） | 18 841 | 硫/（kJ/kg） | 9 043 | 天然气/（kJ/m³） | >35 000 |

### 二、液体燃料

液体燃料主要分原油、重油、轻油等。重油包括重油和渣油（石油分馏残余物），轻油包括柴油、汽油和煤油。

表 2-7　液体燃料的特征

| | 含氮率 | 含硫率 | 灰分 | 碳含量 | 特性 |
|---|---|---|---|---|---|
| 原油 | 0.1%～0.4% | 0.1%～3% | 0.02%～0.1% | 83%～87% | 原油是黑色或黄褐色、流动或半流动黏稠液体，成分含氢11%～14%，高位发热值可达 9 600～12 000 kcal/kg。原油含碳氢类物质 95%～99%，非烃化合类物质（主要是硫、氮、氧）仅 1%～4%。<br>非烃化合物含量有时可高达 20%。非烃化合物在石油炼制时，大部分集中在重油和渣油中（大部分硫化物集中在重油中，大部分氮化物集中在渣油中） |
| 重油 | 0.3%～1% | 1%～3% | 0.3% | 85%～88% | 重油是石油蒸馏后的残油，呈黑褐色，包括直馏渣油和裂化残油，主要用于工业燃料。成分含氢 10%～12%。燃烧时主要污染物为烟尘、$SO_2$、$NO_x$ 等。<br>重油和原油中的硫在燃烧时几乎全部转化为 $SO_2$，氮在燃烧时 20%～40%转化为 $NO_x$ |
| 轻油 | — | 0.01% | 0.01% | 86%～88% | 轻油是石油的分馏产物，属有机物链烷、环烷、芳香族等的混合物。常见的汽油、煤油和柴油等属轻油类，因其杂质少，燃烧充分，一般不易造成空气污染 |
| 沥青 | 主要成分是沥青质和树脂，其次有高沸点矿物油和少量的氧、硫和氯的化合物 | | | | 包括天然沥青、石油沥青、页岩沥青和煤焦油沥青四种。煤焦沥青中主要含有难挥发的蒽、菲、芘等，由于沥青中含有荧光物质，其中含致癌物质 3,4-苯并芘高达 2.5%～3.5%，高温处理时随烟气一起挥发出来。沥青热值约 37.69 MJ/$m^3$ |
| 焦油 | 含大量沥青，其他成分是芳烃及杂环有机化合物。包含的化合物已被鉴定的达 400 余种 | | | | 高温煤焦油黑色黏稠液体，相对密度大于 1.0，焦油热值约为 29.31～37.69 MJ/$m^3$ |

### 三、气体燃料

　　气体燃料主要分天然气、液化石油气、人工煤气、高炉及焦炉煤气等。气体燃料极易完全燃烧，灰分几乎没有，硫、氮成分较少，因此燃烧时基本没有烟尘和少量 $SO_2$ 等污染物，但有一定量的 $NO_x$。

表 2-8　气体燃料的特征

| 燃料名称 | 发热值 | 特性 |
|---|---|---|
| 天然气 | 37.60～46.00 MJ/$m^3$ | 天然气主要是由低分子的碳氢化合物组成的混合物。根据天然气来源一般可分为四种：气田气（或称纯天然气）、石油伴生气、凝析气田气和煤层气 |
| 气田气 | 36 MJ/$m^3$ | 气田气是从气井直接开采出来的燃气。气田气的成分以甲烷为主，甲烷含量在 90%以上，还含有少量的二氧化碳、硫化氢、氮和微量的氦、氖、氩等气体 |
| 凝析气田气 | 48 MJ/$m^3$ | 凝析气田气是含石油轻质馏分的燃气。凝析气田气除含有大量甲烷外，还含有 2%～5%的戊烷及其他碳氢化合物 |
| 油田伴生气 | 16.15 MJ/$m^3$ | 伴随石油一起开采出来的低烃类气体称石油伴生气。石油伴生气的甲烷含量约为 80%，乙烷、丙烷和丁烷等含量约为 15%，低热值约为 45 MJ/$m^3$ |

| 燃料名称 | 发热值 | 特性 |
|---|---|---|
| 矿井气 | 18 MJ/m³ | 在煤层开采过程中，井巷中的煤层气与空气混合形成的气体称为矿井气。矿井气主要成分为甲烷（30%～55%）、氮气（30%～55%）、氧气及二氧化碳等 |
| 液化石油气（气态） | 87.92～100.50 MJ/m³ | 液化石油气主要成分是丙烷和丁烷，是石化厂生产的副产品。它液化性能好，易储运，使用方便。液化石油气与天然气性质相近 |
| 液化石油气（液态） | 45.22～50.23 MJ/kg | |
| 油制气（热裂） | 42.17 MJ/m³ | 重油蓄热热裂解气以甲烷、乙烯和丙烯为主要成分，低热值约为41 MJ/m³。每吨重油的产气量为500～550 m³ |
| 油煤气（催裂） | 18.85～27.23 MJ/m³ | 重油蓄热催化裂解气中氢气含量最多，也含有甲烷和一氧化碳 |
| 焦炉煤气 | 18.26 MJ/m³ | 焦炉煤气是煤在高温条件下生产焦炭时回收的副产品。它的主要成分为甲烷和少量氢、CO，一般混有焦油气、阿莫尼亚、硫分等有害杂质。燃烧时，废气应经过净化 |
| 直立炉煤气 | 16.15 MJ/m³ | |
| 发生炉煤气 | 5.01～6.07 MJ/m³ | 发生炉煤气是煤与水蒸气在缺氧条件下燃烧的产品，主要成分是 $H_2$ 和 CO 及少量 $CO_2$ 和 $N_2$。由于成本高，热值较低，一般不用于锅炉。燃烧废气含有少量 $NO_x$ 和 CO |
| 水煤气 | 10.05～10.87 MJ/m³ | 主要成分为氢气和一氧化碳，也含有少量二氧化碳、氮气和甲烷等组分 |
| 两段炉水煤气 | 11.72～12.57 MJ/m³ | |
| 混合煤气 | 13.39～15.06 MJ/m³ | 混合煤气是指两种（或以上）煤气混合组成的气体。一般焦炉上混合煤气采用高炉煤气（BFG）中掺入一定比例的焦炉煤气（COG） |
| 高炉煤气 | 3.52～4.19 MJ/m³ | 高炉煤气是钢铁厂冶炼时回收的副产品，主要成分 CO 占25%～30%，$H_2$ 占2%，$CO_2$ 占11%，$N_2$ 占60%。高炉煤气一般是钢铁厂的自用燃料。燃烧废气含有少量 $NO_x$ 和 CO |
| 转炉煤气 | 8.38～8.79 MJ/m³ | 每吨钢可产生转炉煤气60～105 m³，主要成分是 CO 和 $CO_2$，含 CO 60%～80%，$CO_2$ 15%～20% |
| 沼气 | 18.85 MJ/m³ | 沼气是由各种有机物质（蛋白质、纤维素、脂肪、淀粉等）在隔绝空气的条件下发酵，产生可燃气体，沼气中甲烷的含量约为60%，$CO_2$ 约为35%，还含有少量的氢、CO 等气体 |

### 四、燃料消耗量指标

在火电和热力的污染物计算中，统计消耗的燃料非常重要。通过燃料消耗量和单位燃料排放的废气量和污染物的数量，可以确定燃料燃烧过程中排放出的烟尘、$SO_2$、$NO_x$ 的产生量，是环境统计、总量核算、排污收费计算热力和火电行业大气污染物产生量的重要参考指标。包括燃料煤耗量、其他固体燃料消耗量、燃料油消耗量、天然气消耗量、其他气体燃料消耗量。

市场经济中，生产企业燃料的进货渠道是多种多样的，生产企业本身有记录，都应有相关的凭证。但是，有些生产企业为了达到少缴排污费目的，往往采用少报消耗的燃煤数量，而环保部门由于不了解企业的生产及燃料消耗情况，一般也很难确定企业真正的燃料消耗量。因此，环保部门在审核排污单位燃料消耗量时，必须考核排污单位的生产情况，原材料能源消耗情况以及利用物料衡算法对排污单位的耗煤量进行推算。对于电力企业，环保部门可以依据电力企业的发电情况，根据供热面积和供应的蒸汽产品量来推算其发电消耗的煤炭数量。对于工业锅炉，可以根据工业锅炉生产的蒸汽数量来推算其消耗的煤炭数量。如电厂每生产 1 kWh 电，一般消耗煤量是 0.4～0.6 kg 原煤，一般工业锅炉供热 1 t 蒸汽，煤炭消耗量为 170～200 kg 原煤。

## 第三节　工业锅炉

### 一、锅炉的含义与基本结构

锅炉（蒸汽发生器）是利用燃料或其他能源的热能，把工质（一般是经过净化的水）加热到一定参数（温度、压力）的换热设备。也可以说是生产蒸汽或热水的热能动力设备。

锅炉包括锅和炉两大部分，锅的原义指在火上加热的盛水容器，炉指燃烧燃料的装置。锅炉是一种能量转换设备，向锅炉输入能量的有燃料化学能、电能、高温烟气等热能形式，经过锅炉转换，向外输出具有一定热能的蒸汽、高温水或有机热载体。锅炉中产生的热水或蒸汽可直接为生产和生活提供所需热能，也可通过蒸汽动力装置转换为机械能，或再通过发电机将机械能转换为电能。通常，我们把用于发电方面的锅炉，叫做电力锅炉；把用于工业及采暖方面的锅炉，通常称为工业锅炉。

### 二、锅炉的基本结构

构成锅炉的基本组成部分称为锅炉本体，由汽锅、炉子、安全附件、锅炉辅机组成。

（1）汽锅——锅炉本体中汽水系统，炉内高温燃烧产生烟气通过受热面将热量传递给汽锅内的水，水被加热汽化生成蒸汽，通过出口供应热能，进口是返回的热水或补充的新水。

（2）炉子——锅炉本体中燃烧设备，燃烧将燃料的化学能转化为热能。

（3）安全附件——水位计、压力表、安全阀。

（4）锅炉辅机——锅炉的辅机主要有给煤机、磨煤机、送风机、吸风机、给水泵、吹灰器、碎渣机、除尘器、灰浆泵。

### 三、锅炉的工作过程

锅炉的工作包括三个过程，燃料的燃烧过程、烟气向水的传热过程和水的汽化过程，这三个过程在锅炉中同时进行。为了锅炉燃烧的持续进行，需要连续不断地供应燃料、空气和排出烟气、灰渣。为了环保的要求，还须对烟气进行除尘处理，为此，需配置鼓风机、引风机、运煤出渣设备及消烟除尘设备。

## 四、锅炉的相关参数

表 2-9 工业锅炉的相关参数

| 参数 | 含义 |
|---|---|
| 锅炉压力 | 锅炉内蒸汽的压强。压力越高,蒸汽温度越高,热焓越多。压力的单位常用兆帕(MPa) |
| 蒸发量 | 锅炉内每小时产生的蒸汽量称蒸发量,单位取吨蒸汽/时(t/h)。锅炉铭牌上标明的蒸发量是该锅炉的额定蒸汽参数(即设备运行时的最高蒸发量,实际运行时的蒸发量应小于此值) |
| 供热量 | 锅炉每小时提供的热量称供热量,单位取兆瓦/时(MW/h)或过去常用的千卡/时(kcal/h)。锅炉铭牌上标识的供热量为额定供热量,是运行产生的最高供热量 |
| 耗煤量 | 每小时正常运行消耗的燃煤量 $B$, $B$=锅炉供热量/(煤的低位热值×锅炉效率),锅炉供热量=锅炉蒸发量(kg/h)[蒸汽热焓(kJ/kg)-给水焓(kJ/kg)] |
| 热效率 | 锅炉热效率指投入锅炉内的燃料供热量与发热量之比(用 $\mu$ 表示),$\mu$=锅炉小时供热量/[小时耗煤量×煤的低位热值]。锅炉热效率在50%~90% |

## 五、工业锅炉的主要分类

工业锅炉有多种分类方式,可以按用途分类、按规模分类和按压力分类等。

表 2-10 煤(油)锅炉主要分类形式

| 分类 | | 锅炉参数 |
|---|---|---|
| 按用途分 | 电站锅炉 | 电站锅炉是高排放强度的大气污染源,多为 400 t/h 以上的锅炉 |
| | 工业锅炉 | 工业锅炉是我国的主要热能动力设备,它包括压力≤2.45 MPa、容量≤65 t/h 的工业用蒸汽炉、采暖热水炉、特种用途锅炉等,以中小型锅炉为主 |
| | 民用锅炉 | 以小型锅炉为主,容量小,多为老旧锅炉,热效率低,污染物治理效果差,是城市主要大气污染源 |
| 按规模分 | 大型锅炉 | 容量>65 t/h |
| | 中型锅炉 | 容量为 20~65 t/h |
| | 小型锅炉 | 容量≤20 t/h |
| 按压力分 | 低压锅炉 | $P$≤2.5 MPa |
| | 中压锅炉 | 2.5 MPa<$P$≤6.0 MPa |
| | 高压锅炉 | 6.0 MPa<$P$≤10 MPa |
| | 超高压锅炉 | $P$=14 MPa |
| | 亚临界锅炉 | 17 MPa≤$P$≤20 MPa |
| | 超临界锅炉 | >25 MPa |
| | 超超临界锅炉 | >31 MPa |

机组的蒸汽参数是决定机组热经济性的重要因素。一般,压力是 16.6~31.0 MPa、温度在 535~600℃ 的范围内,压力每提高 1 MPa,机组的热效率上升 0.18%~0.29%;新蒸汽温度或再热蒸汽温度每提高 10℃,机组的热效率就提高 0.25%~0.3%

## 六、锅炉的燃烧方式

锅炉的燃烧方式有三种形式:层燃(火床燃烧)、室燃(悬浮燃烧)、沸腾燃烧。各种燃烧方式有其相应的燃烧设备。固定炉排、链条炉排、往复炉排、振动炉排等属于层燃式,适用于燃烧固体燃料。煤粉锅炉、燃油锅炉、燃气锅炉等属于室燃式,适用于粉状固体燃料、液体燃料和气体燃料。鼓泡流化床、循环流化床属于沸腾燃烧方式,适用于燃烧颗粒状固体燃料。抛煤机链条炉排,兼有层燃和室燃的燃烧方式,属于混合燃烧方式。

### 1. 层燃式锅炉的分类

层燃式锅炉分类有几种分法:

（1）按操作方式可分为手烧炉、半机械化炉和机械化炉；

（2）按炉排方式可分为链条炉、往复炉和振动炉；

（3）按加料方式分为上饲炉和下饲炉。

链条炉排、往复炉排和固定炉排的工业锅炉、茶浴炉和大灶采用的是层式燃烧方法，大多是将煤撒在炉排上呈层状燃烧。层燃式锅炉又分为手烧炉和机械加煤炉两类。手烧炉多为 2 t/h 以下的小锅炉，烟囱低，燃烧效率低，黑烟多。机械加煤锅炉可以均匀、连续燃烧，热效率高，黑烟较少。见图 2-4。

**2．悬燃式锅炉的燃烧方式**

油气炉、煤粉炉采用的是悬浮燃烧方式。将煤粉（磨成 200 目的煤粉）或油气喷入炉膛，在炉膛内以悬浮状态燃烧。由于燃料和空气充分接触，燃烧充分且迅速。煤粉炉的炉膛容积大，可延长煤粉在炉膛内的停留时间，保证充分燃烧。

旋风炉实际上是液态排渣炉的一种，一般由旋风筒、燃烧室和冷却炉膛组成，因其有圆柱形燃烧室（旋风筒），气流在其内高速旋转燃烧而得名。旋风炉是将碎煤（4 目碎煤）与空气充分混合，旋转进入炉膛燃烧，炉温比煤粉炉高，燃烧负荷是煤粉炉的几十倍，沸腾炉的几倍。悬浮式燃烧产生的灰渣在悬浮状态下绝大多数被烟气流到出炉外，少量灰沉积在炉壁，落入炉底，经锁灰器排出。见图 2-5。

**3．半悬式锅炉的燃烧方式**

以半悬式燃烧方式的锅炉主要有鼓泡流化床锅炉（BFBB）和循环流化床锅炉（CFBB）。固体粒子经与气体或液体接触而转变为类似流体状态的过程称为流化过程。流化过程用于燃料燃烧，即为流化燃烧，其炉子称为流化床锅炉。半悬式锅炉主要由给煤机、沉浸受热面、沸腾段、悬浮段等组成。把碎石灰石送入流化床层后，再用高压空气通过炉排送入炉膛，吹起碎煤（粒径 6 mm 左右）使其处于悬浮燃烧，燃尽的灰渣从溢流口排出。加入碎石灰石可有效地去除 $SO_2$。沸腾炉的飞灰量、$SO_2$ 和 $NO_x$ 均少于煤粉炉。循环流化床锅炉可以达到 95%～99% 的燃烧效率。$NO_2$ 排放低的原因：一是低温燃烧，此时空气中的氮一般不会生成 $NO_2$，二是分段燃烧，抑制燃料中的氮转化 $NO_2$，并使部分已生成的 $NO_2$ 得到还原。见图 2-3。

**4．半层半悬式锅炉燃烧方式**

以半层半悬式燃烧方式的锅炉主要是抛煤机炉。抛煤机可分为风力抛煤机、机械抛煤机和机械-风力抛煤机三种。主要部件由给煤部件和抛煤部件构成。抛煤机是将燃料均匀地抛进燃烧室以形成燃烧层的设备。见图 2-6。

## 七、锅炉的燃烧设备

**1．固定炉排**

这是一种最古老、结构简单的层燃燃烧的设备，分单层炉排和双层炉排两种。单层炉排用铸铁制造，有板状和条状。双层炉排内有上下两层炉排，上炉排由水冷却管组成的固定炉排，下炉排为普通铸铁的固定炉排。上炉排以上空间为风室，下炉排以下为灰坑，两层炉排之间为燃烧室。

**2．链条炉排**

这是一种结构比较完善的燃烧设备，请见图 2-1。由于机械化程度高（加煤、清渣、除灰等均有机械完成），制造工艺成熟，运行稳定可靠，人工拨火能使燃料燃烧得更充分，燃烧率也较高，适用于大、中、小型工业锅炉。

### 3．振动炉排

这是一种由偏心块激振器、横梁、炉排片、拉杆、弹簧板、后密封装置、激振器电机、地脚螺钉、减震橡皮垫、下框架、前密封装置，请见图2-2。测梁、固定支点等部件组成。具有结构简单，制造容易，重量轻、金属耗量少、设备投资省、燃烧条件好、炉排面积负荷高、煤种适应能力强优点。在工业锅炉应用过。

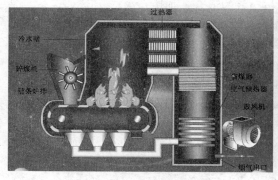

图 2-1　链条炉结构（层式）

图 2-2　振动炉结构（层式）

### 4．往复炉排

这是一种利用炉排往复运动来实现给煤、除渣、拨火机械化的燃烧设备，请见图2-4。往复炉的炉排按布置方式可分倾斜往复炉排和水平往复炉排。倾斜往复炉排为倾斜阶梯型，炉排由相间布置的活动炉排片和固定炉排片组成。水平往复炉排是由固定炉排片和活动炉排片交错组成，炉排片相互搭接。

### 5．沸腾燃烧流化床

这是一种介于固定床和悬浮床之间的气固两相床层，请见图 2-3。流化床根据不同的流化速度划分为鼓泡床、湍流床和快速床。鼓泡流化床结构由给煤装置、布风装置、风室、灰渣溢流口、沸腾层、悬浮段等组成。循环流化床是新一代高效、低污染洁净煤燃烧技术，其特点是在于燃料及脱硫剂在流化床状态下经过多次循环，反复地进行低温燃烧和脱硫反应。循环流化床和鼓泡流化床燃烧过程中最主要的区别在于：循环流化床沸腾层内流化速度很高，一般为 3～10 m/s，鼓泡流化床锅炉的流化速度为 1～3 m/s。

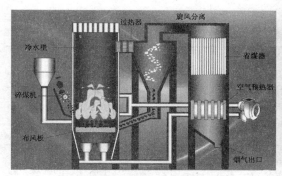

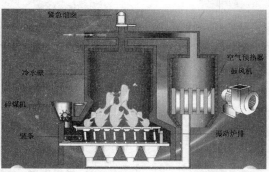

图 2-3　循环流化床锅炉结构（半悬式）

图 2-4　往复式锅炉结构（层式）

#### 6．抛煤机炉

按抛煤方式，抛煤机可分为风力抛煤机、机械抛煤机和机械-风力抛煤机三种，请见图 2-6。机械抛煤机兼有机械抛煤机和风力抛煤机的功能，它由两个主要部件构成：给煤部件和抛煤部件。

#### 7．煤粉锅炉的燃烧设备

煤先经磨煤设备，然后喷入炉膛内燃烧，整个燃烧过程是在炉膛内呈悬浮状进行，这种锅炉称为煤粉炉，见图 2-5。其特点能改善与空气的混合，加快点火或/和燃烧，煤种适用性广，适应于大中型锅炉。煤粉锅炉的燃烧设备有煤粉设备、制粉系统和煤粉燃烧器。

#### 8．燃油燃烧器

燃油燃烧器由喷油嘴和调风器组成，是将燃料油雾化，并与空气强烈混合后送入炉膛，使油气混合物在炉膛内呈悬浮状态的一种燃烧设备。燃油燃烧器是燃油锅炉的关键设备，按使用燃料种类可分轻质油燃烧器和重质油燃烧器，重油黏度大，在重油燃烧器内一般设置预热器。工业燃油锅炉大多配置轻质油燃烧器。

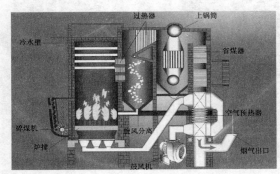 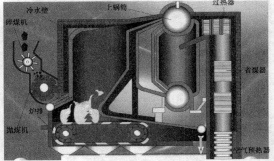

图 2-5　煤粉炉结构（悬式）　　　　　图 2-6　抛煤机锅炉结构（半层半悬式）

#### 9．燃气燃烧器

它是燃气锅炉的最主要的燃烧设备。燃气燃烧器有扩散式燃烧器、大气式燃烧器和完全预混式燃烧器。

### 八、工业锅炉的运行特点

各类锅炉的燃烧特点见表 2-11。

表 2-11　主要锅炉的运行特点

| 燃烧方式 | 燃烧设备 | 燃烧效率/% | 运行特点 | 优缺点 |
|---|---|---|---|---|
| 层式燃烧 | 链条炉排 | 85～90 | 炉排由主动链轮带动，由前向后徐徐运动，炉排与空气反向运动，依次经过干燥、预热、燃烧、燃尽，形成的灰渣最后由装置在炉排末端的除渣板铲落渣斗。炉温在 600～700℃ | 适用褐煤、次烟煤和无烟煤飞灰少，多用于蒸发量为 2～65 t/h 的中、小容量锅炉，着火条件差，煤种适应性不好 |
| | 振动炉排 | 85～90 | 加料和燃烧过程与链条炉相似，水冷炉排周期振动，适用烟煤和褐煤炉温在 600～700℃ | 多用于 2～10 t/h 的小型锅炉。缺点是热效率低，它的漏煤量为 5%左右，比链条炉高得多 |

| 燃烧方式 | 燃烧设备 | 燃烧效率/% | 运行特点 | 优缺点 |
|---|---|---|---|---|
| 层式燃烧 | 往复推饲炉 | 85~90 | 往复推饲炉燃烧过程与链条炉相似，其通风特性、燃烧特性、炉拱布置等，和链条炉是一样的。由于炉排推动，实现了部分燃料的无限制着火。炉温在600~700℃ | 多用于0.5~10 t/h的小型工业锅炉。往复推饲炉与振动炉排一样有炉排片易烧坏、漏煤、漏风等缺点 |
| 悬浮式燃烧 | 旋风燃烧炉 | 98以上 | 旋风炉实际上是液态排渣炉的一种，一般由旋风筒、燃烬室和冷却炉膛组成，因其有圆柱形燃烧室（旋风筒），气流在其内高速旋转燃烧而得名。碎煤在炉膛内与风混合沿切线旋转运动，炉温达1 600℃ | 旋风炉热强度高，燃烧温度高，飞灰粉额也低于煤粉炉，可以使用灰分50%劣质煤，燃烧完全，效率高。但烟尘、$SO_2$、$NO_x$的产生量较大 |
| | 煤粉燃烧炉 | 95~98 | 煤粉碎后用空气喷入炉膛，以悬浮状态燃烧，燃后的灰靠气流导出炉外，少量灰沉积炉壁落到炉底经锁灰器排出。炉温在1 000℃左右 | 煤粉炉是我国电厂生产的主要锅炉型式。优点是燃烧效率高，但烟尘、$SO_2$、$NO_x$的产生量也高 |
| 半悬式锅炉 | 鼓泡流化床（BFB） | 95~97 | 煤、石灰石、空气混合后从下部布料盘送入，经预热、过热、燃烧送入流化床燃烧。循环流化床内的温度可控制在850℃的范围内，这一燃烧温度抑制了热反应型$NO_x$的形成，加到床层的石灰石（平均钙硫摩尔比为2~2.5），有效减少$SO_2$排放量，对$NO_x$也有适量减少，但石灰石对锅炉磨损较大 | 燃料在炉内通过物料循环系统循环反复燃烧，使燃料颗粒在炉内滞留时间大大增加；直至燃烬。燃料适应性好，可以燃用优质、劣质煤、油页岩、石油焦、垃圾等，并达到很高的热效率，有较好的硫氮去除效果 |
| | 循环流化床（CFB） | 97~99 | | |
| 半层半悬式炉 | 抛煤机炉 | 不稳定 | 是悬浮式和层式的复合燃烧方式，煤连续投入炉内上方，50%的煤粉悬浮状态燃烧，大些的煤粒落在炉算上继续层式燃烧。但燃烧不足，黑度超标 | 多用于10 t/h以下的锅炉。煤种适用范围广。缺点是，不完全燃烧损失较大，锅炉初始排尘浓度高，大气的污染较严重 |

注：燃煤锅炉中排出的CO和碳氢化合物，在电厂锅炉中，由于煤与空气充分混合且燃烧充分，排放量很低，排出的CO低于100 mg/m³，对较小的层式燃煤锅炉由于空气与煤混合不好，CO和碳氢化合物的排放量就大得多。

# 第四节　火电企业的排污节点

## 一、火电厂的类型

火电厂的基本类型可以按照燃料和燃烧系统的不同分为燃煤电厂、燃气电厂、燃油电厂、垃圾焚烧电厂和燃水煤浆电厂等。

**表2-12　火电厂的基本类型**

| 火电厂类型 | 燃料 | 燃烧系统 | 主要大气污染物 |
|---|---|---|---|
| 燃煤电厂 | 煤与煤矸石 | 储煤场、输煤系统、磨煤设备、锅炉、除尘设施、脱硫、脱硝设施、烟筒、输灰系统 | $SO_2$、烟尘、$NO_x$、汞及工业废水、炉渣、粉煤灰 |
| 燃气电厂 | 天然气或燃气 | 锅炉产生蒸汽带动发电机发电；或燃气在燃汽轮机中直接燃烧做功发电 | $NO_x$和工业废水 |

| 火电厂类型 | 燃料 | 燃烧系统 | 主要大气污染物 |
|---|---|---|---|
| 燃油电厂 | 轻油、重油、原油 | 发电流程与燃气电厂流程相类同 | $SO_2$、$NO_x$和工业废水 |
| 垃圾焚烧电厂 | 垃圾及助燃的燃料 | 垃圾经发酵脱水、焚烧炉焚烧。当垃圾中低位热值≤3 350 kJ/kg（800 kcal/kg）时，焚烧需助燃，添加燃煤或燃油进行助燃。垃圾焚烧炉燃烧方式有炉排炉、硫化床焚烧炉、旋转式燃烧-回转炉等 | 烟尘、$SO_2$、$NO_x$、HCl、灰渣、二噁英、工业废水 |
| 燃水煤浆电厂 | 水煤浆 | 发电流程与燃气电厂流程相类同 | 与燃煤电厂相似，相应污染物的产生量略小于煤粉炉电厂 |

## 二、火电厂的基本生产工艺

火力发电的整个生产系统主要包括燃烧系统、气水系统和电气系统等。火电厂的工艺原理是，燃料在锅炉中燃烧，将其热量释放出来，传给锅炉中的水，化学能转变成热能，产生高温高压蒸汽；蒸汽通过汽轮机又将热能转化为旋转动力，以驱动发电机输出电能。目前，世界上最好的火电厂的效率达到47%，即把燃料中47%的热能转化为电能。

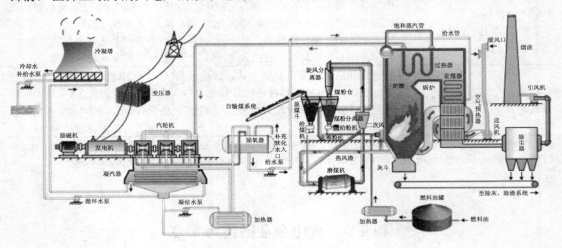

图 2-7  火电厂生产工艺图

燃煤电厂按其功能分为凝汽式电厂和热电厂。两者生产工艺流程基本相同，只是热效率的利用途径有差别。前者安装凝汽式机组，仅向外界供应电能；后者安装热电汽轮机组，除供电外，还可向用户供应蒸汽和热水。凝汽式汽轮机做功后的蒸汽基本全部进入凝气器，存在冷源损失。热电汽轮机做功后的蒸汽部分对外供热，部分进入凝气器，循环热效率提高。

表 2-13  燃煤火电厂的生产系统

| 生产系统 | 生产设备 | 工艺流程 |
|---|---|---|
| 燃烧系统 | 燃烧系统由锅炉本体和辅助设备构成 | 煤经皮带输送到煤斗进入磨煤机磨成煤粉，与经过预热的空气一同经喷燃器喷入锅炉内燃烧，燃烧后的热烟气排出锅炉，经除尘器和脱硫脱硝装置后，由引风机通过烟囱排入高空 |

| 生产系统 | 生产设备 | 工艺流程 |
|---|---|---|
| 气水系统 | 气水系统包括锅炉、汽轮机、凉水塔（凝汽器）、补水车间等 | 水在锅炉内被加热成蒸汽，进入过热器，进一步加热为过热蒸汽，通过蒸汽管道被引入汽轮机，冲击汽轮机转动并带动发电机发电，做完功的蒸汽压力和温度不断降低，最后排入凝气器，蒸汽在凝气器内凝结成凝结水，再经补水车间补充 2%～3% 的软化水，可以循环回蒸汽锅炉 |
| 电气系统 | 电气系统设备包括电机、变电设备、输电设备等 | 发电机发出的电除少部分自用外，绝大部分由主变压器升压后经高压配电装置和输电线向外供电。发电厂自用部分由变压器降压后，经厂用配电装置和输电线供厂内电器使用 |

　　我国火电厂燃料以煤为主。煤炭的挥发分、水分、灰分和灰渣特性对煤粉炉的燃烧影响很大，对煤燃烧时的着火、稳燃、残碳率和结渣都有很大影响。电厂为了燃煤的成分稳定，一般必须进行混煤配煤。

　　在火电厂的整个生产过程即燃烧—热—蒸汽—发电工艺中，都会产生能量损失。发电厂产生的电能与输入锅炉的热能之比称发电厂的效率，一般火力发电厂的效率为 30%～40%。目前，为了提高发电效率、减少污染排放，新建火电厂的装机容量都比较大，就是这个原因。根据发电设备和燃烧方式不同，每度电的煤耗有所区别，一般在 0.4～0.6 kg 原煤/kWh，超超临界的能达到 0.38 kg 原煤/kWh。

### 三、火电与环保指标相关的工业参数

表 2-14　火电与环保指标相关的工业参数

| 参数 | 含义 |
|---|---|
| 装机容量 | 火电厂的全部发电能力（功率）的千瓦数称发电厂的装机容量 |
| 年平均利用时间 | 火电厂平均满负荷运行的等效时间称电厂的利用时间。若用火电厂的年发电量除以电厂的装机容量，就可计算出电厂的年利用时间。我国火电企业年平均利用时间在 4 000～6 000 h |
| 供电量与发电量 | 电厂统计电量有两个数据，发电机发出的电力是电厂发电量，电厂生产过程所必需的电量（主要用电设备如送风机、引风机、给水泵、循环水泵等高能耗设备等消耗的电量）称电厂自用电量。电厂对外供应的电量是供电量。自用电量占发电量的 5%～7%。电厂供电量 = 发电量 – 电厂自用电量 |
| 供电标煤耗 | 标准煤是指热值为 29.27 MJ（相当于 7 000 cal）相当于 1 kg 标准煤。标煤耗分发电标煤耗和供电标煤耗。火电厂每生产 1 kWh 的电能所消耗标准煤的数量称发电标煤耗，单位是 g/kWh。火电厂每供应 1 kWh 的电能所消耗标准煤的数量称供电标煤耗，单位是 g/kWh。2012 年我国供电标煤耗 325 g/kWh |

### 四、不同类型锅炉的环境特点

　　悬浮式燃烧的燃烧率高达 95%～99%，过剩空气系数在 1.2～1.4，飞灰率高达 90% 以上，排放的烟尘里，几乎都是灰分。层燃式锅炉燃烧率只有 85%～90%，过剩空气系数在 1.6～2.0，飞灰率只有 15%～25%，排放的烟尘里，还有一定量的可燃物质。循环流化床燃烧较充分，烟尘中可燃物少。抛煤机炉产生的烟尘中含碳量比煤粉炉高。抛煤机炉和沸

腾炉的飞灰率介于层式燃烧炉和悬式燃烧炉之间。不同的燃烧方式所产生的燃烧效率等系数都不一样，见表 2-15。

表 2-15　不同燃烧方式燃烧效率、$d_{fh}$、$C_{fh}$ 系数表

| 燃烧方式 | 燃烧设备 | 燃烧效率/% | 飞灰率 $d_{fh}$/% | 烟尘中可燃物比率 $C_{fh}$/% | 过剩空气系数 |
|---|---|---|---|---|---|
| 层式燃烧 | 链条炉排 | 80～90 | 15～20 | 25～30 | 1.5～1.8 |
| | 振动炉排 | 80～85 | 30 | 25～30 | 1.6～2.0 |
| | 往复推饲炉 | 85～90（倾斜逆向式95以上） | 25 | 25～30 | 1.6～2.0 |
| 悬浮式燃烧 | 旋风燃烧炉 | 98 以上 | 70 | 1～5 | 1.15～1.3 |
| | 煤粉燃烧炉 | 95～98 | 85～93 | 1～5 | 1.15～1.3 |
| 半悬式锅炉 | 鼓泡流化床 BFB | 90～96 | 40～60 | 3～5 | 1.2～1.25 |
| | 循环流化床 CFB | 95～99 | | | 1.1～1.2 |
| 半层半悬式炉 | 抛煤机炉 | 不稳定 | 25～40 | 45 | |

烟尘的产生强度主要受燃烧方式、锅炉运行情况等因素影响，还与煤质好坏、灰分含量、锅炉负荷的增加或突然改变有关。悬浮式燃烧比较充分，在排放的烟尘中，几乎全是灰分，黑烟只占 5%，因此林格曼黑度法不适于判断悬浮式燃烧炉的烟尘浓度。层式燃烧炉内的煤相对炉排静止，由下而上逐层燃烧，烟尘的产生量远低于悬浮式燃烧炉，但燃烧不够充分，产生的烟尘中含碳量比较高，黑烟占 20%～30%，除了使用实测法外，还可以使用林格曼黑度法来判断烟尘浓度。

不同的锅炉因采用的燃烧方式不同，即使烧同样的煤，最后产生的飞灰、废气量和粉尘量也不同。煤粉炉、沸腾炉、油气炉是采用悬浮燃烧方式；抛煤机炉采用半悬浮半层式燃烧方式；链条炉、往复炉、振动炉、下饲式炉、手烧炉采用层式燃烧方式。它们最后的飞灰率、废气量、粉尘产生量见表 2-16。

表 2-16　不同燃烧方式的差别

| | 残碳率/% | 飞灰率 $d_{fh}$/% | 烟尘中可燃物比率 $C_{fh}$/% | 吨煤废气量/m³ | 1%产尘量/(kg/t 煤) | $NO_x$ 产生量/(kg/t 煤) |
|---|---|---|---|---|---|---|
| 层式燃烧 | 12 | 15～25 | 25～30 | 10 500 | 0.45 | 2～4 |
| 悬式燃烧 | 3 | 80～90 | 3～5 | 8 000 | 2.5 | 6～8 |

## 五、火电企业的排污节点

火电工业的三个生产系统中大气污染物主要产生于燃烧系统。其中煤炭贮输运系统、煤磨与石灰石磨机、锅炉燃料燃烧系统会产生大量无组织排放与有组织排放的废气；水污染物主要来自定期清洗锅炉的废水及补水车间、机修车间废水、生活污水，电厂产生大量不污染的间接冷却水；火电厂的固体废物主要来自锅炉炉渣和除尘器去除的粉煤灰、脱硫石膏渣。这些固体废物大多可以再利用。

### 1. 火电行业废气排污节点

火电生产过程中卸煤翻车机、煤厂勾煤机、燃煤输运系统、灰库、破碎、磨机进出口处等地方会产生无组织扬尘，应采取生产和污染防治措施予以减排。火电厂锅炉产生的烟气含有大量烟尘、粉尘、$SO_2$、$NO_x$、$CO_2$ 等污染物，由于火电厂规模巨大，燃料消耗量特别大，产生的大气污染物数量在全国各行业中居首位，因此其大气污染物的控制、减排和治理，始终被列为节能减排的首位。

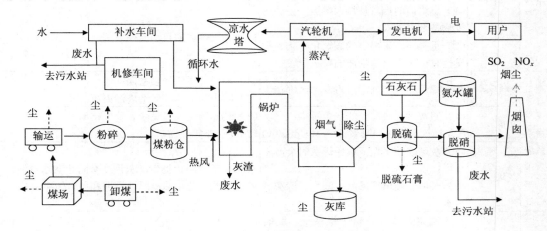

**图 2-8　电力行业污染物排放节点图**

### 2. 火电行业排污节点说明

**表 2-17　火电厂的排污节点说明**

| 生产过程 | | 排污节点和主要环境因素 | 控制措施 |
|---|---|---|---|
| 备煤系统 | 卸煤储煤 | (1) 翻车机或汽车卸煤时产生最严重的扬尘；<br>(2) 煤场、筒仓在煤炭的装卸、贮存、运输过程会产生一定的扬尘；<br>(3) 设备运转产生噪声 | 应采取抑尘措施：<br>(1) 采用筒仓式贮存抑尘效果高于 95%；<br>(2) 防风抑尘网（单层尘网抑尘效果可达 85%，双层综合效果可达 95% 左右）；<br>(3) 喷雾加湿防尘措施的，抑尘效果达 50%；<br>(4) 防尘墙措施的，抑尘效果可达 20%～30%。<br>煤场采用喷淋加湿除尘，煤炭露天堆放场采用封闭式煤仓和防风抑尘网，并在煤场周围设置喷淋装置，洒水抑尘，煤场周围植树绿化；煤炭作业扬尘防治措施是采用喷水和封闭 |
| | 煤炭传输 | 传输煤炭的皮带尾首部落煤点可能产生扬尘 | (1) 设挡尘卷帘，引风和除尘；<br>(2) 采用密闭传送带运输，配置袋式除尘器；<br>(3) 采用喷淋加湿除尘 |
| | 煤炭破碎 | (1) 破碎机导料槽及挡帘产生扬尘；<br>(2) 设备运转产生噪声 | (1) 设密闭装置，设置缓冲锁气器，碎煤机室密封；采用喷淋加湿除尘；<br>(2) 如有集气加除尘系统 |
| | 磨煤机 | (1) 进入口、出口和排渣门可能漏风，排渣箱内的正压气体会产生扬尘；<br>(2) 磨机运行的噪声达 100～110 dB（A） | (1) 磨煤进出口和排渣门加强密闭，防扬尘；<br>(2) 造粉和输粉系统应加防尘罩棚，防止粉尘外泄；<br>(3) 对磨煤机的高噪声应有降噪措施 |
| | 煤粉仓 | 煤仓的落煤口处风吹、落料产生的扬尘 | (1) 煤粉仓密闭，严防漏尘；<br>(2) 装设布袋除尘装置 |

| | 生产过程 | 排污节点和主要环境因素 | 控制措施 |
|---|---|---|---|
| 锅炉燃烧系统 | 锅炉 | （1）进粉、落料、管道密封造成扬尘；（2）燃烧后的煤生成固体废物炉渣；（3）锅炉排汽噪声 115～130 dB（A） | （1）进粉、落料、管道密封。烟尘采用除尘措施，一般采用电除尘器、袋式除尘器和电袋复合除尘器；（2）设备应隔声、降噪 |
| | 排渣 | （1）排渣废水；（2）炉渣 | （1）经物理处理后回用；（2）收集处置会综合利用 |
| | 烟囱 | （1）燃烧后的烟气从烟囱排放，主要污染物是烟尘、$SO_2$、$NO_x$；（2）重金属、未燃烧的碳氢化合物、挥发性有机化合物等物质的排放量较小 | 应设大气排放的自动监控装置 |
| 除尘系统 | 除尘器 | 灰库集尘和装车外运过程灰库产生扬尘 | （1）输送管道应加强密闭；（2）防止除尘器停运造成污染事故 |
| | 灰库 | （1）卸灰时造成较大的扬尘污染；（2）排气风机出口噪音 82～108 dB（A） | （1）装卸场所应有吸尘和除尘措施；（2）应有降噪措施 |
| | 灰坝 | （1）灰场表面干燥或取粉煤灰时会产生扬尘；（2）灰坝设施出现渗漏、漏水、跑灰的污水 | 灰坝灰场应防止扬尘，灰坝要有防止灰水渗漏、外溢措施，防止造成恶性垮坝和环境污染事故 |
| 脱硫系统 | 制粉系统 | 制粉制浆系统及石膏干燥系统、脱硫废渣利用产生扬尘，收集除尘系统粉尘排放 | 改善系统的密封性，严重的部位要增设除尘设施 |
| | 脱硫系统 | 正常运行时，旁路挡板是关闭的，当脱硫设施维修或偷排时，旁路挡板会打开，烟气未经脱硫直接排放 | 脱硫技术类型、脱硫效率和脱硫设施的运行率 |
| | 石膏脱水系统 | 脱硫石膏收集、储存产生一定量废水，污染物有重金属、pH 和 SS | 脱硫石膏废水（重金属、pH 和 SS）净水处理、石膏进棚外运处置或综合利用 |
| 氮氧化物减排系统 | 低氮工艺措施 | 锅炉的燃烧系统和燃烧工艺设计，主要控制氮氧化物排放 | 锅炉采用第一代低氮技术、第二代低氮技术、第三代低氮技术 |
| | 脱硝工艺 | 脱硝系统的设备和监控系统，主要控制氮氧化物排放 | 低氮燃烧＋SCR 技术、低氮燃烧＋SNCR 技术 |
| 汽水系统 | 水泵房 | 噪声 82～106 dB（A） | 应采取降噪措施 |
| | 汽轮机 | 噪声 76～108 dB（A） | 应采取降噪措施 |
| | 软化水制备 | （1）水处理产生废水含污染 COD、SS 及重金属，pH 值；（2）污水处理会产生污泥 | （1）废水经收集、调节、凝聚、浓缩、净水处理；（2）污泥进行脱水后妥善处置，避免产生二次污染 |
| | 循环冷却 | （1）排污水含污染物 COD、SS；（2）冷却塔噪声 70～85 dB（A） | 废水经收集调节、简单处理后回用，外排应注意环境影响 |
| 电气系统 | 发电机 | 噪声 84～106 dB（A） | 应采取降噪措施 |
| | 变电所 | 可能产生电磁辐射污染 | 应考虑电磁辐射的安全距离 |
| 污水处理 | 污水站 | 综合废水主要来自化学水处理车间的含重金属废水、机修车间含油废水和生活废水 | （1）化学废水多采用离子交换法处理方法；（2）含油废水采用生化处理 |

## 第五节　火电和热力工业污染核算

### 一、火电厂和工业锅炉的污染特征

火电和热力工业使用的锅炉排放废气中所含污染成分很多，主要有 $SO_2$、$NO_x$、$CO_2$、颗粒物（烟尘、粉尘）、重金属（如 Hg 等）和微量元素。目前，我国和世界各国对火电厂排放烟气中污染物的控制集中于 $SO_2$、$NO_x$ 和烟尘，发达国家开始研究对重金属的控制，我国也开始研究对重金属 Hg 的控制。工业锅炉污染物主要污染物见表 2-18。

**表 2-18　火电行业特征污染物**

| 项目 | 特征污染物 |
|---|---|
| 废气（主要） | 气态的硫化物（$SO_2$、$H_2S$、$SO_3$、$H_2SO_4$ 蒸汽等）、氮化物（$NO_x$、$NH_3$ 等）、碳氧化物（$CO_2$、CO 等）、颗粒物（烟尘、粉尘等）、碳氢化合物（$CH_4$、$C_2H_4$ 等）、汞等；垃圾发电还会产生卤素化合物（HF、HCl 等）、二噁英等 |
| 污水 | COD、SS、石油类、无机盐、重金属 |
| 固体废物 | 炉渣、粉煤灰、脱硫石膏、废水污泥等 |
| 环境噪声 | 锅炉排汽的高频噪声、设备运转时的空气动力噪声、机械振动噪声以及电工设备的低频电磁噪声等 |

火电和供热工业大气污染物的产生量、去除量和排放量与三种因素有关：与企业装备（锅炉）的技术水平有关，与消耗燃料的种类、品质和消耗量有关，与特征污染物的控制技术水平和运行有关。

### 二、锅炉烟气排放量

火电厂锅炉和热力工业锅炉由于燃料燃烧，会产生和排放大量的烟气。烟气量的物料衡算与燃料的种类、燃料的低位热值、锅炉的过剩燃烧系数有密切关系。燃煤电厂与工业锅炉烟气量排放计算方法相同。

目前，由燃料的低位热值和锅炉的过剩空气系数，可以大致计算得到的火电锅炉单位燃料产生的烟气量。这样计算得到的烟气量都应折算成标准态的体积。一般热力工业锅炉的燃煤低位热值在 4 800～6 000 kcal/kg 燃煤，过剩空气系数 1.5～1.9，标态烟气量大约在 8 500～11 000 m³/t 原煤；火电厂锅炉的燃煤低位热值在 3 500～5 000 kcal/kg 燃煤，过剩空气系数 1.2～1.5，标态烟气量为 7 000～9 000 m³/t 原煤。

### 三、锅炉燃煤烟尘的产生和排放

煤炭燃烧产生的烟尘包括黑烟和飞灰两部分。黑烟是未完全燃烧的物质，以游离态碳（即炭黑）和挥发物为主，主要是可燃物质，黑烟的粒径为 0.01～1 μm。飞灰是烟尘中灰分的微粒，粒径在 1 μm 以上，它们的产生量与燃料成分、设备、燃烧状况有关。常用测烟尘的方法有林格曼仪、收尘法、烟尘测定仪法等。

### 烟尘排放量的林格曼仪测定法

标准的林格曼图是由 14 cm × 20 cm，黑度不同的六小块比色图板构成，用观察到的烟尘的黑度与林格曼图比色，确定烟尘黑度的等级。见表 2-19。

表 2-19　林格曼黑度对照表

| 黑格占背景百分比/% | 黑度的级别/级 | 烟尘颜色 | 烟尘质量浓度/（g/m³） |
|---|---|---|---|
| 0 | 0 | 全白 | 0～0.2 |
| 20 | 1 | 微灰 | 0.25 |
| 40 | 2 | 灰 | 0.70 |
| 60 | 3 | 深灰 | 1.20 |
| 80 | 4 | 灰黑 | 2.30 |
| 100 | 5 | 全黑 | 4.0～5.0 |

用林格曼烟气浓度图鉴定烟气的黑度不仅取决于烟气本身的黑度，还与天空的均匀性、亮度、风速、烟囱结构、大小（形状、直径）和照射光线的角度有关。

测定时必须注意以下几点：

（1）观测时的照明光应为侧光；

（2）在阴雾情况下，由于天空背景较暗，读数时应记取稍偏低的级别；

（3）观察时锅炉要在正常运转状态，额定负荷保持在 80% 以上；

（4）观测不能以一次为准；

（5）烟囱出口背景上不能有山、树和建筑物之类暗黑的障碍物。

目前，我国尚未明确规定林格曼烟气浓度的连续观测时间。据有关资料介绍，一般连续观测 20 min，每分钟读取 2 个数后取平均值。见图 2-9。

图 2-9　林格曼仪

火电行业的烟尘排放量 $G_{烟尘}$ 与燃煤耗量、燃煤灰分、燃烧方式和烟尘去除率有直接关系。可以忽略其他因素，用物料衡算法简便计算。火电行业的烟尘产生量在 300～330 kg/t 原煤，烟尘初始质量浓度在 30～40 g/m³。

层式燃烧锅炉的烟尘产生量主要是和锅炉的燃烧方式（链条炉、振动炉、往复炉）关系比较大，和煤种的关系并不明显。链条炉的烟尘产生量在 40～50 kg/t 原煤。

表 2-20  常见除尘设施一览表

| 处理设施 | 作用 | 用途 |
|---|---|---|
| 重力沉降室 | 含尘气进入沉降室流速降低，颗粒物在重力作用下沉降 | 除尘效率较低，常用于一级除尘 |
| 惯性除尘器 | 利用粉尘的惯性力大于其体的惯性力，将其分离 | 除尘效率较低，常用于一级除尘 |
| 旋风除尘器 | 利用旋转的含尘气流产生的惯性力将颗粒物分离 | 除尘效率可达 70%～90%，一般作预除尘 |
| 袋式除尘器 | 含尘气流穿过许多滤袋时粉尘被滤出，排除 | 除尘效率较高，可达 99.3%以上 |
| 多级静电除尘器 | 利用静电力从废气中分离尘颗粒 | 除尘效率较高，90%～99.5% |
| 湿式除尘 | 利用洗涤液与含尘气体充分接触，将尘粒洗涤、净化 | 除尘效率较高，可达 95%以上 |

表 2-21  燃煤电厂主要除尘技术分析

| 技术名称 | 适用范围 | 除尘效率 | 运行成本 | 说明 |
|---|---|---|---|---|
| 电除尘（一般三、四或五电场） | 环境非敏感地区；煤种比电阻适中的新建或改造机组 | 三、四、五电场电除尘器的除尘效率分别为：98.5%、99.4%、99.6%以上，粉尘初始质量浓度在 30 g/m³ 以下，排放质量浓度一般在 150 mg/m³ 左右，有时可达 80 mg/m³ 以下 | 电除尘器的一次投资为 50～100 元/kW；治理成本为 30～80 元/t 尘。除尘器电耗占火电厂发电量的 0.1%～0.4%。三电场设备电耗 31 kW·h/10 万 m³ 烟气、四电场设备电耗 41 kW·h/10 万 m³ 烟气、五电场设备电耗 51 kW·h/10 万 m³ 烟气 | 电除尘器效率很高，特别是对细颗粒物去除效率高；运行温度一般小于 200℃；运行成本低；可在任何正压力条件下运行；不适用于比电阻过高和过低的粉尘 |
| 袋式除尘 | 环境敏感地区或排放标准要求严格地区的新建机组或改造机组；特殊煤种、循环流化床锅炉、干法脱硫后的烟气除尘；大气环境非敏感地区的新建机组或改造机组可根据煤种及经济条件选择采用 | 粉尘初始浓度在 30 g/m³ 以下，排放浓度可达 50～70 mg/m³ | 一次投资在 100 元/kW 左右；袋式除尘器运行费用包括运行时因能量消耗和滤料更换及维修费用等，一般为 300 元/t 尘 | 运行温度一般小于 200℃；过滤速度通常在 0.01 到 0.04 m/s 之间，因应用、过滤器类型和织物而异；滤袋寿命随着煤的硫含量升高和过滤速度的升高而下降；单个滤袋在平均年过滤率达到所安装的滤袋的约 1%时出现故障 |
| 电袋复合式除尘 | 环境敏感地区的新建或改造机组；大气环境非敏感地区的新建或改造机组可根据煤种及经济条件选择采用 | 除尘效率大多可保持在 99.97%以上，粉尘初始浓度在 30 g/m³ 以下，排放浓度可达 15～30 mg/m³ | 初期投资介于电除尘和带式除尘之间，运行费用约为 200 元/t 尘 | 运行温度一般小于 200℃；运行成本较袋式除尘器低；可在任何正压力条件下进行 |

#### 四、锅炉烟气 SO₂ 排放量的计算

##### 1．火电厂 SO₂ 产生的机理

燃料中含有硫的成分，在燃烧过程中要产生 $SO_2$。$SO_2$ 通常的计算方法是物料衡算法。燃煤中的硫成分一般由有机硫、硫氧化物和硫酸盐组成，分为可燃硫和不可燃硫，前两者为可燃硫，燃烧后产生 $SO_2$，后一部分为不可燃硫。通常可燃硫占煤中总硫分的 70%～90%。煤燃烧时，煤中有机硫被分解，在 750℃ 时，90% 以上的硫可以变为气态硫，可燃硫燃烧时生成 $SO_2$，即 $S+O_2 \!\!=\!\! SO_2$，产生的 $SO_2$ 的质量为可燃硫质量的两倍。燃油中的硫大都属于有机硫，原油燃烧时所含的硫 95% 以上转化为 $SO_2$。

##### 2．我国煤炭的含硫率

煤中的硫分一般为 0.2%～4%。如果燃煤中的硫分高于 1.5% 就为高硫煤（城市燃煤高于 1% 的也视为高硫煤）。液体燃料主要包括原油、轻油（汽油、煤油、柴油）和重油。原油硫分在 0.1%～0.3%，重油硫分在 0.5%～3.5%，原油中的硫分通常富集于釜底的重油中，一般轻油中的硫分要低于 0.1%。

由于工业锅炉使用高灰分和高硫分燃料，严重地影响了工业锅炉运行中的烟尘和 $SO_2$ 的产生量，加大了工业锅炉废气治理设施的治理负荷。

#### 五、锅炉 NOₓ 排放量的计算

##### （一）锅炉燃料燃烧 NOₓ 产生的机理

煤燃烧过程中 NO 的生成途径主要有三种：一是燃料型 $NO_x$，燃料中的氮在燃烧时热分解再氧化，一般燃料中的氮生成的 $NO_x$ 比例比较大。二是热力型 $NO_x$，系输入空气中的 $N_2$，在燃烧时也会生成 $NO_x$，但比例比较小。三是快速型 $NO_x$，系碳氢化合物过浓时燃烧生成 $NO_x$ 的。一般在燃烧时产生的 $NO_x$ 中约 90% 为 NO，其余主要是 $NO_2$，见图 2-10。燃料中氮的含量见表 2-22。

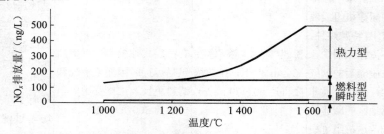

图 2-10　三种类型 NOₓ 在煤燃烧过程中对 NOₓ 排放总量的贡献

表 2-22　锅炉用燃料的含氮率表　　　　　　　　　　　　　　单位：%

| 燃料名称 | 含氮重量百分比 | |
| --- | --- | --- |
| | 数值 | 平均值 |
| 煤 | 0.5～2.5 | 1.5 |
| 劣质重油 | 0.2～0.4 | 0.20 |
| 一般重油 | 0.08～0.4 | 0.14 |
| 优质重油 | 0.005～0.08 | 0.02 |

**1. 燃料型 $NO_x$**

燃料氮向 $NO_x$ 转化的过程可分为 3 个阶段：首先是有机氮化合物随挥发分析出一部分；其次是挥发分中氮化物燃烧；最后是焦炭中有机氮燃烧。

一般燃煤电厂和工业锅炉使用的动力煤的含氮率为 0.8%～1.5%。燃料比（固态碳/挥发分）越低，则 $NO_x$ 产生量也越低，燃料比越高，则 $NO_x$ 产生量越高。一般燃煤挥发分为 30%～40%。

燃料型 $NO_x$ 生成机理复杂，至少有 29 种化学反应式。但燃烧过程中影响燃料型生成 $NO_x$ 和破坏的主要因素有：（1）煤质，指煤的含氮量、挥发分含量、固定碳与挥发分的比（FC/V）、其他元素含量与比值；（2）燃烧温度；（3）过量空气系数；（4）燃料及燃烧产物在火焰高温区和炉膛内的停留时间；（5）反应区中的烟气气氛，即 $O_2$、$N_2$、NO、CH。

**2. 热力型 $NO_x$ 和快速型 $NO_x$**

空气中的氮生成的 $NO_x$ 分为热力型 $NO_x$ 和快速型 $NO_x$。热力型 $NO_x$ 是空气中的氮气在高温下氧化生成 $NO_x$ 形成。在温度足够高时（1 300℃以上），可占到 $NO_x$ 总量的 30%。燃烧过程中，温度对热力型 $NO_x$ 的生成具有决定性作用。空气中的氮气在高温下获得足够的能量继而分解，或高温下受其他分子撞击分解，与氧反应生成热力型和快速型 $NO_x$。在燃煤锅炉中，快速型 $NO_x$ 数量很少，一般不予考虑。

**（二）锅炉内燃料燃烧影响 $NO_x$ 产生的条件**

（1）燃料含氮量、挥发分。燃料比（固态碳/挥发分）越低，则 $NO_x$ 产生量也越低，燃料比越高，则 $NO_x$ 产生量越高。

（2）燃烧温度。温度开始升高对燃煤中的氮转化为 $NO_x$ 影响较为明显，升高到一定程度，温度再升高对煤中的氮转化的影响会减弱。

（3）反应区中的烟气气氛，即 $O_2$、$N_2$、NO、CH。燃烧过程的过剩空气系数越高，则 $NO_x$ 产生量越高。

（4）燃料及燃烧产物在火焰高温区和炉膛内的停留时间。$NO_x$ 与介质在炉膛内停留时间和氧浓度平方根成正比。

**（三）锅炉内燃料燃烧 $NO_x$ 产生量**

锅炉内燃料燃烧过程由于介质参数如含氮量、燃料比、燃烧温度、燃料类型、燃料在炉膛内高温区停留时间，$NO_x$ 产生量有一定差异数量。煤粉炉 $NO_x$ 产生量在 6～9 kg/t 原煤；层燃炉（多为工业锅炉）燃煤 $NO_x$ 产生量在 2～3 kg/t 原煤，生物质压块燃料 $NO_x$ 产生量在 1 kg/t 原煤；室燃炉燃料是天然气 $NO_x$ 产生量在 4.1 kg/1 000 m³，燃料是重油 $NO_x$ 产生量在 3.6 kg/t 油。

**（四）$NO_x$ 控制技术**

控制 $NO_x$ 的措施主要有两类：燃烧过程中的减排技术（低氮燃烧技术）和燃烧后的脱硝技术。

**1. 低氮燃烧技术**

低氮燃烧技术主要有三种类型。第一种是低氮燃烧器。这是第一代低氮燃烧技术，以低过剩空气系数、降低空气预热温度等技术为代表；减排效率可达到 20%～30%。第二种是分级燃烧技术，也是第二代低氮燃烧技术，以分级燃烧，降低燃烧器一次风区域内的氧浓度技术为代表，减排效率可以达到 30%～40%。第三种是还原燃烧技术，也是第三代低氮燃烧技术，以还原已经在燃烧器区域或炉膛内生成的氮氧化物，减排效率可以达到 40%～50%。

**2．选择性催化还原法烟气脱硝技术**

SCR 烟气脱硝技术是指在催化剂作用下，利用还原剂（如 $NH_3$）"有选择性"地与烟气中的 $NO_x$ 反应并生成无毒无污染的 $N_2$ 和 $H_2O$。在 SCR 脱硝过程中，通过加氨可以把 $NO_x$ 转化为空气中天然含有的氮气（$N_2$）和水（$H_2O$）。低氮 + SCR 脱硝技术减排效率可以达到 80%～90%。

**3．选择性非催化还原法烟气脱硝技术**

SNCR 法称选择性非催化还原技术，是在无催化剂参与条件下，以含氨基的还原剂将烟气中的 $NO_x$ 还原为 $N_2$ 和 $H_2O$。低氮 + SNCR 法的脱硝效率一般在 50%～60%。SNCR 技术，同 SCR 技术相比，SNCR 技术脱硝成本低。但没有额外的 $SO_2/SO_3$ 转化率，导致脱硝效率降低。

## 六、火电厂污水排放

### （一）火电厂的用水指标

火电厂用水，一般可分为原水、锅炉给水、补给水、生产回水、软化水、排污水、冷却水几种。我国火电单位发电量耗水量在 2～5 kg/kWh。

### （二）火电厂的污水排放

火电厂的排水包括工业水预处理（净水站）各种用排水、锅炉补给水处理和凝结水精处理各种用排水（含各种清洗）、循环水排污水、冲灰渣水、脱硫系统排水、输煤除尘冲洗及煤场喷洒用排水、生活污水等。我们给出湿法输灰的冲灰废水、补水车间的化学处理废水的计算方法。

**1．冲灰废水**

冲灰废水是火电厂主要污染源之一，它是指用于冲洗炉渣和除尘器排灰的水，一般经灰场沉降后排出。冲灰水占全部废水量的 40%～50%。目前还有一些火电厂采用水力输灰方式，将锅炉的灰渣及除尘器的灰送至灰场，冲灰水经过滤回电厂循环使用。每吨灰渣要用 15 $m^3$ 冲灰水，冲灰水中超出标准的主要指标是 pH 值、悬浮物、含盐量和氟等，个别电厂还有重金属和砷等。

**2．化学处理废水**

补给水与化学自用水锅炉补水率按有关规定应控制在锅炉蒸发量的 2% 以下，一般火电厂均可达到，但也有少数电厂全年平均补水率达 5%，个别电厂高达 8% 以上。为防止锅炉产生水垢，锅炉用水都要进行软化处理，一般采用离子交换法。阴阳离子交换树脂使用一定时间后需要再生，要用一定浓度的酸碱液冲洗。来自化学水处理车间的冲洗废水中 pH 值、部分重金属离子会超标。排放的化学废水量为处理水量的 10%（处理水量约为锅炉循环水量的 2%）。锅炉补给水量是锅炉总蒸发量的 1%～3%。

### 3．发电厂的其他废水

发电厂以外排冷却水的水量最大，外排冷却水属于间接冷却水，如能按规定分流排放则对外界环境的影响主要是热污染。其他废水还有酸碱再生废水、过滤器反冲洗废水、锅炉清洗废水、输煤冲洗和除尘废水、含油废水、机修废水、冷却塔排污废水等，其余废水均属于不规则排放。

## 七、火电和热力工业锅炉废渣产排放量计算

燃煤烟气经除尘器除尘处理，为方便综合利用，一般采用干式除灰，产生的粉煤灰采用气力输送系统。气力输送系统由仓泵、气源、管道和灰库等组成，采用程序控制方式，实现系统设备的协调有序运行。灰库库顶设布袋除尘器，用于灰库排气。

锅炉出渣采用干式或湿式除渣。高温炉渣经冷渣机冷却或水冷后，进入链式除渣机或刮板式除渣机，干式除渣输送至渣仓储存，湿式除渣输送至渣池储存。渣仓（池）中的渣定期运走综合利用。垃圾焚烧火电厂和农作物秸秆焚烧火电厂烟气处理措施与燃煤火电厂有所不同，所产生的灰渣也需特别处理。火电厂的废渣数量巨大，废渣来源主要包括锅炉的冷灰（占灰渣总量的 8%～12%）和除尘的粉煤灰（约占灰渣总量的 90%），灰渣总量约占耗煤量与燃煤灰分乘积的 1.04 倍。工业锅炉废渣来源主要包括炉渣（占灰渣总量的70%～85%）和除尘的粉煤灰（占灰渣总量的 15%～30%），灰渣总量约占耗煤量与燃煤灰分乘积的 1.25 倍。

## 八、火电厂的环境噪声污染

电厂主要噪声源为磨煤机、锅炉、汽轮机、发电机组和直接空冷的风机，其对环境的影响表现在对电厂附近居民带来的噪声干扰，夜间干扰尤为突出。见表 2-23。

表 2-23　火电厂主要设备的噪声水平　　　　　　　　单位：dB（A）

| 噪声源 | 噪声水平 | 噪声源 | 噪声水平 | 噪声源 | 噪声水平 | 噪声源 | 噪声水平 |
|---|---|---|---|---|---|---|---|
| 汽轮机 | 76～108 | 湿磨机 | 85～10 | 发电机 | 84～106 | 给水泵 | 82～106 |
| 励磁机 | 82～108 | 灰渣泵 | 82～108 | 送风机 | 75～102 | 引风机 | 72～95 |
| 变压器 | 73～82 | 空压机 | 82～97 | 磨煤机 | 82～120 | 锅炉排汽 | 115～130 |
| 冷却塔 | 70～85 | 氧化风机 | 84～95 | 增压风机 | 75～102 | | |

### 思考与练习：

1．简述我国工业锅炉存在的主要环境问题。

2．到火电企业或在网上调研火电主要工艺、排污节点和大气污染治理设施（要求配图）。

3．回答煤炭燃料比、煤炭应用基、标准煤、低位热值等概念。

4．简述煤炭中的主要成分，总结在悬燃和层燃锅炉各种成分的差异。

5．简述锅炉的含义、基本结构、工作过程，按压力分锅炉主要类型。

6. 总结锅炉的四种燃烧方式。
7. 总结火电企业的排污节点。
8. 简述火力发电的整个生产系统和主要生产设备。
9. 分析不同燃烧方式的大气污染物产生量的差别。
10. 分析火电主要大气污染物和主要来源。
11. 分析燃煤锅炉二氧化硫产生的主要机理，产生量与哪些因素有关。
12. 分析燃煤锅炉氮氧化物产生的主要机理，产生量与哪些因素有关。

# 第三章 钢铁工业污染核算

本章介绍了我国黑色金属冶炼与压延工业中的钢铁工业的主要环境问题和节能减排基本要求；这个行业中烧结、炼铁、炼钢和轧钢工序的原辅材料结构、基本能耗；这些工序的主要生产设备与基本工艺；这些工序的排污节点和环境要素分析。

专业能力目标：

1. 了解钢铁行业的主要环境问题；
2. 了解烧结、炼铁、炼钢、轧钢的生产基本原理；
3. 了解烧结、炼铁、炼钢、轧钢的原料结构与主要设备；
4. 基本掌握烧结、炼铁、炼钢、轧钢的基本生产工艺；
5. 掌握烧结、炼铁、炼钢、轧钢的排污节点分析、主要大气和水污染来源及环境要素分析。

## 第一节 我国钢铁工业的主要环境问题

### 一、我国钢铁工业消费情况

金属冶炼按照行业分类分为黑色金属冶炼和有色金属冶炼。黑色金属是工业上对铁、铬、锰等黑色金属元素的统称，亦包括这几种金属的合金，钢铁工业属于黑色金属工业范畴，黑色金属的其他金属主要是为钢铁工业服务的产业。钢铁在国民经济中占有极其重要的地位，亦是衡量一国家国力的重要标志。黑色金属的产量约占世界金属总产量的95%。

我国钢铁产品消费主要集中在建筑、机械、汽车、造船、家电、电力、铁道、集装箱、管线九大行业。2011年，这九大行业钢材消费量约占全国消费量的91.7%。其中建筑行业的钢材消耗占钢材总量的54.5%。见表3-1。

表3-1 2011年中国钢铁消费结构

| 行业 | 建筑 | 机械 | 汽车 | 造船 | 电力 | 铁道 | 家电 | 管线 | 集装箱 | 其他 |
|---|---|---|---|---|---|---|---|---|---|---|
| 消费钢铁的比例/% | 54.8 | 19.0 | 6.6 | 3.5 | 3.1 | 3.1 | 1.5 | 1.5 | 0.8 | 8.3 |

注：摘自《2011年中国钢铁消费结构》（来源：博视研究报告网）。

## 二、我国钢铁工业体系

进入 21 世纪以来，仅 10 年的工业化进程，我国产钢量从 2000 年的 1.29 亿 t 上升到 2010 年的 6.27 亿 t，年均增长 15.27%，产量和年增量是世界之最。"十五"期间我国粗钢产量跨越了 2 亿 t、3 亿 t 两个台阶，"十一五"期间又跨越了 4 亿 t、5 亿 t 和 6 亿 t 三个台阶。2012 年，我国粗钢产量已达到 7.17 亿 t，占全球总产量的 46.3%。

我国钢铁工业作为基础工业，经过结构调整、装备更新为主的快速发展，已形成了包括由矿山、烧结、焦化、炼铁、炼钢、轧钢以及相应的铁合金、耐火材料、炭素制品等多生产部门构成的庞大工业体系。钢铁工业的特点是产业规模大、生产工艺流程长，从矿石开采到产品的最终加工，需要经过很多生产工序，其中的一些主体工序资源、能源消耗量都很大，污染物排放量也比较大。钢铁工业体系分以铁精矿为基本原料生产钢材的长流程，见图 3-1；以废钢铁为基本原料生产钢材的短流程，见图 3-2。

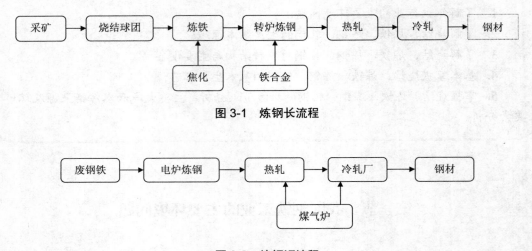

图 3-1　炼钢长流程

图 3-2　炼钢短流程

## 三、我国钢铁工业存在的环境问题

尽管近年来我国钢铁企业的技术装备水平提高很快，但仍有相当数量的落后产能依然存在，能源利用效率依然较低，与发达国家相比差距比较明显。我国钢铁行业的整体装备水平及中间产品综合利用技术水平与发达国家相比还有相当的差距。我国钢铁工业环保指标整体上仍比较落后，尤其是大气污染指标一直居高不下，重点大中型企业的平均吨钢 $SO_2$、烟粉尘排放量与国际先进水平相比仍有较大差距，钢铁工业的无组织排放，加之我国钢铁行业总产量占全球的 46.3%，已成为影响区域大气环境质量的重要行业。

### 1. 行业集中度偏低是钢铁工业节能减排的主要矛盾

钢铁企业的最佳规模为 800 万～1 000 万 t/a。在世界上，发达国家的产业集中度都相当高。国际上钢铁联合企业都实现了装备大型化，企业规模化。提高钢铁行业的产业集中度也是我国《钢铁产业政策》的要求。《钢铁产业政策》提出：到 2010 年，国内前 10 家钢铁公司钢产量达到全国总产量的 50%，到 2020 年，这个比例要达到 70%。我国钢铁行业产业集中度低，排名前 5 位的企业钢产量仅占全国总产量的约 30%。粗略估计，我国狭义的钢厂（冶炼）大约有 800 家，广义的钢铁企业（包括轧制和加工）至少有 4 000 家。在产业集中度差的情况下，我国钢铁行业存在着大量的落后产能。因此，加快推进我国钢铁联合重组，提高产业集中度，是节能减排进一步深化的根本。

---

**专栏 3-1**

2005 年欧盟 15 国前 7 家钢产量占欧盟钢总产量 87.46%；美国前 4 家钢产量占美国钢总产量 54.50%；日本前 4 家钢产量占日本钢总产量 74.29%；韩国 2 家钢产量占韩国钢总产量 79.80%；俄罗斯前 4 家钢产量占俄罗斯钢总产量 69.02%。而我国 2011 年粗钢产量最多的 10 家钢铁企业产量（约 3.36 亿 t）只占粗钢总产量的 48.24%。

目前，我国钢铁工业处于不同层次、多种结构、各种生产技术经济指标共同发展阶段。我国共有 800 多家钢铁企业，其中 105 家重点钢铁企业钢产量占全国的 82.06%。重点钢铁企业的能源水平基本可以代表我国钢铁企业的能源利用基本情况，重点企业中有 1/3 的钢铁企业的技术装备水平接近和达到国际先进水平。根据工信部规划，按照生产经营规范所提出来的质量、环保、能耗、装备、安全、企业责任以及生产规模进行规范，大幅度减少钢铁企业家数，由 2010 年的约 800 户经过联合重组，淘汰落后达到 200 户左右的目标。

---

**2．落后和低水平工业装备是影响钢铁工业节能减排的难点**

"十一五"期间，我国钢铁工业节能减排成效显著，共淘汰落后炼铁产能 12 272 万 t、炼钢产能 7 224 万 t，高炉炉顶压差发电、煤气回收利用及蓄热式燃烧等节能减排技术得到广泛应用，促进了钢铁工业节能减排。2010 年，重点统计钢铁企业各项节能减排指标全面改善，吨钢综合能耗降至 605 kg 标准煤、耗新水量 4.1 m³、$SO_2$ 排放量 1.63 kg，与 2005 年相比分别下降 12.8%、52.3% 和 42.4%。固体废弃物综合利用率由 90% 提高到 94%。

在发展过程当中，钢铁企业工艺水平高低差距很大，从装备上来讲，我国已拥有世界上最先进的装备，也有最落后的地条钢；从规模上讲，我国已有世界上 5 000 多 m³ 的最大高炉，也有早应淘汰的落后 300 m³ 以下的小高炉。我国还有相当数量中小钢铁企业中普遍存在规模小，基本采用严重落后于世界先进水平的工业装备，能源和环保设施不到位，二次能源回收利用率低等诸多问题，导致我国钢铁企整体业装备的平均水平与发达国家有明显差距。加快淘汰落后的工艺装备一直是钢铁行业推进节能减排的重点和难点。

---

**专栏 3-2**

加大淘汰落后和替代低水平工艺装备的力度仍是推进节能减排的难点。中国钢铁工业协会的一份报告称，"十一五"期间我国钢铁工业淘汰落后取得很大进展，共淘汰落后炼铁产能 12 272 万 t，炼钢产能 7 224 万 t，绝大部分落后装备彻底拆除。但仍有 7 500 万 t 落后炼铁产能和 4 000 万 t 落后炼钢产能尚未淘汰。我国钢铁行业整体技术水平和发达国家的水平还有一定差距，导致平均能耗物耗比发达国家水平高。（来源：中国企业新闻网）

《钢铁工业节能减排指导意见》指出，与国际先进水平相比，我国钢铁工业能源利用效率相对较低，吨钢综合能耗比国际先进水平高出 15%左右。若以工序能耗计算，在重点大中型企业中，48.6%的烧结工序、37.8%的炼铁工序、76%的转炉工序、38.7%的电炉工序能耗高于《粗钢生产主要工序单位产品能源消耗限额》国家强制性标准中的参考限定值，13%的焦化工序能耗高于《焦炭单位产品能源消耗限额》国家强制性标准中的参考限定值；而高炉、转炉煤气放散率分别达到 6%和 10%，余热资源回收利用率不足 40%。

我国重点钢铁企业之间技术装备水平发展不平衡，是处于多层次，不同装备水平，各种技术经济指标共同发展阶段。约有三分之一企业的技术装备和生产指标达到国际水平，又有四分之一企业是处于技术装备和生产指标相对落后，是粗放式经营管理的状态。

**3．我国现有能源结构、铁钢比问题是造成钢铁工业能源差距的重要原因**

我国钢铁工业煤炭占能源消费总量的 70%左右。铁钢比高意味着我国是以高炉炼铁、转炉炼钢为主的国家，生产原料则以铁矿石为主、废钢为辅。由于我国铁钢比与发达国家的差距，不仅需要大量进口铁矿石，导致粗钢吨钢能耗的存在较大差距，吨钢大气污染物排放量存在较大差距。

**专栏 3-3**

我国正处于经济快速发展阶段，废钢资源积累较少，必然造成炼钢时的废钢利用比例低。我国钢铁工业铁钢比高，是吨钢综合能耗高的主要原因。2012 年全球铁钢比为 72.5%，其中日本、韩国分别为 75.9%和 60.2%，欧盟 27 国和美国更低，分别为 53.9%和 36.2%，我国最高，为 91.8%。

铁钢比下降 0.1，会影响吨钢综合能耗约 20 kg 标煤/t。我国与工业发达国家铁钢比相差0.4 左右，即便我国炼铁工艺水平接近世界发达水平，也会造成中国吨钢综合能耗比工业发达国家高出约 80 kg 标煤/t。

**4．污染治理不到位，导致污染减排任务艰巨**

钢铁工业是国民经济的重要产业，也是国家推进节能减排工作的重点产业。钢铁行业是一个高耗能、高污染的产业，目前钢铁工业总产值占全国 GDP 的 3.2%，总能耗占全国总能耗的 16.1%。由于钢铁工业是能源资源消耗大户，工业废水、工业粉尘和 $SO_2$ 排放量分别占全国工业污染物排放总量的 10%、15%和 10%。因此，钢铁工业是节能减排潜力最大的行业之一。

钢铁工业生产过程包括采选、烧结、炼铁、铁合金冶炼、炼钢（连铸）、轧钢等生产工艺。钢铁工业中废气、污水、废渣的产生量都很大，尤其废气污染物排放总量更大。我国钢铁工业中来自烧结、炼铁、焦化等炉窑产生的含尘和有害气体的废气，原料运输、装卸、加工产生的无组织含尘废气，已成为许多地方影响大气环境的主要污染源，也是升高$PM_{2.5}$的重点因素，引起了政府和公众的强烈关注。

**专栏 3-4**

据《钢铁工业"十二五"发展规划》预测，2015 年，我国粗钢导向消费量约为 7.5 亿 t。我国粗钢消费量可能在"十二五"期间进入峰值弧顶区，最高峰可能出现在 2015 年至 2020 年，峰值为 7.7 亿～8.2 亿 t。而据业内专家预计，2015 年，我国钢产量有可能达到 8 亿 t。如此巨大的粗钢产量必然会加大废水、废气、废渣等污染物的产生量，这给钢铁工业污染物排放总量控制工作带来了巨大的压力和挑战。2010 年，在全部工业行业中，钢铁行业排放的废气量占工业废气排放总量的 23.68%，仅次于电力、热力生产和供应业，和非金属矿物制品业，并位列第二。工业粉尘排放量占工业排放总量的 22.86%，位列第一。$SO_2$ 排放量占工业排放总量的 10.36%，仅次于电力、热力生产和供应业和有色金属冶炼及压延工业，位列第三。

目前，钢铁工业总能耗约占全国工业总能耗的 14%，而钢铁企业生产过程中的能源有效率仅为 30%。全行业固体废弃物回收利用率在 53%，水资源利用率在 40%。钢铁工业用能结构是：煤炭占 69.9%，电力 26.4%，燃油 3.2%，天然气 0.5%。据 2008—2010 年中国高炉煤气发电项目投资调查咨询报告显示，近年经过结构调整和技术进步，我国钢铁企业的平均能耗大幅下降，大型钢铁企业吨钢能耗仍比发达国家高近 10%，中小型企业要高 25%～30%。

**专栏 3-5**

降低炼铁工序的能耗是钢铁行业节能减排的关键环节。炼铁系统（包括烧结、球团、焦化、炼铁）能耗占钢铁联合企业总能耗的 70%，成本占 60%，污染物排放占 70% 以上。钢铁企业各工序能耗如表 3-2 所示。

表 3-2  2010 年重点钢铁企业各工序能耗占行业总能耗比例

| 工序 | 烧结 | 球团 | 焦化 | 炼铁 | 转炉 | 电炉 | 轧钢 | 其他 |
|---|---|---|---|---|---|---|---|---|
| 比例/% | 7.4 | 1.2 | 15.5 | 49.4 | 5.9 | 3.6 | 9.6 | 7.0 |

注：数据来自《钢铁企业节能潜力分析》（王维兴）。

随着科学技术进步，不断采用各种先进的工艺、技术装备和加强对用水、节水的管理，我国钢铁工业用水量已从高速增长逐步转变为缓慢增长。重点钢铁企业在 2000—2012 年，吨钢耗新水量从 25.24 $m^3$ 大幅减少到 3.77 $m^3$。

钢铁联合企业工序多，各工序用水量大，废水排放量大。用水量较大的工序为炼焦、热轧。在钢铁生产过程中排出的废水，主要来源于生产工艺过程用水，设备与产品冷却水，设备和场地清洗水等。70% 的废水来源于冷却用水，生产工艺过程排出的只占一小部分。废水含有随水流失的生产用原料、中间产物和产品以及生产过程中产生的污染物。

（1）按所含的主要污染物性质通常可分为：含有机污染物为主的有机废水和含无机污染物（主要为悬浮物）为主的无机废水以及仅受热污染的冷却水。例如焦化厂的含酚污水是有机废水，炼钢厂的转炉烟气除尘污水是无机废水。

（2）按所含污染物的主要成分分类有：含酚废水、含油废水、含铬废水、酸性废水、碱性废水和含氟废水等。

（3）按生产和加工对象分类有：烧结厂废水、焦化厂废水、炼钢厂废水、轧钢厂废水等。

### 四、我国钢铁工业的污染减排途径

一是结构减排。目前按照国家产业政策，淘汰土烧结、30 m$^2$ 及以下烧结机、化铁炼钢、400 m$^3$ 及以下炼铁高炉（铸铁高炉除外）、公称容量 30 t 及以下炼钢转炉和电炉（机械铸造和生产高合金钢电炉除外）等落后工艺技术装备。

二是 SO$_2$ 治理工程。单台烧结面积 90 m$^2$ 以上的烧结机、年产量 100 万 t 以上的球团设备全部脱硫，综合脱硫效率达到 70%。已安装脱硫设施但不能稳定达标排放的、实际使用原料硫分超过设计硫分的、部分烟气脱硫的，应进行脱硫设施改造。

三是 SO$_2$ 管理减排。"十一五"期末已安装烧结烟气脱硫设施但脱硫效率达不到设计要求的，通过加强管理等措施，提高减排能力。

四是 NO$_x$ 治理工程。东部地区单台烧结面积 180 m$^2$ 以上的烧结机建设烟气脱硝示范工程。

### 五、钢铁工业污染特征

钢铁工业主要污染物为废气和废水和固体废物。废气主要污染因子为颗粒物、SO$_2$、NO$_x$、氟化物、氯化氢、二噁英等。废水污染因子主要为：COD、石油类、重金属、酚、氰等。固体废物主要包括：含铁尘泥、除尘灰、铁渣、钢渣以及碳钢酸洗废酸（盐酸、硫酸）等。钢铁工业主要污染物见表 3-3。

表 3-3　钢铁工业特征污染物

| 项目 | 特征污染物 |
|---|---|
| 废气 | 烧结（粉尘、烟气、SO$_2$ 和 NO$_x$）；炼铁（粉尘、CO、SO$_2$ 和 H$_2$S 等污染物）；炼钢[颗粒物、CO、NO$_x$、SO$_2$、氟化物（主要成分为氟化钙）、二噁英、铅、锌等] |
| 废水 | 烧结（湿式除尘排水、冲洗地坪水含有高的悬浮物）；炼铁（主要为高炉煤气洗涤水，含悬浮物、酚、氰等）；炼钢（COD、油类、氨氮、氰化物、氯化物） |
| 固体废物 | 烧结[含铁尘泥、废矿石、除尘灰、废油（危废）、脱硫渣]；炼铁（铁水冶炼渣、瓦斯尘泥、脱硫渣）；炼钢（钢渣、尘泥、氧化铁皮、脱硫渣、废钢碳钢酸洗废酸） |
| 噪声 | 转炉、电炉、蒸汽放散阀、火焰清理机、火焰切割机、煤气加压机、吹氧阀站、空压机、真空泵、各类风机、水泵等机械产生的噪声 |

## 第二节　钢铁烧结工艺的污染核算

### 一、烧结工艺原理

烧结工艺是利用铁矿粉，返矿，配入适量的燃料和熔剂，按一定比例在高温下经过烧结或球团工艺制成烧结矿或球团矿，制成块状冶炼原料的一个过程。目前铁矿粉造块主要有两种方法：烧结法和球团法，两种方法所获得的块矿分别为烧结矿和球团矿。

烧结工艺将各种粉状含铁原料配入适量的燃料和熔剂，加入适量的水，经混合和造球后在烧结设备上使物料发生一系列物理化学变化，将矿粉颗粒黏结成块的过程。

球团工艺就是把细磨铁精矿粉或其他含铁粉料添加少量添加剂混合后，在加水润湿的条件下，通过造球机滚动成球，再经过干燥焙烧，固结成为具有一定强度和冶金性能的球型含铁原料。

烧结和球团过程可以除去矿粉中 80%～85%的 S 和部分 F、As 等有害杂质，大大减轻了高炉冶炼过程中的脱硫任务，提高了生铁质量。

2011 年，我国重点钢铁企业烧结固体燃耗为 55 kg 标煤/t 产品与 2010 年持平，企业最高值达到 71.33 kg 标煤/t 产品。烧结工序能耗中，固体燃耗占 80%、电力占 13%、点火燃耗占 6.5%、其他占 0.5%。

## 二、烧结及球团生产的原料与能耗

烧结生产使用的主要原料为含铁原料（精矿粉、富矿粉、高炉瓦斯泥、转炉泥以及轧钢氧化铁皮等）、熔剂（石灰石、白云石、菱镁石、生石灰和消石灰等）、燃料（无烟煤、焦粉、煤气等）。烧结燃料耗量为 40～50 kg 标煤/t 产品，综合能耗为 55～70 kg 标煤/t 产品。烧结及球团原料消耗、去硫情况、燃料含硫情况见表 3-4。

表 3-4　烧结及球团生产的原辅料消耗

| | 精矿粉 | 固体燃料（煤粉、焦粉） | 熔剂（石灰石、白云石、生石灰） | 含铁杂料（氧化铁皮、除尘灰、污泥等） |
| --- | --- | --- | --- | --- |
| 单耗 | 700～850 kg/t | 40～50 kg/t 烧结矿 | 130～170 kg/t 烧结矿 | 20～25 kg/t 烧结矿 |
| 含硫率 | 进口铁精矿的含硫率一般在 0.01%～0.04%，国产铁精矿的含硫率一般在 0.1%～0.7%，低于 0.1%的比例较少 | 含硫率一般在 0.5%～0.75% | 含硫率一般在 0.02%～0.04% | 含硫率一般在 0.02% |

球团生产的原料为焦炭粉（或煤粉）和熔剂（石灰石灰或白云石）。球团使用的原料主要为含铁原料，达 70%，多以焦粉、重油、煤气为燃料，燃料耗量为 18～20 kg/t 矿。综合能耗 30～45 kg 标煤/t 矿。

## 三、烧结的设备与工艺

### 1. 烧结的设备

烧结工艺主要设备是带式烧结机。带式烧结机是由头尾星轮带动的装有混合料的台车并配有点火、抽风装置的机械设备。台车在头部加料并点火，至尾部卸料。通过抽风机抽风助燃，在有效烧结长度内，将混合料由上至下烧透，生成烧结矿。烧结机生产简图见图 3-3。

图 3-3 烧结机工艺设备图

## 2．球团的设备

球团生产的主要设备有竖炉、带式焙烧机、链篦机-回转窑三大类，包括造球机、焙烧设备、冷却设备。竖炉是用来焙烧铁矿球团的最早设备，竖炉按其断面形状分类，有圆形和矩形两种，结构包括燃烧室、导风墙。带式焙烧机基本结构形式与带式烧结机相似，但两者的生产过程完全不同。球团带式焙烧机的整个长度上可依次分为干燥、预热、燃料点火、焙烧、均热和冷却六个区。链篦机-回转窑是一种联合机组，包括链篦机、回转窑、冷却机及其附属设备。这种球团工艺的特点是干燥预热、焙烧和冷却过程分别在三台不同的设备上进行。生球首先在链篦机上干燥、脱水、预热，而后进入回转窑内焙烧固结，最后在冷却机上完成冷却。球团设备见图3-4、图3-5。

图 3-4 球团竖炉设备及产品

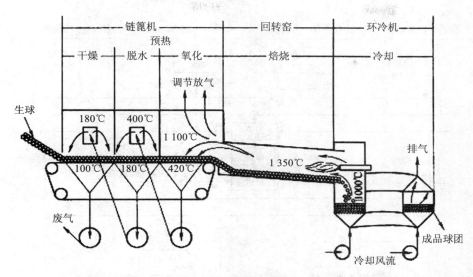

图 3-5 球团链篦机-回转窑流程、设备图

### 3．烧结的冷却设备

烧结工艺的冷却有带式和环式两种，鼓风带式冷机是与各式烧结机（环烧、带烧、平烧）配套的高效通用烧结矿冷却设备。鼓风环式冷却机是冶金企业大中型烧结机的主要配套设备，用于冷却经破碎筛分后的热烧结矿。环冷机是使装有热烧结矿的台车回转运动，在加料与卸料部位之间，鼓风机冷空气由台车底部进入并穿透热烧结矿层，带走热量，使烧结矿冷却。

### 4．烧结工艺

烧结工艺流程包括原料的输入，兑灰，拌和，破碎筛分，配料，混料，点火，抽风烧结，抽风冷却，破碎筛分，除尘等环节。烧结生产就是把铁矿石等含铁原料和燃料、熔剂混合在一起，由布料器铺至烧结机台车上，燃料燃烧，下部强制抽风，从而使散料结成块状，并具有足够的强度和块度的过程。经机尾破碎机（一次热破）破碎后进入冷却机，冷却后的烧结矿经二次破碎机破碎和数次筛分后，按粒度分成成品矿、铺底料和返矿。成品矿送往高炉，铺底料送铺底料槽，返矿则送返矿槽参加配料再使用。同时，烧结过程中产生的废气由主抽风机通过下部风箱进入主排气管，废气经除尘脱硫后从烟囱排出。烧结生产工艺流程见图 3-6。

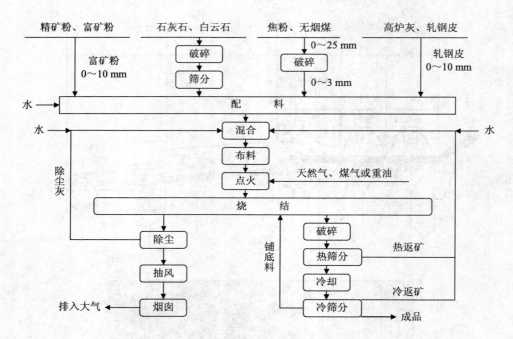

图 3-6　烧结生产工艺流程

### 5．球团的工艺

球团生产的工艺流程与烧结相似，生产大致分三步：（1）备料：将细磨精矿粉、熔剂、燃料（1%～2%，有时也可不加）和黏结剂（如皂土等为0.5%，有时也可不加）等原料进行配料与混合；（2）成球：在造球机上加适量水，滚成10～15 mm的生球；（3）焙烧：生球经过高温焙烧机高温焙烧，焙烧好的球团矿再经冷却、破碎、筛分得到成品球团矿。

竖炉是按逆流原则工作的热交换设备。生球装入竖炉以均匀速度下降，燃烧室的热气体从喷火口进入炉内，热气流自下而上与自上而下的生球进行热交换。生球经干燥、预热后进入焙烧区进行固结，球团在炉子下部冷却，然后排出。球团生产工艺流程见图3-7。

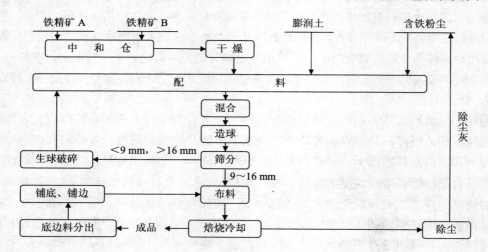

图 3-7　球团生产工艺流程

#### 四、烧结工序的大气污染排放

混合料在烧结过程中，会产生含有粉尘、烟气、$SO_2$ 和 $NO_x$ 的高温废气。有组织排放的废气主要是机头（抽风箱）、机尾（卸矿端）产生的废气，废气中主要污染物含大量粉尘、$SO_2$，少量 CO、$NO_x$、氟化物、重金属等。一般钢铁企业会进行有组织收集净化，有组织排放。烧结机机头机尾产生的废气量为 2 900～3 400 $m^3$/t 烧结矿。球团生产过程产生的废气污染比烧结生产少许多，球团生产过程产生的烟气量为 2 800～3 200 $m^3$/t 球团矿。

烧结厂生产工艺中，生产过程中产生无组织排放废气的工序是原料装卸、破碎、筛分和储运过程产生含尘废气；混合料系统产生水汽和粉尘的共生废气；破碎、筛分、冷却、贮存和转运过程产生含尘废气。原料混合系统、烧结矿通风冷却、破碎、筛分工艺过程和转运站以及原料场等工序都会造成较大的无组织粉尘排放。烧结机的破碎系统、配料、混料、筛分（整粒）、转运等工艺过程产生的工艺废气量为 2 600～4 200 $m^3$/t 烧结矿。球团生产过程无组织粉尘排放量为 0.3～2 kg/t 球团矿。

---

**专栏 3-6**

**（一）烧结生产工艺烟粉尘污染估算**

烧结机机头机尾产生的废气含尘质量浓度为 4 000～5 000 $mg/m^3$，烟尘产生量在 12～18 kg/t 烧结矿，烧结机的破碎系统、配料、混料、筛分（整粒）、转运等工艺过程产生的粉尘产生量在 16～18 kg/t 烧结矿，烟粉尘总产生量 25～40 kg/t 烧结矿。球团生产过程产生的废气含尘质量浓度 3 100～3 500 $mg/m^3$，烟粉尘产生量约为 10 kg/t 球团矿。

烧结厂的炉窑等有组织排放过程设备烟气净化 80% 多采用（三电场或四电场）电除尘器，其余为多管旋风除尘器，采用电除尘除尘效果较好，采用旋风除尘器的达不到排放标准。

**（二）烧结工序产生的 $SO_2$ 污染估算**

烧结烟气中的 $SO_2$，主要来源于在烧结矿原料中硫的化合物燃烧的结果，这些硫的化合物主要是通过原料和焦炭引入的。烧结和球团生产过程原料的自熔，可去除原料中部分硫分。由于混合原料含硫率不同，烧结机烟气中 $SO_2$ 的质量浓度一般在 100～1 000 $mg/m^3$，高的可以达到数千 $mg/m^3$。每生产 1 t 烧结矿将产生 $SO_2$0.8～2.0 kg（视精矿粉和燃料中的含硫量多少有所不同）。球团生产过程中产生的 $SO_2$ 与烧结工艺相近。球团生产过程中，混合料中 80% 的硫转变为 $SO_2$。

**（三）烧结工序 $NO_x$ 产污染估算**

烧结烟气中的 $NO_x$ 主要是由烧结固体燃料及含铁原料中的氮和空气中的氧在高温烧结时产生的。在烟气中，由燃料生成的 $NO_x$ 可以占到 90%，在燃烧的空气中氧分子和氮分子反应而产生的 $NO_x$ 也可能占 60%～70%。每生产 1 t 烧结矿产生 $NO_x$ 0.4～0.65 kg。烧结烟气中 $NO_x$ 的质量浓度一般在 200～310 $mg/m^3$，也有报道说其质量浓度达到过 700 $mg/m^3$，这与燃料中氮的含量有关。竖炉法产生的 $NO_x$ 一般在 0.2 kg/t 球团矿，质量浓度在 70 $mg/m^3$ 左右；带式焙烧产生的 $NO_x$ 在 0.5～0.6 kg/t 球团矿，质量浓度在 170 $mg/m^3$ 左右。

烧结生产过程中产生的 $SO_2$ 需要进行治理，目前常用的脱硫的方法有石灰石-石膏法、氨-硫铵法、活性炭吸附法等。

### 五、烧结工序废水与固体废物污染

#### 1．烧结及球团工艺废水污染

烧结和球团生产废水主要来自湿式除尘排水、冲洗地坪水和设备冷却排水。烧结厂用水量在 $2 \sim 3 \ m^3/t$ 烧结矿，新鲜水量消耗量在 $0.5 \sim 1.0 \ m^3/t$ 烧结矿。烧结（球团）厂产生的废水量少，一般不含有毒有害的污染物，SS 含量高，质量浓度达 10 g/L 以上，主要是含铁尘泥和焦粉，经冷却、沉淀或强化处理，可循环使用。

生产废水来自：

（1）湿式除尘设备排水。废水中的主要污染物为 SS（悬浮物），质量浓度一般为 $3 \sim 5$ g/L，需经处理后方可串级使用或循环使用，如果排放，必须处理到满足排放标准。

（2）冲洗地坪排水和冲洗胶带废水。为间断性排水，废水中的主要污染物为 SS，且含大颗粒物料，经净化后可以循环使用。

（3）设备间接冷却水。水质未受污染，经冷却和水质稳定处理后即可回用。

#### 2．烧结及球团工序固体废物污染核算

烧结生产过程产生的固体废物主要是除尘设施的含铁尘泥（含铁 40% 以上）等，产尘量为 25～40 kg/t 矿。烧结生产过程产生的固体废物一般都将可再用废物返回到烧结生产工艺中去。

## 第三节　炼铁工序的污染核算

我国钢铁企业的炼铁工序主要采用高炉炼铁。

### 一、炼铁工艺原理

原料和燃料通过上料系统和炉顶（一般炉顶是由料钟与料斗组成，现代化高炉是钟阀炉顶和无料钟炉顶）设备，不断地将铁矿石、焦炭、熔剂送入炉内，从高炉下部风口吹进预热空气（$1\,000 \sim 1\,300℃$），喷入燃料（油、煤或天然气等）。熔炼过程中，原料、燃料下降，煤气上升。原料中氧化铁在高温下还原成金属铁（铁水），铁水从高炉底部流出。石灰石作为熔剂，将铁矿石中难熔的脉石生成炉渣（硅酸钙），浮于铁水上。铁水用铁水罐车送至转炉炼钢（异常情况下送铸铁机浇铸成铁锭）。烧结矿的透气性能越好、铁矿石含铁品位越高、高炉容积越大，焦比越小；使用天然矿石、高炉容积越小焦比越大，节能降耗效果越明显。

### 二、炼铁的工艺

#### 1．炼铁工序的原料与产品

炼铁主要原料为 $Fe_2O_3$ 或 $Fe_3O_4$ 含量高的铁矿石、烧结矿或球团矿以及石灰石（调节矿石中脉石熔点和流动性的助熔剂）、还有焦炭（作为热源、还原剂和料柱骨架）。通常，冶炼 1 t 生铁需 1.6～2.0 t 铁矿石（一般情况下 1.8 t 铁矿石可产 1 t 生铁），0.5～0.7 t 燃料（高炉燃料主要是焦炭和煤粉，还有重油、煤气、煤、天然气），0.2～0.4 t 熔剂，总计需要

$2\sim3\,t$ 原料。焦炭和煤在高炉中可起着化学还原剂、炉料支撑和燃料等用途。残余物高炉煤气可以副产气体的形式用于烧结和炼焦、发电等过程，替代其他燃料供能。

炼铁工序的产品是铁水或生铁，副产品为铁渣和高炉煤气。

### 2．炼铁工序的能耗

炼铁工序（含烧结、炼焦）能耗约占钢铁企业总能耗的 72%，钢铁工业要降低吨钢综合能耗应该尽量降低炼铁工序能耗。高炉炼铁所需能量有 78% 来自燃料燃烧，应该降低燃料比和提高二次能源利用率。

2012 年我国重点钢企高炉的入炉平均焦比在 $364\,kg/t$，喷煤比平均 $151\,kg/t$，燃料比平均 $515\,kg/t$。烧结矿的透气性能越好、高炉容积越大，焦比越小；使用天然矿石、高炉容积越小，焦比越大。入炉矿含铁品位提高 1%，炼铁燃料比降低 1.5%，产量提高 2.5%，渣量减少 $30\,kg/t$，允许多喷煤 $15\,kg/t$。

### 3．炼铁生产设备

炼铁厂的主要工艺设备为高炉及其供料系统、送风系统、煤气净化除尘系统、渣铁处理系统和粉煤制备喷吹系统，具体包含有高炉、热风炉、高炉煤气洗涤设施、鼓风机、铸铁机、冲渣池等以及与之配套的辅助设施，这些是主要的污染源。

### 4．炼铁生产工艺

工业炼铁是在高炉内连续进行。在高炉炼铁生产中，高炉是工艺流程的主体，从其上料系统和炉顶（一般炉顶是由料钟与料斗组成，现代化高炉是钟阀炉顶和无料钟炉顶）装入的铁矿石、焦炭和熔剂向下运动，从高炉下部风口鼓入预热空气（$1\,000\sim1\,300\,℃$），喷入燃料（油、煤或天然气等）。熔炼过程中，原料、燃料向下降落，大量的高温还原性气体向上运动。原料经过加热、还原、熔化、造渣、渗碳、脱硫等一系列物理化学过程，原料中的氧化铁在高温下被还原成金属铁（铁水），铁水从高炉底部的出铁口流出。铁水用铁水罐车送至铸铁机浇铸成铁锭或送至转炉炼钢。石灰石作为熔剂，将铁矿石中难熔的脉石生成炉渣（硅酸钙），浮于铁水上，从出渣口排出。煤气从炉顶导出，经除尘后，作为工业用煤气。现代化高炉还可以利用炉顶的高压，将煤气导出，这部分煤气可以用来发电。

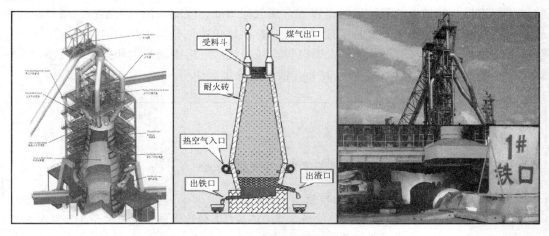

图 3-8　炼铁高炉示意图

高炉炼铁工艺流程系统除高炉本体外，还有供料系统、送风系统、回收煤气与除尘系统、渣铁处理系统、喷吹燃料系统，以及为这些系统服务的动力系统等。炼铁生产工艺流程简图见图3-9。

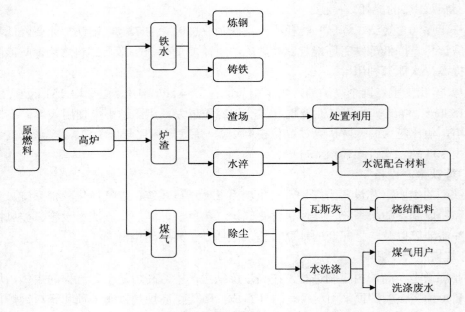

图 3-9　炼铁生产工艺流程

### 三、炼铁工艺的废气

#### 1. 烟粉尘污染

炼铁生产过程中，粉尘污染的产尘点比较多，多为无组织排放源。高炉生产中可产生高炉煤气 1 600～2 000 m³/t 铁（有组织排放），其中含有 CO、烟尘、$SO_2$、$NO_x$、酚、氰等物质。据统计，一般有 2%～6% 的高炉煤气泄漏到大气中，如没有收尘措施，其污染物将以无组织形式排放。热风炉通常是以混合煤气或重油、煤炭、塑料为燃料，燃料消耗量较小，在炼铁系统中热风炉是排放废气的大户，热风炉废气量为 1 360～1 750 m³/t 铁，产生的污染物有 $SO_2$、$NO_x$、烟尘、二噁英等，经净化后，污染物产生和排放量较小。高炉熔炼产生的高炉煤气中含烟尘 25～35 kg/t 铁，需除尘后使用。

---

专栏 3-7

**炼铁工序的粉尘无组织排放**

**1. 运输装料与煤粉制备的粉尘污染**

原料系统中的原料装卸、传输和给料过程中的废气，铸铁机铁水浇注时产生含尘废气和石墨碳的废气。废气主要污染物是粉尘，粉尘产生量为 0.5～1.5 kg/t 铁。对各产尘点，通常采用密闭收尘罩等尘源控制技术，经袋式除尘后排放。

---

**2．高炉气**

高炉属密闭系统，内压高于外压，原料经矿槽、皮带、振动筛、上料小车储运、装料系统进入高炉，这一过程排放的主要污染物是粉尘，产尘点多而分散，有的产尘点达上百个，粉尘原始浓度大。对各产尘点控制技术，通常采用密闭收尘罩或移动通风槽等尘源控制技术，经袋式除尘器除尘后排放。我国高炉煤气平均放散率在 5%～20%，有些工艺落后的钢企放散率高达 40%，有些小企业甚至全部放散，这就会产生很高的粉尘排放。

**3．出铁场的粉尘污染**

高炉下部出铁口出铁，将铁水装进铁水罐和出渣口出渣时都产生废气。这类废气都属于无组织排放。目前，出铁期间，平均每生产 1 t 铁将产生 2.5 kg 左右的烟尘，对环境污染相当严重。现在多采用密闭吸尘措施。高炉炼铁的出铁场废气、高炉气放散、运输装料等废气的无组织排放量很大，但定量计算较难，据估计产生的扬散粉尘量在 0.5～5 kg/t 生铁。

### 2．炼铁工序的 $SO_2$ 污染

高炉中的硫来自烧结块矿、焦炭、熔剂和喷吹物。在一般情况下，焦炭带入的硫最多，占 60%～80%，而块矿带入的硫一般不会超过 20%。由炉料带入的硫（$S_料$）在冶炼过程中有三种出路：一部分挥发，随煤气排除炉外（$S_煤气$），一部分进入生铁（$S_铁$），其余大部分进入炉渣（$S_渣$）。故 $S_料 = S_铁 + S_渣 + S_煤气$。

高炉产生的高炉煤气量约 1 800 $m^3$/t 铁，热风炉所需的高炉煤气量平均约为 700 $m^3$/t 铁，多余的高炉煤气需外输或者放空。高炉炼铁热风炉产生的 $SO_2$ 量的有组织排放量为 0.05～0.15 kg/t 生铁。

### 3．炼铁工序的 $NO_x$ 污染核算

热风炉废气是高炉炼铁 $NO_x$ 排放的主要来源，其排放质量浓度为 100～400 $mg/m^3$，排放量约 0.1 kg/t 铁。

## 四、炼铁工艺的废水排放

炼铁生产工艺过程中产生的废水主要来自以下三个方面：

（1）高炉煤气洗涤水。炼铁厂的所有给水，除极少量损失外，均转为废水，所以用水量基本上与废水量相当。高炉煤气洗涤水是炼铁厂的主要废水，其特点是水量大，悬浮物含量高，含有酚、氰、硫化物、COD 等有害物质，危害大，所以它是炼铁厂具有代表性的废水。

（2）高炉冲渣废水。高炉渣水淬方式分为渣池水淬和炉前水淬两种，高炉冲渣废水一般指炉前水淬所产生的废水。废水中的主要污染物为 SS，质量浓度 200～300 mg/L。

（3）高炉、热风炉间接冷却水。这部分水质未受污染，经冷却和水质稳定处理后即可回用。

炼铁厂生产工艺过程中产生的有害废水主要是高炉煤气洗涤水和冲渣废水。炼铁厂用水总量很大，14.5～20 $m^3$/t 铁（其中煤气洗水量 8～11 $m^3$/t 铁、淬渣水需 6.5～9 $m^3$/t 铁渣、铸铁机耗水量 1.5～2 $m^3$/t 铁），如果提高重复用水率，可以大大减少新鲜用水量。炼铁废水一般经沉淀、过滤、冷却处理后，可再循环到煤气洗涤器循环利用。为稳定水质，该系统将有少量外排水，可作为高炉冲渣补充水。冲渣和铸铁过程污水中 SS 浓度很高。

为了减少和消除炼铁炼钢的煤气洗涤水，现多采用干法除尘工艺。

### 五、炼铁工艺的废渣

炼铁过程产生的废渣主要有炼铁渣、粉尘、尘泥等。炼铁废渣大多可综合利用。我国高炉渣铁比为 265～770 kg/t，高炉矿渣量占钢铁工业各种固体废物总量的 17.7%。高炉矿渣可以用于水泥原料等，我国高炉矿渣的综合利用率已达到 95%。高炉煤气净化回收的炼铁尘泥，可以用于烧结返矿。

此外，还有高炉储运、上料、冶炼过程除尘、集尘设施去除的粉尘及维修产生的废耐火材料等。

## 第四节　炼钢工序的污染核算

### 一、炼钢工艺原理

含碳 2%以下的铁碳合金称为钢，炼钢是将生铁中含量较高的碳、硅、磷、锰等元素去除或降低到允许值之内的工艺。目前炼钢工艺主要分为转炉炼钢和电炉炼钢（平炉炼钢已淘汰），以铁水和少量废钢为原料炼钢采用转炉炼钢，以废钢为原料采用电炉炼钢。

转炉炼钢把空气或氧气鼓入熔融的铁水中，使杂质硅、锰等氧化。因此转炉炼钢不需要另加燃料。转炉主要用于生产碳钢、合金钢及铜和镍的冶炼。

常用的电炉有电弧炉和感应炉两种，而电弧炉炼钢占电炉炼钢产量的绝大部分。一般所说电炉就是指电弧炉。电炉炼钢是以电能作为热源的炼钢方法，它是靠电极和炉料间放电产生的电弧热能，加热并熔化金属炉料和炉渣。电炉是冶炼特种钢和合金钢的一种冶炼方法。

### 二、炼钢的工艺

#### 1. 炼钢工序的原料

转炉炼钢是以铁水、废钢、铁合金为主要原料，不借助外加能源，靠铁液本身的物理热和铁液组分间化学反应产生热量而在转炉中完成炼钢过程。电炉炼钢炉主要以废钢材为原料。

#### 2. 炼钢工序的能耗

炼钢过程需要供给足够的能源才能完成，这些能源主要有焦炭、电力、氧气、惰性气体、压缩空气、燃气、蒸汽、水等；炼钢过程也会释放部分能量，包括煤气、蒸汽等。炼钢的工序能耗就是冶炼每吨合格产品（钢坯或钢锭），所消耗各种能量之和扣除回收的能量。2012 年我国重点钢铁企业转炉平均能耗 −5.28 kg 标煤/t，电炉平均能耗 67.83 kg 标煤/t，已经接近发达国家的水平。

转炉煤气和蒸汽回收率高一些的钢企转炉工序能耗要低一些，一般煤气回收率大于 80 m³/t 钢，蒸汽回收率大于 50 kg/t 钢的企业转炉工序能耗值可以实现为负值。

### 3．炼钢工序生产设备

炼钢厂的主要设备有混铁炉、炼钢炉（包括转炉和电炉，目前国内绝大多数钢铁企业已淘汰平炉炼钢）、精炼炉、模铸（铸锭或连铸）等设备。转炉炼钢见图 3-10，电炉炼钢见图 3-11，钢水连铸见图 3-12。

图 3-10　转炉炼钢

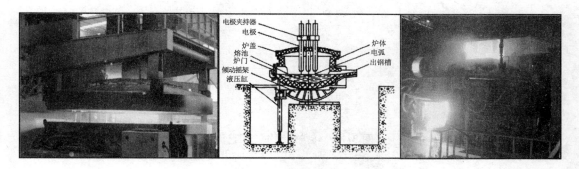

图 3-11　电炉炼钢

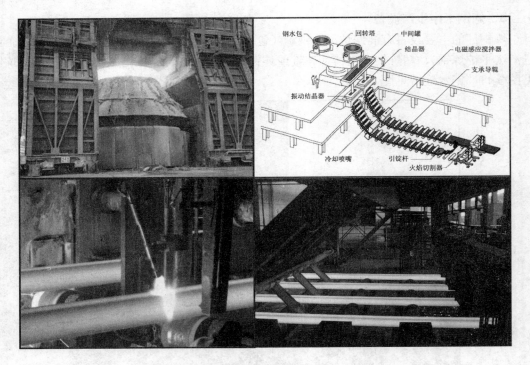

图 3-12　钢水连铸

## 4．转炉炼钢工艺

吹氧转炉炼钢是我国主要炼钢工艺，占国内总炼钢量的 85% 以上。转炉炼钢的主要工艺流程见图 3-13。

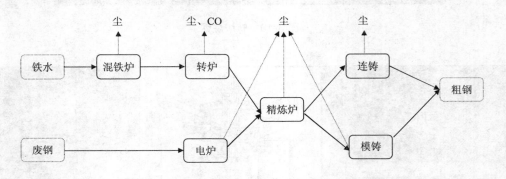

图 3-13　转炉炼钢生产工艺流程

铁水先在混铁炉内，经脱硫、挡渣后，加入石灰，另兑 10% 以下废钢，倒入转炉。对倒入转炉的铁水，吹入纯氧（分顶吹和侧吹）进行熔炼，吹炼使铁水中过量碳被氧化，当探头测得碳含量低于预定值时，停止吹炼出钢。装料和出钢时炉身可以倾斜。出钢时钢水注入钢水包，送铸型工艺加工成粗钢。氧化过程中释放出大量的热能（含 1% 的硅可使生铁的温度升高 200℃），可使炉内达到足够高的温度。通过精炼可以进一步降碳和降硫的作用，并微调成分，满足优质钢材的需求。

转炉工艺在炼钢的同时，还可以回收转炉煤气，每 1 t 钢回收的煤气量在 $50\sim100$ $m^3$。

## 5. 电炉炼钢工艺

电弧炉的炉顶有巨大碳素电极插入炉中成分已知的废钢铁之间，以电弧发出的高温使废钢熔化，吹氧使铁水熔炼成钢，此法炼出的钢品质较纯净。感应电炉是将预先配好的炼钢原料入炉，采用高频交流电，借助涡流的作用，使炉料感应加热熔化。感应加热产生涡流，对熔体有搅动作用，使钢的成分均匀一致。电炉炼钢生产工艺流程简图见图3-14。

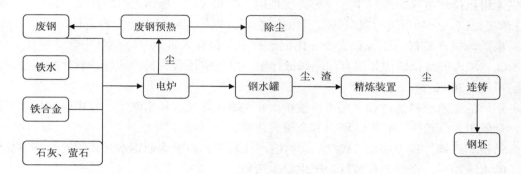

图 3-14　电炉炼钢生产工艺流程

## 6. 铸钢工艺

铸钢的方法主要分为锭模铸造和连续铸造两种类型。模铸工艺流程，是将冶炼合格的钢水浇铸到钢锭模内，待钢锭冷却后取出。再送到加工车间加热、开坯、轧成钢材。目前除了一些小钢厂外基本很少使用。连续铸钢技术基本工艺是将钢水不间断地浇铸在水冷结晶器中，待形成坯壳后，从结晶器以稳定的速度拉出，再经喷水冷却，待全部凝固后，切成指定长度的连铸坯。红热的钢坯经切断后，直接热送到轧钢车间，在加热炉内经短时间加热后轧成钢材。这一新的工艺流程经过不断完善，现已形成炼钢—精炼—连铸—热送轧材新的工艺生产路线。连铸生产工艺简图见图3-15。

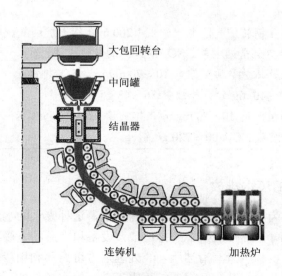

图 3-15　连铸生产工艺简图

### 三、炼钢工序的废气排放

#### 1．炼钢工序的烟粉尘排放

炼钢的废气排放主要为有组织排放和无组织排放两种，目前多数炼钢企业的有组织废气（集气部分）排放能够得到有效净化，粉尘等污染物的排放量很少。

转炉炼钢在原辅料装卸、装料兑铁水、脱硫、倾倒料、出钢、扒渣等辅助工艺，还会产生无组织排放废气，废气中主要污染物是烟粉尘和 CO。炼钢无组织排放的废气中尘和 CO 浓度很高，应加罩进行集气（有组织排放），并以袋式或静电除尘器进行净化。

电炉炼钢在装料、熔炼、去渣、出钢过程中，都有大量烟气，烟气中含烟粉尘、CO 和 $NO_x$，填入的废钢铁中如果有油漆和镀锌层，废气中还含有机物和锌的氧化物。电炉的炉温可达 1 300℃。

钢厂的铁水原料的贮存多采用混铁炉，混铁炉在兑铁水和出铁水过程中会产生大量烟气，烟气中含烟粉尘、石墨，还会有金属氧化物。

铸锭和连铸过程中钢模、底盘清理时会产生粉尘，由于涂油钢水在铸锭时会产生焦油烟，喷水冷却时，产生的水蒸气会产生粉尘污染。

#### 2．炼钢工序 $SO_2$ 排放

由于铁水和废钢铁含硫都比较低（含硫约 0.02%），辅料用量也很少，所以炼钢工序（包括转炉和电炉炼钢）$SO_2$ 产生量也很少。

#### 3．炼钢工序 $NO_x$ 排放

转炉炼钢产生的 $NO_x$ 主要是燃料型 $NO_x$，因铁水和废钢铁含氮都比较低，所以转炉炼钢 $NO_x$ 产生量也很少。

电炉炼钢由于炼钢温度较高，产生的 $NO_x$ 中热力型 $NO_x$ 较高，所以电炉炼钢 $NO_x$ 产生量比转炉炼钢要高得多。

---

**专栏 3-8**

转炉产生 350 $m^3$/t 钢转炉气，电炉产生 1 200 $m^3$/t 钢电炉烟气。转炉产生的烟粉尘量为 25～35 kg/t 钢，其中 70%是烟尘量。$SO_2$ 和 $NO_x$ 的量很少。

转炉 $SO_2$ 来源少，排放量质量浓度 10～70 mg/$m^3$，$SO_2$ 排放量为 3.5～24.5 g/t 钢；电炉 $SO_2$ 排放质量浓度 30～40 mg/$m^3$，排放量 36～48 g/t 钢。

转炉 $NO_x$ 排放质量浓度 10～70 mg/$m^3$，排放量 3.5～24.5 g/t 钢；电炉 $NO_x$ 排放质量浓度 500～600 mg/$m^3$，排放量 $NO_x$ 600～720 g/t 钢。

---

### 四、炼钢工序的废水排放

炼钢废水主要分为三类：（1）设备间接冷却水，这种废水的水温较高，水质不受到污染，采取冷却降温后可循环使用，不外排；（2）设备和产品的直接冷却废水，其主要特征是含有大量的氧化铁皮和少量润滑油脂，经处理后方可循环利用或外排；（3）湿法除尘废水。炼钢废水的水量，由于其车间组成、炼钢工艺、给水条件的不同，而有所差异。

转炉产生的废气多采用湿式除尘，就产生大量除尘废水。1 t 转炉钢需要烟气净化水 3~5 $m^3$，是炼钢厂的主要废水，主要污染物为 SS（除尘污水中 SS 质量浓度可达 2 000~5 000 mg/L）、石油类、COD 和 pH（在 5~12），经处理可以回用。直接冷却水包括连铸用水（6 $m^3$/t）和冲渣用水，含大量 SS 和少量润滑油，这种废水的水温较高，水质不受到污染，采取冷却降温后可循环使用，不外排，多数钢铁厂已实行用水的循环使用。

### 五、炼钢工艺的废渣

炼钢固体废物主要是钢渣、化铁炉渣、除尘的尘泥和耐火材料等。转炉钢渣量为 0.11~0.17 t/t，电炉钢渣为 0.14~0.19 t/t。钢渣和尘泥中一般含 7%~10%的钢，加工磁选后可以回收其中 90%以上的废钢，也可以做水泥掺合料、建材原料、水泥原料、肥料等。

## 第五节　轧钢工序的污染核算

### 一、轧钢工艺原理

改变钢锭、钢坯形状的压力加工过程叫轧钢。从炼钢厂出来的钢坯还仅是半成品，必须到轧钢厂进行轧制加工后，才能成为各种型号的钢材。才能生产出各种型号的所需的钢制料材。

轧钢属于金属压力加工，从炼钢厂送过来的连铸坯，首先是进入加热炉，然后细锭或钢坯经过初轧机通过旋转的轧辊的轧制成板、管、型、线等钢材。轧钢分热轧和冷轧两类。热轧一般是将钢锭或钢坯在均热炉里加热至 1 150~1 250℃后轧制成材；冷轧通常是指不经加热，在常温下轧制。

### 二、轧钢的工艺

#### （一）轧钢工序的原料

轧钢分热轧和冷轧。目前，用于热轧生产的原料有三种：钢锭、锻轧钢坯和连铸钢坯。钢锭是炼钢生产的最终产品，也是热轧生产的原料。冷轧的原料是热轧钢材。轧钢的目的与其他压力加工一样，一方面是为了得到需要钢材形状；另一方面也能改善钢材的内部质量。我们常见的汽车钢板、桥梁钢、锅炉钢、管线钢、螺纹钢、钢筋、电工硅钢、镀锌板、镀锡板等钢材等都是通过轧钢工艺加工出来的。

#### （二）轧钢工序的设备

轧钢生产设备主要包括热轧机组、冷轧机组、均热炉、退火炉。

#### （三）轧钢工序的能耗

热轧工序的能耗主要是均热炉、退火炉消耗的。使用的能源主要是高炉煤气、混合煤气、重油等，热轧吨钢需消耗高炉煤气 500~600 $m^3$/t 钢，或消耗混合煤气 200~240 $m^3$/t

钢，或消耗重油 50～60 kg/t 钢。

### （四）轧钢工序的工艺

轧钢工艺是指以钢坯为原料，经备料、加热、轧制及精整处理，最终加工成成品钢材的生产过程。轧钢工艺主要分为热轧和冷轧，产品包括板带材、棒/线材、型材和管材等，见图 3-16、图 3-17。

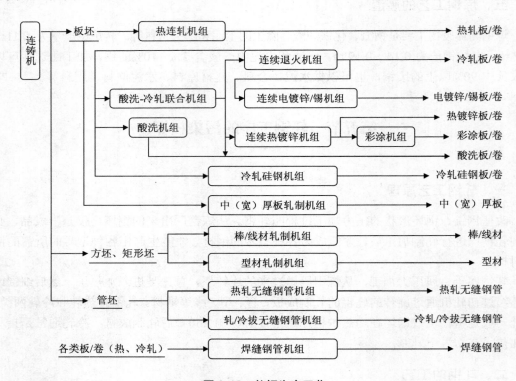

**图 3-16 轧钢生产工艺**

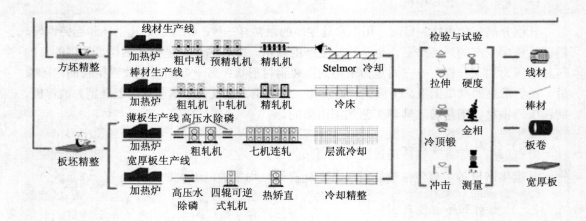

**图 3-17 方坯和板坯的轧制**

### 1．热轧工艺

热轧一般是将钢锭或钢坯在均热炉里加热至 1 150～1 250℃后，控制再结晶温度，进行轧制成材的工艺。热轧可以使材料延伸变薄，经切边、矫直、平整等精整处理后切成板材或卷材，热轧精整板材和卷材经酸洗去除氧化皮并涂油后即成热轧酸洗板卷。

热轧厂主要由加热区、轧钢区、冷却区和钢坯库等区段组成，有的还由热处理、酸洗和镀面（镀锌、锡、铅）等区组成。

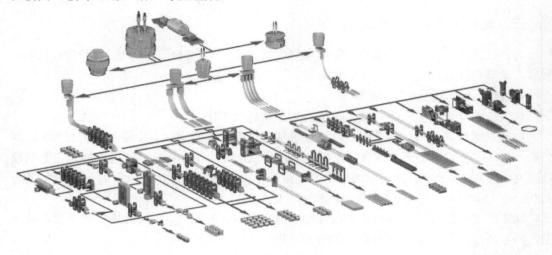

图 3-18　热轧工艺流程

图 3-19　热轧工艺

### 2．冷轧工艺

冷轧通常是指用热轧钢卷为原料，不经加热，在再结晶温度以下，包括常温下进行轧制加工的工艺。钢材冷轧具有冷加工硬化的特性。冷轧钢卷经退火后必须进行精整，包括切边、平整、重卷或纵剪切板等。由于冷轧具有较好的机械性能，很多直接使用的钢材都使用冷轧钢材。细锭或钢坯通过轧制，制成板、管、型、线等钢材，如冷轧扭钢筋、冷轧钢丝、冷轧钢板等。

冷轧板材加工是用热轧生产的钢卷，先经过连续三次技术处理，采用盐酸除去氧化膜，才能送到冷轧机组。在冷轧机上，开卷机将钢卷打开，然后将钢带引入五机架连轧机轧成薄带卷。从五机架生产的普通钢带卷，是根据用户的各种需求来加工。冷轧厂生产的各种不同品质的产品，银光闪闪的是镀锌板、镀锡板，还有红、黄、蓝等各种颜色的是彩色涂层钢板。

冷轧厂主要由酸洗区、轧钢区、热处理区、精整区等区组成。

**3．镀层**

轧制的产品中往往需要在其表面镀锌、锡、铝、塑料、油漆、黄铜、铬等涂层，主要以镀锌为主。其工艺包括碱洗、酸洗、退火、冷却、镀锌等，同时要通过感应加热对镀锌层进行熔流平滑处理、水淬、卷切。

### 三、轧钢工序废气排放

轧钢工艺产生的废气污染为少量的燃烧废气（含烟尘、$SO_2$、$NO_x$ 等）、粉尘、油雾、酸雾、碱雾和挥发性有机废气（VOC）等。

**1．热轧生产工艺废气污染核算**

轧钢工艺产生的废气主要发生在加热炉和精轧机工序。

加热炉燃烧高炉焦炉混合煤气、重油等加热钢卷产生的烟气。主要污染物有 $SO_2$、烟尘和 $NO_x$ 等。使用高炉焦炉混合煤气烟尘平均质量浓度为 10 mg/m³，使用重油烟尘平均质量浓度为 3 000 mg/m³，使用重油烟尘产生量为 0.3～0.5 kg/t 钢，使用重油 $SO_2$ 产生量为 0.005～0.5 kg/t 钢，$NO_x$ 产生量为 0.008～0.3 kg/t 钢。

轧制产生的废气主要是精轧机在轧制过程中产生大量废气，主要污染物有氧化金属粉尘、油雾及水蒸气，废气量 500～1 000 m³/t 钢。

无组织排放量：热轧粉尘 0.08～1.0 kg/t 钢，切割烟尘 0.2～1.5 kg/t 钢，锤锻约 3.0 kg/t 钢。

**2．冷轧生产工艺废气污染核算**

在冷轧生产过程中，会产生一些废气，主要是烟气、酸雾、碱雾、乳化油雾、粉尘等。冷轧生产废气污染源及污染物见表 3-5。

表 3-5 冷轧生产废气污染源及污染物

| 污染物 | 排放源 | 排放工艺 |
|---|---|---|
| 烟气 | 工业炉 | 工业炉运行时染料产生烟气 |
| 酸雾 | 连轧、推拉式酸洗、电镀锡、电镀锌、热镀锌、中性盐电解酸洗、电解酸洗、混酸酸洗 | 酸洗连轧、推拉式酸洗、电镀锡、电镀锌、热镀锌、中性盐电解酸洗、电解酸洗、混酸酸洗、电解脱脂槽、涂层、酸再生装置等工艺过程产生的含酸气体 |
| 碱雾 | 热镀锌机组、连退机组、脱脂清洗段等 | 热镀锌机组连退机组、脱脂等设备的碱洗槽、漂洗槽等在工艺过程产生的含碱气体 |
| 乳化液油雾 | 冷轧机组、湿平整机、修磨抛光机组等设备 | 轧机组、湿平整机修磨抛光机组等设备工作时产生乳化液油雾 |
| 粉尘 | 热轧精轧机、拉矫机、焊接机、酸再生、干平整、管坯精整、方坯精整、抛丸机、修磨机、锌锅、锡锅、铅浴炉等设备 | 热轧精轧机、拉矫机、焊接机、酸再生、干平整机、管坯精整、方坯精整、抛丸机、修磨机、锌锅、锡锅、铅浴炉等设备运行时产生的烟尘 |

## 四、轧钢工序废水排放

生产各种热轧、冷轧产品过程中需要大量水冷却、冲洗钢材和设备，从而也产生废水和废液。轧钢厂所产生的废水的水量和水质与轧机种类、工艺方式、生产能力及操作水平等因素有关。

热轧废水的环境特征是含有大量的氧化铁皮和油，温度较高，且水量大。经沉淀、机械除油、过滤、冷却等物理方法处理后，可循环利用，通称轧钢厂的浊环系统。冷轧废水种类繁多，以含油（包括乳化液）、含酸、含碱和含铬（重金属离子）为主，要分流处理并注意有效成分的利用和回收。轧钢工艺产生的废水分为热轧废水和冷轧废水，其中以冷轧废水为主。热轧钢废水主要是直接冷却水，废水量为 $10 \sim 19$ $m^3/t$ 钢，其中 COD 产生量为 $1.3 \sim 1.7$ kg/t 钢，石油类产生量为 $0.11 \sim 0.16$ kg/t 钢，废水回用率很高。

冷轧废水的种类较多，主要包括浓碱及乳化液废水、稀碱含油废水、酸性废水，还包括少量的光整废水、湿平整废水、重金属废水（如含六价铬、锌、锡等）和磷化废水等。冷轧废水应分流处理，注意回收利用。

## 五、轧钢工序固体废物排放

轧钢工序产生的固体废物主要为冷轧酸洗废液（包括盐酸废液、硫酸废液、硝酸-氢氟酸混酸废液；用硫酸、盐酸进行酸洗时，废液含铁质量浓度高达 $100 \sim 200$ g/L；硝酸和氢氟酸主要用于不锈钢的酸洗，废液含铁和合金质量浓度高达 $40 \sim 50$ g/L）。据《第一次全国污染源普查工业污染源产排污系数手册》给定的系数，冷轧无缝管以及冷拔线棒材的生产会产生 $0.02$ kg/t 钢的危险废物（废酸），还包括除尘灰、水处理污泥（包括少量含铬污泥、含重金属污泥）、锌渣和废油（含处理含油废水中产生的废滤纸带）等，其中含铬污泥、含重金属污泥、锌渣及废油属危险废物，应按危险废物进行处置。

**思考与练习：**

1．简述我国钢铁工业的主要环境问题和节能减排基本途径。

2．到钢铁企业或在网上调研烧结、炼铁、炼钢和轧钢的主要设备和工艺流程（要求配图）。

3．分析烧结、炼铁、炼钢和轧钢的排污节点的主要环境要素。

4．结合网上资料分析烧结、炼铁、炼钢和轧钢的 $SO_2$ 产生机理。

5．分析烧结、炼铁、炼钢和轧钢的有组织颗粒物的产生与排放。

6．分析烧结、炼铁、炼钢和轧钢的无组织颗粒物的产生与排放。

7．通过网上的资料分析烧结、炼铁、炼钢和轧钢的 $NO_x$ 产生机理。

# 第四章　有色金属冶炼工业污染核算

本章介绍了我国有色金属冶炼与压延工业中存在的主要环境问题；介绍了典型的有色金属行业中铅冶炼、锌冶炼和氧化铝、电解铝工业的主要环境问题；这些行业中的原辅材料结构、基本能耗；这些工序的主要生产设备与基本工艺；这些工序的排污节点和环境要素分析。

专业能力目标：

1. 了解有色金属工业的主要环境问题；
2. 了解铅锌冶炼的原料结构；
3. 了解锌冶炼工业的生产工艺；
4. 了解氧化铝工业的原辅料结构与生产工艺；
5. 基本掌握铅冶炼的基本生产工艺；
6. 了解锌冶炼的排污节点及环境要素分析；
7. 掌握铅冶炼的排污节点分析、主要大气污染来源及环境要素分析；
8. 基本掌握电解铝加工的原料、生产工艺、主要大气环境要素分析。

## 第一节　有色金属冶炼与压延工业的主要环境问题

有色金属冶炼与压延行业是对有色金属进行冶炼、压延加工等一系列工作的生产部门的总称。有色纯金属分为重金属、轻金属、贵金属、半金属和稀有金属五类。金属铅冶炼、金属锌冶炼和氧化铝电解铝加工业在国民经济行业分类中属于有色金属冶炼与压延行业。

### 一、有色金属冶炼与压延工业现状

有色金属是重要的基础原材料，广泛应用于国民经济和国家安全的各个领域。"十一五"期间是我国有色金属工业发展最快的时期，同时产品结构有所改善，产业集中度明显提高，工艺技术及装备水平大幅提高，节能减排取得明显成绩。目前我国已成为有色金属生产大国，我国 10 种常用有色金属（铜、铝、铅、锌、镍、镁、海绵钛、汞、精锡、精锑）产品产量自 2002 年超过美国后，连续 12 年位居世界第一。2010 年我国精炼铜、电解铝、铅、锌、镍、镁等主要金属产量分别占全球总产量的 24%、40%、45%、40%、25% 和 83%。

有色金属原料成分复杂，工艺类型繁多，生产规模差距明显，生产中产生的污染物种类和数量上的差别悬殊。有色金属工业一直被视为高污染行业。有色金属工业一个重要的环境特征是其原料中含有多种有毒物质，如砷、氟、硒、碲等，多数有色金属本身就有毒性，如铅、汞、镉、镓、铊、锌、铜等。从有色金属的采矿、选矿、冶炼到金属加工，都会产生和排放含有有毒金属成分的污染物。就 1 t 有色金属冶炼对环境产生的影响要远远大于钢铁工业的冶炼。

据中国有色金属协会统计，有色金属工业企业数量从 1978 年的 602 家增长到 2012 年的 8 057 家，主要十种有色金属产量从 1978 年的 99.6 万 t 增长到 2012 年的 3 696 万 t。

### 二、有色金属工业发展存在的环境问题

有色金属行业经过节能减排取得初步成效，但在资源能源、产业结构和环保方面还存在相当大的问题。

#### 1. 行业集中度与结构问题

有色金属行业产业结构性矛盾依然突出。部分产品产能过剩，行业内部竞争激烈；产业区域布局不尽合理，资源综合利用水平不高；产业集约化程度低，中小企业数量较多，行业集中度不高；部分中小企业的生产工艺技术落后，再生金属企业规模小，资源、能源和环境对产业的发展制约因素突出。尽管有色金属工业在淘汰落后生产能力方面已取得积极进展，但从整体上看，能源消耗高、环境污染大的落后生产能力在有色金属工业中仍占相当比例，尤其是铅锌冶炼行业，中小企业居多，淘汰落后产能任务仍十分艰巨。

#### 2. 单位能耗与国外先进水平能耗差距较大

有色金属工业由于其矿物伴生结构的特点，致使生产工艺较其他工业复杂得多，属一种高耗能产业。我国有色金属产品单位能耗约为 4.75 t 标准煤/t 金属，远高于钢和水泥的产品平均能耗（1.7 t 标准煤/t 钢，0.27 t 标准煤/t 水泥）。

---

**专栏 4-1**

2011 年，我国部分产品单耗与世界先进水平存在一定差距。2011 年我国铅冶炼综合能耗 433.8 kWh/t，与国外先进水平 300 kWh/t 相比，仍然存在较大差距。国内企业间能耗水平相差悬殊。我国电解铝综合交流电耗已处于世界先进水平，但是国内电解铝企业之间差距较大，最好的企业为 13 000 kWh/t 左右，最差的企业为 15 000 kWh/t，相差 2 000 kWh/t。

（摘自工信部《关于有色金属工业节能减排的指导意见》）

---

#### 3. 环境污染严重

有色金属污染问题突出。有色金属工业的行业特征决定了其在生产过程中重金属污染物产生和排放量较大。我国有色金属矿物品位较低，并常与多种有毒金属和非金属元素共生，所以在采、选、冶、加工各工序产生大量废渣（石）、废水和废气中伴有有毒物质产生，治理工艺复杂，成本高昂，如治理措施不力，排入环境，极易造成严重污染危害。重金属污染仍是有色金属行业突出的环境问题。

**专栏 4-2**

　　有色金属工业是全国污染物，尤其是重金属元素的污染物排放大户。长期的矿产资源开采、冶炼生产累积的重金属污染问题近年来开始逐渐显露，污染事件时有发生，尤其是近年来发生的重金属环境污染事件以及血铅污染事件，对生态环境和人民健康构成了严重威胁。

　　尽管近年来不断加大了环境治理的力度，但是有色金属的污染问题远没有彻底解决，特别是有色金属工业大多位于远离城市的山区和不发达地区，许多地方政府为了追求经济发展，对有色金属企业的污染实行一种保护主义政策，对他们的污染管理不严或制止不力，致使许多中小地方企业和民营企业为了降低治理成本，不积极控制、治理或根本不治理，对环境造成的污染极为严重，还经常发生有毒有害物质大量排入环境，产生严重的环境突发事件，引起政府和民众的普遍关注。

### 4．行业整体综合利用率不高

　　我国矿山平均资源综合利用率仅为 30%～35%；金属矿山采选回收率平均比国际水平低 10%～20%，约有 2/3 具有共伴生有用组分的矿山未开展综合利用；废石、原矿利用率仅为 5%，与国外先进水平相比差距较大。我国有色金属矿产资源综合利用率仅为 60% 左右，比世界发达国家要低 10～15 个百分点。其中，共伴生矿综合利用率仅为 50%，比发达国家低 20 个百分点，铅、锌、钨、钼等金属选矿回收率以及铜、镍冶炼等回收率与国外先进水平仍有较大差距。目前我国绝大多数尾矿尚未被综合利用，综合利用率不足 10%，加快尾矿的综合利用已迫在眉睫。

**专栏 4-3**

　　据测算，与原生金属生产相比，每吨再生铜、再生铝、再生铅分别相当于节能 1 054 kg、3 443 kg、659 kg 标煤，节水 395 $m^3$、22 $m^3$、235 $m^3$，减少固体废物排放 380 t、20 t、128 t，每吨再生铜、再生铅分别相当于少排放 $SO_2$ 0.137 t、0.03 t。

（摘自工信部《再生有色金属产业发展推进计划》）

## 三、有色金属工业的污染减排途径

### 1．结构减排

　　提高行业准入门槛，加快淘汰落后产能。提高有色金属行业准入门槛，严格控制新建高耗能、高污染项目。严格执行国家产业政策，严格执行准入标准和备案制，严格控制铜、铅、锌、钛、镁新增产能。依靠法律、经济和必要的行政手段以及技术进步，按期淘汰落后产能。

专栏 4-4

按照国家"十二五"产业政策，结构减排要淘汰铝自焙电解槽、100 kA 及以下电解铝预焙槽；密闭鼓风炉、电炉、反射炉炼铜工艺及设备；采用烧结锅、烧结盘、简易高炉等落后方式炼铅工艺及设备，未配套建设制酸及尾气吸收系统的烧结机炼铅工艺；采用马弗炉、马槽炉、横罐、小竖罐（单日单罐产量 8 t 以下）等进行焙烧，采用简易冷凝设施进行收尘等落后方式炼锌或生产氧化锌制品的生产工艺及设备；以及其他资源利用水平、冶炼能耗、环保和劳动安全达不到国家要求的落后工艺设备。

### 2．技术减排

加大科技创新投入，积极推行清洁生产。加强对污染产业密集、历史遗留污染问题突出、风险隐患较大的重金属污染区域的整治力度，建设重金属污染治理设施，鼓励企业在达标排放的基础上进行深度处理。大力推广不仅环保达标、安全高效，而且能耗物耗低、资源综合利用效果好的先进生产工艺。

开发节能减排技术，大力发展循环经济。鼓励低品位矿、共伴生矿、难选冶矿、尾矿和熔炼渣等资源开发利用。促进冶炼企业原料中各种有价金属元素的回收，冶炼渣综合利用以及冶炼余热利用。

采用先进工工艺和设备，提高能源利用效率。鼓励企业采用自热强化熔炼和电解工艺、设备和自动控制技术、湿法冶金节能技术和有色金属加工节能技术等，通过依靠科技进步和加强管理来实现技术节能，通过节能推动减排。加强循环经济共性技术研究，提高 $SO_2$ 利用率，工业用水循环利用率，尾矿及冶炼渣综合利用率。

### 3．管理减排

加大政府部门监督力度。各级政府要对限期淘汰的落后产能严格监管，禁止擅自扩容改造和异地转移。对违法违规建设、擅自扩容改造或异地转移落后设备的企业，继续实施限制融资等措施，并且国土资源部门不予办理用地手续。相关部门还应当适时向社会发布有色金属产业政策、项目核准、产能利用、淘汰落后产能等信息。

### 4．工程减排

$SO_2$ 治理工程，加快生产工艺设备更新改造；加大冶炼烟气中硫的回收利用率，低浓度烟气和制酸尾气排放超标的必须进行脱硫处理。加大烟气和工艺废气的除尘技术水平，有色金属冶炼项目的原料处理、中间物料破碎、熔炼、装卸等所有产生粉尘部位，均要配备除尘及回收处理装置进行处理，严格控制无组织排放含重金属粉尘的数量。

减少有色金属外排废水量，力争实现含重金属废水的零排放，严禁有色金属冶炼厂废水中重金属离子、苯和酚等有害物质超标排放。

严格有色金属废渣废液减量化、资源化、无害化管理，防止矿渣、冶炼废渣和回收尘泥的随意堆放和处置，严格防范由这方面产生的环境事故。

## 第二节　金属铅冶炼工业污染核算

我国 2012 年金属铅年产量达到 464.57 万 t，我国国精铅产量已超过居 2—5 位的美国、德国、日本和英国四个国家精铅产量总和。我国铅的主要用途是生产铅酸蓄电池，其次是氧化铅，其他还包括铅材和铅合金、铅盐、电缆等。金属铅冶炼行业是我国高耗能、高污染、高环境风险的行业之一，铅污染是重金属污染中危害最为严重的环节之一。

2007 年 3 月 6 日，国家发改委公布了《铅锌行业准入条件》，2012 年 5 月 11 日，工信部与环保部公布了《铅蓄电池行业准入条件》，以规范铅锌和铅蓄电池行业的投资行为，制止盲目投资和低水平重复建设，随着准入条件的推行，有逾九成铅锌企业和逾七成的铅蓄电池生产企业或被淘汰，铅锌企业由 2007 年的 566 家下降到 2012 年的 501 家，铅酸蓄电池行业的企业数量从原有的 2 000 多家下降到了 2012 年近 500 家。

## 一、铅冶炼原理

### 1．铅冶炼原理

铅冶炼是先将硫化精矿焙烧或者烧结焙烧，烧结工艺是粉状硫化铅精矿配料进行高温氧化焙烧脱硫与烧结成块的过程。烧结块在熔炼设备内与空气或氧气反应，PbS 氧化为 PbO，再利用碳质还原剂在高温下使 PbO 还原为金属铅的过程。

### 2．金属铅冶炼的原料

铅的矿物有原生硫化矿和次生氧化矿两种。硫化矿的主要矿物为方铅矿（PbS），常和闪锌矿（ZnS）、辉银矿（$Ag_2S$）、黄铁矿（$FeS_2$）等共生。氧化矿主要有白铅矿（$PbCO_3$）和硫酸铅矿（$PbSO_4$）。方铅矿是生产铅的主要矿物。

铅的火法冶炼使用的原料有铅精矿、返矿、熔剂、还原剂，铅精矿成分以铅与锌、镉、汞、铜等重金属以及砷、硫、铁、锰等元素伴生，一般含铅 30%、含硫 20%。炼铅原料大部分是硫化铅精矿，小部分是铅锌氧化矿。

### 3．铅冶炼的能耗

按照 2011 年规模化铅冶炼企业平均综合能耗在 433 kg 标煤/t 粗铅计算，粗铅工序实物单耗等级指标见表 4-1。

表 4-1　粗铅工序实物单耗等级指标

| 能源品种及主要耗能工质 | | 等级指标 | 工艺名称 | | | |
|---|---|---|---|---|---|---|
| | | | 烧结鼓风炉 | 密闭鼓风炉 | 铅锑混合熔炼 | 富氧底吹 |
| 电/（kWh/t） | | 一级 | 220 | 340 | 330 | 100 |
| | | 二级 | 250 | 390 | 370 | 150 |
| 焦炭/（kg/t） | | 一级 | 330 | 200 | 440 | 190 |
| | | 二级 | 380 | 230 | 470 | 220 |
| 燃料 | 烟煤/（kg/t） | 一级 | 50 | — | 850 | 30 |
| | | 二级 | 80 | — | 950 | 60 |
| | 重油/（kg/t） | 一级 | 22 | — | — | — |
| | | 二级 | 28 | — | — | — |
| | 煤气/（$m^3$/t） | 一级 | 160 | 90 | — | — |
| | | 二级 | 200 | 110 | — | — |

注：摘自《铅冶炼企业产品能耗（征求意见稿）》。

### 二、金属铅冶炼工艺

铅冶炼主要采用火法，火法炼铅约占总产量的90%。其生产工艺与铜冶炼相近，湿法炼铅尚未实现工业化。粗铅的冶炼方法可以简单概括为传统法和直接炼铅法两大类。

传统炼铅法包括：烧结-鼓风炉熔炼法（由于工艺简单，生产稳定，回收率高，被广泛采用，所生产粗铅占世界铅产量80%）、密闭鼓风炉熔炼法（ISP法，适用于铅锌联合冶炼和锌冶炼）、电炉熔炼法（极少）等。

直接炼铅法包括：氧气底吹炼铅法（QSL法）、基夫赛特法、我国自主研发的氧气底吹-鼓风炉炼铅工艺（SKS法）、顶吹旋转转炉法（卡尔多法、TBRC法）、富氧顶吹喷枪熔炼法（ISA或Ausmelt法）、奥托昆普闪速熔炼法、瓦纽可夫法等。

#### 表4-2　各类铅冶炼设备及特点

| | 工艺类型 | 主要设备与流程 | 主要特点 |
|---|---|---|---|
| 烧结-焙烧工艺 | （1）烧结－鼓风炉熔炼法、数量最多，占80%左右 | 流程由原料制备、烧结焙烧（氧化 $SO_2$）、鼓风炉熔炼（C 还原）等工序组成。核心设备为干燥窑、鼓风烧结机、鼓风炉等 | 返料循环量大、能耗高、烧结机烟气含 $SO_2$ 浓度偏低、劳动条件差、污染环境严重等缺点，需淘汰 |
| | （2）返烟烧结-密闭鼓风炉熔炼法 | 核心设备是鼓风烧结机、密闭鼓风炉、热风炉、铅雨冷凝器、烟化炉等 | 能同时冶炼铅、锌，但烧结过程控制复杂，环境问题也很多 |
| 直接炼铅法 | （1）氧气底吹炼铅法（QSL法） | 核心设备为 QSL 反应器，工艺过程简单，铅回收率高达99%，硫回收率达99% | 冶炼过程是在密闭的反应器中进行，烟气 $SO_2$ 浓度高，利于两转两吸制酸 |
| | （2）基夫赛特法 | 主要设备是基夫赛特炉，由熔炼竖炉、炉缸、电热区和烟道四部分组成 | 能耗低，铅回收率高，烟尘率低，$SO_2$ 回收率高，我国尚没有生产实例 |
| | （3）水口山炼铅法（SKS法） | 主要设备有卧式底吹转炉（SKS炉）、鼓风炉。在我国得到推广，近期产能预计可以达到我国铅年产量的40% | 流程短、投资省、成本低，烟气 $SO_2$ 浓度高，硫利用率高 |
| | （4）顶吹旋转转炉法 | 核心设备分别为艾萨炉和奥斯麦特炉等，含铅物料的氧化熔炼和高铅渣的还原两个阶段 | 避免了烧结过程出现的 $SO_2$ 和粉尘的低空污染；烟气 $SO_2$ 浓度高，总硫利用率达95.45% |

火法金属铅冶炼的主要工艺包括：

#### 表4-3　密闭鼓风炉炼铅锌设备简介

| 类型 | 设备 | 流程 | 备注 |
|---|---|---|---|
| 烧结设备 | 烧结锅 | 装有炉箅、下部鼓风的截头圆锥体形铁锅和翻转装置组成的烧结设备，点火后由下向上鼓入空气 | 间断作业明令淘汰 |
| | 烧结盘 | 设有炉箅和吸风箱的矩形铸铁盘和翻转装置组成的烧结设备，空气通过炉料层吸入。这两种设备因烧结和焙烧都不均匀，粉尘污染严重，无法对废气脱硫处理，多将 $SO_2$ 排空 | 间断作业明令淘汰 |
| | 吸风烧结机 | 由多节烧结小车安装在循环的轨道上组成。物料加在小车上，以一定速度移动。用燃烧器点燃物料，通过吸风或鼓风使整个料层燃烧，烧结块到达烧结链带尾部，在此卸下、冷却后运走 | 连续作业 |

| 类型 | 设备 | 流程 | 备注 |
|------|------|------|------|
| 熔炼设备 | 鼓风炉 | 由炉基、炉底、炉缸、炉身、炉顶（包括加料装置）、支架、鼓风系统、水冷或汽化冷却系统、放出熔体装置和前床等部分组成。是将含金属组分的炉料（矿石、烧结块或团矿）在鼓入空气或富氧空气的情况下进行熔炼，以获得锍或粗金属的竖式炉 | 分为敞开式和密闭式 |
| | 富氧底吹熔炼炉 | 装置为底吹熔炼炉和鼓风炉。烟气用布袋收尘，收集密封循环，铅尘污染小；氧枪底吹操作，噪声污染小；烟气经脱硫制酸后，外排 SO$_2$ 污染小。氧气底吹熔炼实现了自热熔炼，无需配煤和补热，减少热耗；烟气经余热利用，耗能更少 | 密闭作业 |
| 火法精炼 | 反射炉 | 通过火焰直接加热物料，以熔炼金属的冶金炉。由燃烧窑、熔炼室和排气烟道（烟囱）三个主要部分组成，整个炉膛就是一个用耐火材料衬里的长方形熔炼室。燃料消耗高，烟气量大，烟气含 SO$_2$ 浓度低，不易回收利用，污染环境 | |
| | 熔析锅 | 设备有反射炉、熔析锅和熔析设备。所用熔析锅用铸钢制成，容量 30～370 t，以重油作燃料。熔析温度 500～600℃，经过熔炼形成熔析渣（非铅杂质）浮出铅液面去杂 | |
| 电解精炼 | 电解槽 | 电解液采用硅氟酸和硅氟酸铅，在电解槽内将半精铅（阳极）经电解，杂质（锑、砷、铋、铜、碲、金和银）在阴极形成阴极泥，析出，制取精铅 | |

烧结-鼓风炉炼铅法工艺流程见图 4-1。

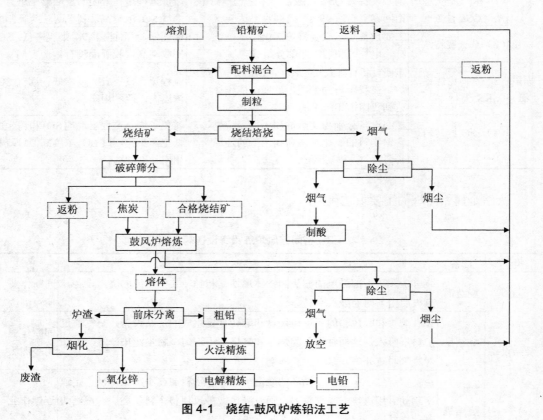

**图 4-1  烧结-鼓风炉炼铅法工艺**

铅精炼工艺流程见图4-2。

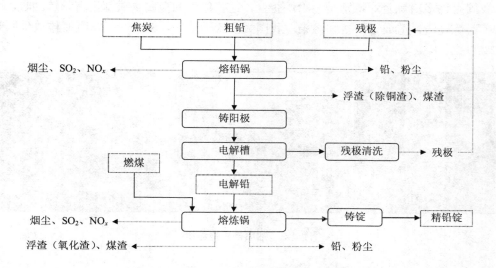

**图 4-2 铅精炼工艺流程及排污节点分析图**

**表 4-4 铅冶炼工艺过程**

| 工序 | 工艺过程 |
|---|---|
| 原料烧结 | 配料、混合、制粒、烧结及返粉破碎、筛分和冷却等部分。烧结焙烧使精矿中的 PbS 氧化为 PbO，并烧结成块 |
| 熔炼工艺 | 通过加入焦炭，进行高温熔炼，炉料中的 PbO 还原成 Pb |
| 烟气制酸 | 高浓度含硫烟气经除尘、制酸（SO₂转化、吸收），制取硫酸 |
| 精炼工艺 | 火法精炼：在反射炉和熔析锅中进行除杂（除铜，除砷、锑、锡，除锌、除铋和除钙镁）及熔铸，制取半精铅；<br>电解精炼：硅氟酸和硅氟酸铅电解液中进行粗铅或半精铅电解精炼产出精铅的过程。在阴极形成阴极泥将半精铅中杂质（锑、砷、铋、铜、碲、金和银）析出，制取精铅 |
| 返矿 | 粗炼渣经分离、筛分，制得返矿 |

在烧结过程，95%以上的汞进入烟气，70%的铊，30%～40%的镉、硒、碲，以及一小部分砷、锑、铋等金属进入烟尘，其余留在烧结块和返粉中。

在鼓风炉熔炼过程中，绝大部分的金、银和大部分铜、砷、锑、铋、锡、硒、碲进入粗铅，95%以上的锌、锗，50%以上的铟进入炉渣，80%～90%的镉进入烟尘。在火法初步精炼过程，粗铅中的铜、锡、铟大部分进入浮渣，金、银、铋等金属留在铅中。

在铅电解精炼过程中，比铅更正电性的金属如金、银、铜、锑、铋、砷、硒、碲等不溶解而留在阳极泥，比铅更负电性的金属如铁、锌、镍、钴与铅一道溶解，进入电解液，但不在阴极析出。

从烧结机烟气中可回收汞，烟尘一般返回配料，经循环富集后，回收镉和铊。处理鼓风炉烟尘可回收镉、锌、铟、铊等金属。

浮渣熔炼时产出粗铅、冰铜（包括砷冰铜）、炉渣和烟尘，可从冰铜和炉渣中回收铜、铅，从烟尘中回收铟和砷。处理含锡较高的粗铅时，高锡浮渣可经重选得到铅精矿和锡精矿，分别回收铅、锡。

我国有许多冶炼企业特别是小冶炼企业，这些伴生的金属物质都没有精炼回收，而是进入了冶炼废渣，造成了浪费和污染。我国大型铅冶炼厂，SO$_2$ 烟气从直接排放到回收率为 92% 以上。

图 4-3　抽风带式烧结机

（a）鼓风炉　　　　　　　　　　　　　（b）富氧底吹熔炼炉

图 4-4　铅熔炼设备

### 三、金属铅冶炼废气排放

#### 1．废气污染来源

铅冶炼过程中，许多工序均有废气产生，如烧结、鼓风炉熔炼或直接熔炼炉、粗铅火法精炼、阴极铅精炼铸锭、硅氟酸制造、鼓风炉渣处理、各类中间产物（如铜浮渣）的处理、烧结烟尘及鼓风炉烟尘综合回收等。废气中主要包括粉尘、烟尘和烟气，烟粉尘中含有相当数量的铅、锌、砷、镉、铟、汞、碲等重金属及其氧化物，烟气中主要污染物有烟尘、SO$_2$、CO、氟等。各工序收尘器所收烟尘均返回生产工艺回收金属。

铅冶炼的废气主要来自精矿干燥、烧结、焙烧、熔炼和火法精炼等工序，烟气量大小与炉型有关。

## 2．颗粒物的排放

从铅的冶炼工艺过程来看，铅冶炼可明显分为粗铅冶炼和精炼两个过程，不同过程所产生废气中的颗粒物差别较明显。粗铅冶炼废气中的颗粒物主要是各种焙烧或熔炼以及干燥炉窑产生的挥发性烟尘或破碎产生的机械性粉尘，主要成分为含各类重金属及氧化物的颗粒物，其出口烟气含尘浓度较高，每立方米可达数千毫克至数万毫克；铅精炼废气中的颗粒物则主要是铅熔化所产生的蒸气冷凝形成的铅烟，颗粒微细，对人体危害较大，而其产生浓度一般不大，在 1 000 mg/m$^3$ 以下。

由于铅的冶炼工艺过程比较长，生产过程各种设备颗粒物的产生与排放不仅存在通过排气筒收集净化的有组织排放，在运输、装卸、贮存、入炉、出炉、淬渣等生产环节中大量存在颗粒物的无组织排放，其排放的颗粒物数量要高于有组织的排放，无组织排放颗粒物粒径更小，对 PM$_{2.5}$ 的影响更大。铅冶炼行业产生的铅污染主要是通过铅尘排放的，铅冶炼的原料含铅 35%～40%，但工业炉窑排放的铅尘中铅的含量可高达 60%，铅的冶炼工艺应更重视含铅颗粒物的无组织排放的控制。

## 3．SO$_2$ 的产生与排放

铅冶炼的原料含有约 20% 的硫分，冶炼过程产生的 SO$_2$ 浓度非常高，一般通过烟气制酸回收。但是含量低于 5% 的炉气则需经过尾气脱硫，以减少排放。铅冶炼过程通过尾气排放和工业炉窑无组织排放的 SO$_2$ 的数量还是很大的，铅冶炼企业必须加强这方面的减排措施。无组织烟气和尾气中 SO$_2$ 产生量主要与原料和燃料中的含硫量有关，还与制硫酸，进入废渣、废水中的含硫量有关，去除量则与制酸和各设施尾气脱硫，排放量因为既有有组织排放，也有无组织排放，排放点又多。

## 4．NO$_x$ 的产生与排放

铅冶炼和铜冶炼一样，由于大量硫化物反应热，热耗小于钢铁冶炼，粗铅冶炼温度在 1 150～1 250℃。按照铅冶炼产生的主要是来自原燃料中的氮元素产生的燃料型 NO$_x$ 计算，如果使用焦炭为燃料，1 t 铅 NO$_x$ 产生量约 0.16 kg；如果使用无烟煤为燃料，1 t 铅 NO$_x$ 产生量 4～5 kg。

## 5．硫酸雾

铅锌冶炼企业中排入空气中的硫酸雾基本上是来自制酸厂。二转二吸制酸转化率为 99.5%～99.7%，尾气 SO$_3$ 质量浓度在 50 mg/m$^3$ 以上，换算为酸雾则大于 61.25 mg/m$^3$。

铅锌冶炼企业排放的硫酸雾基本上是来自制酸厂，电解精炼工艺在电解过程中也会产生硫酸雾，生产过程应采取相应的控制措施。

---

专栏 4-5

例：烧结机粗铅 SO$_2$ 产生量

吨粗铅 SO$_2$ 产生量 =（混合料含硫＋焦炭含硫－返粉含硫－烧结烟灰含硫－鼓风烟灰含硫－炉渣含硫－硫酸含硫）×2

表 4-5　烧结机吨粗铅 $SO_2$ 排放量计算实例（污水循环使用）

| 物料名称 | 铅含量/% | 硫含量/% | 吨粗铅消耗或产生量 | 铅总量/kg | 硫总量/kg |
|---|---|---|---|---|---|
| 混合料 | 41 | 7 | 5 290 | 2 169 | 370.3 |
| 焦炭 | — | 0.5 | 400 | — | 2.0 |
| 炉渣 | 2.6 | 1.2 | 936 | 24.3 | 11.2 |
| 结块 | 45 | 1.8 | 2 260 | 1 017 | 40.7 |
| 返粉 | 45 | 1.8 | 2 580 | 1 161 | 46.4 |
| 烧结烟灰 | 60 | 9 | 48 | 28.8 | 4.3 |
| 鼓风烟灰 | 70 | 0.7 | 38 | 26.6 | 0.3 |
| 硫酸 | — | 32.7 | 610 | | 199.5 |
| 粗铅 | 97 | — | 1 000 | 970 | — |

表 4-5 数据计算：吨粗铅 $SO_2$ 产生量 = $(370.3 + 2.0 - 46.4 - 4.3 - 0.3 - 199.5) \times 2 = 121.8 \times 2 = 243.6 \text{ kg/t}$ 粗铅

**专栏 4-6**

表 4-6　$SO_2$ 回收与净化技术效率　　　　　　　　　　单位：%

| $SO_2$ 回收与净化技术（设备）名称 | 效率 |
|---|---|
| 烟气制酸（一转一吸）无尾气吸收 | 96.0 |
| 烟气制酸（一转一吸）有尾气吸收 | 98.5 |
| 烟气制酸（二转二吸） | 98.5 |
| 湿法脱硫（石灰-石膏法） | 90.0 |

## 四、金属铅冶炼废水和废渣

### 1. 金属铅冶炼废水

铅冶炼废水产生量较大，主要是冲渣废水和废气净化废水等。废水产生量约为 40 $\text{m}^3$/t 粗铅产品，废水中含硫化物、铅、锌、镉、汞、砷、氟等有毒有害元素和 SS。铅冶炼工业外排的废水也称重金属污水，其水质复杂，水质多呈酸性，含有毒物质较多，对环境污染相当严重，应当净化后，加大循环利用量。铅冶炼厂外排废水重金属达标排放，并不等于不排放重金属，还有一定数量的铅冶炼厂仍超标排放，甚至高浓度偷排含重金属废水，对周边水环境造成重大危害，甚至造成污染事故，如何减少外排废水是铅冶炼厂面临的一个重要课题。

铅冶炼过程中产生的酸性废水主要来源于 $SO_2$ 烟气净化排出的废酸，中心化验室排出的含酸废水，必须进行中和处理。

由于铅冶炼产生的尘大多含铅，因此车间冲洗地面的废水和厂区地表的雨水都不应直接进入雨水沟，应处理后排放，以防止将含铅粉尘冲入雨水沟污染环境。

> **专栏 4-7**
>
> 　　《铅、锌工业污染物排放标准》（GB 25466—2010）编制组调研数据显示：根据国内铅锌冶炼企业采用工艺的不同，产品新鲜水耗量一般在 20～60 m³/t。生产实践显示，某 ISP 法企业原新水耗量在 50～60 m³/t 铅锌，当其进行改造后水循环利用率达到 96.5%时，其新水用量为 28.2～32 m³/t 铅。
>
> 　　根据铅锌冶炼行业特点和部分企业实际调查，铅冶炼废水排放量约为其新水用量的 30%～40%，则单位产品废水排放量为 12～20 m³/t 铅。粗铅冶炼行业废水主要产生于硫酸车间、设备冷却、废气淋洗、循环冷却、地面冲洗等环节。

### 2. 废渣的产生与处置

　　铅锌冶炼所产生的危险固废有：含铅废物（铅冶炼污水处理污泥、铅滤饼、铅烟尘、铅银渣、阳极泥、锡渣、碱洗净化渣等）、含锌废物（锌冶炼污水处理渣、电尘、铁矾渣、阳极泥、锌渣、锌冶炼净化渣等）、含砷废物（砷滤饼等）、含铜废物（铜锍、黄渣、铜镉渣等）、含镉废物（镉尘、铜镉渣等），还有废气处理回收的粉尘或尘泥。铅冶炼过程产生的固体废物含有多种有毒有害元素，其收集、贮存、运输、转移、处置、利用都应符合危险废物的相关规定。由于铅元素的高有毒特点，铅冶炼废渣处置不当极易产生严重环境事故。

　　铅冶炼过程排放的固体废物主要有：冶炼水淬渣、铜浮渣、阳极泥和污酸污水处理污泥等。其中大部分渣为中间产物，有价元素含量较高，有必要进行回收。

### 五、再生铅冶炼污染

　　我国再生铅企业没有详细的统计数据，估计在 250～300 家。虽然我国再生铅企业数量多，但规模不大，技术水平不高，大部分小型企业技术落后，还有采用传统的小反射炉、鼓风炉熔炼再生铅。一些企业甚至没有环保设备，对产生的废酸、废水、烟气未处理直接排放，造成严重的环境影响。

　　2003 年 10 月《废电池污染防治技术政策》发布，明确指出废铅酸蓄电池的收集、运输、拆解、再生铅企业应当取得危险废物经营许可证之后方可进行经营或运行。2007 年 3 月 10 日发布的《铅锌行业准入条件》中对再生铅行业提高了准入门槛，提出了明确要求。

　　我国再生铅工业主要采用的工艺技术为机械破碎分选—湿法转化—熔炼—污染控制工艺、固定式熔炼炉技术、传统熔炼技术等。

**表 4-7　再生铅冶炼基本工艺技术说明**

| 工序 | 原理 |
|---|---|
| 破碎、分选 | 将废铅（主要是废电池）机械化破碎、机械化分选，将铅膏泥与废塑料、栅极板分别处理 |
| 湿法转化 | 使硫酸铅转化成碳酸铅，然后进行熔炼，可减少烟气中的 $SO_2$ 量 |
| 熔炼 | 分离出的废铅直接熔炼成铅合金 |
| 除尘 | 对熔炼过程产生的铅蒸气采用负压集气，避免烟气泄漏，配备完善脱硫设备，同时对含铅颗粒物进行高效布袋除尘处理 |

表 4-8　目前国内再生铅行业主要生产工艺类型

| 工艺类型 | 工艺原理 | 说明 |
|---|---|---|
| 废铅酸蓄电池熔炼技术 | 机械化破碎、分选、浆料转换、熔炼 | 机械化破碎分选出栅极、膏泥、塑料，栅极直接在精炼锅中熔炼铅合金，膏泥转化为碳酸铅，然后再进行熔炼 |
| 固定式熔炼炉熔炼技术 | 破碎、分选，分别熔炼 | 拆解、分选，回收废酸。分解出的膏泥在固定式熔炼炉中熔炼成粗铅锭，栅极直接在精炼锅中熔炼成铅合金 |
| 底吹熔炼技术 | 经破碎、分选，采用氧气底吹炉氧化-鼓风炉还原熔炼工艺冶炼粗铅 | 采用富氧熔炼，烟气量大大减少，不仅利于脱硫，而且大大减少含铅烟尘的产生量 |
| 土法熔炼 | 采用鼓风炉熔炼膏泥和碎栅极，栅极采用打过熔炼，没有更换环保设施 | 金属回收率低、能耗高，环境污染严重 |

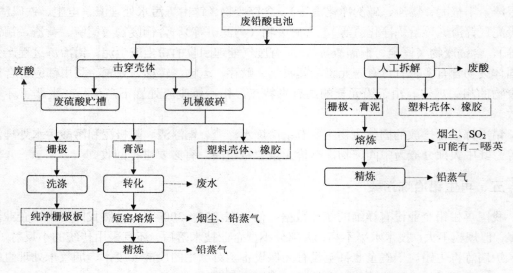

图 4-5　再生铅冶炼工艺及排污节点图

　　再生铅工业废气中的污染物主要是颗粒污染物、铅蒸气、$SO_2$、废酸和少量的废水。铅蒸气在烟道中被氧化成氧化铅，形成颗粒污染物。不仅要控制工业炉窑的有组织排放净化，更要重视生产过程多场所、多设施、多节点的无组织排放，加大生产过程的密闭性、负压性和集气措施。

　　再生铅工业的废水工业废水主要来自废铅酸电池的预处理、铅膏泥转化及湿法转化过程地面冲洗产生的生产废水，生产过程产生的冷却水（可以循环使用）。而采用机械化破碎、分选、膏泥转化技术的再生铅企业产生工业废水，根据调查分析，为 $0.5\sim1\ m^3/t$ 铅，先进的企业还会低些。我国再生铅企业平均每生产 1 t 再生铅产生废水 $3\sim4\ m^3$。

　　再生铅工业生产过程产生的固体废物应按危险废物管理，如含铅废渣、除尘净化灰渣、废水处理污泥、废酸、废塑料废橡胶。锅炉灰渣属于一般废物，应严格按危险废物的相关规定进行管理。

表4-9 再生铅生产工艺环境要素

| 生产过程 | 排污节点 | 主要环境因素 | 控制措施 |
|---|---|---|---|
| 预处理 | 废铅酸电池拆解。废硫酸倒出集中收集处理 | 废酸遗撒或泄漏；地面或工作面冲洗废水 | 废酸应按危险废物规定收集和集中贮存或处置 |
| 含铅膏泥转化 | 对含铅膏泥进行转化处理，生成碳酸铅 | 转化过程产生废水 | 循环使用做到不外排 |
| 熔炼过程 | 膏泥的直接熔炼膏泥转化后物料的熔炼 | 熔炼产生烟气（颗粒物、铅蒸气、$SO_2$等），如原料含有机废物，烟气可能含二噁英 | 熔炼烟气需高效布袋除尘，再经脱硫处理后排放 |
| 精炼及合金生产 | 在铅精炼锅进行 | 由于铅熔点低（327℃），易产生铅蒸气 | 使用密闭烟罩，采用负压操作，收集烟气经高效除尘处理 |
| 废酸 | 废酸收集贮存运输处置 | 废酸遗撒或泄漏 | 按照危险废物管理，防止废酸遗撒或泄漏；防止事故性排放 |
| 污水厂 | 污水处理 | 废水经处理排放产生污泥 | 达标排放；污泥按照危险废物管理 |

# 第三节 金属锌冶炼工业污染核算

金属锌是一种抗锈性强、压铸性好的金属，主要消费是镀锌钢材（占消费总量40%以上）；其次是用于制造黄铜（约占20%）；压铸锌合金（约占15%左右）；氧化锌（20%～25%）。2012年我国金属锌年产量484.50万t，占世界总产量38.5%，再生锌140万t。

我国锌冶炼行业结构不合理，小企业多而分散，产业集中度低，与《有色金属产业调整和振兴规划》的要求差距较大。分散的大量小型锌冶炼企业，不仅经营行为粗放，而且产生的污染极其严重。

## 一、金属锌冶炼原料

### 1. 锌冶炼的原料

锌冶炼厂的炼锌原料主要是硫化锌矿经浮选得到的锌精矿，其次是含铅锌的混合精矿。

锌的单一矿较少，大都是伴生矿，多数伴有铅、铟、镉、铜、铁、黄金等金属，锌冶炼原料95%以上是硫化矿，其余是锌的氧化矿。金属锌的有毒害性比铅小得多，但由于铅锌的伴生特点，炼锌的原料中往往含相当数量的铅元素，铅冶炼的高环境风险在锌冶炼中也显得很突出。如某锌冶炼企业使用的锌精矿含锌55%，铅3%。

### 2. 锌冶炼的能耗

现有锌冶炼企业精馏锌综合能耗2 200 kg标煤/t，电锌工艺综合能耗低于1 850 kg标煤/t，电锌生产析出锌电解直流电耗低于3 100 kWh/t，锌电解电流效率大于87%；蒸馏锌标准煤耗低于1 650 kg标煤/t。

蒸馏锌综合能耗接近2 500 kg标煤/t锌，煤耗在1.2～1.5 t煤/t锌，属于高能耗行业，大型企业锌的回收率仅92%。

表 4-10 新建锌冶炼企业单位产品能耗限额准入值 单位：kg 标煤/t

| 工艺名称 | 综合能耗限额准入值 |
| --- | --- |
| 火法炼锌工艺 | ≤2 100 |
| 湿法炼锌有浸出渣处理炼锌工艺 | ≤1 700 |
| 湿法炼锌无浸出渣处理炼锌工艺 | ≤1 050 |
| 氧化矿炼锌工艺 | ≤1 050 |

注：摘自 2008 年 6 月 1 日实施的《锌冶炼企业单位产品能源消耗限额》标准（GB 21249—2007）。

## 二、金属锌冶炼生产工艺

### （一）锌冶炼的设备

火法炼锌是先将锌精矿进行氧化焙烧或烧结焙烧，使精矿中的 ZnS 变为 ZnO，再用碳还原剂还原得到锌蒸气再进一步蒸馏提纯制得精锌。工艺主要使用密闭鼓风炉工艺，密闭鼓风炉工艺核心设备是鼓风烧结机、密闭鼓风炉、热风炉、铅循环冷凝器、烟化炉等。

湿法炼锌工艺主要生产设备有精矿干燥窑、流态化焙烧炉，浸出设备、净化设备、电解槽，低频感应电炉或反射炉，浸出渣干燥窑、挥发回转窑或烟化炉，氧化锌多膛焙烧炉等。

### （二）锌冶炼的工艺

炼锌方法可分火法和湿法两大类，湿法炼锌是主要的炼锌方法，其产量约占世界总锌产量的 85%以上。前者已基本被淘汰，新设锌生产企业基本采用湿法生产。

火法工艺流程为：焙烧—还原蒸馏—精炼；湿法炼锌工艺流程为：焙烧—浸出及净化—电解沉积。

表 4-11 锌冶炼工艺类型

| 工艺类型 | 工艺工序及产品 |
| --- | --- |
| 竖罐炼锌工艺 | 氧化焙烧、制团、烧结蒸馏、精馏；产品为精馏锌锭 |
| 密闭鼓风炉炼（铅）锌工艺 | 烧结熔炼、精馏；产品为精馏锌锭 |
| 湿法炼锌有浸出渣处理工艺 | 酸化焙烧、浸出净液、浸出渣处理、锌电积、熔铸；产品为电锌锌锭 |
| 湿法炼锌无浸出渣处理工艺 | 酸化焙烧、浸出净液、锌电积、熔铸；产品为电锌锌锭 |
| 湿法炼锌氧化矿处理工艺 | 浸出净液、锌电积、熔铸；产品为电锌锌锭 |

传统的湿法炼锌工艺包括焙烧、浸出、溶液净化、电解沉积、阴极锌熔铸五个工序。

### 1．火法锌冶炼工艺

火法炼锌包括焙烧、还原蒸馏和精炼三个主要过程，主要设备有竖罐（平罐）炼锌、密闭鼓风炉炼锌、电炉炼锌。目前蒸馏法中平罐炼锌已淘汰，竖罐蒸馏炼锌已趋淘汰，电炉炼锌国内也很少采用（耗电量大），密闭鼓风炉炼铅锌是最主要的火法炼锌方法。密闭鼓风炉炼锌由于具有能处理铅锌复合精矿及含锌氧化物料，在同一座鼓风炉中可生产出铅、锌两种不同的金属，采用燃料直接加热，能量利用率高等优点，是目前主要的火法炼锌设备。

有蒸馏法炼锌和鼓风炉炼锌，锌精馏主要的生产设备是熔化炉、精炼炉、精馏塔、冷凝器等。

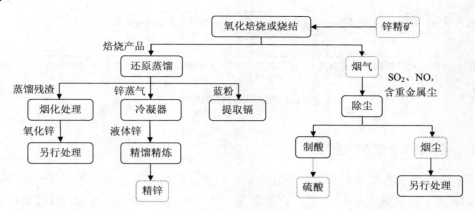

**图 4-6　火法炼锌工艺**

### 2. 常规湿法锌冶炼生产工艺

湿法炼锌包括传统的湿法炼锌和全湿法炼锌两类。传统的湿法炼锌实际上是火法与湿法的联合流程，包括焙烧、浸出、净化、电积和制酸五个主要过程，主要生产设备有精矿干燥窑、流态化焙烧炉，浸出设备、净化设备、电解槽，低频感应电炉或反射炉，浸出渣干燥窑、挥发回转窑或烟化炉，氧化锌多膛焙烧炉等。

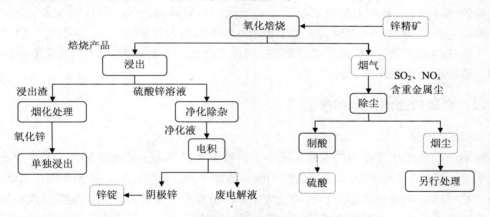

**图 4-7　常规湿法锌冶炼生产工艺流程及污染因素**

全湿法炼锌是在硫化锌精矿直接加压浸出的技术基础上形成的，于 20 世纪 90 年代开始应用于工业生产。该工艺省去了传统湿法炼锌工艺中的焙烧和制酸工序，锌精矿中的硫以元素硫的形式富集在浸出渣中另行处理。湿法炼锌包括有浸出渣处理炼锌工艺、无浸出渣处理炼锌工艺、氧化矿处理工艺。传统的湿法炼锌生产工艺流程见附图。

### 3. 铅锌混合矿的冶炼工艺

铅锌混合矿的冶炼工艺见图 4-8。

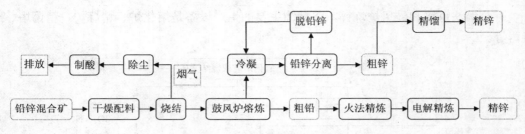

图 4-8　铅锌混合矿的冶炼工艺

## 三、金属锌冶炼废气排放

锌冶炼的废气主要来自精矿干燥、烧结、焙烧、熔炼和火法精炼等工序，工业炉窑产生大量烟气，烟气量大小与工艺、炉型有关，为 $30\,000\sim50\,000\ \mathrm{m^3/t}$。烟粉尘产生量为 $250\sim300\ \mathrm{kg/t}$ 粗锌（焙烧 $170\ \mathrm{kg}$、烧结 $100\ \mathrm{kg}$、炼前处理 $2\ \mathrm{kg}$），粉尘中还含部分铅、锌、镉、汞、砷、氟等元素。

备料工序在原、辅材料和燃料的储存、输送、配料和入炉出炉过程，会产生含重金属元素的工业粉尘的废气，该废气经应采用集气装置收集，经除尘净化后排放。减少工艺废气的无组织排放，一方面可以减少颗粒物的排放，更主要的是可以大大减少重金属排入大气的数量。锌冶炼产生的粉尘中铅的含量较高，因为铅锌在自然界是伴生的。

锌冶炼工业废气中的 $SO_2$ 主要有两个来源，一是精矿含硫，二是燃料含硫。因此，锌工业的 $SO_2$ 排放基本上都是来自于各种工业炉窑外排的烟气，因锌冶炼多采用湿法炼锌，锌冶炼产生的 $SO_2$ 污染也大大小于铅冶炼的 $SO_2$ 废气污染。

在湿法冶炼工艺中，如需先经过焙烧，同样会产生含 $SO_2$ 和烟尘的冶炼烟气，其中 $SO_2$ 体积分数一般为 $8.5\%\sim9.5\%$。

## 四、金属锌冶炼废水和废渣

### 1. 废水污染

锌冶炼企业产生和排放的废水主要有循环冷却水（多为一般酸性废水）和含重金属酸性废水。其焙烧车间、制团车间、焦结车间、蒸馏车间、精馏车间、余热车间、二焙车间、中心化验室产生和排放的多为一般酸性废水，冲渣废水、地面冲洗水、制酸废水多属于含重金属的酸性废水，废水中含铅、锌、镉、汞、砷等元素和 SS。另外，采用施湿法除尘产生的废水、厂区地面的雨水，也属含重金属的酸性废水，也应处理后排放。

锌冶炼废水的特点：水量大、重金属离子种类多，废水一般含有铅、铬、砷、汞、锌、铜、氟、氰等，具有水质复杂多变、酸度大、污染强度大等特点，属高污染、难处理工业废水。

表 4-12　某锌厂用水量、排水量一览表

| 车间名称 | 污染源 | 新水耗量/（$\mathrm{m^3/d}$） | 污水产生量/（$\mathrm{m^3/d}$） | 污水性质 |
| --- | --- | --- | --- | --- |
| 燃气车间 | 循环冷却水 | 276 | 52 | 一般酸性废水 |
| 焙烧车间 | 循环冷却水、锅炉排污水 | 368 | 192 | 一般酸性废水 |

| 车间名称 | 污染源 | 新水耗量/（m³/d） | 污水产生量/（m³/d） | 污水性质 |
|---|---|---|---|---|
| 制酸车间 | 含重金属酸性废水 | 628 | 196 | 制酸废水 |
| 制团车间 | 循环冷却水 | 360 | 216 | 一般酸性废水 |
| 焦结车间 | 循环冷却水 | 532 | 488 | 一般酸性废水 |
| 蒸馏车间 | 循环冷却水、气化冷凝排水 | 622 | 382 | 一般酸性废水 |
| 精馏车间 | 循环冷却水 | 70 | 70 | 一般酸性废水 |
| 二焙车间 | 循环冷却水 | 78 | 28 | 一般酸性废水 |
| 余热电站 | 循环冷却水、锅炉排污水 | 1 520 | 272 | 一般酸性废水 |
| 机修车间 | 清洗废水 | 96 | 96 | 一般酸性废水 |
| 地坪冲洗水 | 含重金属、悬浮物废水 | 268 | 168 | 一般酸性废水 |
| 总计 | | 4 818 | 2 160 | |

注：摘自株洲冶炼集团何煌辉论文《锌冶炼电解废水处理与回用技术研究》（湖南有色金属杂志刊 2007 年 10 月）。

### 2．废渣污染核算

锌冶炼过程中的固废产生较多，其中的大部分为中间产物，有价元素含量较高，有必要进行回收。浸出渣、铁矾渣或针铁矿渣、铜镉渣、熔铸浮渣、阳极泥和污酸污水处理污泥等，这些废渣都应按危险废物管理。

锌渣可分为火法蒸馏渣和湿法浸出渣两大类。锌冶炼废渣包括锌烟、锌灰、锌渣、锌浮渣等。湿法浸出渣因含锌较高，经处理后又二次产生出窑渣、热酸浸出渣、烟化炉渣、浮（磁）选尾矿、半鼓风炉渣、酸化焙烧渣等。锌的蒸馏残渣，含锌 2%～4%，含铅 2%，含有 20%～30%的剩余固定碳和有价金属，不仅含有大量有用元素，如铜、钴、铟、锗、金、银等绝大部分集中在残渣，有综合利用价值，如果直接排放或处置不当，都会产生重金属的污染。

### 五、再生锌冶炼污染

#### 1．再生锌的处理工艺

我国的再生锌产量比较低，热镀锌灰锌渣是我国再生锌的主要原料，2012 年产量约 140 万 t，约占精炼锌总产量的 28.9%。

我国再生锌的处理工艺分火法和湿法两种，以火法为主。其中处理锌含量较高的废金属杂料的方法有还原蒸馏法、湿法、熔析熔炼、铝法等。处理含锌量较低的钢厂烟尘等主要用回转窑、平窑等工艺先生产氧化锌，直接可以得到锌锭。蒸馏法和湿法是目前处理含锌量较高的锌渣、锌灰等的回收工艺，直接可以得到锌锭。蒸馏法包括横罐蒸馏法和真空蒸馏法；湿法工艺包括溶性阳极电解和浸出—净化—电沉各两种工艺。

**表 4-13 再生锌生产工艺类型**

| 工艺类型 | 工艺流程 | 特点 |
|---|---|---|
| 横罐蒸馏法 | 这种方法设备简单，投资少，但由于间断生产，能耗比较高，锌的直收率较低。目前仍被我国一些小型再生锌冶炼厂用于处理富锌废料 | 当横罐炼锌的原料为锌渣时，锌回收率 80%～85%，如果是锌灰，则只有 40%～60%，横罐炼锌得到的锌质量不高，一般只能达到 4 号或 5 号锌，甚至等外锌。要想得到高质量的再生锌，还需对其进行精馏精炼 |

| 工艺类型 | 工艺流程 | 特点 |
|---|---|---|
| 真空蒸馏法 | 此法是利用锌渣中锌和其他金属的蒸气压不同达到锌和杂质分离的目的。渣中未蒸透的锌可通过简单的分选后返回蒸馏，因而其总回收率可达98%以上，且设备简单，操作简便，加工成本低于传统的平罐再生工艺 | 该法只能处理热镀锌渣，对物料中的成分有选择性的回收，产品回收率可达85%以上。但是该法的设备投资较大，推广受到限制，在个别大型镀锌钢厂有使用 |
| 湿法流程 | 分为可溶性阳极电解和浸出净化电沉积两种工艺。可溶阳极电解工艺适于处理锌渣，而浸出净化电沉积工艺适于处理锌灰。两种工艺都采用硫酸和硫酸锌的水溶液作电解液。在炼锌工业中，湿法炼锌是目前的主要技术发展方向 | 优点是锌回收率高，比传统的火法高20%左右，便于实现机械化、自动化，过程产生的废水、废渣少，对环境污染小 |

### 2. 再生锌冶炼的污染

（1）焙烧炉烟气产生的烟气，产生含重金属烟粉尘、$SO_2$、$NO_x$、CO、$CO_2$等；

（2）浸出、净液、电解的工序泄漏和外溢酸雾和含尘蒸汽；

（3）在原料仓、煤场、焙烧、渣过滤、渣回收等工序产生粉尘（部分粉尘含重金属）工艺废气；

（4）生产过程产生一定数量的污酸废水；

（5）注意厂区的雨污水分离管理，防止含重金属废渣或粉尘被冲入雨水管道；

（6）污水厂污水中的重金属指标、pH 值应处理达标后排放，废水应加大循环使用次数，减少废水产生量；

（7）生产过程产生的各种冶炼渣均应按危险废物管理，应综合利用；

（8）污水厂产生的污泥、除尘回收的粉尘都含有重金属，应按危险废物管理，应综合利用。

# 第四节　铝工业的污染核算

## 一、氧化铝工业的原料与工艺

目前世界氧化铝生产主要集中在澳大利亚、美国、中国、巴西、加拿大和俄罗斯等国家。国外90%以上的氧化铝生产采用能耗低、污染小的拜耳法工艺生产。我国缘于矿石类型和品质原因，普遍采用烧结法和联合法生产工艺。

### （一）氧化铝的原料

我国的氧化铝生产是以铝土矿（$Al_2O_3 \cdot SiO_2$）为原料，经破碎、选矿、加碱（NaOH）高压溶出、提取沉渣分离出氢氧化铝，氢氧化铝再经结晶、焙烧成氧化铝产品。工业上生产氧化铝使用的原料有：三水铝石型铝土矿、一水铝石型铝土矿、霞石矿及明矾石矿。制造 1 t 氧化铝需要 2～3 t 优质铝土矿，并消耗 8 500～12 000 MJ 热能；而制造 1 t 金属铝也需要近 2 t 氧化铝，需要 4～6 t 铝土矿。

### （二）氧化铝的能耗

我国生产 1 t 氧化铝综合能耗曾高于 1 t 标煤，但铝工业的节能减排效果显著，2012 年氧化铝综合能耗为 488.9 kg 标煤。

表 4-14　各类氧化铝工艺能耗物耗指标对照

| | 原料单耗 | 电力单耗 | 焦炭单耗 | 烧成煤耗 | 蒸汽单耗 | 焙烧耗油 | 新水单耗 |
|---|---|---|---|---|---|---|---|
| 烧结法 | 铝土矿 2 t/t<br>石灰石 1.8 t/t<br>苏打 0.108 t/t<br>生料加煤量 100 kg/t | 450 kWh/t | 95 kg/t | 770 kg/t | 4.2 t/t | 78 kg/t | 18 m³/t |
| 混联法 | 熟料 2.6 t/t | 367 kWh/t | 36 kg/t | 268 kg/t | 3.26 t/t | 44.1 kg/t | 5.01 m³/t |
| 拜耳法 | 铝土矿 1.85 t/t<br>苏打 0.05 t/t<br>石灰 0.2 t/t | 257 kWh/t | 25 kg/t | 245 kg 标煤/t<br>（烧成与蒸气合计） | | 32 kg/t | 3.6 m³/t |

注：部分资料参照屠海令等编著的《有色金属冶金、材料、再生与环保》（化学工业出版社）。

### （三）氧化铝的生产工艺

氧化铝的生产方法有拜耳法、烧结法和联合法，世界上 90%以上氧化铝都是由拜耳法生产的，只有我国、俄罗斯、乌克兰等少数国家采用烧结法。氧化铝生产需消耗大量蒸汽，因此我国氧化铝厂均建有自备热电厂。

各种生产工艺中，拜耳法工艺最简单，没有熟料烧成工序，因此能耗低，大气污染物排放量小，是氧化铝生产的最佳工艺。但该生产方法只适用于处理铝硅比（A/S）8.0 以上的铝矿。我国铝矿石（A/S）相对较低，而且以一水硬铝石为主，80%以上铝土矿的 A/S 为 4～8。

受矿石品种和技术水平的限制，我国氧化铝生产多采用联合法和烧结法工艺。它是以拜耳法处理大部分易溶的一水硬铝石，将难溶或不溶部分转入烧结法，且在烧结法中再配入部分铝土矿以提高品位。

烧结法适于处理各类低品位铝土矿。熟料烧成是烧结法的核心工艺，主要设备为回转窑，燃料为煤粉，烧结法工艺能耗和大气污染物排放量均较拜耳法高出 1 倍以上。联合法是将拜耳法与烧结法联合使用生产氧化铝的方法，适合大规模生产和用于处理铝硅比为 5～7 的原料。联合法工艺分为串联法、并联法和混联法。混联法是指拜耳法与烧结法联合在一起，既有串联的工序也有并联的工序。

#### 1. 烧结法氧化铝生产工艺

从铝土矿提取氧化铝的生产工业上主要采用的是碱法，烧结法生产的主要原料有铝土矿、石灰、纯碱、循环母液、无烟煤。氧化铝生产需消耗大量蒸汽，我国氧化铝厂均建有自备热电厂。烧结法生产工艺主要包括生料浆配置、熟料烧成、熟料溶出、赤泥分离、脱硅洗涤、氢氧化铝焙烧几个生产系统。

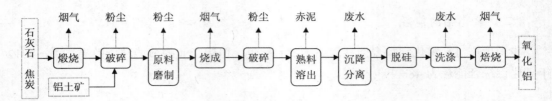

图 4-9　烧结法氧化铝生产工艺与排污节点

　　铝土矿与石灰、碱粉、无烟煤及生产返回的硅渣浆计炭分蒸发母液按比例制成生料浆。生料浆送烧成窑烧成熟料。熟料破碎后与后面工序返回的调整液按比例加入溶出磨进行磨细、溶出。溶出料浆经沉降进行赤泥分离，赤泥经洗涤后送尾矿库。分离溢流加温、加压进行脱硅和钠硅渣分离，钠硅渣及附液返矿浆磨配料。分离溢液部分滤后去种分槽进行种子分解析出氢氧化铝经洗涤、过滤后送焙烧系统得到氧化铝，种分母液送溶出系统做调整液。另一部分加石灰乳脱硅，分出硅钙渣及附液返矿浆磨制系统，二次精液进行碳酸化分解，分离氢氧化铝送洗涤。碳分母液送蒸发和溶出系统做调整液，经蒸发的碳分蒸发母液送矿浆磨制系统配料。

图 4-10　氧化铝生产的煅烧窑和焙烧窑

## 2．联合法氧化铝生产工艺

联合法又分为串联法、并联法和混联法，联合法由拜耳法和烧结法组合而成。

表 4-15　联合法氧化铝生产工艺类型

| 工艺类型 | 工艺特点 |
| --- | --- |
| 串联法 | 烧结系统不使用原矿，而是利用拜耳法产生的赤泥做生产原料，提高氧化铝回收率 |
| 并联法 | 可处理高、低两种不同 A/S 的矿石，其拜耳系统和烧结系统各自处理矿石原料，在种分工序后合成同一生产线 |
| 混联法 | 烧结系统既处理拜耳系统的赤泥，又重新加入铝土矿，加入量依熟料配方中的铝硅比要求确定。因此，混联法组织生产灵活，氧化铝回收率较高，其能耗和大气污染物排放量较烧结法低，是我国氧化铝厂采用较多的工艺方法 |

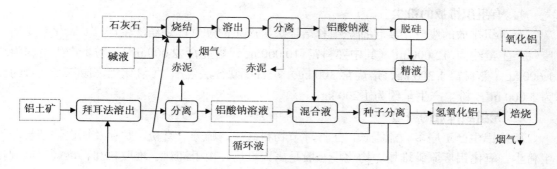

图 4-11 混联法氧化铝生产工艺流程

### 3. 拜耳法氧化铝生产工艺

拜耳法生产的主要原料有铝土矿、苛性碱、石灰、种分循环母液。现有拜耳法氧化铝生产系统综合能耗约为 500 kg 标煤/t 氧化铝。拜耳法工艺主要包括原矿浆制备、稀释赤泥分离、种子分解、结晶析出过滤、氢氧化铝焙烧几个生产系统。

铝矿石按比例与蒸发母液及碱液、石灰等，送入矿浆磨，磨制成原矿浆。原矿浆经预脱硅后至溶出工序，矿石中的氧化铝与碱反应生成铝酸钠转入溶液，溶出后产生残渣（赤泥），铝酸钠溶液经稀释与赤泥分离后，再经滤机进一步去除杂质，所的精液加入氢氧化铝晶种分解，溶液中氢氧化铝结晶析出后，细粒返回作晶种，粗粒经热水洗涤去碱，再经焙烧炉干燥，制得氧化铝。

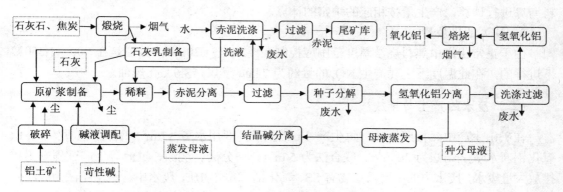

图 4-12 拜耳法氧化铝生产工艺

## 二、氧化铝工业的污染

### （一）废气污染核算

氧化铝生产过程产生的有组织排放废气主要来自熟料窑、焙烧窑等设备燃料燃烧产生的含烟尘、$SO_2$、$NO_x$、$CO_2$ 的烟气，无组织排放废气主要来自破碎、筛分、运输、加料的生产过程产生的含铝粉尘。熟料窑、焙烧窑产生的废气主要与使用的燃料种类、品质、消耗量有关。

### 1. 有组织排放的粉尘

有组织排放的废气主要包括烧结和焙烧炉窑产生的烟气，烧结法生产 1 t 氧化铝平均废气产生量约为 12 000 m³（其中熟料窑 10 000 m³、焙烧窑 2 000 m³），粉尘产生量约为 1 600 kg（熟料窑 1 300 kg、焙烧窑 300 kg）左右；联合法生产 1 t 氧化铝，废气产生量约为 5 000 m³，粉尘产生量约为 1 200 kg。

### 2. 无组织排放的粉尘

氧化铝生产工序多、流程长，生产环节物料破碎、筛分、磨粉、贮存及输送等都易产生粉尘。氧化铝厂原矿堆场、均化场一般是露天堆场，由于卸料、堆取料和料堆（有风天气）产生大量无组织排放扬尘，近年部分氧化铝厂已采用封闭或半封闭料仓，对抑制扬尘起了很大作用。目前，各氧化铝企业对以上散尘点均采取集尘罩辅以通风收尘系统进行处理。

为了有效控制无组织排放粉尘量，氧化铝厂对干性物料装卸场所设置喷水抑尘或其他有效的集尘、降尘措施，并保证在物料装卸等过程中的正常运行；应设封闭或半封闭原料库、原料均化库，并采取相应的抑尘措施。铝矿、石灰石矿、原料煤等，均不得露天堆放。

### 3. $SO_2$ 的排放量

由于氧化铝要消耗一定量的燃料，熟料窑使用的燃料是煤，氢氧化铝焙烧炉使用的燃料有天然气、重油、发生炉煤气等，在计算 $SO_2$ 和 $NO_x$ 产排污量时应考虑燃料的种类。但燃料中的硫分和生料中的硫分在烧结时会被碱液吸收大部分，只有很少部分排放，主要是氧化铝厂的石灰窑和蒸汽锅炉产生烟气中含有一定量的 $SO_2$。燃煤产生的 $SO_2$ 可以通过物料衡算进行计算，产生量按相应的炉窑的计算。

### 4. $NO_x$ 的排放量

由于正常生产中熟料烧结温度范围应控制在 1 240～1 300℃，焙烧是在 900～1 250℃下进行的，在此温度下主要产生 $NO_x$ 的量约为 7 kg/t 燃煤，3.6 kg/t 燃油。

### （二）废水的产生与排放

在矿山生产中，按照设计，每生产 1 t 铝土矿需要用水 6～7 m³。氧化铝工业生产 1 t 氧化铝新水量烧结法为 20 m³/t、联合法为 5 m³/t。在分离、洗涤、过滤等生产过程产生和排放大量废水，废水中的主要污染物有 SS、氧化铝、碱类物质，废水中含碱烧结法为 30 kg、联合法为 14 kg，含 SS 烧结法为 22 kg、联合法为 12 kg。鉴于氧化铝厂产生的碱性废水中可能还含重金属元素，氧化铝企业近年来积极进行工艺技术改造，采取各种治理措施，执行"清污分流、一水多用"后，做到了工业用水和排水封闭循环不外排，做到生产废水"零排放"。我国几大氧化铝厂都已实现生产废水零排放。氧化铝厂排水以生活污水为主，生产废水基本实现零排放。

### （三）废渣污染核算

生产 1 t 氧化铝将消耗 1.8～2 t 铝土矿，在生产过程沉降分离中产生大量赤泥，赤泥产生量烧结法为 1.8 t/t、联合法为 1.1 t/t。由于消耗大量燃煤，还会产生相当于燃煤耗量 25% 的灰渣量。

**表 4-16　氧化铝生产固体废物产污系数表**　　　　单位：kg/t

| 工艺 | 烧结法 | 联合法 | 拜耳法 |
|------|--------|--------|--------|
| 尾矿 | 1 500 | 850 | 1 600 |

注：规模等级为所有规模；数据主要参照《第一次全国污染源普查工业污染源产排污系数手册》。

### 三、电解铝的原料与工艺

#### 1. 电解铝的工艺原理

金属铝生产采用的冰晶石-氧化铝熔盐电解法，是目前工业生产金属铝的唯一方法。该工艺生产是以氟化盐（冰晶石为主）为熔剂，氧化铝为溶质，碳素材料为电极进行电解。

电解槽导入强大直流电，氧化铝、氟化盐在 950℃ 左右条件下熔融（电解质），电解质在电解槽内经过复杂的电化学反应，氧化铝被分解，在槽底阴极析出铝液，在阳极析出气体，铝液通过真空抬包从槽内抽出，送往铸造车间，在保温炉内经净化澄清后，浇铸成铝锭或直接加工成线坯、型材等。

电解过程中，碳素阳极与氧反应生成 $CO_2$ 和 CO 不断消耗，通过定期更换阳极块进行补充。电解槽散发的烟气中含有大量氟化物、粉尘、沥青烟（自焙槽）及 $SO_2$ 等大气污染物，是铝厂最主要的大气污染源。

#### 2. 铝电解的原料

冰晶石-氧化铝熔盐电解法工艺生产是以氟化盐（冰晶石为主）为熔剂，氧化铝为溶质，碳素阳极为电极进行电解。

---

**专栏 4-8**

用电解法制取 1 t 金属铝消耗氧化铝约 1.92 t、氟化盐 35 kg、碳素阳极约 570 kg（阳极毛耗约 560 kg，阴极仅 10～15 kg）。氟化盐是电解铝企业的重要原材料。国内预焙槽电解铝氟化盐单耗一般为 26～35 kg/t 铝，而国外仅为 16 kg/t 铝（考虑回收，实际消耗国内 1～12 kg/t 铝，而国外仅为 0.5～1 kg/t 铝）。每生产 1 t 电解铝需用 530～550 kg 阳极糊或 500～530 kg 预焙阳极块（毛耗）。经过节能减排的促进，按照 2009 年相关资料显示 1 t 铝电耗 14 177 kWh/t。

---

#### 3. 铝电解的设备

铝电解的主要设备是电解槽、集气装置、真空抬包、保温炉。铝电解槽是炼铝的主要设备，包括：（1）阳极装置，一般有 10～20 个阳极炭块组，每个炭块组包括炭块、钢爪和铝导杆；（2）阴极装置和电解槽内衬；（3）槽壳、槽罩；（4）导电系统。

电解铝生产工艺的差别主要体现在电解槽上。电解槽总体上分为自焙槽（侧插自焙槽、上插自焙槽）和预焙槽（不连续式、连续式）。自焙槽因环境污染严重、生产技术落后，为我国已淘汰的技术装备。

电解厂多为 100 台槽以上的大系列生产，槽烟气经罩板集气处理后排放，少量逸出经车间天窗排出，形成无组织排放源。

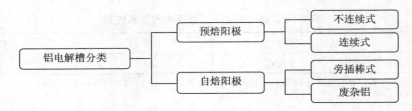

图 4-13　铝电解槽分类

电解铝一般采用冰晶石-氟化铝融盐电解法，主要设备是电解槽。按电解槽所用阳极类型又分为自焙阳极电解槽和预焙阳极电解槽。由于自焙阳极电解槽污染严重，已属于国家明令的淘汰工艺。电解槽的电极材料有阳极糊（自焙槽用）、碳素阳极块（预焙槽用）、阴极碳块（电解槽内衬材料）。

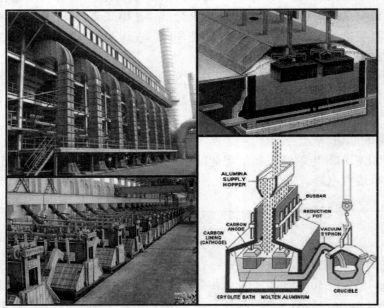

图 4-14　铝电解大型预焙电解槽

阳极糊或预焙阳极块生产上不产生废渣和废水，但产生一定量的废气，废气中污染物有沥青烟和氟。电解铝的生产成本中所占比重最大的就是电能，大约占总生产成本的 35% 左右，煤耗占 4% 左右。

电解铝的生产工艺见图 4-15。

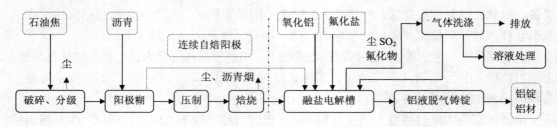

图 4-15　电解铝的生产工艺（虚线左区是碳素加工，右区是电解铝加工）

熔炼铝的生产工艺见图4-16。

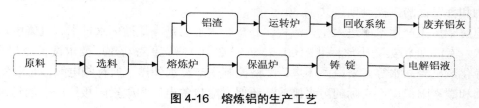

图4-16 熔炼铝的生产工艺

电解槽导入强直流电，氧化铝、氟化盐在950℃左右高温熔化（成为电解质），电解质在电解槽内电解，氧化铝被分解，在槽底阴极析出液态金属铝，碳素阳极被氧化（生成$CO$、$CO_2$）不断消耗，定期更换阳极进行补充。电解槽散发的烟气中还含有大量氟化物、粉尘、$SO_2$（如果采用自焙槽技术还会产生沥青烟）。

电解铝生产工艺差别主要体现在电解槽上，总体上分为自焙槽（分侧插和上插）、预备槽（中心加料和边部加料）。自焙槽因污染严重、技术落后，属淘汰设备。预备槽具有节能、低耗、污染小的优势。

### 四、电解铝的污染核算

在目前的铝电解工艺中，主要的生产设备是电解槽，主要产生污染的污染源也是电解槽。不同的电解槽产生的污染也有较大差异，有一点是相同的就是产生的污染主要是大气污染。

#### （一）废气污染核算

**1．氟污染**

电解槽的大气污染负荷约占整个电解铝生产系统的99%。电解槽产生的烟气中主要污染物有氟化物、粉尘、$SO_2$、$CO$、$CO_2$。氟化物是加入电解槽中的氟化盐产生的，产生量在20～40 kg/t铝，绝大部分回收循环使用，少量排放，氟化盐补充量即为排放量；$SO_2$的产生来自碳素阳极中的硫分；$CO$、$CO_2$源于碳素阳极的氧化；如果是自焙槽还会产生沥青烟。电解铝的典型行业大气污染是氟化物污染。

**2．尘污染**

电解铝企业除了在电解槽产生载氟粉尘，还有氧化铝等原材料运输、装卸过程中产生的粉尘。没设烟气净化装置的铝厂，电解槽烟气全部散发排入空中，废气中的氟化物全部排放，造成铝厂周围特有的氟化物污染。如对电解槽密闭，烟气净化，会使氟化物排放量大大减少，但许多铝厂的电解槽的密闭盖由于经常开启，封闭都不够严密，在加料、出铝、换阳极过程中都会泄漏大量废气，排放一定量的氟化物和含氟粉尘。

**3．$SO_2$污染**

因为电解槽的电解过程会消耗570 kg碳素极块/t铝，碳素极块是由石油焦和沥青制作的，虽经焙烧，但还含有一定量硫分，在电解槽消耗过程会转变成$SO_2$。

#### （二）废水污染核算

没有煤气制造的铝工业企业排水污染控制项目为SS、氟化物、石油类、pH、$COD_{Cr}$、氨氮、总氮和总磷8项；含有煤气制造的铝工业企业排水污染控制项目应增加总氰化物、硫化物和挥发性酚，控制项目共11项。

电解铝厂生产用水不进入生产流程，外排废水主要是冷却循环水排水、机修废水、生活废水。《铝工业污染物排放标准》（GB 25465—2010）规定：对新建厂要求设备冷却水（含烟气净化风机冷却水等）采用循环水，严格控制生产废水外排。但有些电解铝企业配有自备电厂和碳素阳极厂，实际的污水排放量还要考虑自备电厂和碳素阳极厂产生的污水。

### （三）固体废物污染核算

铝电解工业产生的固体废物有残极、废气阳极泥、维修产生的废弃耐火材料、非保温材料等，这些固体废物有一些有氟化物残留，不严格管理，会产生氟化物的二次污染。

## 五、再生铝加工工业的环境污染

国内以废杂铝为原料生产再生铝的企业规模普遍偏小、技术水平低下，以人工操作为主，许多企业就没有采取相应的环境治理措施，环境问题突出。

再生铝的原料是各类废铝，目前国内废铝回收占总利用量的40%，进口的废铝占60%。

### （一）原料

再生铝熔炼采用的原料主要是废杂铝料、熔剂（氯化钠、氯化钾、冰晶石）。再生铝是以回收来的废铝零件或生产铝制品过程中的边角料以及废铝线等为主要原材料，经熔炼配制生产出来的符合各类标准要求的铝锭。

在熔炼过程，为了减少烧损、提高铝的回收率并保证铝合金的质量，还要加入一定数量的覆盖剂、精炼剂和除气剂，这些添加剂与铝熔液中的各种杂质进行反应，产生大量的废气和烟尘，这些废气和烟尘中含有各种金属氧化物和非金属氧化物，同时还可能含有有害物质，这些都可能对环境产生污染。

采用的燃料主要有煤、焦炭、重油、柴油、煤气、天然气等。

**图4-17 再生铝生产技术路线**

### （二）冶炼工艺

废铝料的再生冶炼一般采用火法冶金工艺。熔炼设备有坩炉、反射炉、竖炉、电炉、回转炉等。

主要生产工艺流程：原料预处理→熔炼→成分调整→铝液处理→铸造。

### （三）再生铝熔炼的废气污染

**1. 预处理产生的污染**

预处理产生的废塑料、废钢铁、其他垃圾。主要是固体废物。

**2. 熔炼炉窑产生的烟气污染**

炉窑采用的燃料主要有煤、焦炭、重油、柴油、煤气、天然气等，产生的烟气主要污染物有 $SO_2$、$NO_x$、烟尘、HCl、氟化物、二噁英等。

**3. 夹杂物燃烧产生的污染**

废杂铝中夹杂着诸如橡胶、塑料、树脂、油漆等杂物，在熔炼过程除了产生烟气污染外，还会产生其他气态污染物，有些还有严重的异味。

**4. 添加剂的污染**

在熔炼过程中，一般会加入多种熔剂和精炼剂，熔炼过程会产生氟化物、氯化物等。

**5. 炒灰产生的烟粉尘**

再生铝熔炼过程产生大量浮渣（铝灰），一般中小企业多采用大锅炒灰的方式回收其中的铝，炒灰过程产生大量烟尘和粉尘。

### （四）再生铝熔炼的废水

生产废水主要是冷却水和洗涤水，目前大中型企业都有废铝的水洗系统或喷淋系统，规模的生产企业基本可以做到废水循环利用，不外排。但许多小企业含不能做到废水回用。

### （五）再生铝熔炼的废渣

在预处理过程中分选出一般固体废物大部分是可利用资源，如废塑料、废橡胶、废钢铁、铝灰、铝渣等。

**思考与练习：**

1. 从网上寻找资料分析我国钢铁有色工业的主要环境问题。
2. 到电解铝企业或铅锌冶炼企业调查或在网上调研主要设备和工艺流程（要求配图）。
3. 分析铅冶炼的排污节点和主要环境要素。
4. 结合网上资料分析铅锌冶炼 $SO_2$ 产生和排放量高的原因。
5. 分析电解铝氟化物和 $SO_2$ 产生的原因。
6. 分析氧化铝生产工艺类型与污染的关系。
7. 通过网上的资料分析铅蓄电池生产排污节点和环境要素。

# 第五章　建材工业污染核算

本章介绍了我国建材工业的主要大气重污染行业水泥制造业、平板玻璃工业、陶瓷制品业的节能减排基本要求；这三个行业的原辅材料结构、产品、基本能耗；这三个行业的主要生产设备与基本工艺；这三个行业的排污节点和环境要素分析；这三个行业的主要污染来源与污染机理分析。

专业能力目标：

1. 了解水泥工业节能减排途径；
2. 了解水泥工业的原料结构和产业布局；
3. 了解玻璃工业的原料结构与平板玻璃的生产工艺；
4. 了解陶瓷工业的原料结构与建筑陶瓷的生产工艺；
5. 基本掌握新型干法水泥的基本生产工艺；
6. 掌握水泥加工的排污节点分析、主要大气污染来源及环境要素分析；
7. 掌握平板玻璃加工的主要大气污染来源及环境要素分析；
8. 掌握建筑陶瓷加工的主要大气污染来源及环境要素分析。

水泥、玻璃、陶瓷都属于非金属矿物制品制造业中的重污染型行业。非金属矿物制品制造业是我国重要的基础材料工业，非金属矿物制品制造业产品又分建筑材料及制品、非金属矿及制品、无机非金属新材料三大门类，本章由于篇幅所限，主要阐述水泥、平板玻璃、建筑陶瓷等重污染型行业。

## 第一节　我国建材工业的主要环境问题

### 一、我国建材工业的现状

非金属矿物制品制造工业是我国重要的材料工业。其产品主要包括水泥、石灰、石膏、砖瓦、石材、玻璃、玻璃纤维、陶瓷、石墨、耐火材料等，共计 80 余类、1 400 多种产品，广泛应用于建筑、军工、环保、高新技术产业和人民生活等领域。建材工业属非金属矿物制品工业，水泥制造业、平板玻璃工业、陶瓷制品业又是建材工业能耗和污染的大户。

非金属矿物制品制造工业量大面广，产品种类众多，又多是以工业窑炉为基本生产设备，对资源和能源依赖度非常高。传统非金属矿物制品制造工业由材料属性及工艺决定，其物耗、能耗量非常大，我国还有相当数量的非金属矿物制品制造企业的生产技术和生产设备比较落后，环保措施不到位，不仅能耗物耗比较高，而且对环境污染的影响很大，在各工业部门中也位居前列。

20 世纪 90 年代以来，我国已成为世界上最大的非金属矿物制品制造工业生产与消费国家。主要的非金属矿物制品制造工业的产量居世界第一位。

表 5-1　2012 年我国非金属矿物制品制造工业的产量

| 行　业 | 水泥 | 平板玻璃 | 建筑陶瓷 | 卫生陶瓷 | 日用陶瓷 |
|---|---|---|---|---|---|
| 年产量 | 21.840 5 亿 t | 7.14 亿重箱 | 92 亿 m² | 1.605 5 亿件 | 330 亿件 |
| 世界产量 | 37 亿 t | 6 400 万 t | 131 亿 m² | — | 435 亿件 |
| 约占世界比重 | 59.02% | 57.3% | 70.22% | 65% | 73% |
| 行　业 | 耐火材料 | 玻璃纤维 | 黏土砖 | 石灰 | 沥青油毡 |
| 年产量 | 2 818.91 万 t | 430 万 t | 9 000 亿块 | 1.5 亿 t | 3.335 7 亿 m³ |
| 世界产量 | 4 300 万 t | 530 万 t | — | — | — |
| 约占世界比重 | 超过 65% | 81% | | | |

## 二、建材工业存在的主要问题

建材工业是非金属矿物制品制造工业之一，全行业能源消费量占全国能源消费总量的十分之一以上，在全国工业部门中列第四位。建材工业能源消耗主要集中在水泥、建筑卫生陶瓷、平板玻璃、水泥制品、砖瓦、石灰等行业，其能耗总量占建材工业能耗总量的 95%，其中，水泥、建筑卫生陶瓷、平板玻璃 3 个行业占 86.56%。建材工业既是能源消耗和污染物排放大户，也是资源综合利用、发展循环经济的重要行业。

### 1．总体能耗高

经过节能减排，我国建材工业虽有部分行业和企业的工艺技术、装备水平接近或达到世界先进水平，仍然有相当比例的落后生产工艺、设备和规模偏小的企业，成为行业节能减排的主要制约因素。

我国建材工业的平均能耗水平不仅与国际先进水平存在较大差距，不同规模企业间的能耗水平也不尽相同。非金属矿物制品制造行业高能耗的三大原因，主要是结构不合理、单位能耗高、总量增长快。

---

**专栏 5-1**

据 2011 年有关资料显示，2011 年我国建材工业动力煤消费量约 5.41 亿 t，占全国动力煤炭总消费量的 19.7%，居全国各行业动力煤耗第二位。建材行业耗煤主要由水泥、玻璃和石灰耗煤组成。水泥耗煤占建材行业耗煤量的 70% 左右。能源尤其是煤炭消耗量大是建材行业大气污染物产排放量大的主要原因。

---

### 2．企业平均规模小，生产集中度偏低，落后产能规模大

虽然经过"十一五"的节能减排，建材行业中的水泥、玻璃、陶瓷等行业的企业平均

生产规模大幅提高，但从全行业看，砖瓦、石灰、耐火材料、石墨碳素、石材加工业中还有大量中小型企业存在，甚至玻璃、陶瓷工业也有一定数量的中小企业，其设备简陋、工艺落后、缺少必要的环保措施，造成非金属矿物制品制造行业整体的工艺水平、技术装备水平、环保设施的技术水平远落后于发达国家的水平。"十二五"期间国家还计划淘汰2.5 亿 t 水泥，淘汰 5 000 万重量箱平板玻璃的落后产能。

### 3. 资源消耗大、环保措施不到位、污染排放总量大

建材行业的污染减排就是针对建材行业高资源消耗、高能耗、高污染的现实情况，采用高效的污染控制技术和污染治理技术，实现主要污染物的减排。建材行业主要是以窑炉为主要生产设施，目前个体小生产和落后生产技术和简陋的污染控制手段在一些行业仍占较大比重，大气污染物产生总量和排放总量居高不下，烟尘和 $NO_x$ 排放量在全国各工业部门中排名第二，$SO_2$ 的排放量也很大，尤其是无组织排放的大气污染物数量非常大，对大气环境造成极为严重的影响。

### 三、建材工业的污染减排途径

一是结构减排。严格控制水泥、平板玻璃等产能过剩行业盲目扩张；加快产业结构优化升级，推进企业兼并重组、提高产业集中度；落实国家的产业发展政策，坚决淘汰落后产能，大力优化生产技术、装备、工艺水平，优化产品结构，通过技术进步实现节能减排目标。

二是工程减排。"十二五"建材行业节能减排要求：加大排放水平高的行业 $SO_2$ 治理工程的监管力度，所有煤矸石砖瓦窑、规模大于 70 万 $m^2/a$ 且燃料含硫率大于 0.5%的建筑陶瓷窑炉、所有浮法玻璃生产线脱硫，以上脱硫设施综合脱硫效率需达到 60%。水泥行业新型干法窑推行低氮燃烧技术和烟气脱硝示范工程建设，并逐步推广，规模大于 2 000 t 熟料/d 的新型干法水泥窑为"十二五"改造重点，综合脱硝效率应达到 70%。

三是管理减排。一方面，不断调整重污染行业的排放标准，通过严格标准限值，控制污染物排放总量；另一方面，加大行业清洁生产的发展，加大产品结构的优化，降低能耗物耗，实现有效减少污染物的产生总量。

## 第二节　水泥制造工业污染核算

我国是水泥生产与消费大国，2012 年我国水泥产量达到 21.84 亿 t 占世界水泥产量的一半以上，其中新型干法水泥比例已接近 90%，现有规模以上水泥生产企业约 3 800 家，新型干法水泥生产线 1 600 多条。作为一个高能耗行业，我国水泥工业产量高，一年消耗掉了全国 15%的煤和 33 亿 t 的矿物原料。我国水泥总体生产技术水平虽然提高很快，与发达国家相比还有一定差距，由此产生的不仅是资源问题，还有严重的环境污染问题。据中国环境科学研究院、中国水泥协会介绍，水泥行业是重点污染行业，其颗粒物排放占全国颗粒物排放量的 20%～30%，$NO_x$ 排放总量占全国 $NO_x$ 排放总量的 12%～15%，有些立窑生产中加入萤石以降低烧成热耗，还造成周边地区明显的氟污染。

### 一、水泥生产的原料、产品与能耗

水泥生产是将石灰石和硅铝质原料经过粗碎、烘干、磨细，在立窑（或旋窑）中与煤粉煅烧，冷却后的熟料再掺入石膏和配料，在熟料磨中磨成普通硅酸盐水泥细粉；若在熟料中再掺入铁质原料等混合材料，制得的是矿渣硅酸盐水泥。

#### （一）原料

水泥中钙质原料主要指石灰石、电石渣等；硅铝质原料主要指砂岩、页岩、黏土、粉煤灰、煤矸石等；铁质原料主要指铁矿石、铁矿粉、硫酸渣等；混合材主要指粉煤灰、粒化高炉矿渣、火山灰质材料等。

表 5-2　水泥工业原辅料消耗表

| 生料 | 石灰石 | 黏土 | 铁粉 | 熟料 | 石膏 | 混合材 | 水泥 |
|------|--------|------|------|------|------|--------|------|
| 1.520 | 1.228 | 0.272 | 0.020 | 1.000 | 0.067 | 0.269 | 1.336 |
| 100% | 80% | 18% | 2% | 75% | 5% | 20% | 100% |

#### （二）产品

从水泥行业的产品有三种，由生料经制备、焙烧成熟料产品；由生料制备、焙烧、磨配成水泥产品；由熟料磨配成水泥产品。不同水泥产品的原料、生产工艺流程、能耗均有差异，因此单位产品的产排污强度不尽相同。

#### （三）能耗

与新型干法水泥相比，小立窑、新型干法窑、湿法窑等落后工艺能耗高。经过节能减排，2012 年新型干法生产熟料的比例已达 92.17%，新型干法窑、湿法窑在 2006 年已基本淘汰，立窑所占比例已经很小。我国水泥行业的节能降耗已取得明显效果。表 5-3 是各种工艺单位热耗的对比。

表 5-3　全国水泥行业各类窑型平均煤耗

| 生产方法 | 熟料标准煤耗/（kg 标煤/t） | 熟料煤耗折原煤/（kg 原煤/t）（原煤热值 20 934 千焦/t） |
|----------|---------------------------|-------------------------------------------------------|
| 新型干法窑 | 115 | 161 |
| 立窑 | 160 | 224 |

中空干法窑、湿法旋窑设备在 2006 年后基本被淘汰，本书不再阐述。

### 二、水泥生产工艺

#### （一）我国水泥工业的布局

水泥生产工艺可以分为两段工艺系统，实际生产，从原料采掘到烧制成熟料是一段（由生料加工成熟料），熟料是半成品；由熟料磨配制成水泥、贮存、运出是第二段（由熟料磨配制成水泥），最终产品是水泥。

水泥生产分为三个阶段：石灰质原料、黏土质原料与少量校正原料经破碎后，按一定比例配合、磨细并调配为成分合适、质量均匀的生料，这一过程称为生料制备；生料经预热器或预分解系统预热/分解后，在水泥窑内煅烧至部分熔融所得到的以硅酸钙为主要成分的水泥熟料，称为熟料煅烧；第三阶段为水泥粉磨，即熟料加入适量石膏，有时还有一些混合材料或外加剂共同磨细成为水泥成品。水泥在贮存时应进行检验，合格的水泥可以包装或散装出厂。

### （二）水泥生产的生料制备

水泥生产的生料制备阶段包括原料的运入、破碎、生料储存、原料和燃料的磨粉、生料在设备间的输运、生料的配料均化和烘干等。

#### 1．破碎工艺

破碎工艺是将石灰石通过破碎机进行一次和二次破碎，碎成 20 mm 石块，常用的破碎设备有锤式、颚式、反击式、冲击式、辊式、圆锥式破碎机等。破碎废气会产生粉尘污染，破碎废气量约为 200 $m^3$/t 料，粉尘质量浓度为 10 $g/m^3$。

#### 2．生料的预均化工艺

石灰石的储存多采用长形或圆形预均化堆场，黏土或砂岩的储存多采用长形堆场，由程序自动控制堆料机和取料机根据物料的特性进行作业，均化效果好，成分稳定，并有效控制了生料储存和均化过程产生的无组织粉尘的排放，粉尘质量浓度为 25 $g/m^3$。

#### 3．生料的烘干工艺

烘干工艺是将生料或燃煤通过烘干机加热干燥（中空干法需要烘干，其他旋窑主要对煤烘干），烘干设备有回转式和悬浮式烘干机、烘干塔等，回转式烘干机内温度约700℃，排放废气量约 1 300 $m^3$/t 料。一般水泥厂采用的烘干方法有磨外烘干和磨内烘干两种。

烘干设备有两种，一种是烘干兼粉磨的磨机，如循环提升磨、风扫式磨、立式磨，这种磨机能同时进行烘干与粉磨；另一种是采用单独燃烧室（热风炉）的烘干设备。烘干设备产生的粉尘质量浓度高于 60 $g/m^3$。

#### 4．生料的粉磨工艺

生料的研磨可以采用不同类型的磨机进行，主要有球磨、管磨、立式磨和烘干与研磨同时进行的中间卸料磨等。分别通过生料磨和煤磨将混合料和煤磨成粒径在几十 $\mu m$ 的粉料。粉磨和煤磨经选粉后产生的废气量约 800 $m^3$/t 料，粉磨选粉后产尘质量浓度一般在 30 $g/m^3$，煤磨选粉后产尘质量浓度一般在 60 $g/m^3$。

在干法生产中破碎和粉磨过程中同时进行烘干，可以省去烘干工序。目前绝大多数的熟料加工企业都利用焙烧工艺的废气余热进行烘干物料，既降低了烘干燃煤能耗，又减少了烘干烟气量，许多企业实现了窑磨一体化。

### （三）水泥熟料的煅烧

制备的生料被输送到水泥窑内煅烧至熔融状态，经过一系列的物理化学反应，形成以硅酸钙为主要成分（对硅酸盐水泥来说）的水泥熟料。

### 1．立窑煅烧

立窑的设备是静止的竖窑，分普通立窑和机械立窑，属半干法生产。立窑工艺是先将生料与煤混合粉磨制成小于 20 mg 的料球，由立窑上部加入窑内。料球在窑内被预热烘干，被煤粉烧成熟料。烧好的熟料由底部经卸料箅子卸出。冷风将熟料冷却，本身也得到预热，到高温区供料球中的煤粉燃烧用，废气由窑顶排出。立窑生产规模小，设备简单，运行热耗与电耗都比较低。但立窑煅烧不均匀、产品质量较低，立窑大多设备简陋，污染治理设施不到位，无组织排放量大。产生的废气量约 3 900 $m^3$/t 熟料，粉尘质量浓度 13 $g/m^3$。

图 5-1　水泥立窑

### 2．新型干法旋窑煅烧

新型干法技术的核心是水泥熟料煅烧的窑外预分解技术，它是在悬浮预热技术的基础上发展起来的，不同型式的分解炉与各种预热器组成了不同类型的窑外分解系统。与在回转窑内完成预热、分解、烧结多个过程的传统工艺相比，它将熟料煅烧过程变为在两套独立设备内进行两阶段操作：即在悬浮预热器和分解炉内完成生料预热和石灰石分解（$CaCO_3 \longrightarrow CaO + CO_2$，900℃）；再在回转窑内高温条件下（1 400～1 600℃）完成熟料烧成（形成硅酸三钙、硅酸二钙、铝酸三钙等）。由于在分解炉内引入第二热源（使用约60%的燃料），降低了烧成的热负荷，提高了回转窑生产能力，同时也使能源消耗、污染物（特别是 $NO_x$、$SO_2$）排放大大降低。窑头窑尾产生的废气量 3 000～3 400 $m^3$/t 熟料，窑尾粉尘质量浓度 60 $g/m^3$，窑头冷却（一般采用箅冷机）废气粉尘质量浓度也在 60 $g/m^3$ 以上。

### （四）水泥磨配工艺

烧成的水泥熟料加上适量石膏及混合材料，经过混合共同磨细到一定的细度，制成水泥，经过包装机包装即可出厂（或制成散装水泥运送出厂）。水泥熟料的细磨通常采用圈流粉磨工艺（即闭路操作系统）。

为了防止生产中的粉尘飞扬，水泥厂均装有收尘设备。电收尘器、袋式收尘器和旋风收尘器等是水泥厂常用的收尘设备。粉磨经选粉后的粉尘产尘浓度一般在 30 $g/m^3$。

图 5-2　新型干法旋窑

## 三、水泥工业的排污节点

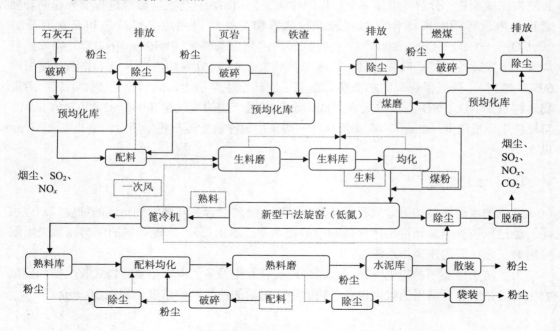

图 5-3　水泥企业排污节点图

表 5-4　水泥企业主要废气排污节点及所采取的主要控制措施表

| 排放源性质 | | 主要污染物 | 排放形式 | 污染物 | 可能采取的几种污染控制措施 |
|---|---|---|---|---|---|
| 热力作业过程 | 燃烧 | 水泥窑 | 排气筒 | 粉尘、$NO_x$、$SO_2$、$CO$、氟化物等 | 粉尘收集返回系统窑头旋风除尘器、袋除尘器、窑尾烟气收集对 $SO_2$ 的控制,一是用低硫煤,二是采用窑外预分解回转窑技术,燃料燃烧所产生的大部分 $SO_2$ 被物料吸收,吸硫率可达 98%。$NO_x$ 降低燃料带氧的浓度,实行低空气比运行;调解燃烧温度,调整煤和原料的进料量 |
| | 干燥 | 烘干机、烘干磨、煤磨 | 排气筒 | 粉尘 | 烘干磨:粉尘收集返回生料系统 煤磨:选用高浓度防暴袋收尘器,收尘效率 99.8% |
| | 冷却 | 冷却机 | 排气筒 | 粉尘 | 绝大部分用于窑磨一体化和窑头二次风,剩余废气经带式除尘,收尘效率 99.8% |
| 冷态作业过程 | 加工 | 破碎机、生料磨、水泥磨 | 排气筒 | 粉尘 | 破碎机:粉尘收集返回系统采用脉冲袋收尘器 |
| | 贮存 | 储料场、煤堆场 | 无组织 | 粉尘 | 防尘网、喷水雾、封闭/半封闭料棚或料仓 |
| | | 均化库、生料库、熟料库 | 无组织 | 粉尘 | 粉尘收集 |
| | 其他 | 包装机、散装机、输送设备、装卸设备、运输设备 | 有些有排气筒,但无组织散逸较多 | 粉尘 | 运输设备:采用密闭式输送设备,转运点尽量降低排料落差,干燥季节洒水除尘,粉尘收集返回系统 |

表 5-5　水泥主要废水排污节点及所采取的控制措施表

| 废水名称 | 排污节点 | 主要污染物 | 治理措施 |
|---|---|---|---|
| 生产冲洗水 | 场地冲洗 | COD、SS | 送污水处理装置 |
| 生活污水 | 办公楼、宿舍楼等 | COD、SS 等 | 送污水处理装置处理后回用,不外排 |
| 生产废水 | 锅炉给水处理站 | COD、SS | 经污水处理装置处理后回用,不外排 |

表 5-6　噪声及其他污染控制措施表

| 产生部位 | 主要污染成分/dB（A） | 采取措施 |
|---|---|---|
| 破碎机 | 强度 95～105 | 车间封闭 |
| 生料磨 | 强度 90～100 | 车间封闭 |
| 煤磨 | 强度 90～105 | 车间封闭 |
| 风机 | 强度 90～115 | 车间封闭、安装消声器 |
| 空压机 | 强度 90～95 | 车间封闭 |
| 篦冷机 | 强度 95～100 | 车间封闭 |

## 四、水泥生产的环境污染

### （一）水泥制造工业生产的污染

水泥生产的环境污染主要是大气污染、噪声污染,废水和固体废物形成的污染较小,水泥生产废水多可以回用，固体废物（主要是回收的粉尘）基本都会被水泥厂综合利用了。水泥生产大气特征污染物有粉尘、$SO_2$、$NO_x$、$CO_2$等。

### 1. 矿山开采

矿山开采是原料的获得过程。一般采矿场紧邻工厂，初次破碎后的原料输送至水泥厂贮存、备料。粉尘无组织排放在矿山开采过程中普遍存在。破碎机则是主要的有组织排放源，还有其他一些设备，如装卸、输送设备等，需要采取通风降尘措施。

### 2. 水泥制造（含粉磨站）

在水泥制造过程中，原料进厂后需要经过原料破碎、原料烘干、生料粉磨、煤粉制备、生料预热/分解/烧结、熟料冷却、水泥粉磨及成品包装等多道工序，每道工序都存在着不同程度的颗粒物排放（有组织或无组织），而水泥窑系统则集中了 60%的颗粒物有组织排放和几乎全部气态污染物（$SO_2$、$NO_x$、氟化物等）排放。

### 3. 散装水泥中转站

在沿海、沿江一些地区存在着散装水泥中转站，其工艺流程与水泥企业散装水泥相似，均是对水泥成品的进出库操作。主要设备是卸船机、空气输送斜槽、提升机、水泥仓、散装机等。水泥仓的顶（底）安装除尘器，一般为单机袋除尘；卸料口、转运点等分散扬尘点处设置集尘罩，抽吸含尘气体进行单独或集中处理（袋式除尘）。

### （二）水泥生产的废气量

水泥生产产生的废气量排放强度与水泥生产过程的能耗有直接关系，水泥生产过程主要污染物粉尘、$SO_2$、$NO_x$的产生浓度与窑型有直接关系。

水泥生产的废气在物料的破碎、堆放、粉磨、储存、均化、烘干、输送、烧成、包装及运输生产线一般有几十个有组织废气排放点源，最大的废气排放源是水泥窑的窑头、窑尾和生料磨、粉磨的废气排放源，还有多处无组织排放面源。熟料加工的燃烧烟气主要为水泥窑废气和烘干窑废气，现许多企业已将高温水泥窑废气用于烘干，则不再新增烘干窑废气量；工艺废气包括生料制备废气量和水泥磨配废气量。生料磨配废气包括生料输运、提升、破碎、磨制和均化过程产生的有组织排放废气。水泥磨配废气包括破碎、磨制、均化、输运提升、水泥包装过程产生的有组织排放废气量。

按生产的工艺流程分析，水泥企业的大气排放源主要有：

（1）原料贮存与准备：有组织排放源（破碎机、烘干机、生料磨、原料库、喂料仓、均化库等），无组织排放源（储存场、运输装卸）；

（2）燃料贮存与准备：有组织排放源（破碎机、烘干＋煤磨、煤堆场、煤粉仓等），无组织排放源（煤堆场、运输装卸）；

（3）熟料煅烧系统：有组织排放源[窑尾废气、窑头废气（篦冷机废气）、旁路废气（预热器旁路）]；

（4）水泥磨配：有组织排放源（熟料库、混合材库、水泥磨、水泥库）；

（5）包装和配送：无组织排放源（包装机、散装机、装车、运输）。

### 1. 工艺废气量

（1）生料制备的废气量

生料制备阶段是指生料的破碎、粉磨、煤磨、均化和提升运输。该阶段的工艺废气总量为石灰石破碎、生料粉磨、煤磨、均化和生料提升运输产生的废气量之和。吨生料磨制阶段废气量如表 5-7 所示。

（2）各类水泥窑的烟气量计算

生产吨熟料的生料消耗是 1.52 t 生料，生产过程燃料消耗 115 kg 标煤（154 kg 原煤）；立窑生产过程燃料消耗 160 kg 标煤/t 熟料（215 kg 原煤/t 熟料）。新型干法产生的烟气主要有窑尾烟气、窑头烟气和烘干烟气，窑头烟气多数被用于窑磨一体化的余热利用，也有许多水泥企业每吨熟料要有几百立方米的烟气需排放，生料加工的烘干多利用余热替代，只有煤粉的烘干还需燃料。

（3）熟料磨配阶段的废气量

水泥磨配阶段是指混合材烘干、石膏破碎、水泥磨、包装机、均化和提升运输。该阶段的废气总量为混合材烘干、石膏破碎、水泥磨、包装机、均化和提升运输产生的废气量总和。

**专栏 5-2**

**表 5-7　吨生料磨制阶段废气量**

| 生产方法 | 石灰石破碎 | 生料粉磨 | 煤磨 | 均化 | 提升运输 |
|---|---|---|---|---|---|
| 废气量/m³ | 200 | 800 | 800 | 60 | 200 |

**表 5-8　吨水泥磨配阶段废气量**

| 生产方法 | 混合材烘干 | 石膏破碎 | 水泥磨 | 包装机 | 均化 | 提升运输 | 小计 |
|---|---|---|---|---|---|---|---|
| 废气量/m³ | 282.8 | 9.6 | 601.7 | 166.5 | 61.1 | 200.9 | 1 323 |

**表 5-9　水泥生产废气产生量一览表**

| 生产路线 | 单位 | 窑型 | 水泥窑烟气量 | 工艺废气量 |
|---|---|---|---|---|
| 生料→熟料 | m³/t 熟料 | 新型干法 | 3 392 | 1 448 |
| | | 立窑 | 2 640 | 1 490 |
| 熟料→水泥 | m³/t 水泥 | — | — | 1 323 |
| 生料→熟料→水泥 | m³/t 水泥 | 新型干法 | 2 544 | 2 409 |
| | | 立窑 | 1 980 | 2 441 |

注：如有烘干废气，应在烟气量中加 200 m³/t 熟料。

**2. 工艺粉尘产生量**

（1）生料工艺粉尘（破碎、粉磨煤磨、均化等平均粉尘质量浓度 30 g/L）

新型干法旋窑和立窑生料工艺粉尘产生量 40～45 kg/t 熟料（34 kg/t 水泥）。

（2）烘干烟尘量

烘干机排气筒产尘浓度为 60 g/m³。烘干烟尘量 10 kg/t 熟料。

（3）熟料磨粉尘量

煤磨磨机排气筒产尘浓度为 30 g/m³。熟料磨配阶段的粉尘量为 40 kg/t 水泥。

### 3．窑的烟尘量

立窑烟气产尘浓度为 13 g/m$^3$，烟尘产生量 35 kg/t 熟料，新型干法窑烟气产尘浓度为 50 g/m$^3$，烟尘产生量 160 kg/t 熟料。

### 4．无组织排放粉尘的测算

水泥加工过程由于在多个设施的进料、出料、堆存，产生物料的扬散，在同样的环保设施条件下，由于炉气泄漏和设备的封闭性、连续性，立窑的粉尘无组织排放远远大于新型干法生产工艺。新型干法生产过程生料的堆存和水泥的包装运输的粉尘无组织排放远远大于有组织粉尘排放。

（1）无组织排放粉尘的来源

水泥企业粉尘无组织排放大多产生于原料运输，物料转运，物料进出料口，物料的均化、贮存，水泥包装，运输出厂等环节。若对上述过程设置了有效的集气收尘设施，则可以有效地减少和消除粉尘的无组织排放，否则扬尘无法避免，粉尘的无组织排放就会加重。水泥工业无组织排放粉尘的种类有原料粉尘、生料粉尘、燃料粉尘、熟料粉尘和水泥粉尘等。

①生料和燃料加工无组织排放的粉尘。生料粉尘主要指原料进厂、破碎、粉磨、均化、贮存、配料、输送等生产环节过程中产生的无组织排放，该种粉尘无组织排放随着水泥工业的技术进步越来越小。此类粉尘无组织排放占水泥企业粉尘无组织排放的一半以上。燃料加工粉尘主要指煤进厂、储存、倒运、破碎、粉磨、输送等过程中产生的无组织排放，尤其装卸和倒运过程产生的煤粉尘排放居多。

②熟料加工无组织排放的粉尘。熟料粉尘无组织排放主要来自熟料输送、下料、二次倒运过程，尤其以二次倒运产生的扬尘居多。

③水泥包装运输粉尘。水泥粉尘无组织排放主要来自于水泥包装、散装和运输环节，尤其以装运环节居多。

---

**专栏 5-3**

据浙江省水泥散装办引用北京环科院测定使用散装水泥粉尘排放计算数据，散装水泥粉尘排放为 0.28 kg 粉尘/t 水泥，使用袋装水泥时，水泥粉尘排放为 4.48 kg 粉尘/t 水泥，两者粉尘排放量差：（4.48 − 0.28）= 4.2 kg 粉尘/t 水泥。如果按水泥运输无组织粉尘排放水泥厂内外各占 50%计算，在水泥厂内散装水泥粉尘排放为 0.14 kg 粉尘/t 水泥，使用袋装水泥时，水泥粉尘排放为 2.24 kg 粉尘/t 水泥，袋装比散装多排放粉尘 2.1 kg 粉尘/t 水泥。

---

水泥生产的除尘设施主要采用静电除尘器或袋式除尘器。袋式除尘器一般采用涤纶、玻璃纤维、P84（聚酰亚胺）滤料，有些还使用了 PTFE（聚四氟乙烯）覆膜，除尘效率可达 99.5 以上；静电除尘器通常为四、五级电场，除尘效率可达 99.3 以上。

### （三）水泥生产SO$_2$排放量的测算

水泥生料和燃料煤中都含有硫，硫在原燃料中存在的形式为硫化物硫、元素硫、硫酸盐硫和有机硫。元素硫、硫化物硫、有机硫为可燃性硫。硫酸盐是不参与燃烧，多残存于灰烬中，称为非可燃性硫。

水泥窑 $SO_2$ 的生成，主要是由于燃料和水泥原料中的可燃硫物质，部分在温度 $300\sim600℃$ 时分解生成；还有部分在燃烧时产生的。因为水泥的主要原料是石灰石，水泥熟料锻烧工艺本身就是效率很高的脱硫过程，大部分硫固化后留在残留水泥熟料中，只有少量随废气排放。

新型干法窑生产流程长，吸硫效率可高达 98%以上，吨熟料 $SO_2$ 的排放浓度小于 50 mg/t 熟料，排放强度小于 0.2 kg/t 熟料，立窑生产流程较短，吸硫效率达 95 以下，排放强度在 $0.4\sim0.6$ kg/t 熟料。

如原料中挥发性硫含量很高，它们在预热阶段会逃逸出悬浮预热器，此时没有活性 CaO 与之反应，或生料磨不足以将之完全去除，可能有较高的 $SO_2$ 排放，这时需要采取干、湿法洗涤、活性炭吸附等附加措施。

### （四）水泥生产 $NO_x$ 的污染

水泥在水泥窑煅烧过程均会产生一定数量的 $NO_x$，新型干法窑由于窑温可以超过 1 600℃，且高温区域比较长，水泥生产过程产生的热力型 $NO_x$ 很高。新型干法窑与立窑相比较 $NO_x$ 产生量和浓度要高得多。

新型干法窑窑尾 $NO_x$ 产生的初始质量浓度在 $800\sim1\,200$ mg/m³，产生量在 $1.8\sim2.5$ kg/m³；立窑 $NO_x$ 产生的质量浓度在 $150\sim200$ mg/m³，产生量在 $0.4\sim0.6$ kg/m³。

新型干法水泥生产用燃料分别从窑头和分解炉喷入，窑头煤粉燃烧最高温度可达 1 600℃以上，且烧成废气在高温区滞留时间较长；煤粉在预分解炉处于无焰燃烧状态，燃烧温度约为 900℃。因水泥窑内的烧结温度高、过剩空气量大，不仅有一定数量的燃料型 $NO_x$，还有较高的热力型 $NO_x$。调查统计的初始质量浓度范围大多在 $700\sim1\,200$ mg/m³（80%都在 1 000 mg/m³ 以下）。一些新型干法窑采取了低 $NO_x$ 燃烧器和 SCR 喷氨脱硝技术，排放质量浓度可降低到 $500\sim800$ mg/m³。

目前开发的 $NO_x$ 控制技术主要采用低 $NO_x$ 燃烧器、预分解炉分级燃烧、添加矿化剂、工艺优化控制（系统均衡稳定运行）等炉窑内环保措施措施，如采用选择性非催化还原技术（SNCR）、选择性催化还原技术（SCR）等二次措施，去除 $NO_x$ 的效果会更加显著。

### （五）水泥生产 $CO_2$ 的排放

新型干法水泥生产中，$CO_2$ 产生的主要来源是熟料焙烧阶段，一方面是焙烧过程燃煤产生的 $CO_2$，该部分 $CO_2$ 生成量可折 300 kg/t 熟料以上，另一方面由于水泥生料经焙烧，生料中碳酸钙和碳酸镁分解出 $CO_2$，随烟气排放，该部分 $CO_2$ 生成量可用生料质量损耗计算（约 500 kg/t 熟料），水泥焙烧过程原燃料综合 $CO_2$ 产生量约为 900 kg/t 熟料。因此，水泥工业属于 $CO_2$ 排放强度非常高的行业，属于碳减排的重点关注行业之一。

### （六）水泥生产氟化物的排放

水泥生产中，如不特意把含氟高的矿物（如萤石）用于水泥生产过程以降低烧成温度，一般窑尾排放的氟化物会很低。立窑普遍使用了萤石等矿化剂，氟化物排放很高。由于立窑的淘汰以及人们对氟化物危害的认识，排放有了显著削减。

### （七）废水污染

水泥生产废水主要为煤粉制备、生料磨、生料库和水泥库风机、窑尾、窑中、窑头、水泥磨、空压机等处的设备轴承冷却水；化验室、机修、冲洗等辅助生产用水。设有循环供水设施，大部分生产冷却水可循环使用。综合水耗立窑约为 0.15 $m^3$/t 熟料，新型干法为 0.08～0.1 $m^3$/t 熟料，粉磨站约为 0.05 $m^3$/t 水泥，主要水污染物为 SS、石油类。

### （八）噪声污染

水泥企业的噪声主要来自机械噪声（原料磨、煤磨、水泥磨、破碎机等）和空气动力噪声（空压机、高压离心通风机、罗茨风机、各种泵等设备）。这些设备附近的噪声等级一般都在 90 dB 以上。主要控制噪声的措施是用减振和隔声来降低噪声。

表 5-10　水泥生产主要设备噪声情况

| 设备名称 | 破碎机 | 原料磨 | 煤磨 | 空压机 | 高压风机 | 中、低压风机 |
|---|---|---|---|---|---|---|
| 声级/dB | 98～110 | 100～110 | 90～105 | 90～100 | 90～105 | 90～100 |

### （九）固体废物

水泥生产过程产生的固体废物主要是除尘器收集的粉尘，基本都可以回收利用。

## 第三节　平板玻璃制造工业的污染核算

### 一、玻璃工业的原料、产品与能耗

### （一）玻璃生产的主要原料

制造普通玻璃的主要原料：石英（主要成分 $SiO_2$）、石灰石（主要成分 $CaCO_3$）、纯碱（$Na_2CO_3$）。

玻璃主要原料有石英砂（$SiO_2$）、纯碱（$Na_2CO_3$）、石灰石（$CaCO_3$）、长石等，辅助原料有着色剂（金属氧化物）、乳浊剂（萤石 $CaF_2$）、澄清剂（碳）。玻璃化学氧化物的组成（$Na_2O \cdot CaO \cdot 6SiO_2$）主要成分是 $SiO_2$。大多数玻璃都是由矿物原料和化工原料经高温熔融，然后急剧冷却而形成的。在形成的过程中，加入某些辅助原料，如助熔剂、着色剂等可以改善玻璃的某些性能。

平板玻璃纯碱消耗属于工艺消耗，与玻璃成分相关，国内大型企业的数据在 10.5 kg/重量箱上下浮动。浮法生产过程必须通过锡槽，由于密封不严和玻璃带出消耗部分锡，约 2.3 g/重量箱。芒硝（$Na_2SO_4$）主要用作玻璃液澄清剂。芒硝含率（芒硝和氧化钠总量之比）低，意味着进入流程和排放的硫少，可降低 $SO_2$ 排放。

## （二）玻璃生产的主要产品

表5-11　各种玻璃产品的生产方法和特点

| 类型 | 生产方法和特点 |
|---|---|
| 平板玻璃 | 平板玻璃分浮法、拉引法和压延法。浮法是在锡槽里，玻璃浮在锡液的表面上形成的平板玻璃，这种玻璃平度好，没有水波纹 |
| 钢化玻璃 | 一种预应力玻璃，是用物理的或化学的方法在玻璃表面上形成一个压应力层，具有较高的抗压强度不会造成破坏 |
| 压花玻璃 | 采用压延方法制造的花纹平板玻璃，在光学上具有透光不透明的特点，可使光线柔和 |
| 中空玻璃 | 由两层或多层玻璃中间配以间隔框隔开形成气室，气室内充入干燥气体或惰性气体，四周边部采用胶接焊接或熔结工艺加以密封而形成的组合构件 |
| 镀膜玻璃 | 向玻璃表面涂镀一层或多层金属、金属氧化物或其他物质的薄膜，或把金属离子渗入玻璃表面或置换其表面层的离子使之成为无色或着色的一层薄膜。镀膜玻璃的基板是普通透明或着色吸热玻璃采用不同的工艺方法可以获得不同功能的镀膜玻璃 |
| 吸热玻璃（着色玻璃） | 在平板玻璃组分中加入微量镍、铁、钴、硒等金属或稀土元素制成的着色玻璃 |
| 电子玻璃 | 构成彩色、黑白显像管以及背投投影管的玻壳，以及管颈管、显像管芯柱用管玻璃、排气管、低熔焊料玻璃粉、电子枪用支架玻杆等玻璃部件，它是构成显像管的核心部件 |
| 玻璃瓶 | 将熔融的玻璃液经吹制、模具制成的透明容器 |

平板玻璃的产量折算：1重量箱的玻璃重50kg，20重量箱折合1t。平板玻璃根据玻璃厚度再换算成 m²。1t玻璃折合 2mm/200m²；3mm/133.33m²；4mm/100m²；5mm/80m³；6mm/66.66m²；8mm/50m²；10mm/40m²；12mm/33.33m²；15mm/26.66m²；19mm/19.04m²；22mm/18.18m²；25mm/16m²。

## （三）平板玻璃的能耗

国内约90%的平板玻璃企业以重油为燃料，个别采用天然气和煤气。2010年我国平板玻璃平均熔化热耗下降到6520kJ/kg，熔窑热效率比国外平均水平低5%～10%。

平板玻璃单位综合能耗指标（kg标煤/重量箱）的确定：此数据根据国内各玻璃企业统计数据确定。目前国内最好的能耗在11kg标煤/重量箱左右，国内平均水平在21kg标煤/重量箱。

目前新鲜水用量国内一般为0.2～0.3t/重量箱，个别达到0.16～0.18t/重量箱，全行业用水量约0.3t/重量箱。

## 二、玻璃工业的生产设备和工艺

### （一）反应原理

表5-12　玻璃生产的反应原理

| 阶段 | 反应 | 生成物 | 熔制温度 |
|---|---|---|---|
| 硅酸盐的形成 | 石英结晶的转化，$Na_2O$ 和 $CaO$ 的生成各组分固相反应 | 硅酸盐和 $SiO_2$ 组成的烧结物 | 800～900℃ |

| 阶段 | 反应 | 生成物 | 熔制温度 |
|---|---|---|---|
| 玻璃的形成 | 烧结物熔化，同时硅酸盐与 $SiO_2$ 互相熔解 | 带有大量气泡和不均匀条缕的透明玻璃液 | 1 200℃ |
| 澄清 | 玻璃液黏度降低，开始放出气态混杂物（加澄清剂） | 去除可见气泡的玻璃液 | 1 400～1 500℃ |
| 均化 | 玻璃液长期保持高温，其化学成分趋向均一，扩散均化 | 去除条缕的均匀玻璃液 | 低于澄清温度 |
| 冷却 | | 玻璃液达到可成型的黏度 | 200～300℃ |

### （二）熔窑设备

熔窑类型主要有池窑和坩埚窑。

池窑属于较先进的玻璃熔窑设备。其结构主要包括玻璃熔制，热源供给，余热回收和供气排烟四部分。玻璃料在窑池内熔制，明火在玻璃液面上部加热。玻璃的熔制温度大多在 1 300～1 600℃。常用气体燃料加热，也有少量用电流加热的，称为电熔窑。小的池窑可以是几米，大的可以达到 400 多米。火焰直接掠过熔制池的上面，并利用蓄热室或换热室以预热燃烧所需的空气，以提高热的利用率。操作连续，生产率大，燃料消耗省，且易于机械化和自动化。用于制造平板玻璃、瓶罐玻璃、玻璃管等。现在，池窑都是连续生产的。

坩埚窑是在窑内放置坩埚，玻璃料盛在坩埚内，在坩埚外面加热。小的坩埚窑只放一个坩埚，大的可放置 20 个坩埚。坩埚窑是间隙式生产的，现在仅有光学玻璃和颜色玻璃采用坩埚窑生产。由于坩埚窑产量小，热效率低，污染严重。也有间歇式的小型池窑，可用以代替坩埚窑。

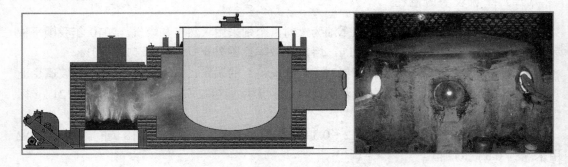

**图 5-4　玻璃池窑、坩埚窑、浮法生产线**

### （三）玻璃工业的主要生产工艺

#### 1．玻璃的主要生产工艺

玻璃的生产工艺主要包括配料、熔制、成形、退火等工序。

（1）配料。按照设计好的料方单，将各种原料称量后在一混料机内混合均匀。玻璃的主要原料有：石英砂、石灰石、长石、纯碱、硼酸等。

（2）熔制。将配好的原料经过高温加热，形成均匀的无气泡的玻璃液。这是一个很复杂的物理、化学反应过程。玻璃的熔制在熔窑内进行。

（3）成型。是将熔制好的玻璃液转变成具有固定形状的固体制品。成型必须在一定温度范围内才能进行，这是一个冷却过程，玻璃首先由黏性液态转变为可塑态，再转变成脆性固态。成型方法可分为人工成形和机械成型两大类。

玻璃成型包括吹制成型、压延成型、拉引成型、浮法成型，平板玻璃多采用浮法生产。

（4）退火。玻璃在成型过程成温度和形状的变化在玻璃中留下了热应力。这种热应力会降低玻璃制品的强度和热稳定性，导致以后存放、运输和使用过程中自行破裂（俗称玻璃的冷爆）。为了消除冷爆现象，玻璃制品在成型后必须进行退火。退火就是在某一温度范围内保温或缓慢降温一段时间以消除或减少玻璃中热应力到允许值。

**2．浮法生产**

经过配料、炉窑融化、锡槽成型、锡槽成型、切割装箱。熔融玻璃从池窑中连续流入并漂浮在相对密度大的锡液表面上，在重力和表面张力的作用下，玻璃液在锡液面上自摊平，展开，形成上下表面平整，硬化，再经机械拉引挡边和接边机的控制，形成所需要的玻璃带，然后被拉引出锡槽，经过渡辊台，进入退火窑。经退火，切裁，就得到平板玻璃产品。为避免锡液氧化，锡槽内空间充满氮氢保护气体。

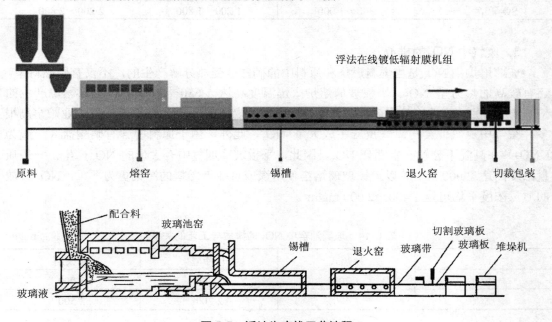

**图 5-5　浮法生产线工艺流程**

### 三、玻璃工业的环境污染

玻璃生产主要是废气的污染，废气中的 $NO_x$、烟粉尘、$SO_2$、氟化物、$CO_2$ 等是主要污染物，其中 $NO_x$ 和氟化物是玻璃行业较其他行业污染严重的污染物。

**1．粉尘污染**

玻璃生产的有组织废气排放：玻璃熔窑、磨机和集气装置的排气筒是有组织废气排放源。玻璃熔窑排放的燃烧烟气中含有颗粒物（烟尘和粉尘），磨机和集气装置的排气筒排放收集废气中的粉尘。应采用除尘措施。

玻璃生产的无组织废气排放：原料的运输、处理和贮存场产生的无组织排放。主要污染物为粉尘。

### 2. 废气中 SO₂ 的排放

平板玻璃熔炉产生 SO₂ 的原因不仅燃料中含有硫分，原料中还含有芒硝（$Na_2SO_4$），这些含硫物燃烧氧化或分解，导致烟气中有大量 SO₂ 产生。燃料（重油、天然气、煤气、煤炭）燃烧产生 SO₂，还有作为玻璃澄清剂的芒硝（$Na_2SO_4$，约占平板玻璃配料总量的2%～5%）融化过程，硫分约 90%参与分解产生 SO₂。

目前我国平板玻璃熔炉所用燃料，主要是重油和天然气两种。其中 90%左右的生产线采用重油作为燃料。重油含硫量（重油含硫量一般在 2%或以下）直接决定了 SO₂ 排放水平的高低。单位玻璃产品燃料燃烧产生的 SO₂ 主要与燃料类型（重油或天然气）、单位玻璃产品燃料消耗量、燃料含硫率有关。

表 5-13 不同燃料 SO₂ 产污水平　　　　　单位：mg/m³

| 燃料 | 天然气 | 含 1%S 重油 | 含 2%S 重油 |
|---|---|---|---|
| SO₂ 产污水平 | 300～1 000 | 1 200～1 800 | 2 200～2 800 |

### 3. 废气中 NOₓ 的排放

玻璃熔炉中 NOₓ 是由燃料燃烧和原料中的硝酸盐受热分解产生的，不仅有原燃料型，还有较高的热力型 NOₓ。平板玻璃熔炉火焰温度高达 1 650～2 000℃，燃料燃烧产生的 NOₓ 浓度特别高，无论是用煤为燃料还是用重油为燃料 NOₓ 产生量都比一般工业炉窑高很多。空气中氮气便会与氧气反应生成大量 NOₓ。此外，由于原料中含有硝酸盐（一般为$KNO_3$）在高温下分解产生部分 NOₓ。因此，平板玻璃烟气中有大量的 NOₓ 产生，一般质量浓度高达 2 000 mg/m³ 以上。玻璃熔窑使用煤或重油为燃料的污染更为严重，NOₓ 排放的质量浓度平均可达 1 400～2 000 mg/m³。

表 5-14 玻璃池窑中 NOₓ 的排放与工艺的关系　　　　　单位：mg/m³

| 工艺 | 换热式 | 马蹄型 | 横火焰 |
|---|---|---|---|
| 燃油 | 1 200 | 1 800 | 3 000 |
| 燃气 | 1 400 | 2 200 | 3 500 |

控制热 NOₓ 的排放一般采用综合控制的方式，但主要采取降低炉内温度和减少燃烧空气量的措施（纯氧燃烧技术）。

### 4. 氟化氢的排放

由于平板玻璃一般会采用萤石、冰晶石等氟化物作为辅料（占玻璃的 1%～2%），在加热过程中产生氟化物排放（50%挥发），排放的氟化物质量浓度在 1～20 mg/m³。

## 第四节　陶瓷制造工业的污染核算

### 一、陶瓷工业的原料与能耗

#### （一）陶瓷工业的原料

陶瓷是以黏土、长石、石英等天然原料为主要原料按不同配方配制，经加工、成型、干燥及烧成而得的陶器、炻器和瓷器制品的通称，这些制品亦统称为"普通陶瓷"，如日用陶瓷、建筑卫生陶瓷、卫生陶瓷等。

#### （二）陶瓷加工的能耗

我国陶瓷工业能耗比发达国家高出许多，我国生产每平方米陶瓷砖耗能 2.5～15 kg 标煤、每吨卫生瓷耗能 400～1 800 kg 标煤，发达国家生产每平方米陶瓷砖耗能 0.8～6.4 kg 标煤、每吨卫生瓷耗能 238～476 kg 标煤。国外窑炉以气体燃料为主，烧成能耗为 12 545～25 090 kJ/kg 瓷，折合 0.43～0.86 t 标准煤/t 瓷；烧成能耗只有我国的 50%左右。

据估计，能源成本占陶瓷生产成本的比重超过 36%，我国有近 20%的陶瓷企业（主要是中小型陶瓷企业），能耗超过国家规定的能耗标准，不仅增加了能源消耗，而且增加了污染排放。

### 二、陶瓷基本生产的工艺与设备

陶瓷产品虽有建筑陶瓷、卫生陶瓷和日用陶瓷等不同大类，但其生产工艺技术基本相近，均包括原料制备、坯体成型、烧成三大工序。

陶瓷产品的生产工艺流程，大致可分为坯料制备、釉料制备（制釉、施釉）、成型（包括干燥）、烧成四大工序。

#### 1. 建筑陶瓷的生产工艺

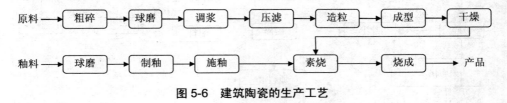

**图 5-6　建筑陶瓷的生产工艺**

#### 2. 卫生陶瓷的生产工艺

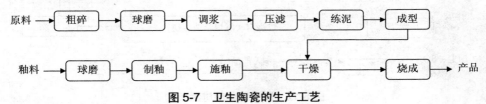

**图 5-7　卫生陶瓷的生产工艺**

### 3．日用陶瓷的生产工艺

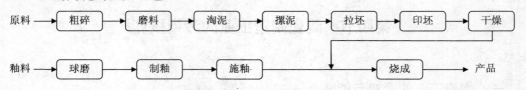

图 5-8　日用陶瓷的生产工艺

陶瓷的烧成窑炉分倒焰窑、隧道窑、辊道窑。目前在我国 2 860 家建筑陶瓷厂家中，仍在生产的生产线共计有 3 200 条左右，拥有各种类型的窑炉总量为 3 600 条左右，其中辊道窑 2 150 条，隧道窑约 850 条，多孔窑约 300 座，其他窑炉约为 300 座。

倒焰窑属于小型间歇式窑炉，人工操作，污染严重。

隧道窑是窑炉中先预热，加热烧成，逐步冷却，最后制品推出窑外，生产过程是在一个隧道窑内连续完成。

辊道窑是一种小截面的隧道窑。

图 5-9　辊道窑　　　　　图 5-10　隧道窑　　　　　图 5-11　多孔倒焰窑

陶瓷的粉碎多采用颚式破碎机、轮碾机、施磨机、雷蒙磨、球磨机振动磨、搅拌磨、气流磨等设备。

## 三、陶瓷工业的排污节点

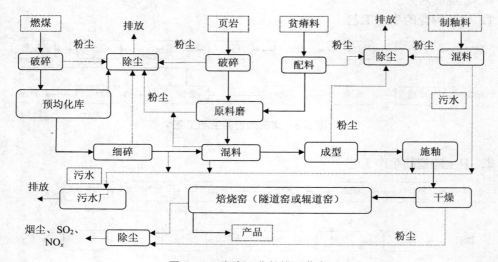

图 5-12　陶瓷工业的排污节点

表 5-15 陶瓷企业主要废气排污节点及所采取的主要控制措施表

| 工序名称 | 排污节点 | 主要污染物 | 可能采取的几种污染控制措施 |
|---|---|---|---|
| 原料制备、干燥 | 喷雾干燥塔、热风炉 | 游离 $SiO_2$ 粉尘、$NO_x$、$SO_2$ | 喷雾干燥塔主要采用的治理方法是脱硫塔、气箱脉冲袋除尘器、旋流板塔、温式旋流板塔等方法。对于陶瓷生产企业产尘点还可以采取诸如湿法作业、封闭产尘点、对原料进行覆盖等措施减少产尘点粉尘（颗粒物）的无组织排放 |
| 釉料制备 | 破碎机、碾机、磨机 | 粉尘 | 在釉料磨粉过程中应设集气罩、并设除尘器减少扬尘 |
| 施釉 | 施釉机浆池 | 颗粒物 | 工作场所设集气罩、收集气体净化 |
| 烧成 | 窑炉、隧道窑、辊道窑的窑头、窑尾 | 常规污染物：$NO_x$、$SO_2$ 颗粒物、烟气黑度（林格曼黑度级）；特征污染物：铅烟和铅尘、氯化氢、氟化氢、铅、镉、钴、镍的氧化物 | 窑炉废气主要采用的治理方法是水膜除尘、水洗塔吸收、碱液吸收塔脱硫、固体制剂除尘器等。目前，控制陶瓷工业烟尘排放采取的主要措施是安装除尘设备。常用的除尘器有湿式除尘器、旋风除尘器、袋式除尘器、静电除尘器。国内常用花岗岩水膜除尘器，除尘效率在 90% 以上，且有一定的脱硫效果，处理后的烟尘可达 $200\ mg/m^3$ 以下。旋风除尘器主要适应于粒径范围在 $5\sim30\ mg/L$ 的颗粒物的去除，去除效率为 $60\%\sim70\%$。袋式除尘效率高，能达到 $95\%\sim99\%$（与初始浓度有关，浓度越高效率越高）；电除尘器对细粉尘有很高的捕集效率，可高于 99% |

表 5-16 陶瓷企业主要废水排污节点及所采取的控制措施表

| 废水名称 | 排污节点 | 主要污染物 | 治理措施 |
|---|---|---|---|
| 原料制备废水 | 原料压滤过程 | 悬浮颗粒较细 | 前处理主要采用隔油沉砂→絮凝沉淀→高浊度污水净化器→清水池→外排，污泥浓缩→压滤→泥饼外运 |
|  | 修坯过程 | 悬浮物含量大，可达到 40 g/L |  |
|  | 抛光等工序 | 瓷砖粉末、抛光剂和研磨剂 |  |
| 釉料制备废水 | 釉料制备、施釉工序 | 悬浮物、重金属、色度 | 隔油沉淀→絮凝沉淀→离子交换→压滤 |
| 生产冲洗水 | 包括球磨机、浆池、料仓、喷雾干燥塔的冲洗，施釉、印花机械、除铁器的冲洗等 | 污染物成分较复杂，主要有 SS、油脂、铅、镉、锌、铁等有毒污染物废水。生产废水中主要污染物为 pH、SS、COD、氨氮、总锌、总铜、总铅；总镍、总汞、总镉、总砷、总铬有检出 | 综合废水采用格栅→调节池→BIOFOR 滤池→清水池→达标外排，污泥浓缩→压滤→泥饼外运废水实现零排放 |
| 炉窑冷却水 | 设备冷却 | 无污染，主要是温度高 |  |

## 四、陶瓷工业的环境污染

### （一）陶瓷工业的废气

### 1. 废气污染源

陶瓷企业废气排放的污染物主要有常规控制因子：烟尘、粉尘、$SO_2$、$NO_x$；特征污染因子：氯化氢、氟化氢、铅、镉、钴、镍的氧化物。

陶瓷工业产生废气污染源主要有：陶瓷烧制、煤气站等工业炉窑的燃料燃烧会产生有害烟气，产生的污染物主要有烟尘、$SO_2$、$NO_x$ 等污染物，破碎和磨机加工的进出料口产生粉尘都属于有组织排放便于集中控制。原料的开采、原料的提升、输运、配料、修坯等生产工序会产生无组织粉尘排放。

**2．燃烧烟气**

第一类为各种窑炉烧成过程产生的燃烧废气。我国多数陶瓷工业窑炉使用的燃料以煤和重油为主，陶瓷炉窑又属于高温加热，这样的陶瓷企业的废气中烟尘、$SO_2$、$NO_x$、氟化物污染比较严重，尤其是落后的倒焰窑，大气污染会十分严重，烟气的污染控制十分重要。如果使用天然气为燃料，相应烟气中的主要污染物是 $NO_x$、氟化物。燃烧废气主要是有组织排放。

（1）烟粉尘。使用天然气和重油烟粉尘污染物排放较少，使用燃煤烟粉尘污染排放较重，落后的倒焰窑烟粉尘污染十分严重，属于被明令淘汰装备。

（2）二氧化硫。陶瓷生产过程使用大量燃料，燃料燃烧产生 $SO_2$ 主要来自燃料中的硫分。使用燃气，$SO_2$ 排放较小，使用重油和煤炭 $SO_2$ 排放严重。废气中 $SO_2$ 主要来源于燃料中硫及陶瓷原料中硫。高温时，原料中一部分硫形成 $SO_2$ 释放到窑炉气中。当陶瓷原料中含有 $CaCO_3$ 时，$CaCO_3$ 与 $SO_x$ 反应可减少硫的排放，反应产物留在陶瓷坯体中。

（3）氮氧化物。陶器烧成温度一般都低于瓷器，最低甚至达到 800℃以下，最高可达 1 100℃左右。瓷器的烧成温度则比较高，大都在 1 200℃以上，甚至有的达到 1 400℃左右。瓷器烧成产生的热力型 $NO_x$ 明显高于陶器烧成。$NO_x$ 排放质量浓度在 400 $mg/m^3$ 左右。

**3．工艺废气**

工艺废气主要来自原料运输、堆存、制备、成型、施釉、喷涂、干燥、彩烤、检选到包装，以及与它配套的耐火材料加工、石膏模型制作等，这些生产过程中均会有无组织排放产生，主要污染物为颗粒物（粉尘）。在干轮碾、喷雾塔出料口、压砖机、精坯、修坯、配料等环节无组织排放较严重。工艺废气除了有集气装置的采用有组织排放，其余均为无组织排放，是陶瓷加工的主要颗粒物排放源。

半干法生产陶瓷产品的工厂，废气排放量为 60 000～100 000 $m^3/t$ 制品，其中破碎、磨机、筛分过程含尘废气占废气量的 70%，烧成设备产生的烟气占废气量的 30%左右。以煤为燃料，烟气的污染十分严重，为减少窑炉烟气的排放量，可将煤转化成煤气，再供陶瓷窑炉作为燃料，废气污染减少很多。

**（二）陶瓷工业的废水污染**

陶瓷工业生产所产生的水污染物大致相近。根据调查统计，一般均包括常规污染因子 pH、COD、BOD、悬浮物（SS）、总氮、氨氮、总磷、硫化物、氟化物、石油类及特征污染因子 AOX、总铅、总镉、总铬、总镍、总钴、总铜、总锌等。

陶瓷生产中的废水主要来自原料制备、釉料制备工序及设备和地面冲洗水，窑炉冷却水。在墙地砖的生产线中，还包括喷雾干燥塔冲洗和墙地砖抛光冷却水。原料精制过程中的压滤水，主要污染物为悬浮物，通常悬浮颗粒较细；修坯废水水量较少，但悬浮含量大，可达到 5 000 mg/L；抛光废水主要产生在研磨、抛光、磨边、倒角等工序中，主要含瓷砖粉末、抛光剂和研磨剂；设备和车间地面冲洗水包括球磨机、浆池、料仓、喷雾干燥塔的冲洗，施釉、印花机械、除铁器的冲洗等，由于各车间各工序的不同及陶瓷产品的不同使得这类废水的污染物成分比较复杂，主要有硅质悬浮颗粒、矿物悬浮颗粒、化工原料悬浮颗粒、油脂、铅、镉、锌、铁等有毒污染物废水；设备间接冷却水无污染，主要为温度升高。

一条年产 100 万 $m^2$ 的陶瓷地砖生产线，每天产生 120 $m^3$ 废水，而一座中型日用瓷厂每天产生废水 500～1 000 $m^3$。

废水主要是洗涤容器废水和生活废水，废水中含有釉料成分和 SS。废渣主要包括废模、废匣钵和废渣泥。废模是废气的石膏模，废匣钵来自有匣烧成车间，废泥是指废水沉淀物，分含色釉料废泥和不含色釉料废泥两种，前者化学成分复杂，对环境影响比较大。废水中主要是 SS，如果有水除尘或洗气废水（煤气站洗涤塔和水封排水）还含有硫化物、酚和氰等有害污染物。

陶瓷生产过程中抛光砖所带来的废水污染最为严重。抛光砖从一开始的瓷砖磨边到最后的砖面抛光，都要用很多的水，这就造成了严重的水污染。在生产抛光砖时，一定要有水池过滤、沉淀，经过处理后才得到排放。

### （三）陶瓷工业的固体废物污染

固体废物包括废品、废渣、废模型等。生坯废品大部分可以在本企业内部回收再利用。上釉后的废生坯或素烧后上釉的废品不能再利用，只能同烧成废品一样作建筑填土用。烧成废品来自于窑炉烧成后经检验不合格的产品，它是烧结致密化的产品，本企业很难再利用。

废渣包括陶瓷抛光产生的废渣和陶瓷泥渣。因废渣中含有来自砂轮磨料中的碳化硅、碱金属化合物及可溶盐类，很难在本企业中消化掉。泥渣可以和泥料混合在湿磨阶段处理掉；含釉成分的泥渣，通常不能混入泥料。

### （四）陶瓷工业的噪声污染

陶瓷工业的噪声污染主要是磨机等机械设备的噪声污染。

### 思考与练习：

1．简述我国水泥工业的原料结构和产业布局。

2．到企业或在网上调研新型干法水泥的生料加工、熟料焙烧和水泥配磨三个阶段的主要设备和工艺流程。

3．分析新型干法水泥生产的无组织排放源。

4．分析新型干法水泥生产过程氮氧化物排放较高的原因。

5．从网上整理平板玻璃的主要生产设备和基本工艺流程（要求配图）。

6．分析平板玻璃加工 $SO_2$ 产生的主要来源。

7．分析平板玻璃加工 $NO_x$ 产生的主要机理。

8．分析建筑陶瓷加工 $SO_2$ 产生的主要来源。

# 第六章 采选矿工业污染核算

本章介绍了矿山开采行业的概况与生产工艺以及生产中主要的污染，介绍了煤炭、黑色金属、有色金属矿山开采行业的概况、生产工艺与污染情况。在学习中应重点掌握我国当前各种矿石的当前资源现状，采选的基本过程以及在全部采选工艺中所产生的污染情况。

专业能力目标：

1. 了解采选矿工业的主要环境问题；
2. 了解我国矿产资源的现状；
3. 了解采选矿工业的主要工作原理；
4. 了解采选矿工业共性的污染物产生原理。

矿产资源是指由地质作用形成于地壳中以固态、液态和气态形式存在，具有重要经济价值的自然资源，包括：能源资源（石油、天然气、煤炭等）；黑色金属矿（铁、锰、铬等）；有色金属矿（铜、铅、锌、钴、镍等）；贵金属矿（金、银、铂、钯等）；放射性金属矿（铀、镭、钍等）；稀有金属矿（铊、铟、镧、铈等）；菱镁矿、滑石等冶金辅助矿产；钾盐、硫、磷等化工矿产；高岭石、膨润土、蒙脱石等非金属材料矿石；各种石料、石灰岩、石膏、石棉等建筑材料矿产；红宝石、蓝宝石、翡翠、玛瑙等宝玉石矿产和地下水（热）资源等。

矿产资源为人类提供了 95% 以上的能源来源，80% 以上的工业原料，70% 以上的农业生产资料（王安建，王高尚；2002），矿业支撑了占我国 GDP 70% 的国民经济的运转，矿产资源是国家经济发展的基础。我国已探明矿产资源总量居世界前列，矿产资源开采总量居世界第二位，成为世界矿产资源生产和消费最大的国家之一。

## 第一节 矿产资源及其勘察开发现状

### 一、我国矿产资源利用状况

#### 1. 概况

我国的矿产资源储备与经济发展相比明显不足。在主要矿产资源中，近 50% 的矿种的探明储量趋于减少，一些矿种可利用储量趋于衰竭；我国在有些地区是全民动手，家家采矿，资源破坏严重，许多开采和加工资源的企业技术极其落后，各种矿产资源总回收率平均仅有 30%左右，与国际先进水平相比存在很大差距，不仅造成资源开采和利用效率较低，还产生了严重的资源、生态和环境的破坏；矿产资源在进一步加工和利用过程中，我国资源和能源利用率又远低于发达国家水平，甚至低于世界平均水平，低效能的利用进一步加剧了资源对经济社会发展的瓶颈制约。

### 2．能源资源利用状况

我国 GDP 仅占全球约 4%，而重要矿产资源的消耗却占全球总消耗量的 20%～48%。在消耗了的矿产资源中，有的是在采、选、冶过程中，由于技术、经济、政策方面的原因，还没有拿出来；有的是作为"五废"，即以废石、废碴、废尾砂、废气、废水的形式，大量自然排放，不仅浪费资源，而且严重污染环境。我国能源平均利用效率仅为 33%，比发达国家低 10 个百分点；单位产值能耗是世界平均水平的 2 倍多，比美国、欧盟、日本分别高 2.5 倍、4.9 倍、8.7 倍，我国 8 个行业（石化、电力、钢铁、有色、建材、化工、轻工、纺织）主要产品单位能耗平均比国际先进水平高 40%；燃煤工业锅炉平均运行效率比国际先进水平低 15%～20%。

### 3．重要矿产资源利用状况

我国矿产资源采选冶综合回收率及共伴生有用矿物的综合利用率均低于世界平均水平，我国矿床开采中损失、贫化较大使这种矛盾更加激化我国经济与资源的矛盾。有色金属矿的采选回收率为 50%～60%，采矿综合回收率为 33%，有益组分综合利用率达到 75% 的选厂只占选厂总数的 2%。共、伴生矿产资源综合利用率不到 20%，矿产资源总回收率只有 30%，而国外先进水平均在 50%以上，差距分别为 30 个和 20 个百分点。

---

专栏 6-1

我国矿产资源自然禀赋不佳。大型特大型矿床少，中小矿床多，易采易选冶者少，难采难选冶者多，而且资源的分布与我国生产力的分布不相匹配，这都给开发利用带来更大困难。以铜矿为例，我国已探明储量居世界前列，但平均品位仅有 0.71%，有色金属工业尚待建设的铜矿山品位只有 0.62%；而国外，智利 4 大矿山的平均品位为 1.68%，赞比亚为 3.5%，澳大利亚为 1.8%。同时，我国已探明的铜矿体开采条件复杂，大多为小而薄的矿体。现有生产矿山数量多，规模小，效益差，工艺技术落后，浪费惊人。据统计，我国目前已有矿山 23.9 万个，而矿山的效率只及国外的几十分之一。有用矿物回收率在 30%左右，比国外低 20～30 个百分点。（杨娴《我国有色金属资源综合利用的主要问题与对策》）

---

## 二、资源开发利用中存在的主要问题

### 1．资源消耗大、利用水平低

主要表现在资源利用效率低、效益差，与国际先进水平相比仍存在很大差距。我国矿产资源的总回收率大概是 30%，比国外先进水平低了 20 个百分点。从矿产资源的消耗强度看，我国矿产品消耗强度远高于发达国家，在现行汇率下，我国每万元 GDP 消耗的钢材、铜、铝、铅、锌分别是世界平均水平的 5.6、4.8、4.9、4.9 和 4.4 倍，我国在发展经济同时必须考虑资源成本和资源代价。

**2．资源浪费惊人**

我国矿产资源总回收率仅为 30%，小型煤矿的煤炭资源回收率只有 10%～15%；资源浪费现象比比皆是，我国八个主要耗能工业单位能耗平均比世界先进水平高了 40% 以上，而这八个主要工业部门占工业 GDP 能效的 73%；我国工业用水重复利用率要比发达国家低 15 至 25 个百分点。

**3．再生资源的资源化水平低**

目前循环经济在许多行业和企业只是一种口号。我国有色金属的再生率只有 20% 多，只能达到发达国家一半的程度。我国每年大量的矿山固体废物和工业固体废物，回收和再生率也很有限，其中多数还是宝贵的资源。

**4．资源和能源的高消耗，污染物排放总量难以削减**

由于大量地消耗和浪费了资源和能源，我国工业"三废"排放强度远远高于发达国家，每增加单位 GDP 的废水排放量比发达国家高 4 倍，单位工业产值产生的固体废弃物比发达国家高 10 多倍。污染物排放量与资源利用水平高低密切相关。

**5．环境污染严重**

矿山开采所排放的废水多含有 COD、氨氮以及其他重金属和放射性元素，会对周边流域的居民生活生产带来极大环境影响。如 2005 年，我国有色金属生产废物排放量惊人：矿山采剥废石 1.6 亿 t，其中尾矿约 1.2 亿 t，赤泥 780 万 t，炉渣 766 万 t；排放 $SO_2$ 40 万 t 以上；废水 2.7 亿 t。

## 第二节 矿山采选的污染核算

### 一、矿山开采工艺

矿山开采，因矿床埋藏条件的不同，分为地下开采和露天开采。地下矿的开采方式有平峒、斜井、竖井或这三种坑道组成的联合开采方式。主要生产工序有掘进、回采、运输和提升。露天开采有穿孔、爆破、装载、运输等主要工序。

露天开采对自然环境的破坏性较大，开采矿石时要剥离大量的覆盖岩石，同时堆存这些废石又要占用很多土地。尽管如此，露天开采因其建设快、成本低、劳动条件好、生产率高、矿石回收率高等优点，成为国内外开采矿的主要形式。

开采方式包括井采与露采两种。井采又分竖井、平峒、斜井三种采掘方式；露采是一楼天方式进行开采和剥离。采掘作业又分综采（指机械化采掘）、机采（使用采掘机）和炮采（打眼放炮）三种作业方式。矿井开采的生产工序有：掘进（钻孔、爆破）、回采、铲装、运输、初次破碎、贮存等。

露天开采的生产工序有：钻孔、爆破、铲装、运输、初次破碎、贮存等。

无论矿井开采，还是露天开采，都会产生一定数量的剥离石和采掘废石。露天开采产生的剥离石数量更大，采掘废石视矿物品种和矿床含矿量（富矿少、贫矿多）。矿山堆存废石要占用大量土地，还会造成二次污染。破坏矿山生态环境，应该要求矿山将废石有计划地回填废矿井，并对废矿井进行覆土复垦恢复自然环境。

堆存废石需要占地。废石场占地面积约为露天采场总用地面积的 40%～60%。鞍钢齐大山、眼前山、东鞍山和大孤山四个矿山，露天采场总面积为 35.6 km²，而废石场占地为 21.4 km²，占矿山面积的 60%；本钢南芬和歪头山露天矿总占地面积 16.5 km²，废石场 8.5 km²，占矿山面积的 51%。

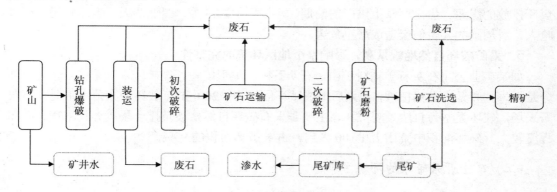

图 6-1　矿山开采的典型流程

## 二、矿山开采造成的生态破坏与环境污染

### （一）矿山开采带来的生态破坏

矿山开采生产过程中不仅产生了环境污染，而且还带来了生态破坏，生态破坏比排放的"三废"污染对环境的影响更严重。姜建军博士撰文阐述：目前我国矿山环境问题较多，突出表现为以下五个方面：

**1．采矿生产破坏了大量耕地和建设用地**

采矿产生的采矿剥离石和废渣占用土地并造成对地面植被的破坏。矿业活动，特别是露天开采，大量破坏了植被和山坡土体，产生的废石、废渣等松散物质极易促使矿山地区水土流失。因采矿及各类废渣、废石堆置等，造成侵占良田、破坏森林、破坏草地、破坏地表植被的环境破坏，大量堆放的尾矿，可导致严重的水土流失和土地荒漠化。由于大量的采矿活动以及开采后的复垦还田程度低，使很多矿区的生态环境遭到严重破坏。

**2．采矿可能诱发地质灾害**

矿山在开采过程中都不同程度地引起地表下沉、塌陷、岩体开裂、山体滑坡等地质环境问题。凡煤矿采用壁式采矿法，金属非金属矿采用崩落采矿法均会引起大面积的地面塌陷，使房屋开裂，道路下沉，庄稼无法耕种；还有一些矿山由于采矿活动，地压失去平衡，导致危岩崩落，山体滑坡，由于矿山开采活动诱发的地质灾害，已日趋严重。

**3．采矿对矿区地质系统的破坏**

矿山开采过程中对水源的破坏和污染比较严重。由于矿山地下开采的疏干排水导致区域地下水位下降，出现大面积疏干漏斗，使地表水和地下水动态平衡遭到破坏，以致水源枯竭或者河流断流。

#### 4. 矿山开采产生大气污染

煤炭采矿行业废气排放量占全国工业废气排放量的 5.7%，其中有害物主要是烟尘、$SO_2$、$NO_x$ 和 CO，使矿山地区遭受不同程度的污染。如某地区由于政府管理不力，小煤矿滥采乱挖，造成煤炭自燃，从 20 世纪 80 年代就形成了一条地下火龙，烟雾弥漫，至今仍在燃烧。煤炭自燃过程中产生的大量有害气体，矿区到周围市县交通沿途到处是煤堆、洗煤厂排放的煤泥、焦化厂及土焦厂的油烟、水泥厂的岩尘等，黑烟冲天，尘沙弥漫，空气呛人，对周围的人畜健康造成严重危害。

#### 5. 采矿破坏自然地貌景观，影响整个地区环境的完整性

如某矿业公司石灰石矿辅料矿山，石灰石矿区地形陡峻，在矿区未开采前，区内大部分是裸岩区和荒山自然植被，开采后造成破坏面积为 1 200 亩[①]，破坏分布范围主要在石灰石采场，破坏类型为自然景观破坏，主要是采石破坏自然植被及排土场废弃物堆积，破坏程度较大，破坏面积中荒山占 1 100 多亩，占被破坏面积的99%。

### （二）矿山开采带来的环境污染

#### 1. 废气污染

矿山开采的废气污染虽然很大，排放点也多，但多是无组织排放，其产生量和排放量很难确定。如采掘现场、铲运现场、矿石贮存现场的废气排放均属无组织排放，主要废气污染物是粉尘，还会产生 $SO_2$、CO 的污染，我国煤炭开采排放的瓦斯数量巨大。在矿山的矿石初次破碎装置运行中产生的废气属于有组织排放，主要是破碎机处理的矿石粒径较大，一般废气量 600 $m^3$/t 石，产生质量浓度在 800 mg/$m^3$（产生的粉尘量约 5 kg/t 石）。多数矿山因远离城镇，所以多不采取任何防治措施，使有组织排放变成了无组织排放。

#### 2. 废水污染

我国采矿业活动产生的各种废水主要包括矿坑水和流经矿区的雨水等。其中煤矿、各种金属、非金属矿业的废水以酸性为主，并多含大量重金属及有毒、有害元素（如铜、铅、锌、砷、镉、六价铬、汞、氰化物）以及 COD、$BOD_5$、悬浮物等；石油、石化业的废水中尚含挥发性酚、石油类、苯类、多环芳烃等物质。众多废水未经达标处理就任意排放，甚至直接排入地表水体中，使土壤或地表水体受到污染；此外，由于排出的废水入渗，也会使地下水受到污染。地下开采和深凹露天开采，当采掘到一定深度时常有第四系孔隙水、裂隙水和岩溶水等被揭露造成地下水的涌水。这些地下水的涌出，对周围环境的影响是明显的。首先，由于地下水的涌出破坏了地下水系的平衡。在矿坑周围形成水位降落漏斗，在影响半径之内的农灌和生产水源的取用水将受到影响。其次，矿床地下水的疏干诱发地面沉降和地表变形。再次，涌出的地下水含有有毒有害成分时，如酸性水、高盐分水、高氟水以及含重金属离子水等，将污染地面水体。

[①] 1 亩 = 1/15 $hm^2$。

**专栏 6-2**

　　煤矿开采的污水量与矿区的水文条件有密切关系、一般污调把矿区水文条件分为贫水矿区、富水矿区、高富水矿区和特大水矿区，水量一般取特大水矿区平均用水量为 15 m³/t 煤，其余约为 12 m³/t 煤。

　　说明：除一类地区外，凡该地区属于≤30 万 t/a 矿井工业废水量产/排污系数都按第一等级地区计。

表 6-1　矿井涌水量与地区分类对应表

| 地区分类 | 一类地区（贫水矿区） | 二类地区（中富水矿区） | 三类地区（高富水矿区） | 特大水矿区 |
|---|---|---|---|---|
| 矿井涌水量/（t/h） | ≤60 | 60～300 | 300～900 | ≥900 |

### 3．固废污染

　　采矿产生大量采矿剥离石和废渣，不仅侵占了大量土地，由于堆积的废矿石长期风化、空气氧化、自燃，矿尘还会产生二次废气污染，污染物不仅有尘，还有 $SO_2$、$CO$ 和矿物中的金属和非金属有害物质。产生废水、废气的二次污染。堆积的废石受到雨水冲刷，废石中的矿物质会受水侵蚀，使有害矿物质污染地表水、地下水和土壤。

**专栏 6-3**

　　矿山开采中废渣对环境的影响最大，开采中剥离废石的产生量很大，其中露天开采的剥离废石量更大，开采 1 t 矿石所需剥离的废石量称为剥采比。

$$K_{采剥} = M_采 / M_矿$$

式中　$K_{采剥}$——矿石剥采比（一般在生产统计报表中可查到）；

　　　$M_采$——采掘到的矿石量；

　　　$M_矿$——采掘的原矿量（包括废石量）。

表 6-2　矿山开采的剥采比　　　　　　　　单位：m³/m³

| 矿体类型 | 大型矿山 | 中型矿山 | 小型矿 |
|---|---|---|---|
| 铁、锰矿，重有色金属矿 | ≤8～10 | ≤6～8 | ≤5～6 |
| 石灰石、白云石、硅石 | ≤1.5 | ≤1.5 | ≤1.0 |
| 铝土矿、黏土 | | 13～16 | |

　　采矿废石产生量＝采掘总量－原矿总量。

### 三、选矿生产的基本工艺

　　我国的许多矿石都属于低品位矿，为了减少矿石冶炼的能耗和物耗，一般要降低品位矿石加工成高品位的精矿，这种矿石加工工艺称为选矿工艺。

选矿方法主要分为重选、浮选、磁选、电选和风选等。选矿厂的主要生产工序有破碎、磨矿、选别、脱水等。

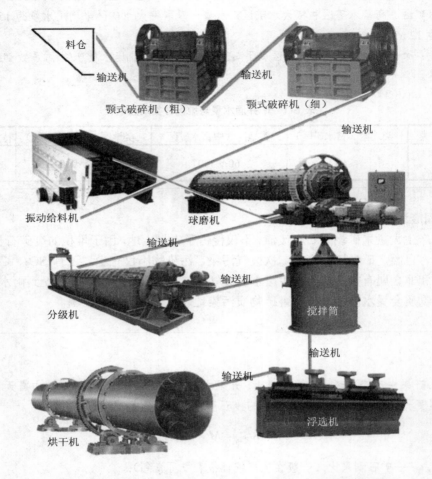

料仓
输送机
颚式破碎机（粗）
输送机
颚式破碎机（细）
输送机
振动给料机
球磨机
输送机
输送机
分级机
搅拌筒
输送机
输送机
浮选机
烘干机

图 6-2　选矿（金、银、铅、锌、铜、钼、锰等）工艺流程示意图

### 1．重选工艺

重选是利用矿物与脉石的比重不同在各种运动的介质中实现分选的工艺过程。重选多用于金属锰、钨、锡等金属的选矿，其主要因素是设备和工艺，重选指标好坏决定于工艺流程，主要是选别设备与矿物颗粒度相符。重选的选别设备主要有跳汰、摇床、溜槽、离心机、皮带溜槽等。

重选的实质概括起来就是松散—分层—分离过程。置于分选设备内的散体矿石层（称作床层），在流体浮力、动力或其他机械力的推动下松散，目的是使不同密度（或粒度）颗粒发生分层转一移，就重选来说就是要达到按密度分层。

## 2.浮选工艺

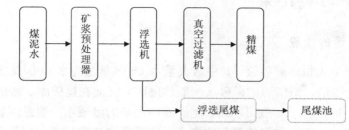

图6-3 常规的浮选工艺流程

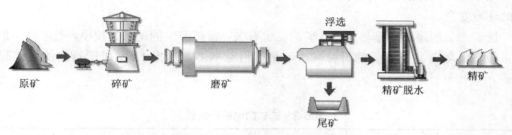

图6-4 浮选工艺流程示意图

浮选选矿生产线由颚式破碎机、球磨机、分级机、磁选机、浮选机、浓缩机和烘干机等主要设备组成。浮选适用于分离有色金属、黑色金属、贵金属、非金属矿物和化工原料、回收有用矿物。

浮选矿生产流程是将开采的矿石先由颚式破碎机进行初步破碎；再由提升机、给矿机送入球磨机对矿石进行粉碎、研磨；磨后的矿石细料进行分级（螺旋分级机借助固体颗粒的比重不同而在液体中沉淀的速度不同的原理，对矿石混合物进行洗净、分级）；经过洗净和分级的矿物混合料再被送入浮选机，根据不同的矿物特性加入不同的药物，使得所要的矿物质与其他物质分离开。精矿被分离后，因含有大量水分，再经烘干机烘干，得到干燥的精矿产品。

## 3.磁选工艺

原矿先由颚式破碎机进行初步破碎至合理细度；后经提升机、给矿机送入球磨机进行粉碎、研磨；矿石细料进入分级机（螺旋分级机借助固体颗粒的比重不同而在液体中沉淀的速度不同的原理，对矿石混合物进行洗净和分级）；洗净和分级的矿物混合料经过磁选机，由于各种矿物的比磁化系数不同，经由磁力和机械力将混合料中的磁性物质分离开来。

图6-5 磁选工艺流程图

### 四、选矿生产的环境污染

#### （一）选矿生产的废渣

选矿过程会产生大量尾矿砂浆，其中含大量水（80%重量为水），因此需要把尾矿沙浆排入尾矿库中进行澄清，澄清后的矿砂（一般称尾矿）沉淀在尾矿库，澄清水（澄清后的水 SS 质量浓度在 50 mg/L）一般再回用，尾矿库内坝基的渗透水一般悬浮物浓度较低，不会对地下水产生影响，但通过坝体泄漏的废水可能污染物浓度较高，容易产生严重污染。另外尾矿库的坝体的安全极为重要，严防垮坝事故发生，尤其在多雨季节，更要严防尾矿库的环境安全。

选矿产生的尾矿数量与原矿含矿的品位有关，富矿产生的尾矿量较小，贫矿产生的尾矿量较多。随着富矿资源的日益减少，贫矿日益增多，选出 1 t 精矿所排出的尾矿越来越多。

表 6-3　选矿的尾矿产生量　　　　　　　　　　　　　　　　　单位：t/t

| 选矿类型 | 铁矿选矿 | 磁铁贫矿选矿 | 铅矿选矿 | 锌矿选矿 | 镍矿选矿 |
|---|---|---|---|---|---|
| 尾矿产生量 | 1～3 | 3 | 0.9 | 0.95 | 3 |

通常用尾矿库堆存尾矿。大型矿山尾矿库占地高达几至十几平方公里。除占用大量土地外，因尾矿砂度很细，遇风扬尘又是一大污染，尾矿库外排水也会影响环境。当然，尾矿库发生溃坝时它的影响更具有灾难性。

#### （二）选矿生产的废水

选矿生产过程大多数采用湿式作业，要消耗大量的水，同时会有大量废水产生，磁选厂耗水率达 3～4 m³/t 原矿，重选厂耗水率达 4～5 m³/t 原矿，浮选厂耗水率达 5～6 m³/t 原矿。一般湿法选矿产生的废水相当一部分在尾矿库澄清或还会抽回再用，但会消耗一部分，实际上湿法选矿实际新鲜水的消耗量只有 0.3～0.7 m³/t 原矿，如建有尾矿库，实际新鲜用水多数都消耗在尾矿库了，很少排放。对于没有尾矿库的小选矿厂则大部分属于外排。

此外，因矿石性质和添加的浮选药剂的不同，选矿废水中也存在特殊污染物，如高盐分水、酸性水、含残存的浮选药剂以及矿岩溶于水中的金属离子等。

#### （三）采选矿生产的废气污染

采矿的凿岩、铲运、出矿、卸矿等工序大都通过湿式作业来抑制粉尘的飞扬，选矿厂破碎系统、皮带运输及筛分系统可采用密闭抽风及除尘器净化的措施控制粉尘，常用的处理设备有旋风除尘器、布袋除尘器、文丘里管、泡沫除尘器和静电除尘器等。

矿山（包括采矿和选矿）的废气污染主要是粉尘污染，又分为无组织排放和有组织排放两方面。通常以无组织为重点，污染情况如下。

### 1. 采选无组织排放粉尘污染

主要指风面源二次扬尘，包括采场道路扬尘、尾矿库及废石场扬尘等。风面源排污有两大特点：一是属于面源排放；二是排放源强度随风速的增加而增加，且存在着临界起动风速，即风速大于临界起动风速时，造成扬尘，否则不发生二次扬尘污染。

通常，采场道路扬尘的污染距离较近，一般只有几百米；而尾矿库扬尘因尾矿沙粒过细常常波及 3 km 左右。由于春季风大，正值果树开花、禾苗出土之时，这种扬尘污染的影响是很大的。

### 2. 采选有组织排放粉尘污染

主要指破碎、筛分作业和锅炉房烟气经除尘后的废气排放。由于这些有组织排放的源强并不大，通常多采用中低烟囱排放。破碎筛分作业常采用温式除尘器或干式布袋除尘器，除尘效率较高，实际对周围环境的影响并不大。只是锅炉房排放的烟尘采用旋风除尘器，除尘效率有限，粉尘质量浓度约在 400 mg/m³，对近距离可能造成粉尘污染。

矿山的有组织排放粉尘主要是破碎、筛分机械作业产生的，产尘的数量与碎石中含尘多少和尘的粒径有关。破碎筛分系统排放的粉尘浓度与破碎矿石的大小有关，粗碎 1 000 mg/m³、中碎 2 500 mg/m³、细碎 4 500 mg/m³、筛分 5 000 mg/m³。多采用除尘效率较高的湿式除尘或滤袋除尘，效果较好；也有采用旋风除尘的，除尘效率只有 80%左右。

### （四）矿山其他污染

矿山因使用高噪声设备（如空压机、钻孔机、凿岩机、大型矿用汽车、电铲、球岩机、破碎机等），对周围环境产生噪声污染。矿山因使用炸药爆破，产生冲击波引起地面震动。有的矿山因矿岩中含有放射性元素引起放射性污染。

矿山环境污染是复杂的，有时甚至是很深刻的。为了定量地刻画这些污染，带给环境的危害，除了掌握上述共性的污染特征之外，还要注意在实际应用中注意具体每种矿产的特性。

### （五）矿山采选工业污染物产污量

表 6-4　矿山采选工业污染物产污系数

| 产品（工序） | 1 t 产品的污染物排放系数 |
|---|---|
| 采矿（铁矿） | 污水：矿坑 0.5～1 m³/t；露天矿 0.2～0.3 m³/t；主要含 SS，一般质量浓度 300～3 000 mg/L；废石：2～3 t/t；露天开采时剥离石量大型矿≤8～10 t，中型≤6～8 t，小型≤5～6 t |
| 选矿（铁精矿） | 污水：磁选为 3～4 m³/t，重选为浮选为 4～5 t，浮选为 5～6 t；含 SS 质量浓度 500～2 500 mg/L，最高达 5 000 mg/L，在尾矿废水中浮选药剂的残留占加药量的比例约为氰化物 20%～30%、黄药 3%～4%、石油磺酸钠 2%～5%；尾矿：1～3 t/t；可按选矿比 $n_0$ 计算，$K_0 = n_0 - 1$ |
| 铜矿采矿 | 废石：井下矿 2 t/t，露天矿 6～8 t/t |
| 铜选矿 | 污水：重选 50 m³/t，浮选 5 m³/t |
| 铅采矿 | 废石：2 t/t |
| 铅选矿 | 污水：6 m³/t，含镉 0.01～0.02 kg/t、铅 0.2～0.05 kg/t、锌 0.3～0.6 kg/t；废渣：尾矿 0.9 t/t |

| 产品（工序） | 1 t 产品的污染物排放系数 | |
|---|---|---|
| 锌采矿 | 废渣：4 t/t | |
| 锌选矿 | 污水：6 m³/t； | |
| | 废渣：尾矿 0.95 t | |
| 镍采矿 | 废石：2 t/t | |
| 镍选矿 | 污水：一次浮选 5～7 m³/t，二次浮选 4～5 m³/t； | |
| | 废渣：一次浮选 3 t/t，二次浮选 50 kg/t | |
| 磷矿采选 | 废渣：露采 2 t/t、坑采 0.01 t/t | |
| 云母采选 | 废渣：0.5 t/t | |
| 大理石 | 废气：粉尘 5～6 kg/t； | |
| | 废渣：0.1 t/t | |
| 珍珠岩露采 | 废石：0.6 t/t | |
| 坑采氟石 | 废渣：0.2 t/t | |
| 硅藻土 | 废渣：1.5 t/t | |

# 第三节　煤矿开采储运的污染核算

## 一、我国煤炭工业的现状

　　我国是世界上最大的煤炭生产国和消费国，我国煤炭储量居世界第三，可采储量为 1 145.0 亿 t，占世界已探明可采储量的 12.1%。我国的煤炭消费量占世界的 34.4%，是全世界最大的煤炭消费国。我国晋、陕、蒙三省区煤炭储量占全国的 65%，经济发达的东部十省市仅占 7.8%。按煤种分，低变质烟煤 34%，中变质烟煤 33.2%，贫煤、无烟煤 18.8%，褐煤 14%。我国有 13 个大型煤炭基地，包括神东、晋北、晋东、蒙东（东北）、云贵、河南、鲁西、晋中、两淮、黄陇、冀中、宁东和陕北等基地，是我国煤炭行业的主力军，摸清这 13 个大型煤炭基地的煤炭资源、水资源和生态环境状况意义深远。

---

**专栏 6-4**

　　我国的煤矿呈典型的二元结构，一方面是大型的国有矿，另一方面是众多的民营地方小矿山。受煤炭矿床条件的制约，我国仅有 16 处重点露天煤矿，年产 3 458 万 t，仅占全国煤产量 3%，大大低于主要产煤国家 40% 露天矿的比例。

　　2005 年，我国有规模以上工业共有原煤企业 4 633 家、洗煤企业 951 家，在我国现有煤炭行业中，小煤矿比重严重过高。2004 年整顿前，我国共有小煤矿 2.3 万个，占全国煤矿总数 88.9%，平均单井规模仅为 4.2 万 t/a，全国煤矿从业人员超过 552 万人，人均年产煤炭不足 400 t。经过整顿后，我国目前尚有小煤矿 1.7 万处，其中年产 3 万 t 以下矿井约占三分之一。小煤矿产量占全国煤矿三分之一。小煤矿生产设备和技术简陋，安全隐患多、破坏资源严重，环保措施基本没有，污染严重。

---

## 二、煤炭开采的主要工艺

### （一）井巷开拓

#### 1. 开拓内容

首先需开挖从地面到地下的通道。一个煤矿至少有两个通道，一为主井，用以运出煤炭；一为副井，用以运送人员、设备、器材及运出矸石。此外还需有专门通风的风井。

井筒挖至预定深度后，在此标高及其上方，要开挖一系列的巷道及硐室，主要包括井底车场、运输巷道、石门，上山及下山、回风巷道、联络巷道，以及井下煤仓、水仓、水泵房、变电站、风机房、库房等。

井下煤层分成若干区域进行开采，此区域即为采区。在生产采区内为了采煤的需要，还需要开挖很多巷道，这些巷道随采煤随废弃，称为生产掘进，不属于井田开拓内容。

#### 2. 开拓方式

包括立井开拓、斜井开拓、平硐开拓和综合开拓四种。

根据地层特征，尤其是表土层特征，井筒开拓分为普通凿井法和特殊凿井法。普通凿井法即无须对地层预先加固，主要使用钻眼爆破法。在中国东部，特殊凿井法的使用相当普遍。其中包括冻结法、钻井法、沉井法和帷幕法。

冻结法是将井筒周围含水层用人工制冷法冻结，成为具一定厚度的封闭的圆筒形冻结壁，然后在壁的保护下开挖井筒，包括打冻结孔、冷冻和开挖三个工序。

钻井法是用大口径钻机开挖井筒的方法，包括钻进和悬浮下沉井壁两个工序。

沉井法是把在地面灌注的钢筋混凝土井筒利用自重或自重加附加力强迫下沉。

帷幕法是在井筒四周修筑一圈隔水和有足够强度的混凝土墙，形成帷幕，然后在其保护下用普通施工方法挖掘及支护。

另外一种井巷开拓方式是斜井，即由地面倾斜开挖的井筒，包括主斜井、副斜井和斜风井。主斜井用于提升煤炭，用矿车提升的能力较小，用皮带运输机提升能力较大。副斜井用于人员及物料输送，兼作进风井。

平硐是最简单的开拓方式，但只适用于山区，对开拓水平以下的煤层尚需由暗斜井或暗井开拓至新水平。

### （二）井下采煤

#### 1. 开采顺序和方法

对于倾角 10°以上的煤层一般分水平开采。开采近水平煤层时，先将煤层划分为几个盘区，立井于井田中心到达煤层后，先采靠近井筒的盘区，再采较远的盘区。如有两层或两层以上煤层，先采第一水平最上面煤层，再自上而下采另外煤层，采完后向第二水平转移。

按落煤技术方法，地下采煤有机械落煤、爆破落煤和水力落煤三种，前二者称为旱采，后者称为水采，我国水采矿井仅占 1.57%。旱采包括壁式采煤法和柱式采煤法，以前者为主。

### 2．生产系统

包括采煤系统、掘进系统、通风系统、排水系统、供电系统、辅助运输系统和安全系统等。

采煤系统包括工作面的落煤、装煤，将煤由工作面运往井底车场，直到提升至地面。主要井巷包括采煤工作面，采区顺槽、采区上山、水平运输大巷、石门等。主要设备有采煤机、运输机械、支护设备及提升机等。

掘进系统是为了保证生产的持续进行，即在当前生产同时，要开掘出新的工作面、采区及生产水平以备接替。主要设备包括掘进、支护、运输、提升等所用的设备以及风动凿岩机、空气压缩机及其管路等。

通风系统由进风井巷、回风井巷、通风机和井下通风设施如风桥、风门等构成。

排水系统由巷道中的水沟、水仓、水泵峒室、水泵及排水管路组成。

供电系统要求不得中断、以保安全，因此供电电流为双回路，同时进入采区和回风道的电器设备都必须采用矿用防爆型，防止瓦斯爆炸。

辅助运输系统包括人员上下和材料、设备的运输。

安全系统包括预防瓦斯爆炸、瓦斯突出，以及井下火灾和水灾所需要的救治设备、设施、器材、仪表和监测系统。

### 3．采掘工作面

采煤工作面是地下采煤的工作场所，随着采煤的进行，工作面不断向前推进，原来的采场即成为采空区。长壁工作面采煤的工序为破煤、装煤、运煤、支护及控顶五项；短壁工作面只有前四个工序。以滚筒式采煤机为主，组成长壁工作面综合机械化设备，可以完成五个主要工序，称为综合机械化采煤，简称综采，此工作面称综采工作面。

### 4．采煤机械化分级

按中国煤矿的地质情况及实际生产状况，将机械化分为三级：

普通机械化采煤，简称普采，采煤工作面装有采煤机、可弯曲链板输送机和摩擦式金属支柱、金属顶梁设备，可完成前三工序机械化，但功率较小，一般工作面年产量 15 万～20 万 t。

高档普通机械化采煤，简称高档普采。采煤工作面装有采煤机，可弯曲链板输送机，液压支柱和金属顶梁，可使前三工序机械化。

综合机械化采煤，简称综采。可完成五个工序的机械化。当前性能不断改进，能力不断增大，操作日益简化，应用范围也进一步扩大。

### （三）露天采煤

移走煤层上覆的岩石及覆盖物，使煤敞露地表而进行开采称为露天开采，其中移去土岩的过程称为剥离，采出煤炭的过程称为采煤。露天采煤通常将井田划分为若干水平分层，自上而下逐层开采，在空间上形成阶梯状。露采主要生产环节用穿孔爆破并用机械将岩煤预先松动破碎，然后用采掘设备将岩煤由整体中采出，并装入运输设备，运往指定地点，将运输设备中的剥离物按程序排放于堆放场；将煤炭卸在洗煤厂或其他卸矿点。

### 三、煤炭开采的环境污染

#### （一）大气环境污染

煤矿区的大气污染基本都属于无组织排放的污染，如煤炭企业每年自用煤炭 6 500 万 t，则消耗煤矸石、煤泥等低热质燃料 1 000 万 t，排放烟尘 38 万 t，$SO_2$ 57 万 t；为安全生产，煤矿每年抽排瓦斯 70 亿～90 亿 $m^3$。另据统计，矸石堆场（矸石山）中，有 20%～25% 会发生自燃，排放 CO、$SO_2$、粉尘、$H_2S$ 等大气污染物。

煤炭开采中的大气污染具体有如下内容：

（1）矿井开采过程中产生的有害气体和粉尘污染：我国大部分煤矿的通风排气过程都含有瓦斯，瓦斯矿井和瓦斯突出矿井占到总矿井数的 40%，目前煤矿排放的瓦斯基本没有回收，都直接排入大气；井下开采过程中会产生大量的矿尘、$CO_2$、$H_2S$、CO、$SO_2$ 等有害气体；井下硝胺炸药、燃油动力机械的使用，煤炭自燃等也会产生 $SO_2$、$NO_x$ 等有害气体，这些气体通过井下通风系统排入大气成为矿区大气环境的主要污染物。

（2）煤烟型大气污染：在煤矿的煤矸石在堆放过程中，由于氧化和自燃会产生大量有害气体（$SO_2$、$NO_x$）和烟尘。煤矸石是一种低热值页岩，在堆放过程中会产生大量的可悬浮于大气中的粉尘颗粒，在通风受热状况下自燃还会产生 $SO_2$、$NO_x$ 等有害气体，据统计，我国重点煤矿有 121 座矸石山在自燃，对矿区大气环境造成严重威胁。

（3）除此之外，煤矿的自身和周围诸多的煤炭转运和倒运储煤场，在煤炭运输、装卸和破碎过程中还会产生煤尘污染，多是无组织排放，污染十分严重。

（4）由于矿区的煤炭十分便宜，许多单位可以廉价弄到煤炭，因此，煤矿产地附近的单位的热能源，主要是廉价的煤炭，且锅炉热能利用率都普遍低于全国平均水平，这些工业锅炉及居民燃煤产生的大量烟尘、$SO_2$ 和 $NO_x$ 污染规模也很大。

（5）有产煤区向外地转运煤炭，相当一部分是通过公路交通运输的，由于运输过程的防尘措施不当，沿途产生撒落和飞扬的煤尘产生的污染也十分严重。

#### （二）废水环境污染

煤矿区废水主要来源于矿井开采中产生的矿井涌水（地表渗透水、岩石孔隙水、矿坑水、地下含水层的疏放水）、生产过程中用于防尘、灌浆、充填的污水以及选煤厂生产的废水。据统计，当前我国外排矿井水已达 22 亿 $m^3$，选煤水 0.28 亿 $m^3$，其他工业废水 0.3 亿 $m^3$，生活污水 4 亿 $m^3$。其中，选煤及相关工业废水含有酚、甲酚、萘酚等有害有机物，尤其是选煤水中的浮选药剂及聚丙氨药剂具有毒性，可诱发多种疾病。矿井水含有大量的悬浮物，其对人体危害较小，但是矿井水是煤矿排放量最大的一种废水，加之矿坑中植物、粪便的腐烂分解，矿物油、乳化液泄漏，常使矿井水表现为带色、腥臭，直接排放将严重污染水源。此外，堆放的煤矸石经大气降水和汇水的淋溶和冲刷将煤矸石中的一些有害有毒可溶部分溶解，形成具有污染性的地表径流，最终进入矿区水系造成水体污染。

##### 1. 矿井涌水

我国煤矿矿井水资源化利用率仅在 20% 左右，大量未经处理的矿井水直接排放，不仅严重污染环境，而且还浪费了大量的矿井水资源。据典型调查统计，我国煤矿平均吨煤排放水量为 2.0～2.5 t。煤炭工业水体污染物的主要污染成分为 SS、pH、$COD_{Cr}$、石油类和部分金属、非金属元素。另一方面，煤矿开采造成大面积水位下降。我国排放有毒有害废水的煤矿主要分布在我国的东北、华北北部、淮南、贵州等矿区。这些排放中，主要有毒有害污染物为汞、镉、铬、铅、锌等重金属，砷、氟以及放射性物质。

煤炭开采涌水量地域差别极大：我国北方矿区平均吨煤涌水量为 3.8 $m^3$；而我国南方矿区因受气候条件、地理环境等影响，矿井涌水量大，平均吨煤涌水量为 10 $m^3$ 左右；西北矿井水涌水较少，吨煤涌水量大部分在 1.6 $m^3$ 以下。另一方面，各煤矿所排放的矿井水水质情况差异极大：有的矿井水较为洁净，有的则含大量悬浮物，有的则是酸性矿井水。

### 2. 洗煤废水

原煤中有许多杂质如硫分和灰分，为了提高煤的质量，要进行煤炭洗选加工。一般采用湿法（跳汰法、重介质选、摇床选等）洗选，湿法重力选煤的过程通常称为洗煤，洗煤过程要产生大量废水，会污染环境。洗煤生产分为四个阶段，备料、粉煤加工、粗煤加工、煤炭脱水。备料包括破碎、筛分，将煤分为粗煤和粉煤等过程。粉煤加工和粗煤加工都是利用水的运动，将煤粒浮起，杂质下沉，去除煤中的大部分杂质。煤炭脱水先用筛子、沉降槽、旋风分离器等去除大部水分，再使用干燥器进行热风干燥。经过洗煤工艺得到的煤炭称为洗精煤。

据统计，一般洗选 1 t 煤炭要消耗 4～6 $m^3$ 的洗水，平均每洗 1 t 原煤产生 0.2～0.3 $m^3$ 含高浓度悬浮物的洗煤废水，洗煤废水可以重复使用，减少新鲜用水量，但过于黏稠的废水（固体物质质量浓度不应超过 100 g/L）不能继续使用，要排放掉，再需要补充新鲜水量。1 t 煤的补水量在 0.3～0.7 $m^3$。洗煤废水中除了 SS 含量高以外，还含有脱硫过程产生的大量硫化物。洗选废水中含有大量的煤泥和泥砂，又称煤泥水，未经处理悬浮物质量浓度可以达到 5 000 mg/L 以上。洗煤废水特别稳定，静置几个月也不会自然沉降，若直接排放进入地表水系，造成矿区、厂区环境污染，河道淤塞，影响农田灌溉、工业用水和生活饮用水水质。此外，选煤厂作为矿区用水大户，大量煤泥水直接外排，除污染矿区环境，还严重浪费了宝贵的水资源。

---

**专栏 6-5**

**表 6-5　128 个煤矿矿井水中 SS 质量浓度统计一览表**

| 质量浓度/（mg/L） | ≤100 | 101～200 | 201～300 | 301～400 | 400～500 | ＞500 |
|---|---|---|---|---|---|---|
| 矿井个数/个 | 44 | 39 | 19 | 7 | 4 | 15 |
| 所占比例/% | 34.38 | 30.47 | 14.84 | 5.46 | 3.13 | 11.72 |

---

### （三）废渣环境污染

煤炭石固体废物主要来源于采煤和洗选矸石，据统计，采煤和选煤每年产生和排放煤矸石约 2 亿 t，开采 1 t 煤产生的矸石量为 0.15～1 t，北方煤矿在正常开采时，开采 1 t 煤排出矸石为 0.15 t；南方煤矿在正常开采时，开采 1 t 煤排出矸石为 0.2～0.4 t，占全国工业固体废物排放量的 20%左右，是工业固体废物排放第一大户。截至 2003 年年底，全国煤矸石堆存量高达 35 亿 t 以上，而且每年还在以 3.0～4.0 亿 t 的排出量不断增多，不仅大量占用土地，还造成矸石山自燃、扬尘、淋溶水等危害。煤矸石压占大量土地，排放大量有害气体，严重污染矿区环境，影响矿区人民生产和生活。矸石堆积形成煤矸石山不仅占用大量土地，而且长期堆存会产生自燃；煤矸石在自燃时会产生烟尘和 $SO_2$，风化时会产生粉尘，对大气环境产生污染，属于无组织排放。

矸石山是矿区土壤污染的首要原因。据统计，我国煤矸石累计堆积已达 30 亿 t，占地 55 万 $m^3$。矸石山不仅直接占用大量农田，而且在日晒、风吹、降水等自然力的作用下，通过直接渗透、飘尘沉降、雨水冲刷等方式将大量有害有毒物质，如汞、铬、镉、铜、砷等带入土壤，煤矸石中含有的放射性物质将会导致土壤的辐射性污染。煤矿生产、运输过程中产生的矿尘沉降、生活区的生活垃圾、农药的使用、酸雨、污灌等也是矿区土壤污染的重要原因。煤炭运输过程中产生的煤尘污染严重。由于煤炭生产区远离消费区，长期存在北煤南运、西煤东运的运煤格局。

### （四）噪声污染

煤矿区地面及井下各种噪声大、震动强烈的设备多，如空气压缩机、风机、凿岩机、风镐、采煤机。据华北一些煤矿的调查测试，90 dB 以上的设备占 70%，其中 90～100 dB 的占 45%，100～130 dB 的占 25%。因此矿山机械噪声被认为是矿区声环境污染的首要原因。伴随着煤矿的不断发展，煤矿与外界的联系日益密切，车流量不断增加、载货汽车的吨位不断提高，交通噪声逐渐成为矿区噪声污染的又一主要原因。

### 四、煤炭储运环节的环境污染

煤炭的储存、装卸和运输过程中，产生煤尘，对环境影响较为严重。我国大小煤矿都建有储煤厂，其中万吨以上的有 5 000 多座。由于缺乏防尘、降尘和集尘设施，导致煤尘飞扬，不仅大量损失煤炭，还对矿区周围生态环境造成严重污染。

煤炭在堆存和倒运过程中，由于刮风、下雨、卸载、堆放、转运等过程，会引起煤炭的流失，煤炭在储存和倒运过程中的流失量见表 6-6。

表 6-6　煤炭在储存和倒运过程中的流失量

| | 储存煤量/t | 煤尘散失量/（t/d） |
|---|---|---|
| 煤在储存过程中的煤尘散失 | 16 000 | 0.001～0.003 |
| | 32 000 | 0.003～0.005 |
| | 64 000 | 0.006～0.008 |
| | 倒运煤量/（t/d） | 煤尘散失量/（t/d） |
| 煤在倒运过程中的煤尘散失 | 400 | 0.20～0.27 |
| | 800 | 0.40～0.55 |
| | 1 200 | 0.70～0.85 |

**专栏 6-6**

由于煤尘散失量与裸露的面积及风速大小有密切关系，如风速很大时，煤尘的散失可能比表中值高出 10 倍，同时装卸煤炭时煤尘排污量为 2～5 kg/t 煤。

少量煤炭堆存煤尘排污量为 1.5～2 kg/t 煤（如有封闭煤仓的排污量，如有喷水方法等措施的排污量减 30%，如建有防风墙的减 20%）。小面积的短期储煤场，在煤炭装卸和储存过程中，干燥气候下，储运煤尘排放量为 2～4 kg/t 煤；潮湿季节排放量近为 0.2～0.4 kg/t 煤。

在煤炭储运的污染防治中，防尘网使用范围广泛，主要用于发电厂、煤矿、焦化厂、洗煤厂等企业的储煤场；港口、码头储煤场及各种料场；钢铁、建材、水泥等企业各种露天料场；铁路、公路煤炭集运间储煤场；建筑工地、道路工程临时建场。其综合挡风抑尘墙效果非常显著，单层抑尘网的综合抑尘效果可达 85% 以上，双层抑尘网的综合效果可达 95% 左右。

大面积的短期储煤场，在煤炭装卸和储存过程中，干燥气候下，储运煤尘排放量约为 0.5 kg/t 煤；潮湿季节排放量近为 0.2 kg/t 煤。

## 第四节　黑色金属矿采选业的污染核算

我国黑色金属矿开采主要分为地下开采和露天开采，均采用爆破采矿法。地下矿采用有轨设备运输，露天矿主要采用汽车或者有轨设备联合运输。

黑色金属矿的洗选工艺主要包括重选、磁选、浮选及联合工艺流程。

### 一、黑色金属矿产概述

黑色金属只有三种：铁、锰与铬。国土资源调查及地质矿产勘察新发现大中型矿产地 157 处，黑色金属矿产 4 处，有色金属矿产 73 处，贵金属矿产 34 处。

铁矿资源在"十一五"期间，新增查明铁矿石资源储量 151 亿 t，平均每年增加 30.2 亿 t，国内铁矿石年产量从 4.2 亿 t 增加到 10.7 亿 t，年均增长 20.6%，增强了我国钢铁工业发展的资源基础。

我国锰矿资源开发利用情况比较复杂，受矿床规模、资源赋存等条件的制约，锰矿开采规模小而分散，以中小型矿山为主，而民采矿山更是星如棋布。我国锰矿大部分用于钢铁工业，约占用锰总量的 90%。其中，耗用锰矿石最多的是锰系铁合金及电解金属锰。

中国铬矿资源比较贫乏，按可满足需求的程度看，属短缺资源。总保有储量矿石 1 078 万 t，其中富矿占 53.6%。铬矿产地有 56 处，分布于西藏、新疆、内蒙古、甘肃等 13 个省（区），以西藏为最主要，保有储量约占全国的一半。

### 二、黑色金属矿采选存在的问题

#### 1. 铁矿石

一是铁矿石品位普遍较低。目前国内铁矿石平均品位不足 30%，远低于巴西和澳大利亚等国的水平，也低于世界平均水平。保有储量中贫铁矿石占全国储量的97%，须经选矿富集后才能使用。含铁平均品位在 55%左右能直接入炉的富铁矿储量只占全国储量的2.7%，而形成一定开采规模，能单独开采的富铁矿数量更少。

二是资源中多元素共生的复合矿石较多，矿体复杂，利用难度大，成本高。铁矿石的采矿成本和选矿成本是总成本的主要部分。我国铁矿石采矿成本在 40 美元/t 左右，必和必拓公司和力拓矿业公司在 20 美元/t，巴西淡水河谷公司甚至只有 8 美元/t。

三是铁矿类型繁多。世界已有的铁矿类型，我国都已发现。具有工业价值的矿床类型主要是鞍山式沉积变质型铁矿、攀枝花式岩浆钒钛磁铁矿、大冶式硅卡岩型铁矿床、梅山式火山岩型铁矿和白云鄂博热液型稀土铁矿。主要矿石类型有：磁铁矿矿石，储量占全国总储量的 55.4%，矿石易选，是目前开采的主要矿石类型。钒钛磁铁矿矿石，储量占全国总储量的 14.1%，成分相对复杂，是目前开采的重要矿石类型之一。"红矿"，即赤铁矿、菱铁矿、褐铁矿、镜铁矿及混合矿的统称，这类铁矿石一般难选，目前部分选矿问题有所突破，但总体来说，选矿工艺流程复杂，精矿生产成本较高。

四是暂难利用铁矿多，限制了国内铁矿石的供给，全国暂难利用铁矿工业储量约 57 亿 t，这些铁矿一般是难采、难选，多组分难以综合利用，以及铁矿品位低、矿体厚度薄，矿山开采技术条件和水文地质条件复杂，矿区交通不便，矿体分散难以规划，开采经济指标不合理，矿产地属自然环境保护区等。

### 2. 铬矿

一是矿床规模小，分布零散，我国目前尚未发现有储量大于 500 万 t 的大型铬铁矿床，就是储量超过 100 万 t 的中型矿床也只有 4 个，其余均为储量在 100 万 t 以下的小型矿床。

二是分布区域不均衡，开发利用条件差，我国铬铁矿矿床保有储量的 84.8%分布在西藏、新疆、甘肃、内蒙古这些边远省（区），运输线长，交通不便。

三是贫矿与富矿储量大体各占一半，现保有储量中，贫矿储量占 46.3%（499.3 万 t）、富矿占 53.7%（578.6 万 t）。富矿主要分布在西藏和新疆，分别占富矿总量的 73.5%和13.8%。从用途来看，冶金级储量占总储量的 37.4%、化工级储量占 38.4%、耐火级储量占24.2%。

四是露采矿少，小而易采的富铬铁矿都已采完，我国铬铁矿储量中适合单独露采的只有 6%左右，绝大部分需要坑采。

五是矿床成因类型单一，我国目前已知的铬铁矿矿床主要为岩浆晚期矿床。而世界上一些著名的具有层状特征的大型、特大型岩浆早期分凝矿床在我国尚未发现。

### 3. 锰矿

纵观我国锰矿类型、资源分布、地质特征以及技术经济条件，有如下几个特点：

一是锰矿资源分布不平衡，虽然我国有 21 个省（市、自治区）查明有锰矿，但大多分布在南方地区，尤以广西和湖南两省（区）为最多，占全国锰矿储量的 56%，因而在锰矿资源开采方面形成了以广西和湖南为主的格局。

二是矿床规模多为中、小型，我国 213 处锰矿区中，大型只有 7 处，其余均为中、小型矿床，这就难以充分利用现代化工业技术进行开采，历年来，80%以上锰矿产量来自地方中、小矿山及民采矿山。

三是矿石质量较差，且以贫矿为主，我国锰矿储量中，富锰矿（氧化锰矿含锰大于30%、碳酸锰矿含锰大于 25%）储量只占 6.4%，而且有部分富锰矿石在利用时仍需要工业加工。贫锰矿储量占全国总储量的 93.6%。由于锰矿石品位低、含杂质高、粒度细，技术加工性能不理想。

四是矿石物质组分复杂，高磷、高铁锰矿石以及含有伴（共）生金属和其他杂质的锰矿石，在我国锰矿储量中占有很大的比例，如南方震旦纪"湘潭式"锰矿约有 1 亿 t 以上的储量属于高磷难用锰矿。

五是矿石结构复杂、粒度细，经对我国锰矿主要产区湖南、广西、贵州、福建、云南的一些锰矿进行工艺矿物学研究，结果表明，绝大多数锰矿床属细粒或微细粒嵌布，从而增加了选别难度。

六是矿床多属沉积或沉积变质型，开采条件复杂，我国近 80%的锰矿属于沉积或沉积变质型，这类矿床分布面广，矿体呈多层薄层状、缓倾斜、埋藏深，需要进行地下开采，开采技术条件差。适合露天开采的储量只占全国总储量的 6%。

### 三、黑色金属采选工艺

黑色金属的开采工艺基本类似，以铁矿石开采为例介绍，我国铁矿开采历史悠久，在古代就有湿法炼铜。我国已经有完整的铁矿山开采经验。我国铁矿山开采方法有露天开采和地下开采两大类别。

#### （一）露天开采

露天开采占我国铁矿山开采的一半以上，是铁矿开采的主要方法。露天矿穿孔、铲装、运输等技术装备不断更新。目前，在全国重点矿山穿孔已形成牙轮钻和潜孔钻并用的结构，完全淘汰了冲击钻。

露天开采的采矿工艺，长期采用全境推进，宽台阶缓帮作业的采剥工艺，现在已开始转向陡帮开采，横向推进新工艺。20 世纪 80 年代以来，许多大型露天矿由山坡露天转入深凹开采，由于作业条件恶化和运输出现问题，从而制约了生产能力的提高。

在爆破器材和技术方面也有所发展，陆续采用了岩石炸药、铵油炸药、硝铵炸药、乳化油炸药等，在生产中应用了大区多排孔微差爆破技术。

#### （二）地下开采

目前，地下开采的采矿方法主要是无底柱采矿法，大约占 72%，其次是浅孔留矿法，占 9%，房柱式和壁式采矿法占 8%，空场法占 7%，有底柱分段崩落采矿法占 3%，充填法占 1%。地下开采的矿山巷道支护由 20 世纪 50 年代的木支护发展到了现在木支护、混凝土支护和喷锚支护三种支护方法并存的局面。凿岩装运也逐步向机械化方向发展，现在已普遍采用凿岩台车凿岩、装运机铲装、电机车运输。

### 四、黑色金属矿采选污染

#### 1．黑色金属矿采选的废气污染

黑色金属采选矿生产企业在采矿的爆破、钻采、传堆、运输和选矿厂的堆存、装卸、破碎、粉磨等作业场所产生大量粉尘和有害气体，无组织排放量较大。

大型运矿车的装卸、运输产生的扬尘污染是极其严重的。废石场和尾矿库在一定的气候条件下也是十分严重的产尘源。

**2. 黑色金属矿采选的废水污染**

采选废水主要来源于露天矿坑水、地下坑道水、废水堆场淋溶水及选矿厂排出的洗矿水、尾矿库溢流水等。由于铁矿体往往伴生多种金属和硫化物。在废水中会溶有多种毒性较大的金属如汞、镉、铬、铅、锌、镍、铜、锰以及非金属硫、磷、砷、氟的化合物，还会残留选矿作业添加的废弃药剂，如捕集剂、黑药、白药、黄药、水玻璃、起泡剂甲酚、松节油、硫化钠等。

铁矿石的采选废水地下开采废水量 $0.7 \sim 1.8 \ m^3/t$ 产品。

黑色金属采矿废水的主要特征污染物有 pH 值、SS、多种金属离子、氟化物、硫化物、石油类等；选矿废水还含有多种残留药剂。如果是酸性废水含有的金属粒子的数量会更多。

**3. 黑色金属矿采选的固废污染**

黑色金属矿采选产生的采掘废石和选矿尾矿由于矿石的种类和矿床的富集程度不同也有较大差别。如铁矿的采掘废石量约为 0.15 t/t 产品，露天开采约为 2.7 t/t 产品，其中地下开采的废石量要小得多；洗选的尾矿量为 1.2 ~ 1.7 t/t 产品。

# 第五节　有色金属矿山采选业的产污量

## 一、有色金属矿山开采概况

有色金属工业是国民经济重要的基础原材料产业，产品种类多、应用领域广、产业关联度高，在经济社会发展以及国防科技工业建设等方面发挥着重要作用。常用的有色金属有铜、铝、铅、锌、镍、镁、钛、锡、锑、汞等十种。

表 6-7　有色金属生产及消费量

| 品种 | 生产量/万 t | | | | 表观消费量/万 t | | | |
|---|---|---|---|---|---|---|---|---|
| | 2005 年 | 2010 年 | 年均增长率/% | | 2005 年 | 2010 年 | 年均增长率/% | |
| | | | "十五" | "十一五" | | | "十五" | "十一五" |
| 精炼铜 | 260 | 458 | 13.7 | 12.0 | 374 | 753 | 14.0 | 15.0 |
| 电解铝 | 780 | 1 577 | 21.1 | 15.1 | 712 | 1 592 | 14.0 | 17.5 |
| 铅 | 239 | 426 | 16.6 | 12.2 | 198 | 424 | 25.0 | 16.5 |
| 锌 | 278 | 516 | 7.1 | 13.7 | 325 | 560 | 16.9 | 11.5 |
| 镍 | 9.5 | 17.1 | 13.2 | 12.5 | 19.7 | 52 | 27.9 | 21.4 |
| 锡 | 12.2 | 16.4 | 1.9 | 6.1 | 10.2 | 12.4 | 15.3 | 4.0 |
| 锑 | 13.8 | 18.7 | 4.1 | 6.3 | 7.45 | 7.1 | 14.4 | −0.1 |
| 汞 | 0.11 | 0.16 | 40.0 | 7.8 | 0.11 | 0.16 | 2.4 | 7.8 |
| 镁 | 45.1 | 65.4 | 17.4 | 7.7 | 10.7 | 23 | 33.2 | 16.5 |
| 钛 | 0.92 | 7.4 | 37.1 | 51.7 | 1.1 | 7.1 | 26.5 | 45.2 |
| 镍 | 9.5 | 17.1 | 13.2 | 12.5 | 19.7 | 52 | 27.9 | 21.4 |

### 二、有色金属矿采选工艺

有色金属的采选工艺较为相似，以铜矿石开采为例介绍：中国铜矿山开采主要是地下采矿和露天采矿。从目前开采的矿石量来看，地下采矿占 44.6%，露天采矿占 55.4%。

地下采矿，目前开采深度一般在 300～800 m，个别的达到 1 000 m 以上。其开拓方法，根据矿床的地形和矿体产状、规模和埋藏深度等，通常采用竖井开拓、平巷开拓、联合开拓和斜井四种方法。

露天开采比地下开采具有开采效率高、本钱低的优胜性，但矿床必须具备露天开采前提。目前，我国适合露天开采的铜矿床数目虽然不多，但都是大型、特大型矿床。开拓方法主要是公路运输开拓和联合运输开拓。现在开拓最大的露天矿是江西德兴铜矿的铜厂矿床南山区，20 世纪 70 年代已形成日产矿石 1 万 t 的规模，1989 年已扩大成日产矿石能力 3 万 t，第三期建设继承扩大开采能力，并建设北山采区。2000 年将开发德兴矿田的另一个大型矿床富家坞矿区，届时德兴矿田将成为世界超大型露天铜矿之一。目前南山露天采场，采用汽车运输，横向采剥法。此外，露天开采矿山还有江西永平铜矿、广东石菉铜矿两个大型矿山。永平矿山采用开沟开拓，横向推进，石菉矿山在 –44 m 以上采用汽车固定干线运输。

还有的矿床，先是露天采矿，后转入地下采矿。甘肃白银厂铜矿的折腰山、火焰山两矿区，等于这种开拓方式。1959 年两个矿开始露天采矿，采用永久汽车路堑的布线方式上部回返，下部螺旋直进开拓。现露采已闭坑，转入地下开采深部矿体。

我国有色金属露天采矿技术装备和爆破技术取得了长足的提高。现在大中型露天矿的装备转向大型化、高速化发展，已达到国外露天矿 20 世纪 80 年代的装备水平。如研制成功的 KY 型和 YZ 型牙轮钻机，SQ 型和 KQG 型高风压潜孔钻机，已实现产品系列化。国产的 8～12 m³ 电铲已填补了重型铲装设备的空缺。SH 和 CH 型重型自卸式矿用汽车机能良好，电动轮汽车已批量出产。矿用新型火药、爆破器材和爆破技术发展迅速。多种适合露天矿不同类型的非电导系统日臻完善。其中多项产品和技术已达到世界先进水平，并已输出国外。

铜矿选矿工艺流程：铜矿选矿流程分为三部分：

（1）破碎部分：粉碎矿石过程的基本过程。其目的是原矿粉碎到适当大小，适合用于研磨一部分。

（2）研磨部分：研磨粉碎部分进一步处理矿石得到更小的尺寸是为配合浮选分离材料。

（3）浮选部分：浮选过程/升级铜矿的重要过程。开采的矿石先由颚式破碎机进行初步破碎，在破碎至合理细度后经由提升机、给矿机均匀送入球磨机，由球磨机对矿石进行破碎、研磨。

经过球磨机研磨的矿石细料进入下一道工序：分级。螺旋分级机借助固体颗粒的比重不同而在液体中沉淀的速度不同的原理，对矿石混合物进行洗净、分级。经过洗净和分级的矿物混合料在经过磁选机时，由于各种矿物的比磁化系数不同，经由磁力和机械力将混合料中的磁性物质分离开来。经过磁选机初步分离后的矿物颗粒在被送入浮选机，根据不同的矿物特性加入不同的药物，使得所要的矿物质与其他物质分离开。在所要的矿物质被分离出来后，因其含有大量水分，须经浓缩机的初步浓缩，再经烘干机烘干，即可得到干燥的矿物质。铜精粉品位达到 45%。

铜矿的选矿方法分为两步。

（1）浸染状铜矿石的浮选。一般采用比较简单的流程，经一段磨矿，细度-200 网目占 50%～70%，1 次粗选，2～3 次精选，1～2 次扫选。如铜矿物浸染粒度比较细，可考虑采用阶段磨选流程。处理斑铜矿的选矿厂，大多采用粗精矿再磨—精选的阶段磨选流程，其实质是混合—优先浮选流程。先经一段粗磨、粗选、扫选，再将粗精矿再磨再精选得到高品位铜精矿和硫精矿。粗磨细度-200 网目占 45%～50%，再磨细度-200 网目占 90%～95%。

（2）致密铜矿石的浮选。致密铜矿石由于黄铜矿和黄铁矿致密共生，黄铁矿往往被次生铜矿物活化，黄铁矿含量较高，难于抑制，分选困难。分选过程中要求同时得到铜精矿和硫精矿。通常选铜后的尾矿就是硫精矿。如果矿石中脉石含量超过 20%～25%，为得到硫精矿还需再次分选。处理致密铜矿石，常采用两段磨矿或阶段磨矿，磨矿细度要求较细。药剂用量也较大，黄药用量 100 g/t 原矿以上，石灰 8～10 kg/t 原矿以上。

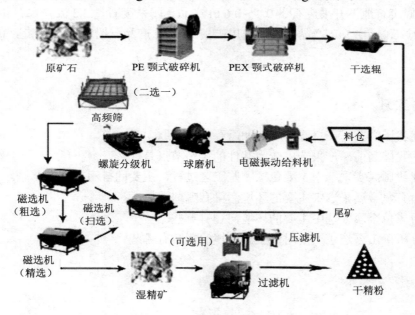

图 6-6　铜矿选矿工艺流程示意图

## 三、有色金属矿采选污染

### 1. 有色金属矿采选的废水污染

有色金属矿山开采主要分为地下开采和露天开采。

金属采矿工业废水主要是矿山酸性废水；选矿工业主要是尾矿池排出的废水，有时还有低浓度氰化物和其他溶解离子。矿山废水排放量大，且含大量重金属离子、酸碱、悬浮物和各种选矿药剂，甚至含有放射性物质。

由于铁矿体往往伴生多种金属和硫化物，在废水中会溶有多种毒性较大的金属如汞、镉、铬、铅、锌、镍、铜、锰以及非金属硫、磷、砷、氟的化合物，还会残留选矿作业添加的废弃药剂，如捕集剂、黑药、白药、黄药、水玻璃、起泡剂甲酚、松节油、硫化钠等。

有色金属采选的废水由于矿种类型较多，废水量也不尽相同，如铜采选废水量 4～7 m³/t 产品，铅锌矿采选废水量约 5.5 m³/t 产品。我国有色金属矿产资源贫矿多、品位低、伴生元素成分复杂，许多矿含硫分较高。因此矿山露天矿坑水、地下坑道水、废水堆场淋溶水及选矿厂排出的洗矿水、尾矿库溢流水等是主要的废水排放源。采选废水特征污染物除 SS 浓度较高外，pH 值、硫化物、粉、氰化物、砷、铜、铅等成分也可能超标。

**2．有色金属矿采选的废气污染**

采选矿生产企业在采矿的爆破、钻采、传堆、运输；和选矿厂的堆存、装卸、破碎、粉磨等作业场所产生大量粉尘和有害气体，无组织排放量较大，粉尘中含有多种有色金属。

大型运矿车的装卸、运输产生的扬尘污染极其严重。有色金属矿山的废石场和尾矿库在气候条件下也是十分严重的产尘源。

**3．有色金属矿采选的废渣污染**

有色金属矿采选的废渣量包括采掘废石和洗选尾矿，尤其采掘废石虽矿种不同有较大差距，铜采掘废石地下开采废石量 0.4～0.6 t/t 产品，露采废石量 3.2 t/t 产品；铅锌采掘废石地下开采废石量 0.75 t/t 产品；铜洗选尾矿量 0.75 t/t 产品，铅锌洗选尾矿量 0.1～0.3 t/t 产品。

**思考与练习：**

1．简述我国当前矿产资源的现状和所存在的问题。
2．简述我国当前矿产采选中较为共性的排污节点是什么。
3．简述我国煤炭采选中主要包括哪些工艺过程，主要的排污节点有哪些。
4．分析有色金属采选中主要的环境污染有哪些。
5．分析黑色金属采选中主要的环境问题有哪些。
6．试分析矿山采选生产中对于生态环境的影响有哪些。

# 第七章　制浆造纸工业污染核算

本章介绍了我国制浆造纸工业原辅料；基本生产工艺；产排污节点；制浆造纸工业的主要污染来源与污染机理分析。

专业能力目标：

1. 了解造纸工业的原料结构；
2. 基本掌握制浆基本生产工艺；
3. 掌握制浆造纸工业的主要污染来源；
4. 掌握制浆造纸工业的水污染情况；
5. 了解制浆造纸工业的大气污染和固体废物污染的情况。

## 第一节　我国制浆造纸工业概况

### 一、我国造纸工业的规模

随着科技、文化、教育的普及，信息产业的发展和新兴包装材料的出现。纸的功能及用途发生了很大变化，全世界纸和纸板的产量不但没有下降，仍呈现上升趋势。

造纸行业仍然是我国的环境污染大户，也是水污染物 COD 的重点污染减排行业。《中国环境统计年报（2009）》显示，全国 41 个行业中，工业废水排放总量为 209.03 亿 t，其中，造纸业废水排放量为 39.26 亿 t，占工业废水排放总量的 18.78%，在所有工业行业中位居第一；而按废水中最重要的指标 COD 排序，则造纸业 COD 总排放量高达 109.7 万 t，占全国工业排放量的 28.94%，排在第一位。此外，造纸业居我国五大高耗水行业之首，国内纸厂吨纸水耗高达 100 m³ 以上，几乎是世界平均水平的 10 倍。其中，小型造纸厂的污染水平远远高于规模纸厂。

2008 年我国造纸行业规模以上企业机制纸及纸板总产量达到 8 391 万 t，2007 年，据我国工商联纸业商会调查统计，由于造纸行业的结构调整，我国纸业百强企业产量已经占到全国造纸总产量的 55.74%，而其 COD 排放量仅占全行业的 10%。

表 7-1　中国造纸工业纸浆消耗情况　　　　　　　　　　　单位：万 t

| 品　　种 | 2010 年 | 2011 年 | 2012 年 | 2013 年 |
|---|---|---|---|---|
| 纸浆合计 | 7 318 | 7 723 | 7 867 | 7 651 |
| 其中：1. 木浆 | 716 | 823 | 810 | 882 |
| 　　　2. 废纸浆 | 5 305 | 5 660 | 5 983 | 5 940 |
| 　　　3. 非木浆 | 1 297 | 1 240 | 1 074 | 829 |

摘自：中国造纸协会《中国造纸工业 2013 年度报告》。

2009 年，我国纸及纸板的产量为 9 389 万 t，居全球首位。但是我国造纸总产能中还有相当一部分属于落后产能。有资料显示，根据减排方案，2007 年造纸行业关闭落后产能 450 万 t，2 000 多家纸厂被关闭，其中统计规模以上（年销售收入 500 万以上）的企业关闭了 376 家；2008 年淘汰造纸落后产能 106.5 万 t，2009 年淘汰 50 万 t 产能，2010 年淘汰落后产能共涉及 279 家纸业企业，整个浆纸产能的淘汰要求达 465.25 万 t，其中制浆产能为 49.02 万 t。

2009 年纸及纸板年产量超过 100 万 t 的造纸生产企业有 8 家，其中玖龙纸业（控股）有限公司年产量为 652 万 t，理文造纸有限公司年产量为 355 万 t，山东晨鸣纸业集团股份有限公司年产量为 299 万 t，金东纸业（江苏）有限公司年产量为 228 万 t，山东太阳纸业股份有限公司年产量为 220 万 t，华泰集团有限公司年产量为 155 万 t，宁波中华纸业有限公司（含宁波亚洲浆纸业有限公司）年产量为 148 万 t，中冶纸业集团有限公司年产量为 101 万 t。

2008 年新建的制浆造纸企业，碱回收、氧脱木素、封闭筛选、白水回收回用、废水生化处理等清洁生产技术和末端治理技术被广泛应用。

## 二、我国造纸企业的分布

到 2009 年年产量超过 100 万 t 的造纸大省已经达到 8 个，但主要还是分布在经济发达的东部地区。全国各省都有造纸企业，但造纸工业生产的区域集中趋势比较显著，东部地区已经成为造纸工业的主要生产基地，2006 年，我国东部地区 12 个省（区、市），纸及纸板总产量占全国的 75.1%，中部地区 9 个省（区）比例占 19.9%，西部地区 10 个省（区、市）比例占 5.0%。

表 7-2　我国 2002—2009 年产量超 100 万 t 的省份

| 年份 | 2003 | 2004 | 2005 | 2006 | 2007 | 2008 | 2009 |
|---|---|---|---|---|---|---|---|
| 当年产量超 100 万 t 的地区（按产量顺序） | 1. 山东<br>2. 浙江<br>3. 广东<br>4. 河南<br>5. 江苏<br>6. 河北<br>7. 福建<br>8. 湖南<br>9. 四川<br>10. 安徽 | 1. 山东<br>2. 浙江<br>3. 广东<br>4. 江苏<br>5. 河南<br>6. 河北<br>7. 湖南<br>8. 福建<br>9. 安徽<br>10. 四川 | 1. 山东（1 055）<br>2. 浙江（817）<br>3. 广东（800）<br>4. 江苏（602）<br>5. 河南（562）<br>6. 河北（316）<br>7. 福建（251）<br>8. 湖南（171）<br>9. 广西（126）<br>10. 四川（111）<br>11. 安徽（111） | 1. 山东（1 166）<br>2. 浙江（1 044）<br>3. 广东（969）<br>4. 江苏（758）<br>5. 河南（623）<br>6. 河北（370）<br>7. 福建（254）<br>8. 湖南（180）<br>9. 四川（125）<br>10. 安徽（120）<br>11. 广西（115）<br>12. 湖北（113） | 1. 山东（1 452）<br>2. 浙江<br>3. 广东<br>4. 江苏<br>5. 河南<br>6. 河北<br>7. 福建<br>8. 湖南<br>9. 四川<br>10. 安徽<br>11. 广西<br>12. 湖北<br>13. 宁夏 | 1. 山东（1 350）<br>2. 浙江<br>3. 广东<br>4. 江苏<br>5. 河南<br>6. 河北<br>7. 福建<br>8. 湖南<br>9. 四川<br>10. 安徽<br>11. 广西<br>12. 湖北<br>13. 宁夏 | 1. 山东（1 450）<br>2. 浙江<br>3. 广东<br>4. 江苏<br>5. 河南<br>6. 河北<br>7. 福建<br>8. 湖南<br>9. 四川<br>10. 安徽<br>11. 湖北<br>12. 广西<br>13. 江西<br>14. 重庆 |

| 年份 | 2003 | 2004 | 2005 | 2006 | 2007 | 2008 | 2009 |
|---|---|---|---|---|---|---|---|
| 造纸大省造纸总产/万 t | 3 569 | 4 257 | 4 963 | 5 837 | 6 702 | 7 271 | 8 010 |
| 造纸大省造纸总产占全国的比例/% | 83 | 86 | 88.6 | 88.6 | 91.18 | 91.12 | 92.71 |

### 三、我国制浆造纸工业存在的主要环境问题

2012 年，在调查统计的 41 个工业行业中，造纸和纸制品业的废水排放量居第一位，占重点调查工业企业废水排放总量的 16.9%。2012 年，造纸和纸制品业废水排放量前 5 位的省份依次是浙江、广东、山东、河北和河南，5 个省份造纸和纸制品业废水排放量为 15.8 亿 $m^3$，占该行业重点调查工业企业废水排放量的 46.0%。制浆造纸工业的单位产品用水量较大，每吨纸品从原料制浆至抄成纸耗用的水量平均在 150 $m^3$ 以上，有的达 300 $m^3$ 以上。近年来，通过不断的技术革新，生产用水的循环利用率不断提高，每吨纸的水消耗量有所下降，但还是比较高。抄纸的各种配料组分都悬浮于水中，水是抄纸过程的重要介质。

表 7-3　2007—2008 年制浆及造纸行业主要环保指标

| 年份 | 废水排放量/亿 t | 占全国工业废水总排放量比例/% | 达标排放率/% | COD/万 t | 占全国工业总排放比例/% | 万元产值COD 排放强度/kg | 氨氮/万 t | 挥发酚/t | $SO_2$排放量/万 t | 重复用水率/% |
|---|---|---|---|---|---|---|---|---|---|---|
| 2008 | 40.77 | 18.85 | 92 | 128.8 | 28.15 | 24.79 | 2.41 | 93.5 | 46.3 | 55.15 |
| 2007 | 42.46 | 19.25 | 90 | 157.4 | 34.75 | 40.29 | 2.98 | 231.9 | 49.2 | 51.38 |

注：资料摘自人民网环保频道。

## 第二节　我国制浆造纸工业的能耗物耗

### 一、造纸生产的原料

在世界造纸工业中，木浆比例平均均为 70%，而美国、加拿大、芬兰等世界纸业强国，木浆比例更是高达 95%。我国几千家造纸企业多以麦草和废纸为原料，以木材、芦苇、竹、蔗渣等纤维为主要原料的企业不足 200 家。

我国林木资源极为短缺，大大限制了国内木浆造纸的比重。据中国造纸协会对综合信息资料调查显示，近几年我国造纸工业的原料结构比例见表 7-4。

表 7-4   2006—2009 年中国造纸工业纸浆消耗情况 　　　　　　　　单位：万 t

| 品种 | 2006 年 | 占总量比例/% | 2007 年 | 占总量比例/% | 2008 年 | 占总量比例/% | 2009 年 | 占总量比例/% |
|---|---|---|---|---|---|---|---|---|
| 总量 | 5 992 | 100 | 6 769 | 100 | 7 360 | 100 | 7 980 | 100 |
| 木浆 | 1 322 | 22.1 | 1 450 | 21.4 | 1 624 | 22.07 | 1 866 | 23 |
| 其中：进口木浆 | 796 | 13.3 | 845 | 12.5 | 952 | 12.9 | 1 315 | 16 |
| 废纸浆 | 3 380 | 56.4 | 4 017 | 59.4 | 4 439 | 60.3 | 4 939 | 62 |
| 其中：进口废纸浆 | 1 570 | 26.2 | 1 805 | 26.7 | 1 936 | 26.3 | 2 200 | 28 |
| 非木浆 | 1 290 | 21.5 | 1 302 | 19.2 | 1 297 | 17.6 | 1 175 | 15 |

注：废纸浆=废纸量×0.8，非木浆（包括稻草浆、竹浆、蔗渣浆等）。

以上数据与国际造纸工业的原料结构（木浆 62.6%，非木浆 3.4%，废纸浆 34%）相比，还有较大差距。据统计，在全球非木材纤维浆生产中，我国约占 80% 以上，其中稻麦草浆又占了一半左右。由于非木材纤维多数具有纤维短、强度差、抄纸性能差等缺点，严重制约着我国造纸工业产品质量和档次的提高。此外，一些品位较高的纸只能使用木浆生产，草浆无法代替，而且草浆厂的规模一般偏小，废液处理和防治污染技术难度较大。

---

**专栏 7-1**

### 我国造纸原料的特色

我国是农业大国，草类资源丰富，麦草集中于山东、安徽、河南、江苏等省；稻草集中于广东、广西、福建、湖南等省（区）；湖南、湖北以及东北地区芦苇资源丰富；广东、广西地区甘蔗资源丰富。这些地区的制浆造纸多采用当地具有优势的非木纤维造纸原料。与木材纤维相比，草类纤维长度短、杂化学物质多、生产废水中 COD 产生量高，保水值高，造成纸张质量差，生产障碍多，对环境污染严重。我国是一个少林国家，人均森林资源只有世界平均水平的 1/4。但同时，我国建设需木材的量巨大。造纸正是对木材资源消耗最大的产业。

---

## 二、制浆、造纸过程使用的化学辅料

在制浆过程使用的化学辅料有离解浆料使用的火碱、芒硝、亚硫酸钠、亚硫酸铵等；有漂白过程使用的过氧化氢、氯气、漂白粉等。在抄纸过程使用的填料氧化镁、氧化钙、滑石粉等；还有作为施胶剂的淀粉、松香、酪素、三聚氰胺等；作为颜料的染料等。

## 三、制浆、造纸过程的能耗与原料消耗

1 t 化学浆需供应 7 t 左右蒸汽（折消耗煤炭 1.5 t）。再生浆需供应 0.2～0.3 t 蒸汽（折消耗煤炭 0.05 t）。

一般生产 1 t 草浆需要 2.8 t 左右干禾草，生产 1 t 芦苇浆需要 2.7 t 左右干芦苇，生产 1 t 纸浆需要 2 t 左右干蔗渣（或 4～5 t 湿蔗渣），生产 1 t 竹浆需要 4～5 t 鲜竹（2 t 干竹），

生产 1 t 木浆需要 2 m³ 左右木材，生产 1 t 废纸浆需 1.2～1.4 t 废纸。

1 t 碱法化学浆约需消耗烧碱 300 kg。1 t 纸中含填料 10%～30%。

造纸行业"十二五"期间将坚决完成节能减排方面制定的约束性指标，实现吨浆纸平均综合能耗比"十一五"末降低 18%，平均取水量降低 18%，全行业化学需氧量排放总量下降 10%，生物质能源比例占全行业能源消费 20%。

### 四、我国制浆造纸工业的环境问题

根据环境保护部统计，2012 年制浆造纸及纸制品业（统计企业 5 235 家，比上年减少 636 家）用水总量为 121.30 亿 t，其中新鲜水量为 40.78 亿 t，占工业总耗新鲜水量 472.12 亿 t 的 8.64%；重复用水量为 80.51 亿 t，水重复利用率为 66.37%，比上年提高 1.77 个百分点。万元工业产值（现价）新鲜水用量为 57.2 t，比上年减少 10.2 t，降低 15.1%。

造纸工业 2012 年废水排放量为 34.27 亿 t，占全国工业废水总排放量 203.36 亿 t 的 16.9%，比上年降低 1.1 个百分点。排放废水中 COD 为 62.3 万 t，比上年 74.2 万 t 减少 11.9 万 t，占全国工业 COD 总排放 303.9 万 t 的 20.5%，比上年减少 2.5 个百分点。万元工业产值（现价）COD 排放强度为 9 kg，比上年降低 18.2%。排放废水中氨氮为 2.1 万 t，占全国工业氨氮总排放量 24.2 万 t 的 8.7%，比上年减少 0.8 个百分点。万元工业产值（现价）氨氮排放强度为 0.3 kg，比上年降低 25.0%。造纸工业废水处理设施年运行费用为 60.4 亿元，比上年减少 0.6 亿元，降低 1%。2012 年造纸及纸制品业 $SO_2$ 排放量 49.7 万 t，比上年减少 4.6 万 t，降低 8.5%；氮氧化物排放量 20.7 万 t，比上年减少 1.4 万 t，降低 6.3%；烟（粉）尘排放量 16.7 万 t，比上年减少 4 万 t，降低 19.3%。废气治理设施年运行费用 16.3 亿元，比上年减少 8.4 亿元，降低 34.0%。

## 第三节　制浆造纸基本生产工艺

我国造纸企业大致分三种类型：制浆企业，指单纯进行制浆生产的企业，以及纸浆产量大于纸张产量，且销售纸浆量占总制浆量 80% 及以上的制浆造纸企业。造纸企业，指单纯进行造纸生产的企业，以及自产纸浆量占纸浆总用量 20% 及以下的制浆造纸企业。制浆和造纸联合生产企业，指除制浆企业和造纸企业以外、同时进行制浆和造纸生产的制浆造纸企业。

造纸生产主要包括制浆和抄纸两部分：

（1）制浆生产是指利用化学或机械的方法，或两者结合的方法，使植物纤维原料离解，制成本色纸浆或漂白纸浆的生产过程（漂白浆：主要用于高级印刷纸、复印纸、电脑纸、胶版纸、封皮纸、书写纸和纸袋纸。未漂白浆：用于高强工业用纸如牛皮纸、纸塑纸）。

（2）抄纸生产是指将纸浆经打浆处理、再加色料胶料、加填料助剂，经抄纸机抄造成纸产品的生产过程。

## 一、备料

植物纤维原料在备料工段经过初步的加工以满足蒸煮或磨浆的需要。不同的原料，备料过程不同，如木材的备料包括贮存、锯木、去皮、削片、筛选等；而草类原料的备料主要是贮存、切断、除去节穗叶、泥沙等。因此，备料基本流程可概括为：贮存、切断、除尘。

贮存是指制浆原料经过一定时间的存放，使其某些质量指标更满足制浆的需要；切断是指将原料切成一定规格，使其便于蒸煮或磨浆；除尘是指除去原料中不含纤维素或少含纤维的有害杂质部分。

稻麦草备料流程有干法备料和湿法备料，也有工厂采用干湿法结合的备料工艺。干法除尘流程主要包括运输、切草、除尘等，主要设备有切断设备（飞刀辊、底刀、喂料装置）、筛选与除尘设备（辊式除尘机、双锥草片除尘筛、水膜除尘系统）。湿法除尘流程主要包括运输、碎解、除砂、压榨等，主要设备是碎解机。

原木备料基本流程主要包括贮木、拉木、锯木、剥皮、去节、削片、筛选、木片贮存等，主要设备有单圆锯或多圆锯、剥皮机、去节机、劈木机、圆盘削片机、原筛或高频振动框平筛等。

芦苇、荻苇、芒秆的备料流程基本相同，常采用干法备料和干湿法备料，其干法备料流程为运输、切断、除尘等，主要设备有卸料设备、切断设备、旋风分离器、圆筛或风选机等。竹类备料流程为贮存、切竹、筛选、撕裂、洗涤等。甘蔗渣备料流程为贮存（干法贮存、散装湿法贮存）、除髓（干法、半湿法、湿法）等。麻类及棉杆备料流程为贮存、切断、筛选。

## 二、制浆基本生产工艺

制浆是指利用化学方法、机械方法或者化学与机械相结合的方法将植物原料中的纤维与木质素分开分散在水中制成本色或漂白纸浆的过程。制浆方法分化学法、半化学法、化学机械法和机械法等。制得的浆称为化学浆、半化学浆、化学机械浆和机械浆。

废纸制浆在制浆生产中是一个比较特殊的领域，是由废纸再生制浆，其分为脱墨制浆与非脱墨制浆两种方式。

由于加工深度、原料材种、工艺条件等因素的影响，不同制浆方法对水体的污染物排放负荷差别很大。相比来说，化学法污染负荷最大（浆得率只有 50%），机械浆最少。我国目前的制浆方法主要以碱法为主，其他还有少量的酸法制浆和半化学法制浆，机械制浆的企业更少。

### （一）化学法制浆生产工艺

化学法制浆的实质是通过化学药液与植物纤维原料在高温下的反应，使胞间层的木素尽可能多地溶出，原料分离成浆。化学法制浆所用的化学药品种类很多，但是工业生产上常用的有碱法制浆及亚硫酸盐法制浆两大类。碱法制浆主要包括硫酸盐法和烧碱法。碱法制浆约占世界浆产量的 90%。

**专栏 7-2**

## 高得率浆

　　高得率浆是指用化学的（有时是生物的）、热的和机械的方法使纤维原料分离，制取得率在 75%以上的浆种。

　　高得率浆既包括传统的磨石磨木浆（SGWP）、化学磨木浆（CGWP）、压力磨木浆（PGW）、木片磨木浆（RMP），又包括近年来发展起来的各种化学机械浆（CMP）、热磨机械浆（TMP）、化学热磨机械浆（CTMP）以及碱性过氧化氢机械浆（APMP 或 APP）和生物机械浆（Bio-MP）等。

　　由于人们对纸浆的质量（强度、白度及适印性）要求不断提高以及制浆工艺技术及装备技术的发展，传统的高得率浆种（SGWP、RMP 等）逐渐被 CMP、CTMP 以及 APMP取代。

　　与硫酸盐浆比较，高得率浆（CMP、CTMP 及 APMP）能更有效利用纤维原料，吨浆原料消耗量只有 KP 的 1/2 左右，吨浆耗水量低近 10 倍，生产过程无恶臭及粉尘等大气污染。

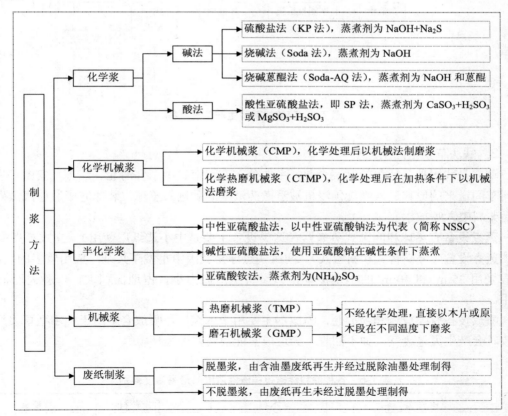

**图 7-1　主要制浆方法分类**

**1. 硫酸盐法制浆生产工艺**

（1）硫酸盐木浆生产工艺。备料车间送来的合格木片通过进料器进入蒸煮器进行蒸煮，木片在蒸煮器里与蒸煮液混合进行化学反应，以去除木片中的木素并使纤维离解成浆。对于有碱回收的制浆系统，蒸煮液就是回收的白液，一般不再另加化学药剂，损失碱用芒硝补充；蒸煮一般分为间歇蒸煮和连续蒸煮两种。

（2）硫酸盐草浆生产工艺，见图 7-2。

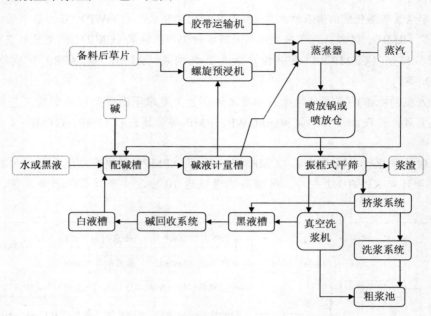

图 7-2 硫酸盐草浆生产工艺流程

**2. 碱法草浆生产工艺**

草浆是我国独具特色的制浆企业，主要分布在河南、山东、河北、江苏、安徽等省，备料车间送来的原料进入螺旋预浸机被蒸煮药液浸润后进入蒸球，装球完毕后通汽蒸煮，煮后浆料喷入喷放锅。

蒸煮设备有蒸球和间歇式蒸煮器（这类设备主要是中小造纸厂使用），立式蒸煮锅和连续蒸煮设备（分横管式和斜管式）。间歇式蒸球是我国中小型草浆纸厂应用较多的设备，一般采用 25 $m^3$ 和 40 $m^3$ 的小型蒸球，该设备生产能力小，占地面积大，一般大厂很少采用。

喷放设备有喷放锅和喷放仓，喷放锅主要用于木浆厂，喷放仓多用于中小型草浆厂，喷放时会产生大量废气，如不回收，会造成热能浪费并污染环境。

表 7-5 各种原料蒸煮过程碱液浓度与最高温度差别

| 原料种类 | 木材 | 竹、苇、芒秆 | 稻麦草 |
|---|---|---|---|
| 蒸煮液中碱质量浓度/（g/L） | 50～60 | 40～50 | 30～40 |
| 蒸煮过程最高温度/℃ | 170～180 | 160～170 | 150～160 |

### 3．酸法草浆生产工艺

酸法草浆是指以亚硫酸氢盐为主要蒸煮药液，对草类原料进行处理得粗浆的制浆工艺，该工艺的原料前处理和粗浆后处理与碱法草浆基本类似，除蒸煮药液不同外，还有蒸煮酸的制备过程。

### （二）化学机械法制浆生产工艺

化学机械法制浆是指原料经轻微的化学处理，然后再用机械方法撕磨成浆的过程。所用原料以木材为主，制浆得率在85%～94%，常用的化学处理为冷碱法和亚硫酸盐法，其药液分别用冷碱或用热的中性硫酸钠溶液对纤维进行短时间的浸渍，或在低压下进行短时间的蒸煮，使10%左右的半纤维素溶出，而木素基本未溶出，再用机械磨碎的方法使之成浆。20世纪90年代，出现了碱性过氧化氢化学机械浆（APMP），它是在化学热磨机械浆的基础上发展起来的。

### （三）半化学法制浆生产工艺

半化学法制浆与化学机械法相似，先对料片进行化学处理，但化学处理程度比化学机械浆剧烈，然后再磨制成浆。除去原料中的25%～50%木素和30%～40%的半纤维素，半化学法制浆得率在65%～85%。

半化学制浆的基本流程为料片→化学处理→磨浆。化学法的蒸煮药液都可以用于生产半化学浆，化学处理通常为蒸球或斜管连蒸器，蒸煮过的原料只去除部分木素和半纤维素，再由机械处理才能将纤维分散成浆，磨碎的主要设备是盘磨机。

中性亚硫酸盐半化学浆（NSSC）是典型的半化学浆，其生产流程：木片→预蒸器→斜管连续蒸煮器→喷放仓→粗浆洗浆机→除碎片盘磨机→贮浆池。

### （四）机械法制浆生产工艺

机械法制浆是利用机械的作用将原料撕磨成浆的过程，目前主要用以生产木浆，因此，机械浆又称磨木浆或机械木浆。机械浆按原料与设备的不同又分为磨石磨木浆和木片磨木浆。机械浆得率高、成本低、污染轻，纸产品质地软、适印性好，但强度低、易返黄。磨石磨木浆一般只能用于生产新闻纸、普通文化纸和纸板。

### 1．磨石磨木浆

磨石磨木浆是最基本磨木工艺过程，流程：木材备料→磨木机→筛选→除砂→浓缩→贮浆池。

磨木机是生产磨石磨木浆最主要设备，种类很多，常用的有链式磨木机、袋式磨木机、库式磨木机、环式磨木机等。影响磨木的因素主要有原木质量、磨木温度、比压、浓度等。

### 2．木片磨木浆

木片磨木浆又称盘磨机械浆，其生产过程是木片在盘磨机内撕磨成浆。木片不经预处理直接进入盘磨机的称普通木片磨木浆（RMP），木片经洗涤、预热再磨浆的称预热木片磨木浆（TMP）。

RMP生产流程为：木片经输送器→旋风分离器→木片洗涤器→经隔栅脱水→盘磨机

制成浆。

TMP 生产流程为木片经输送器、旋风分离器、木片洗涤器、螺旋输送器、螺旋进料器、预热器、盘磨机、成浆精磨等设备制成浆。

### （五）废纸制浆生产工艺

废纸制浆主要工序为碎浆、筛选、除渣、脱墨、浓缩、分散和漂白。可分为两类，一类是脱墨浆，主要用于生产新闻纸、印刷书写纸、杂志纸和涂布纸板等（多一道脱墨工序）；另一类是不脱墨浆，主要用于生产包装纸、瓦楞纸和箱纸板等。

## 三、中段处理

以上制浆过程（废纸制浆除外），为减少中段处理 COD 污染负荷，在中段处理前一般要先进行挤浆，回收含高浓度 COD 的废液。

### 1．洗筛工段

洗浆通常分单向洗涤和逆流洗涤。其中单向洗涤是单纯地用水置换蒸煮废液，然后将废液排出，这种洗涤方法用水量大，排出废液浓度低，难以回收，往往直接排至下水道，因此污染大，但设备简单。逆流洗涤是洗液与浆流多次逆向接触，从而增加洗液浓度，其特点是用水量小，减少环境污染，但其设备比较复杂，该洗液为黑液（或红液）。

筛选是指将粗浆中的生料片、粗大纤维束、砂石、污垢、金属片等，要进行筛选。除去尺寸较大的杂物成为粗选。除去与单根纤维近似的纤维束称为精选。除去密度大而颗粒较小的杂质称为净化。

### 2．漂白工段

漂白浆洗涤设备大致分为两类：一类是漂白设备（漂白机），本身装有洗鼓，连漂带洗非常方便。另一类是用单机洗涤设备（如真空洗涤机、圆网浓缩机、侧压浓缩机等），用于多段漂白的各段之间洗涤，较前一类洗涤设备效率高，能力大，优点明显。

## 四、造纸基本生产工艺

使用纤维原料制造纸张和纸板的方法，一般可分为湿法造纸和干法造纸两大类。目前大多数纸和纸板采用湿法造纸，干法造纸多用于特种纸的制造。纸和纸板的生产过程大体可分为打浆、调料、造纸机前纸料的处理、纸或纸板的抄造四个阶段。

# 第四节　制浆造纸主要工艺的产排污节点

## 一、备料

一般来讲，原木地上储存对环境的危害较小。我国广泛应用的非木材原料有麦草、稻草、蔗渣、竹子和芦苇等，其中的草类原料的备料可采用干湿法备料，即在原有干法备料的基础上，为防止大气污染，在集尘和除尘设备中增设对排风的喷淋装置，再对喷淋后的废水进行澄清、净化后回用或排入末端治理系统；蔗渣备料的主要目的在于尽量除去其中的蔗髓，我国蔗渣除髓多采用干法，该法备料过程中一般不对水体产生显著污染，而湿法除髓的水污染较大，采用废水循环可显著降低污水排放量。

表 7-6　备料工段水污染物说明

| 原料类型 | 特征 |
| --- | --- |
| 原木 | 采用水上储木的方式，原木的湿法剥皮、切片的水洗都会产生污水，原木备料废水中含有一定量的木材抽出物成分，它们以溶解胶体物质的形式存在，是废水重要的毒性来源 |
| 草类 | 草类备料废水主要含有草屑、泥沙等固体悬浮物，同时草屑及原料中的部分水溶性物质进入备料废水，会增加废水中 BOD 和 COD 的含量 |
| 蔗渣 | 蔗渣备料湿法除髓所造成的污染主要是 SS，同时也有水溶性物质进入废水，会增加废水中 BOD 和 COD 的含量 |
| 竹子 | 竹子的备料与木材相似，在竹子的削片、洗涤和筛选过程中，一部分溶出物进入废水，竹子备料废水污染负荷较低，除去水中的砂石、碎屑等之后，可以回用 |

## 二、制浆基本生产工艺产排污节点

### （一）化学法制浆产排污节点

#### 1. 硫酸盐法制浆产排污节点

硫酸盐法制浆废水产生于蒸煮工序，此外，在蒸煮、汽提工序会有臭气产生。固体污染物主要是白泥、绿泥。图 7-3 为典型硫酸盐木浆生产工艺及产污示意图。

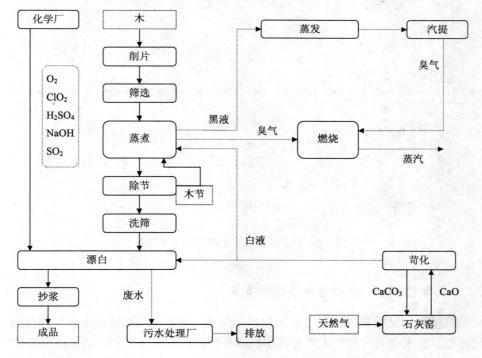

图 7-3　硫酸盐木浆生产工艺产排污节点

### 2. 碱法草浆产污节点

草浆企业是制浆造纸行业中污染最为严重的一类企业，我国草浆企业的特点是规模小、环保设施不完备、污染严重。图 7-4 为草浆企业废水产生示意图，可知碱法草浆产生废水主要来自蒸煮、提取；固体废弃物主要是碱回收白泥和绿泥、污水站污泥、锅炉煤渣，废气主要是草尘、锅炉废气。

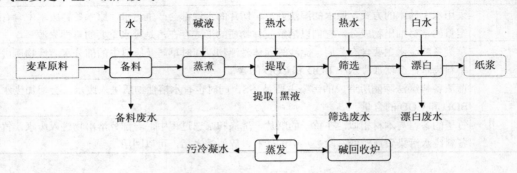

**图 7-4　典型碱法草浆生产工艺产污节点**

### 3. 酸法草浆产排污节点

酸法草浆企业也是制浆造纸行业中污染严重的一类企业，在我国所占比例较小，并有逐步淘汰的趋势。图 7-5 为酸法草浆企业废水产生示意图，可知酸法制草浆产生废水主要来自蒸煮、提取；固体废弃物主要是污水站污泥、红液过滤滤渣、锅炉煤渣，废气主要是草尘、锅炉废气以及少量未回收 $SO_2$。

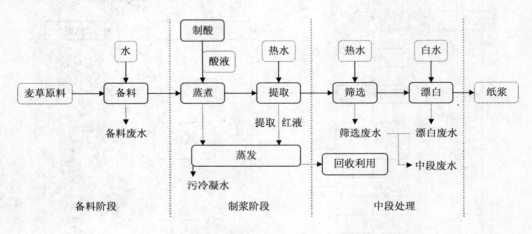

**图 7-5　典型酸法草浆生产工艺产污节点**

### （二）化学机械法、机械法制浆产污节点

化学机械浆和机械浆的废水主要来自木片洗涤、化学预处理残液及浆料的洗涤、筛选等工艺过程。废水中的污染物主要是细小纤维和溶出的有机化合物，溶出的有机化合物含量取决于制浆方法和原料种类。

表 7-7　化学机械法、机械法制浆水污染物说明

| 制浆类型 | 特征 |
|---|---|
| 化学机械浆 | 废液排放量为 20～30 m³/t 浆，BOD 为 40～90 kg/t 浆，COD 为 65～210 kg/t 浆，并且含有大量悬浮物和较深的色度。由于使用化学药品进行预处理，CMP 制浆废液的 COD 含量显著提高，产生的溶解性有机物一般在 5%～10%或者更高 |
| 机械浆 | SGW、RMP 和 TMP 在制浆过程中产生的溶解性有机物（木素、碳水化合物、水溶性抽出物等）为 2%～10% |

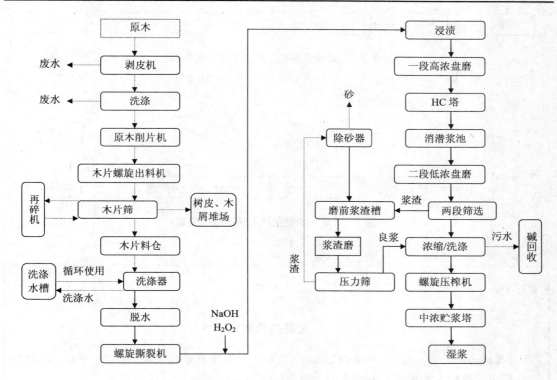

图 7-6　化学机械浆生产工艺产污节点

## （三）废纸制浆生产工艺产污节点

废纸制浆产生最大的污染物是废水，因废纸的种类、来源、处理工艺、脱墨方法及废纸处理过程的技术装备情况不同，所排放的废水特性差异很大。废水主要来自废纸的碎浆、疏解，废纸的洗涤、筛选、净化、脱墨及漂白过程。一般情况下，非脱墨浆废水排放量及废水的 BOD、COD 排放负荷均比脱墨浆低。

表 7-8　废纸制浆废水中含有的污染物说明

| 污染物 | 特征 |
|---|---|
| 总固体悬浮物 | 包括细小纤维、无机填料、涂料、油墨微粒及微量的胶体和塑料等 |
| 可生化降解有机物 | 主要是纤维素或半纤维素的降解物，或是淀粉等碳水化合物及蛋白质、胶黏剂等形成废水中的 $BOD_5$ |
| 还原性物质 | 包括木素及衍生物和一些无机盐等形成 COD |
| 有色物质 | 由油墨、染料及木素等化合物形成废水的色度 |

废纸制浆的非脱墨和脱墨两种工艺，其中脱墨法污染相对严重，废水可生化性较强，如图 7-7、图 7-8 为典型废纸制浆生产工序及产排污流程。

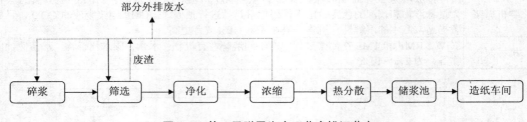

图 7-7　单一无脱墨生产工艺产排污节点

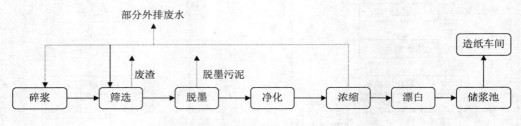

图 7-8　单一脱墨生产工艺产排污节点

---

**专栏 7-3**

### 废纸的分类

《废纸再利用技术要求》（GB/T 20881—2006）规定了废纸的术语、分类、要求、抽样和试验要求。该标准将废纸分为以下 11 类：

1. 混合废纸——由公众回收的未经分类的各类废纸。
2. 废包装纸箱——由公众回收的无瓦楞的废包装纸箱。
3. 废瓦楞纸箱——由公众回收的废瓦楞纸箱。
4. 特种废纸——由公众回收的含高湿强剂、沥青、热熔胶等化学品的特种废纸。
5. 废书刊杂志——由公众回收的废杂志、废书刊及类似印刷品。
6. 废报纸——由公众回收的未受潮、未暴晒、未返黄的废报纸，不应含废杂志和空白纸张。
7. 废牛皮纸——由公众回收的废牛皮纸及纸袋纸，不含不可利用的衬纸。
8. 纸箱切边——在纸箱和纸板生产过程中产生的边角料。
9. 办公废纸——由公众回收的已使用过的办公废纸。
10. 出版物白纸边——未印刷的出版物白纸边，不含印刷装订切边、有色纸及湿强纸。
11. 白报纸——未印刷的新闻纸纸页和切边，或其他类似的白色未涂布机械木浆纸。

由于我国需要从美国、欧洲及日本进口大量的废纸，因此对这些国家的废纸分类应该有所了解。

欧洲的废纸分类标准中关于废纸的分类不是根据某些质量参数来分类的，而是根据废纸中无用和有害物质的含量分类的。将回收废纸分为 5 类（普通、中级、高级、牛皮纸类、特种纸类）57 个品级。

美国是按废纸的原纸种分类的，比如印刷废纸、非印刷废纸、含机械浆废纸、不含机械浆废纸等。美废（美国回收废纸）中消费量最大的是 OCC，其次是脱墨级的废纸（包括旧报纸和高质量的印刷纸）及制浆代用品（不含机械浆的纸）。具体将回收废纸分为 51 个品级，可直接用序号来称呼，如 1 号美废、10 号美废……另外还有一组特殊品级的废纸，共有 35 种。

日本也是按废纸的原纸种分类的，共分为 9 个大类 29 个品级，对初级用户废纸没做具体质量规定，而对 5 个终端用户废纸作了严格的质量规定。

### 三、造纸工艺产排污节点

造纸车间废水又可分为造纸系统排放废水和造纸辅助系统排放废水，造纸系统排放废水又包括重污水、轻污水、临时性（事故性）排放废水。重污水主要来自压力筛和除砂器等浆料净化系统排"渣"，而轻污水则主要来自白水回收处理系统多余白水。临时性（事故性）排放废水主要是指系统不平衡时浆槽、白水槽、水封槽等的溢流水以及控制失灵导致的事故性排放和地面冲洗水。通常白水系统废水占废水总量的 80% 以上。对于涂布纸生产，回收涂料会带出部分废水，这部分废水通常 $COD_{Cr}$ 排放浓度较高，除此之外，各纸种造纸厂其他部分废水水量不大，污染负荷不高。

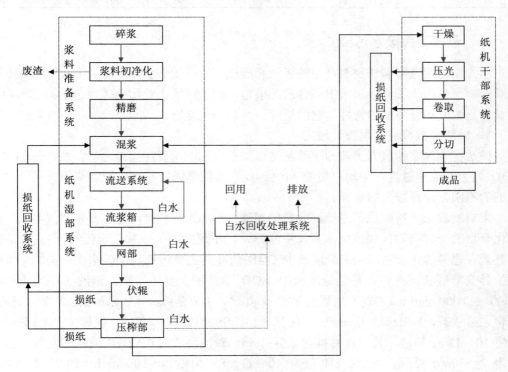

**图 7-9 造纸生产工艺产排污节点**

## 第五节　制浆造纸工业水污染核算

近年来国内制浆造纸行业污染控制措施得到较大的发展，单位产品废水排放量明显下降，但目前为止，与发达国家相比，现有企业废水排放量差别较大，总体水平仍然较高，如每生产 1 t 化学木浆排放废水 20～80 m³，非木浆 60～160 m³，每生产 1 t 化机浆废水排放量为 10～40 m³，每生产 1 t 脱墨浆废水排放量 10～70 m³，无脱墨的废纸浆废水量 8～40 m³，而由纸浆每生产 1 t 纸排放 8～60 m³。

### 一、备料废水

考虑到现阶段企业排水现状及行业发展趋势，备料废水基本上在木浆 0～5 m³，非木浆 2～20 m³ 的范围内。表 7-9 为备料工序的排污统计值。

表 7-9　备料工序废水污染物排放情况

| 制浆原料 | 处理方法 | | 废水量/m³ | COD/（kg/m³） | SS/（kg/m³） | BOD/（kg/m³） |
|---|---|---|---|---|---|---|
| 原木 | 干法剥皮 | | 0～2 | 0～7 | 0～2 | 0～3 |
| | 湿法剥皮 | 开放系统 | 5～30 | 6～10 | 3～8 | 3～5 |
| | | 封闭系统 | 1～5 | 5～8 | 0.5～3 | 2～3 |
| 非木材 | 干湿法备料 | | 2～5 | 20～40 | 30～60 | 8～15 |
| | 湿法备料 | | 20～50 | 30～60 | 60～80 | 10～20 |

### 二、蒸煮工段废水污染

蒸煮工段废液即碱法制浆产生的黑液和酸法制浆产生的红液。我国绝大部分造纸厂采用碱法制浆而产生黑液。黑液中所含的污染物占到了造纸工业污染排放总量的 90% 以上，且具有高浓度和难降解的特性，它的治理一直是一大难题。

#### 1．碱法蒸煮废液（黑液）污染

碱法化学制浆的蒸煮废液即黑液是造纸工业废水的重要污染源之一，所产生的 COD、BOD 约为制浆全过程污染物总量的 90%，而它的化学成分及含量因制浆原料和使用化学药剂的不同，存在很大的差异。

来自喷放仓、挤浆机、逆流洗浆机的黑液，65% 为有机物，主要是木素（40%）和碳水化合物的降解产物（如硫化木素、甲酸醇、二甲硫醚和二甲基二硫化物等）。都是有臭味甚至有恶臭的化合物，是造成废液中 COD 值高的主要污染物；碳水化合物的降解产物则呈异变糖酸状态存在，是造成废液中 BOD 值高的主要污染物。黑液 COD 质量浓度 5 000～40 000 mg/L，COD 产生量在 1 300 kg/t 浆，主要是纤维素、木质素、果胶、树脂等，还含大量残碱，BOD≥5 万 mg/L，pH 值≥13，SS≥1 500 mg/L。一般每生产 1 t 化学浆，产生 10～12 m³ 黑液，其中含有机物 1.0～1.5 t，碱性物质约 0.4 t。黑液浓缩回收产生冷却水为 2～3 m³/t 纸浆，其中：pH 值为 10～11、SS 为 300～500 mg/L、COD 为 1 000～1 500 mg/L、BOD 为 500～800 mg/L。

据统计，每生产 1 t 碱法草浆排放废液 10～12 m³，其特征是 pH 为 11～13，BOD 为 34 500～42 500 mg/L，COD 为 106 000～157 000 mg/L，SS 为 23 500～27 800 mg/L，木浆排水量略低。

---

**专栏 7-4**

### 碱回收

　　碱回收技术至今已有 100 多年的历史，我们知道，在碱法制浆过程中，根据不同的原料，要加入大量的碱，这些碱在蒸煮过程中，同原料中的木素、半纤维素、纤维素的降解物发生化学作用，并一起溶解在蒸煮液中，形成黑液。在没有碱回收时，这些黑液就都被当成废物排放掉了。

　　碱回收技术主要包括四个过程，即提取、蒸发、燃烧和苛化。提取工段是碱回收的原料来源，原则上是要获得高浓度、高温度、量大的黑液，以保证比较高的黑液提取率。有高的黑液提取率，就会有高的碱回收率。黑液蒸发是除去黑液中多余的水分，以适应燃烧的需要。从提取工段送来的黑液含水分达 80% 以上，这样的黑液是不能燃烧的，必须将其蒸发浓缩。黑液燃烧就是将经过蒸发浓缩的黑液固形物在燃烧炉里燃烧裂解，以回收黑液中的碱和热，供再生产使用。熔融物溶解于稀白液或水中称绿液，它的主要成分是碳酸钠和硫化钠，将石灰加入绿液中，使碳酸钠转化为氢氧化钠的过程称为苛化。

---

## 2. 酸法蒸煮废液（红液）污染

　　酸法化学制浆的蒸煮废液称为红液，其化学成分十分复杂，主要成分为木素和纤维素，糖类含量也比较多，还有制浆药剂。亚硫酸盐制浆厂的蒸煮废液总量与碱法制浆相当，每生产 1 t 制浆一般排放废液 10 m³ 以上，但制浆总废水量比现代化碱法制浆厂的高，原因是该工艺水循环率较低。

---

**专栏 7-5**

### 酸回收

　　红液因蒸煮时采用的药品中的盐基有镁盐、钙盐、钠盐和铵盐等不同类型。红液的回收，目前一般有两种方法，燃烧法和综合利用。燃烧法的原理和黑液回收基本相同，因钙盐红液容易结垢，而钠盐会在回收过程中产生大量的硫化钠，铵盐在燃烧过程中会分解挥发，而只有镁盐红液适合采用燃烧法进行回收，可采用传统的硫酸盐法进行回收。

　　红液先经过蒸发，浓缩到含固形物 55%～57% 的浓度，然后在燃烧炉内进行燃烧，生成氧化镁、二氧化硫以及少量的 $SO_3$，分离出来的氧化镁经洗涤和消化后制成氧化镁乳液，用来吸收烟气中的 $SO_2$ 就可以得到以 $Mg(HSO_3)_2$ 为主要成分的亚硫酸盐蒸煮药液。此外，还可以采取综合利用的方法对红液进行回收。比如，可以用红液来制备木素磺酸盐（减水剂）、香兰素等。

---

### 三、中段废水污染

造纸中段废水是指化学法制浆生产过程中产生的除黑液外的全部废水，外排的中段废水是提取黑液后的蒸煮浆料在洗浆、筛选、漂白以及打浆中所排放的废水，由于处理不当而溢漏的黑液也可能混掺其中。这部分废水量较大，主要污染物为木质素和漂白过程中产生的氯酚类物质。中段废水的污染治理是我国造纸工业治理的重点。

中段水用水量特别大，我国制浆中段废水中主要的污染物有木素、半纤维素、色素、戊糖类、酚、氯化物等，以可溶性 COD 为主，污染物与黑液基本相同，但浓度低于黑液，一般情况下其水质特征为 pH 值 7～9，$COD_{Cr}$ 1 200～3 000 mg/L，$BOD_5$ 400～1 000 mg/L，SS 500～1 500 mg/L。其中废水量 120～180 $m^3$/t 纸浆、pH 值 10～12、SS 600～1 000 mg/L、COD 800～1 200 mg/L、BOD 300～600 mg/L。中段废水 COD 质量浓度为 1 500～2 500 mg/L，需经处理才能达标排放。

制浆造纸中段废水主要包括：蒸煮污冷凝水、纸浆洗浆、筛选、净化废水、漂白废水、碱回收废水及部分泄漏黑液，颜色呈深黄色，占造纸工业污染排放总量的 8%～9%。其中漂白废水中含大量的有机氯化物，具有很深的颜色和很大的毒性，是浆厂排水污染的主要来源，也是毒性物质的重要来源。中段废水具有排放量大，污染负荷高，成分复杂，毒性大等特点；尤其是非木材纤维一直是造纸工业的主要原料；在全球非木材纤维生产中，我国约占 80% 以上。草浆中段废水 $BOD_5/COD_{Cr}$ 为 0.25～0.30，木浆中段废水 $BOD_5/COD_{Cr}$ 为 0.30～0.35，因此草浆中段废水可生化性较差，是造纸废水的处理难点。

**1. 污冷凝水**

化学制浆过程中，蒸煮锅放除蒸汽的碱法制浆冷凝水含甲醇、乙醇、丙酮、丁酮、糠醛等污染物；硫酸盐制浆法冷凝水含硫化氢及有机硫化物等。

**2. 洗浆、筛选、浓缩废水**

提取蒸煮液后，浆料再经筛选、浓缩，洗去浆料中的杂质这一环节会产生大量洗涤废水。1 t 浆耗水 250 $m^3$，经浓缩后排水量为 50～200 $m^3$/t 浆。COD 质量浓度在 1 000～1 500 mg/L，COD 产生量为 300～350 kg/t 浆，如果采用筛选后浓缩排水循环到筛选前的稀释工序等措施，还可以大幅度减少排水量。

如果黑液回收率由 80% 提高到 90%，可以降低筛选水污染负荷 40%，也可以减少中段废水量。目前我国大型造纸企业黑液回收率高于 85%，许多中小型企业黑液回收率平均低于 40%。

**3. 漂白废水**

我国目前多数企业还是用氯化漂白，污染严重得多。纸浆漂白废水中 COD 发生量为 40～85 kg/t 浆，漂白废水中 BOD 发生量为 10～30 kg/t 浆。传统的 CEH（氯化－碱处理－氯酸盐漂白）三段漂污染产生量较大，废液中不但含有 COD 和 BOD，而且还含有其他剧毒物质。当使用次氯酸盐漂白时，废水中除了含有机污染物外，还含有相当数量的氯化物。含氯漂白产生的三氯甲烷，每漂白 1 t 蔗渣浆所排出废液含 150～250 g，每漂白 1 t 木浆约含 700 g。氯化漂白除了产生三氯甲烷外，废液中还含有 40 多种有机氯化物，其中以各种氯代酚为最多，如二氯代酚、三氯代酚，还产生二噁英和呋喃产物，有 10 多种是剧毒的。发达国家制浆漂白过程多使用双氧水为漂白剂，为了减少漂白产生的污染，还采用如氧一碱漂白、臭氧漂白、气相漂白、置换漂白等新的漂白工艺。造纸工业的环境污染治理从技术角度看，在很大程度上能够得到解决，但许多造纸厂为了减少污染治理成本，没有进行黑液回收和消除二噁英污染的治理，加大了中段水的污染。

国内漂白工艺技术十分落后，漂白仍以次氯酸盐单段和 CEH 三段漂为主。在纸浆漂白的氯化段（C）和随后的碱抽提段（E），能够产生大量的有机酚类化合物和极毒的二噁英。据资料报道，目前在漂白废水中检测到的具有致癌、致畸、致基因突变的物质有硝基多环芳烃、氯代二苯丙二噁英、氧代二苯丙呋喃、氯代芳烃等许多种，其中大部分物质具有不可代谢性，非常难以被生物降解，特别是二噁英，由于其具有剧毒，并且在人畜体内不可代谢，可以生物积累等，已被国际致癌研究中心列为人类一级致癌物质。

---

**专栏 7-6**

### 制浆造纸行业的二噁英问题

过去一直认为制浆造纸生产中产生的蒸煮废液（黑液、红液等）污染严重，COD、BOD、SS 浓度高，随着近年来的不断研究，人们发现漂白废水的危害远大于蒸煮废液。主要是由于使用含氯漂白剂（$Cl_2$、$ClO_2$）进行漂白从而生成含氯化合物进而产生二噁英所致。

二噁英是一类持久性的有机氯化合物，共有 30 种之多。具有"致癌、致畸、致突变"的特点，半衰期长，残留时间长达 10 年。易在环境中长期累积，被称为地球上毒性最强的毒物。

造纸生产工艺中使用氯或含氯化学剂对纸浆进行漂白，排放出的废水中含有游离氯和化合氯，体现在排放的废水中即为 AOX，AOX 是二噁英产生的前提，含氯化合物最终将在环境中形成二噁英。含氯废水的污染程度取决于漂白纸浆时的化学剂种类及浓度，排水中的含氯化合物不仅对水域造成污染，还大量消耗水中的溶解氧并产生有毒物质（活性氯、树脂、氯化木素），更重要的是将会生成二噁英从而造成深远的环境影响。另外，有些造纸厂还自设 $Cl_2$ 制备车间，更增加了排放的含氯化合物的负荷。

由于造纸产量巨大，造纸行业产生的二噁英的量也相当大。造纸行业的漂白已成为二噁英的一个重要来源，据资料显示，制浆造纸产生的二噁英已占到全部二噁英产生量的 3%。因此，削减漂白生产工艺产生的二噁英已势在必行。

制浆造纸生产产生二噁英的根本原因是在漂白工艺中采用 $Cl_2$ 或 $ClO_2$ 作为漂白剂，即 AOX 主要产生在纸浆漂白的氯化段，而氯化物会在一定的温度和氧化物的作用下生成二噁英。因此，从根本上消除二噁英的方法，就是避免使用含氯化合物作为漂白剂。目前发达国家的造纸行业已开发应用无元素氯漂白和全无氯漂白工艺，即采用过氧化氢、臭氧等作为漂白剂。这类采用次氯酸盐和过氧化氢及臭氧的漂白工艺取代元素氯漂白工艺已成为一个发展趋势，可以大大削减 AOX 的排放量。但由于全无氯漂白工艺的漂白效果尚不理想，因此，不排除在最近这些年内，为达到更高的漂白白度，仍会使用一些含氯漂白工艺或无元素氯漂白工艺。

### 四、废纸制浆水污染

废纸制浆工艺污染物产生量远低于草木原料制浆，尤其不进行高温蒸煮处理，污染负荷会明显减少，废纸造纸的水污染物产生量比化学制浆造纸削减了 85%以上，但废水的 COD、SS 浓度仍然较高。目前，我国中小型企业的排水量一般为 60～100 $m^3/t$，废水中除含塑料粒、泥砂外，还有细微的纤维素和半纤维素、木质素、胶粒、矿粒、填料等污染物。

废纸制浆生产过程如果需要脱墨，因洗涤脱墨工艺用水量大，每吨脱墨浆用水量为 60～100 $m^3$，实际排水量会比不脱墨的废纸制浆生产大得多。废纸制浆产生的废水中主要含有半纤维素、木质素、无机酸盐、细小纤维、无机填料以及油墨、染料等污染物。木质素、半纤维素主要形成废水的 COD 及 BOD；细小纤维、无机填料等主要形成 SS；油墨、染料等主要形成色度及 COD。这些污染物综合反映出废水的 SS、COD 指标均较高。

废纸中 50%的填料、70%的细小纤维和 95%的油墨和少量脱墨剂、表面活性剂进入废水中，但由于没有蒸煮黑液，污染物浓度会比制浆造纸低许多。一般不脱墨废水中 COD 质量浓度为 1 200 mg/L、BOD 质量浓度为 300 mg/L、SS 质量浓度为 1 000 mg/L；脱墨废水中 COD 质量浓度为 1 200 mg/L、BOD 质量浓度为 500 mg/L、SS 质量浓度为 800 mg/L，国家对再生纸的排水量限制在 60 $m^3/t$。为节省用水，许多纸厂将利用抄纸废水作为碎浆和高浓度洗浆的用水，可以减少用水量。

废纸造纸废水排放量与多种因素有关，目前我国以中小型企业居多，排水量一般为 20～60 $m^3/t$ 纸，最低已达到 8 $m^3/t$ 纸，最高超过 100 $m^3/t$ 纸。一般情况下，企业规模越大、设备越先进、商品浆比例越高、管理越完善，吨纸排水量也就越低。在同等条件下，高档纸吨产品排水量要高于低档纸吨产品排水量，如生产瓦楞纸吨产品排水量相对较低，脱墨纸吨产品排水量相对较高。

废纸造纸废水水质浓度一般与吨纸排水量及污染物产生量有关。主要含有半纤维素、木质素、无机酸盐、细小纤维、无机填料以及油墨、染料等污染物。木质素、半纤维素主要形成废水的 COD 及 BOD；细小纤维、无机填料等主要形成 SS；油墨、染料等主要形成色度及 COD。这些污染物综合反映出废水的 SS、COD 指标均较高。据测算，在一般情况下，再生造纸的污染物产生量相对稳定，COD 为 70～100 kg/t 纸。吨纸排水量越大，则废水 COD 浓度降低，但吨产品的 COD 产生量偏高，引进设备的排水量及 COD 产生量都比较低。当复用水、回用水做得较好时，吨纸排水量能降低，但 COD 浓度会提高。通常废纸造纸废水的 COD 在 500～2 000 mg/L 范围，当无水质实测资料时，可按表 7-10 推算废水水质。

表 7-10　再生造纸废水水质测算表

| 吨纸排放量/（$m^3/t$） | SS/（mg/L） | COD/（mg/L） |
|---|---|---|
| 约 30 | 2 000～2 500 | 2 000～3 000 |
| 60 | 1 000～2 000 | 1 200～2 000 |
| 100 | 700～1 100 | 800～1 200 |
| 150 | 500～800 | 600～800 |
| 200 | 400～600 | 500～600 |

### 五、造纸工艺的水污染

抄纸过程的废水主要来自打浆、纸机前筛选和抄造等工序。造纸机生产过程中，纸料在造纸网上流动时，浆料中添加的辅助化学品和助剂（防腐剂、杀菌剂、消泡剂等）一部分保留在浆料中，另一部分则随着用于悬浮纤维的水流向网下。

抄纸废水称"白水"，主要来自打浆、浆料的净化筛选和造纸机湿部。白水主要含有细小纤维、填料、涂料和溶解了的木材成分，以及添加的胶料、湿强剂、防腐剂等，以不溶性 COD 为主，可生化性较低，其加入的防腐剂有一定的毒性。白水水量较大，但其所含的有机污染负荷远远低于蒸煮黑液和中段废水。

真空吸滤的、洗毛布的、冷凝冷却污水，除了不能回用水外，统称剩余白水。我国造纸企业耗水量一般为 $50\sim80\ m^3/t$ 纸，许多老企业和中小企业排水量较大，可高于 $100\ m^3/t$，如果采用白水回用，废水量会大大减少。SS 和 COD 污染负荷分别为 60 kg/t 和 80 kg/t，白水主要含细小纤维、少量填料、果胶、糖类、填料、染料和助剂，都是有用的资源。白水中主要污染物指标是 SS 和 COD，其中：pH 值 $7\sim8$、SS 为 $500\sim800\ mg/L$、COD 为 $300\sim600\ mg/L$、$BOD_5$ 为 $100\sim300\ mg/L$。白水一般可根据其中固形物含量的不同，回用于系统的不同部位。剩余白水经过滤、气浮或沉淀等方法，回收纤维，出水再用于抄纸生产。

白水回收的技术在我国已普遍推广，大型纸机一般都采用了多圆盘过滤机，中小企业则采用气浮池或多圆盘过滤机进行白水回收，使造纸白水得到了充分的回用，有的已实现封闭循环。大型纸机一般都采用了多圆盘过滤机，中小企业则采用气浮池或多圆盘过滤机进行白水回收，使造纸白水得到了充分的回用，有的已实现封闭循环。造纸白水的污染治理在技术上已没有障碍。

## 第六节　制浆造纸工业大气与固废污染核算

### 一、制浆造纸工艺的大气污染核算

#### 1. 硫酸盐法制浆的大气污染核算

硫酸盐制浆厂大气污染物的排放点主要有草类原料备料、蒸煮锅、喷放锅、洗浆设备、黑液蒸发系统、碱回收炉、熔融物溶解槽、石灰窑、石灰消化器、造纸机、锅炉、废水处理系统等，几乎各个工段都会产生大气污染物。大气污染物主要有 $H_2S$、$CH_3SH$、$CH_3SCH_3$、$CH_3SSCH_3$、$SO_2$、$SO_3$、$NO_x$ 和粉尘等。

表 7-11　硫酸盐法制浆造纸大气污染物排放量

| 污染物 | 废气量/（$m^3$/t 浆) | | 水蒸气量/（kg/t 浆) | | 硫含量/（kg/t 浆) | | 粉尘/（kg/t 浆) | |
|---|---|---|---|---|---|---|---|---|
| | 无控制 | 控制后 | 无控制 | 控制后 | 无控制 | 控制后 | 无控制 | 控制后 |
| 间歇蒸煮锅 | 9 | — | 1 136 | — | 1.1 | — | — | — |
| 连续蒸煮锅 | 4 | — | 682 | — | 0.7 | — | — | — |
| 洗浆机 | 1 980 | — | 114 | — | 0.2 | — | — | — |

| 污染物 | 废气量/（m³/t 浆） | | 水蒸气量/（kg/t 浆） | | 硫含量/（kg/t 浆） | | 粉尘/（kg/t 浆） | |
|---|---|---|---|---|---|---|---|---|
| | 无控制 | 控制后 | 无控制 | 控制后 | 无控制 | 控制后 | 无控制 | 控制后 |
| 蒸发站 | 9 | — | — | — | 1.6 | — | — | — |
| 碱回收炉 | 9 340 | 9 340 | 1 954 | 1 954 | 4.0 | 0.5 | 77.3 | 1.6 |
| 溶解槽 | 850 | 850 | 318 | 318 | 0.1 | 0.05 | 2.3 | 0.2 |
| 石灰窑 | 1 270 | 1 270 | 386 | 614 | 0.5 | 0.1 | 20.2 | 0.5 |
| 树皮锅炉 | 8 500 | 8 500 | 1 363 | 1 363 | 0.005 | 0.005 | 15.9 | 2.3 |
| CEHDED 漂白 | 2 270 | 2 270 | 100 | 100 | 0.9 * | | | |
| 纸机 | 12 200 | 11 320 | 1 227 | 728 | — | — | — | — |
| 黑液氧化 | -- | 990 | — | 318 | | 0.1 | | |
| 总计 | 36 400 | 34 500 | 6 280 | 5 400 | 8.80 | 0.755 | 115.7 | 4.6 |

注：数据引自刘秉钺主编的《制浆造纸污染控制》（中国轻工业出版社 2009 年版）。* 0.9 kgCl₂/t 浆。

**表 7-12　硫酸盐法制浆含硫臭气排放量**　　　　　　　　单位：kg/t 风干浆

| 污染物 | $H_2S$ | $CH_3SH$ | $CH_3SCH_3$ | $CH_3SSCH_3$ |
|---|---|---|---|---|
| 间歇蒸煮小放气 | 0～0.05 | 0～0.3 | 0.05～0.8 | 0.05～1 |
| 间歇蒸煮放锅 | 0～0.1 | 0～1.0 | 0～2.5 | 0～1 |
| 连续蒸煮 | 0～0.1 | 0.5～1.0 | 0.05～0.5 | 0.05～0.4 |
| 洗浆机罩 | 0～0.1 | 0.05～1.0 | 0.05～0.5 | 0.05～0.4 |
| 洗浆机密封槽 | 0～0.01 | 0～0.05 | 0～0.05 | 0～0.03 |
| 蒸发站热水井 | 0.05～1.5 | 0.05～0.8 | 0.05～1.0 | 0.05～1.0 |
| 黑液氧化塔 | 0～0.01 | 0～0.1 | 0～0.4 | 0～0.3 |
| 回收炉 | 0～2.5 | 0～2 | 0～1 | 0～0.3 |
| 熔融物溶解槽 | 0～1 | 0～0.8 | 0～0.5 | 0～0.3 |
| 石灰窑 | 0～0.5 | 0～0.2 | 0～0.1 | 0～0.05 |
| 石灰消化器 | 0～0.01 | 0～0.01 | 0～0.01 | 0～0.01 |

注：数据引自 Pulp and Paper Manufacture Energy Conservation and Pollution Prevention，1977.

**表 7-13　硫酸盐法制浆 $SO_x$、$NO_x$ 排放量**　　　　　　　　单位：kg/t 风干浆

| 污染物 | | $SO_2$ | $SO_3$ | $NO_x$（以 $NO_2$ 计） |
|---|---|---|---|---|
| 回收炉 | 不加辅助燃油 | 0～40 | 0～4 | 0.7～5 |
| | 加辅助燃油 | 0～50 | 0～6 | 1.2～10 |
| 石灰窑排气 | | 0～1.4 | | 10～25 |
| 熔融物溶解槽排气 | | 0～0.2 | | |

注：数据引自刘秉钺主编的《制浆造纸污染控制》（中国轻工业出版社 2009 年版）。

### 2．亚硫酸盐法制浆的大气污染核算

亚硫酸盐法制浆的大气污染物主要是粉尘、$SO_2$、$NO_x$。粉尘主要来自草类原料的备料和酸回收系统废液的燃烧，对于没有酸回收的工厂，则主要来自草类原料的备料和制酸过程。$SO_2$ 主要来自蒸煮、制浆洗涤、红液蒸发、红液燃烧以及制酸过程，亚硫酸氢盐法和中性亚硫酸盐法蒸煮的红液在多效蒸发系统只散发少量 $SO_2$，一般为 1 kg/t 浆，而酸性亚硫酸盐法的红液则高得多，达 20～30 kg/t 浆。$NO_x$ 来自红液燃烧。

表 7-14　亚硫酸盐法制浆 $SO_2$ 排放量　　　　　　　　　　　单位：kg/t 风干浆

| | | 未经控制 | 经碱液洗涤和吸收 |
|---|---|---|---|
| 蒸煮放锅 | 热放法 | 30～75 | 1～25 |
| | 冷放法 | 2～10 | 0.05～0.3 |
| 多效蒸发站 | | 1～30 | 0.025～1.0 |
| 酸回收系统 | | 80～250 | 6～20 |
| 洗涤系统 | | 0.5～1 | — |
| 制酸系统 | | 0.5～1 | — |

注：数据引自刘秉钺主编的《制浆造纸污染控制》（中国轻工业出版社 2009 年版）。

### 3．制浆造纸其他环节的大气污染

纸浆漂白系统、造纸车间、废水处理和动力锅炉等都会产生大气污染物。

表 7-15　纸浆造纸其他环节大气污染情况

| 产污环节 | 特点 |
|---|---|
| 纸浆漂白系统 | 漂白过程中采用含氯漂白剂，会造成氯对大气的污染，主要污染物是 $Cl_2$、$ClO_2$ 和 $SO_2$ 等 |
| 造纸车间 | 主要是水蒸气及少量挥发性有机物（与涂料和助剂有关） |
| 废水处理系统 | 在废水输送和处理过程中，会产生与蒸煮和漂白废气中相同的大气污染物 |
| 动力锅炉 | 动力锅炉的烟气中主要含有粉尘、$SO_2$、$NO_x$ 和 CO 等，若以树皮为燃料，还会排出大量的水蒸气 |

## 二、制浆造纸工业的固体废物污染核算

制浆造纸废水污泥主要包括源头治理产生的绿泥、白泥，末端治理产生的物化污泥和剩余污泥。

根据调研统计结果，制浆造纸废水治理工程碱回收白泥量为 25～35 kg 干泥/t 产品，绿泥量为 3～5 kg 干泥/t 产品，末端治理污泥量为 30～120 kg 干泥/t 产品，其中的末端治理污泥构成中，一级处理污泥量最大，占到污泥总量的 30%～65%，二级处理剩余污泥占到总量的 15%～20%，深度处理化学污泥量随投加药剂量变化较大，占总量的 20%～60%。

### 1．化学制浆的黑液和碱回收的苛化白泥

烧碱法和硫酸盐法蒸煮制浆废液（黑液）从浆料中提取出来，一般数量为 10～12 m³，黑液中的固形物中有 65% 是无机物（主要是钠盐、碳酸钠、硫化钠、氢氧化钠等，草浆黑液中还有硅酸钠），其余是有机物（COD 质量浓度超过 100 g/L）。一般认为 1 t 纸将就会有 1 t 有机物及 400 kg 的碱类和硫化物溶解于黑液。黑液如直接排放应视为危险废物（属于固体废物）。一般造纸企业都采用相应工艺回收碱，黑液浓缩后，送入碱回收炉燃烧，再将其中的无机物回收（碳酸钠和硫化钠），再制成水溶液，加石灰苛化，产生氢氧化钠，将碳酸钙沉淀分离，得到氢氧化钠和硫化钠的蒸煮药液回用。碱回收过程会产生大量苛化白泥。

### 2．废纸制浆的废渣

废纸制浆产生的另一大污染物是固体废弃物——废渣。废渣主要来自废纸碎浆时分离

出的砂石、金属、塑料等废物，以及净化、筛选、脱墨过程分离出的矿物涂料、油墨微粒、胶粘剂、塑料碎片等。固体废物的产生量与所用回收废纸的种类及机再生纸或纸板的品种有关，生产 1 t 废纸再生纤维浆，一般可产生废渣 100～300 kg。

**3. 污水处理产生的污泥**

造纸企业废水量特别大，废水中污染物（SS 和 COD）总量又特别高，因此污水处理产生的污泥的数量特别大。

表 7-16　不同造纸工艺的污泥产生量

| 工艺类型 | 污泥产生量/（kg/t 纸） | 工艺类型 | 污泥产生量/（kg/t 纸） |
|---|---|---|---|
| 化学浆/低填料纸 | 9～36 | 脱墨浆/高级纸 | 36～136 |
| 化学浆/高填料纸 | 23～68 | 高级纸 | 9～36 |
| 磨木浆/新闻及其他纸 | 9～45 | 回收纸板 | 9～27 |
| 板化学浆/半褶皱纸 | 9～27 | | |

注：以上泥量为干泥量（纯固体物质量），一般经压滤后的滤饼含固体物质 20%，以上以滤饼量计的话，数量为上表数据的 5 倍。

废水经物化、生物方法处理后，其中的悬浮物有 90%以上分离出来成为污泥。通常原料废纸有 5%左右进入废水，1 t 纸将产生 70～80 kg 的绝干污泥。气浮污泥（沉淀浓缩污泥）含水率 97%，污泥量 2.3～2.6 t/t 纸；机械脱水后污泥含水率 75%左右，干污泥量 0.3～0.4 t/t 纸；自然干化污泥含水率较高，污泥量＞0.7 t/t 纸。

污泥脱水采用压滤机脱水，大中型企业以带式压滤机为多，中小型企业以板框压滤机为多。也有一些小企业采用自然干化方法，自然干化容易造成二次污染，南方地区尤甚，最好应避免采用。

---

**拓展知识之一**

### 棉浆粕与黏胶纤维工业简介

**1. 棉浆粕与黏胶纤维工业的原料**

（1）棉浆粕工业的原料

棉浆粕工业采用的原料为棉短绒，它又称棉籽绒，是通过轧花机的作用后，在棉籽表面还附着的一部分短而密集的纤维与绒毛，将轧花的棉籽全部剥绒后，所得到的短绒数量相当于皮棉总产量的 15%，是一项不可忽视的纤维资源。

（2）黏胶纤维工业的原料

黏胶纤维工业的原料为化学浆粕，其主要成分为纤维素，具体包括棉浆粕、木浆粕等。化学浆粕主要原料是纤维素含量高的植物，如棉短绒、木材等。国内多使用棉纤维作为生产棉浆粕的原料，国外一般以优质木材为原料制成的木浆粕。其差距有扩大趋势。

**2. 棉浆粕生产工艺**

（1）棉浆粕生产工艺流程

棉浆粕生产主要包括制浆和抄浆两部分：①制浆生产是指利用化学的方法，除去棉短绒的杂质，制成漂白纸浆的生产过程。②抄浆生产是指将悬浮于水中的纸浆液，经抄浆机抄造成浆粕产品的生产过程。

棉浆粕生产采用制浆造纸工业常规的制浆方法，即先备料、蒸煮、浆料洗涤、打浆（半浆）、前除砂和漂白等工序，生产过程中蒸煮后的洗浆、半浆、漂白等工序都要排放大量废水，其中洗料工序排放的黑褐色碱性废水称为黑液，打浆、前除砂和漂白工序排放的废水统称为中段废水。黑液水质特点为碱性强，色度深、污染物浓度高，中段废水水质呈弱碱性，污染物明显含量低于黑液。棉浆粕工艺流程见图 7-10。

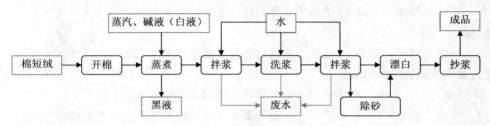

**图 7-10 棉浆粕生产工艺流程**

生产工艺说明：

①蒸煮——从蒸煮浆分离出废液（黑液），黑液大部分靠压榨出来，小部分靠洗涤除去，黑液中含残碱和大量有机、无机物质；

②洗料——再进行洗涤残存黑液；

③打浆——进一步洗涤和切断；

④漂白——用次氯酸钠漂白；

⑤成浆——精选后进行抄浆得到棉浆粕。

棉浆粕生产各道工序与制浆造纸类似，化学制浆法生产过程用水量大，会产生一定量的高浓度黑液及大量洗浆漂白废水。蒸煮黑液如不能分流处理，与洗浆废水混排会形成难以处理的高浓度有机废水。

（2）黏胶纤维生产工艺流程

传统的粘胶纤维生产工艺是：棉短绒经制浆工艺制成符合黏胶纤维生产要求的棉浆粕，送到黏胶纤维厂，在烧碱里浸泡后，加入纤维素含量 30%～35% 的 $CS_2$ 将之溶解等制胶工艺制成纤维素磺酸钠，然后在含有 100 g/L 的 $H_2SO_4$、260 g/L 的 $Na_2SO_4$、12 g/L 的 $ZnSO_4$ 的凝固浴中凝固再生制成纤维。烧碱和硫酸反应生成硫酸钠，作为溶剂的 $CO_2$ 多数释放排入空气中，少部分转变成 $H_2S$。再生的纤维再用大量的水进行脱硫、洗净、漂白、上油、最后烘干打包。生产工艺流程见图 7-11。

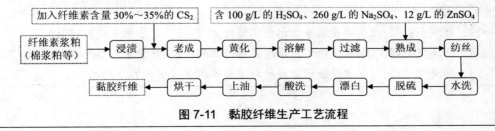

**图 7-11 黏胶纤维生产工艺流程**

**拓展知识之二**

## 与制浆造纸工业相关的主要环境保护标准资料目录

1. 《制浆造纸行业清洁生产评价指标体系（试行）》，2006.
2. 国家环境保护总局.《清洁生产技术要求　制浆造纸行业》（报批稿），2002.
3. 国家环境保护总局.《清洁生产技术要求　制浆造纸行业》（编制说明），2002.
4. 国家环境保护总局.《造纸工业漂白硫酸盐蔗渣浆生产工艺清洁生产技术要求》（征求意见稿），2002.
5. 国家环境保护总局.《造纸工业漂白硫酸盐蔗渣浆生产工艺清洁生产技术要求》（征求意见稿）编制说明，2002.
6. 《清洁生产标准　造纸工业（废纸制浆）》（HJ 468—2009）.
7. 环境保护部.《清洁生产标准　造纸工业（废纸制浆）》（征求意见稿），2008.
8. 环境保护部.《清洁生产标准　造纸工业（废纸制浆）》（征求意见稿）编制说明，2008.
9. 《清洁生产标准　造纸工业（硫酸盐化学木浆生产工艺）》（HJ/T 340—2007）.
10. 《清洁生产标准　造纸工业（漂白化学烧碱法麦草浆生产工艺）》（HJ/T 339—2007）.
11. 《清洁生产标准　造纸工业（漂白碱法蔗渣浆生产工艺）》（HJ/T 317—2006）.
12. 环境保护部.《清洁生产审核指南　造纸工业（废纸制浆）》（征求意见稿），2010.
13. 环境保护部.《清洁生产审核指南　造纸工业（废纸制浆）》（征求意见稿）编制说明，2010.
14. 环境保护部.《清洁生产审核指南　造纸工业（漂白碱法蔗渣浆生产工艺）》（征求意见稿），2010.
15. 环境保护部.《制浆造纸工业水污染物排放标准》（GB 3544—2008）.
16. 国家环境保护总局.《制浆造纸工业水污染物排放标准》（征求意见稿），2007.
17. 国家环境保护总局.《制浆造纸工业水污染物排放标准》（征求意见稿）编制说明，2007.
18. 环境保护部.《制浆造纸工业水污染物排放标准》（再次征求意见稿），2008.
19. 《制浆造纸工业水污染物排放标准》（GB 3544—2008）.
20. 《造纸工业建设项目竣工环境保护验收技术规范》（HJ/T 408—2007）.
21. 国家环境保护总局.《造纸建设项目竣工环境保护验收技术规范》（征求意见稿），2007.
22. 国家环境保护总局.《造纸建设项目竣工环境保护验收技术规范》（征求意见稿）编制说明，2007.
23. 环境保护部.《制浆造纸废水治理工程技术规范》（征求意见稿），2010.
24. 环境保护部.《制浆造纸废水治理工程技术规范》（征求意见稿）编制说明，2010.
25. 环境保护部.《制浆造纸行业现场环境监察指南（试行）》，2010.

**思考与练习：**

1. 请在网上整理今年我国造纸工业的原料结构。
2. 制浆基本生产工艺包括哪些？
3. 请简述制浆造纸工业的主要污染来源。
4. 到造纸厂或在网上整理和分析制浆造纸工业水污染物排污节点（制图）。
5. 制浆造纸工业有无大气污染和固体废物污染的情况？

# 第八章　纺织印染工业污染核算

　　本章介绍了我国纺织印染工业存在的主要环境问题、污染特征、节能减排的途径；介绍了我国棉、麻纺织印染工业，毛与丝纺织印染工业，人造纤维与合成纤维工业的概况、基本生产工艺和主要环境污染问题。

　　专业能力目标：

　　1. 了解我国纺织印染工业存在的主要环境问题和减排的途径；

　　2. 了解我国棉、麻、毛、丝纺织印染和人造纤维，合成纤维工业的基本生产工艺；

　　3. 了解我国棉、麻纺织印染工业，毛与丝纺织印染工业，人造纤维与合成纤维工业的基本耗水情况；

　　4. 了解棉、麻、毛丝纺织印染工业和人造纤维，合成纤维工业的主要排污节点；

　　5. 掌握纺织印染工业的环境污染特征；

　　6. 掌握我国棉、麻、毛、丝纺织印染工业和人造纤维，合成纤维工业的废水水质特征；

　　7. 掌握我国棉、麻、毛、丝纺织印染工业和人造纤维，合成纤维工业水污染物主要指标。

## 第一节　我国纺织印染工业的环境问题

### 一、我国纺织印染工业存在的主要环境问题

#### （一）我国纺织印染工业概况

　　我国是世界最大的纺织品生产和加工基地，目前已经形成上、中、下游互相衔接，门类齐全的纺织工业体系。棉纱、棉布、呢绒、丝织品、化纤产品和服装等主要产品产量均居世界第一位，是纺织生产加工大国。据 2008 年全国污染源普查，纺织企业数为 107 561 个，以中小型企业为主，规模以上企业仅为 47 000 多家，从业人数约 2 200 万，约占产业工人的 10.4%。纺织工业使用的原料有天然纤维和化学纤维。我国纤维产量中化学纤维约占 60%，其中涤纶占化学纤维产量的 80%以上；天然纤维中棉花最多，约占天然纤维产量的 80%。

纺织工业品属于高耗能、高污染行业，其产品很大一部分都是出口到国外，属于典型的产品输出国外、污染留在国内的类型。近年来，由于新产品、新染化料、新工艺的开发，在质量、生产效率、节水效率提高的同时，纺织工业废水中污染物的浓度也大幅提高，环境保护问题日益突出。中国目前尚保持世界最主要的纺织生产国的地位，主要靠印染行业。中国的印染行业主要集中在浙江、江苏、广东、福建和山东五省，这五省的印染布产量超过全国的 90%，而这 5 省的染整废水总量也约占全国染整废水排放总量的 90%。据统计，2010 年，纺织工业 COD 和氨氮排放量分别为 30.1 万 t 和 1.7 万 t，分别占工业排放总量的8.3% 和 7.1%，均居第 4 位。

### （二）我国纺织印染行业污染特征

目前纺织印染行业的环境污染主要来自于其生产过程中的污水、废气和噪声。

#### 1. 废水

历年的中国环境统计数据表明，在重点调查的工业行业中，纺织业是排污大户。2010年，纺织废水排放量达到 24.55 亿 $m^3$，在当年统计的 39 个工业行业中位于第三位，占重点调查统计企业废水排放量的 11.6%。其中，COD 排放量约为 30.06 万 t，污染贡献率占8.2%；氨氮排放量 1.74 万 t，占重点调查统计企业氨氮排放量的 7.1%。在纺织行业中，染整（即印染和后处理）废水占 80% 以上，化纤生产废水量约占 12%，另外 8% 是其他纺织废水。

本章重点介绍纺织印染行业废水的污染情况。纺织废水主要包括印染废水、化纤生产废水、洗毛废水、脱麻胶废水和化纤浆粕废水五种。纺织染整俗称印染，其中印染废水是纺织工业的主要污染源。

COD、色度和 pH 值也是染整废水的特征指标，染整工艺中染料的平均上染率为 90%，有 10% 的染料残留在废水中，根据不同染料和工艺一般处理前色度在 200～500 倍。由于生产工艺的原因，染整废水绝大部分属碱性，总废水 pH 在 10～11（丝绸和毛染整采用酸性染料，总废水偏酸性，pH 为 5）。脱胶废水、洗毛废水和碱减量废水也是一些染整或前处理过程产生的不好处理的废水。染整废水主要污染物是有机污染物，主要污染物来源于前处理工序的浆料、棉胶、纤维素、半纤维素和碱，以及染色、印花工序使用的助剂和染料。染整废水的 BOD/COD 一般小于 0.2，属于难生物降解的废水，BOD 小于500 mg/L。

表 8-1　各类纺织品生产产生废水平均水质

| 产品 | COD/（mg/L） | BOD/（mg/L） | 色度稀释倍数 | pH 值 | SS/（mg/L） |
|---|---|---|---|---|---|
| 棉机织 | 1 000～1 200 | 300～400 | 400～600 | 10～11 | 300～600 |
| 棉针织 | 500～700 | 150～200 | 300～500 | 10 | 300～500 |
| 毛粗纺 | 500～600 | 200～300 | 150～300 | 6 | 500～800 |
| 毛精纺 | 200～400 | 100～150 | 100～200 | 6 | 300～500 |
| 绒线 | 300～550 | 100～150 | 150～250 | 6 | 400～600 |
| 真丝绸 | 300～550 | 150～250 | 200～400 | 7 | 200～400 |

专栏 8-1

### 表 8-2 三类纺织品废水的环境特征差别

| 类型 | | 植物类纤维 | 动物类纤维 | 化学类纤维 | | |
|---|---|---|---|---|---|---|
| 平均水量消耗/<br>（m³/t 产品） | | 200～280 | 400～500 | 100～200 | | |
| 产污特征 | COD 质量浓度/<br>（mg/L） | 1 200～1 800 | 500～800 | 300～600 | | |
| | pH 值 | 10.5<br>显碱性 | 5.5～6.5<br>略显酸性 | 一般显中性<br>若有碱减量工艺，显强碱性，<br>pH 值可达 13 | | |
| | 色度稀释倍数 | 500～800 | 400～500 | 300～400 | | |
| 说明<br>（以上平均数及特征指标<br>水平不包括说明中的特<br>殊工艺） | | 麻类纤维废水不<br>包括脱胶废水及<br>污染物 | 毛类纤维不包<br>括洗毛废水及<br>污染物 | 人造纤维不包括化学浆粕废水及污染物；<br>合成纤维不包括合成纤维的单体合成、聚<br>合、洗丝废水及污染物；合成纤维不包括<br>碱减量废水及污染物 | | |

专栏 8-2 碱减量

碱减量是涤纶纤维前处理的主要工艺。

所谓碱减量是指涤纶织物用约 8%的氢氧化钠在 90℃条件下处理约 45 分钟，使涤纶表面部分织物不均匀地剥落，并分解成对苯二甲酸和乙二醇，从而使涤纶薄织物具有丝绸的手感；厚织物具有毛的手感。

资料： 染料与助剂

### 1. 染料

染料一般能直接溶于水或通过化学处理而溶于水，对纤维有一种结合能力(亲和力)，并在织物上有一定的色牢度。染料对纤维的染色，包括面很广，而且各种染料对各种纤维的染色情况也各不相同。

### 2. 助剂

在染整过程中投加的助剂，主要包括表面活性剂、金属络合剂、还原剂、树脂整理剂和染色载体等，其种类繁多，按其应用可列举以下几类：

润湿剂和渗透剂类，乳化剂和分散剂类，起泡剂和消泡剂类，金属络合剂类，匀染剂、染色载体和固色剂类，还原剂、拔染剂、防染剂和剥色剂类，黏合剂和增稠剂类，柔软剂和防水剂类，上浆硬挺整理剂类，树脂整理剂荧光增白剂类，防静电类，阻燃整理类，羊毛防缩和防蛀类，防霉防臭整理剂类，防油易去污类。

表 8-3　各类纤维印染使用的染料和助剂

| 纤维品种 | 常用染料 | 染料品种 | 主要化学助剂 |
|---|---|---|---|
| 纤维素纤维（如棉、麻、黏胶纤维及混纺） | 直接染料、活性染料、还原染料、硫化染料、不溶性偶氮染料 | 直接染料 | 硫酸钠、碳酸钠、食盐、硫酸铜、表面活性剂 |
| 毛 | 酸性染料、酸性媒染、酸性含媒染料 | 硫化染料 | 硫化碱、食盐、硫酸钠、重铬酸钾、双氧水 |
| 丝 | 直接染料、酸性染料、酸性含媒染料、活性染料 | 分散染料 | 保险份粉、载体、水杨酸酯、苯甲酸、邻苯基苯酚、一氯化苯、表面活性剂 |
| 涤纶 | 分散染料、不溶性偶氮染料 | 酸性染料 | 硫酸钠、醋酸钠、丹宁酸、吐酒石、苯酚、间二苯酚、醋酸、表面活性剂 |
| 涤棉混纺 | 分散/还原、分散/不溶性偶氮染料 | 不溶性偶氮染料 | 烧碱、太古油、纯碱、亚硝酸钠、盐酸、醋酸钠 |
| 腈纶 | 阳离子染料（碱性）、分散染料 | 阳离子染料 | 醋酸、醋酸钠、尿素、表面活性剂 |
| 腈纶-羊毛混纺 | 阳离子/酸性染料先后染色 | 还原染料 | 烧碱、保险份、重铬酸钾、双氧水、醋酸 |
| 维纶 | 还原染料、硫化染料、直接染料、酸性含媒染料 | 活性染料 | 尿素、纯碱、碳酸氢钠、硫酸铵、表面活性剂 |
| 锦纶 | 酸性染料、分散染料、酸性含媒染料、活性染料 | 酸性媒染 | 醋酸、无明粉、重铬酸钾、表面活性剂 |

为更好地适应"十二五"环境保护工作的新要求，进一步加大纺织印染工业污染防治工作力度，2012 年环保部对《纺织染整工业水污染物排放标准》（GB 4287—1992）进行了修订，同时新制订了缫丝工业、毛纺织工业以及麻纺工业的水污染物排放标准[《缫丝工业水污染物排放标准》（GB 28936—2012）、《毛纺织工业水污染物排放标准》（GB 28937—2012）、《麻纺工业水污染物排放标准》（GB 28938—2012）]。这 4 项标准构成纺织工业水污染物排放系列标准，形成行业全过程环境控制。

**2．废气**

纺织行业的废气主要来源于两个方面。一是行业内的供热锅炉，这些锅炉除供给纺织行业所需的热能外，还会产生大量的烟尘、$SO_2$ 和 $NO_x$，严重污染环境。二是来自纺织生产工艺过程中产生的工艺废气。

纺织工业的工艺废气主要来自于：

（1）化学纤维尤其是黏胶纤维的生产过程。化纤的纺丝工序，先将原材料制成纺丝液，制造纺丝液的过程中需加入黏胶，致使在纺丝过程黏胶的加入会释放出醛类气体（甲醛为主）；有些化纤如黏胶纤维的黄化过程中也会伴随有 $CS_2$、$SO_2$、$H_2S$ 等恶臭气体产生。

（2）在纺织品的前处理工艺中，特别是在高温热定型过程中，在热定型机的排气管道口有有机气体挥发，主要是一些苯类、芳烃类等有机气体。

（3）在纺织品功能性后整理过程中，废气主要来源于纺织品特别是涤纶分散染料热熔染色和棉织物免烫整理以及普通织物的阻燃整理的焙烘工艺。涤纶分散染料热熔染色工艺中，高温导致部分染料随废气排放；在棉织物的焙烘工艺中，由于添加化学助剂，在整理中会出现甲醛等有机气体和氨气释放的现象。

纺织废气对于大气的危害远比废水更难控制。根据《2011—2020 非常规性控制污染物排放清单分析与预测研究报告（环境经济预测研究报告）》，我国纺织印染行业 VOCs（挥发性有机气体）排放量分担率为 8.8%。

### 3．固体废物

纺织行业的固体废物主要来源于能源消耗过程产生的固体废物，生产过程中的固体废物（如废纱、废布等下脚料），印花及染色过程中产生的废染料及染料桶等，粉尘处理过程中产生的粉尘；废水处理过程中产生的固体废物。

纺织产品印染过程中一般染料的上染率为 80%～90%，剩余染料残留在废水中。废水处理后，有微量染料存于污泥中，按照现行《国家危险废物名录》中规定，这类污泥已被划为危险固体废物（代号：HW12），见表 8-4。

表 8-4  纺织行业固体废物（污泥）的类别、来源及组成

| 编号 | 废物类别 | 废物来源 | 常见危害组分或废物名称 |
|---|---|---|---|
| HW12 | 染料、涂料废物 | 从油墨、染料、颜料、油漆、真漆、罩光漆的生产配制和使用过程中产生的废物<br>——生产过程中产生的废弃的颜料、染料、涂料和不合格产品；<br>——染料、颜料生产硝化、氧化、还原、磺化、重氮化、卤化等化学反应中产生的废母液、残渣、中间体废物；<br>——油漆、油墨生产、配制和使用过程中产生的含颜料、油墨的有机溶剂废物；<br>——使用酸、碱或有机溶剂清洗容器设备产生的污泥状剥离物；<br>——含有染料、颜料、油墨、油漆残余物的废弃包装物；<br>——废水处理污泥 | 废酸性染料、碱性染料、媒染染料、偶氮染料、直接染料、冰染染料、还原染料、硫化染料、活性染料、醇酸树脂涂料、丙烯酸树脂涂料、聚氨酯树脂涂料、聚乙烯树脂涂料、环氧树脂涂料、双组分涂料、油墨、重金属颜料 |

另外，由于化纤企业的特殊性质，化纤行业生产过程及清洗过程产生的有机溶剂也会存在于废水处理后的污泥中，这类污泥也属于《国家危险废物名录》中规定的危险废物（HW42），见表 8-5。

表 8-5  化纤行业危险废物（污泥）的类别、来源及组成

| 编号 | 废物类别 | 废物来源 | 常见危害组分或废物名称 |
|---|---|---|---|
| HW42 | 废有机溶剂 | 从有机溶剂的生产、配制和使用中产生的其他废有机溶剂（不包括 HW41 类的卤化有机溶剂）<br>——生产、配制和使用过程中产生的废溶剂和残余物。包括化学分析，塑料橡胶制品制造、电子零件清洗、化工产品制造、印染染料调配，商业干洗和家庭装饰使用过的废溶剂 | 含糠醛，环己烷，石脑油，苯，甲苯，二甲苯，四氢呋喃，乙酸丁酯，乙酸甲酯，硝基苯，甲基异丁基酮，环己酮，二乙基酮，乙酸异丁酯，丙烯醛二聚物，异丁醇，乙二醇，甲醇，苯乙酮，异戊烷，环戊酮，环戊醇，丙醛，二丙基酮，苯甲酸乙酯，丁酸，丁酸丁酯，丁酸乙酯，丁酸甲酯，异丙醇，$N,N$-二甲基乙酰胺，甲醛，二乙基酮，丙烯醛，乙醛，乙酸乙酯，丙酮，甲基乙基酮，甲基乙烯酮，甲基丁酮，甲基丁醇，苯甲醇的废物 |

2013 年 1 月 1 日实施了新的《纺织染整工业水污染物排放标准》（GB 4287—2012）标准，之后，印染企业的污泥量大幅增加。如以前印染污泥大概一天在 1 t 左右，一般可通过自行焚烧处置；现在每天达到 5～6 t，如何处理就成了问题。

**4．噪声**

噪声污染曾经是纺织行业尤其是棉纺行业存在的比较严重的问题之一，但近年由于工艺设备的改进，噪声污染问题已基本得到有效控制。

## 二、纺织印染行业节能减排的途径

"十一五"期间，节能减排是纺织印染行业发展的重点任务。随着节能、节水的新技术在行业中推广应用，污染物控制技术取得明显进步，资源循环利用技术取得积极进展。印染布生产水回用率由 7%提高到 15%，提高 8 个百分点；印染布生产综合能耗由 59 kg 标煤/hm 下降到 50 kg 标煤/hm，下降 15%。

纺织印染行业"十一五"期间虽然取得了一定成绩，但仍面临着一系列节能减排的难题：

（1）生态和环境保护压力大。印染行业能耗、水耗较高，废水排放量较大，由于印染加工对水质的要求高等原因，印染行业水重复利用率仍较低。近年印染行业虽在节能减排方面取得显著成效，随着行业总量的持续快速发展，水资源消耗总量和废水排放总量仍不断增加，已成为我国工业系统中重点水污染源之一。我国印染行业产能 90%以上集中在东部沿海五省，产能过于集中，局部地区水污染物排放总量超过环境承受能力，使这些地区环境压力较大。

（2）工艺技术和装备水平需进一步提高。虽然我国东部沿海地区一些印染企业的生产装备已达到国际先进水平，但是印染行业整体装备水平仍不高，还有不少企业的生产装备能耗水耗高、自动化程度低，自动化水平和能耗水耗高的问题尤为突出。国家对纺织工业在节能减排、淘汰落后产能、减轻环境影响方面提出了更高要求。为有效控制纺织工业污染物排放，在《国家环境保护"十二五"规划》中明确提出了要加大印染等行业落后产能淘汰力度，提高行业污染物排放标准，推进 COD 和氨氮排放总量控制。同时，新出台的《纺织工业"十二五"发展规划》、《印染行业"十二五"发展规划》、《印染行业准入条件》等行业规划与政策也对纺织工业的环境保护提出了具体要求。

纺织印染行业节能减排的主要途径有以下几方面：

（1）进一步强化节能减排意识，树立可持续发展观。以构建节约环保型生产方式和消费模式为目标，以技术创新和制度创新为动力，以健全节能减排管理体系和运行机制为保障，确保完成节能减排约束性指标，推动经济社会的顺畅发展。坚持突出重点、带动全局的原则。通过选择目前基础较好的一些企业开展试点，以规模以上企业为监测重点，将试点与示范相结合，树立典型，积累经验，带动工作全面展开。坚持量化指标、考核监督的原则。制定节能减排的指标体系和考核方法，确保目标落实到基层和企业，同时加强考核监督，密切跟踪企业节能减排进展，及时发现问题，采取措施。

（2）自觉遵守相关政策法规和技术标准，依法推进节能减排工作。自觉遵守《中华人民共和国节约能源法》和国家、地方有关的节能减排法规、规定，采用先进的技术标准，节能降耗，提高效益。坚决执行和落实国务院关于《促进产业结构调整暂行规定》的决定

（国发〔2005〕40号）以及发改委《产业结构调整指导目录（2011年本）（修正）》，淘汰和禁止使用高能耗、低能效、高污染的工艺、产品和设备。

（3）应用新工艺和新技术，促进资源节约、再利用，减少污染排放。一些企业缺少先进的节水设备和技术，导致高耗水的设备仍在使用；应加快开发和研制符合不同地区印染行业实际的节水设备和技术。对于新工艺和新技术的应用主要包括三个阶段：一是印染前处理技术，传统的处理方式具有废水排放量大、pH值高、污染物浓度高、能耗大的特点，而目前主要以缩短加工流程、降低处理温度、以生化酶代替化学品为发展趋势，基本选用冷轧堆一步法工艺和酶氧一步法工艺。二是染色节能减排技术，目前染色节能减排技术，同时采用涂料染色和印花的新技术。三是后整理节能减排技术，低给液技术代替刮刀、轧液、给湿等，采用泡沫方式进行涂层及功能性整理的技术已趋于成熟，这对于节水、节能、降低成本等都具有十分重要的作用。

（4）优化产品结构、转变经济增长方式。按走新型工业化道路的要求，把节能减排和结构调整紧密结合，加快产品、技术、工艺和组织结构调整，优化生产工艺流程，提高运行效率，提高产品附加值，切实转变经济增长方式。

（5）全面推行清洁生产，制定绿色纺织印染的产业政策，促进产业结构调整。推行清洁生产是从源头治理污染的根本举措，是循环经济在企业层面的具体体现。政府有关部门应根据《清洁生产促进法》，编制纺织印染业实施清洁生产技术导向目录，建立纺织印染行业清洁生产评价指标体系；开展清洁生产试点，将积极进行技术改造实施清洁生产和提高废弃资源回用率的纺织印染企业，列为示范企业，并给予一定的资金支持，以引导其他企业在"十一五"期间基本实现清洁生产。

## 第二节　棉、麻纺织印染工业污染核算

### 一、棉纺织印染工业污染核算

#### （一）棉纺织（棉混纺）产品的纺纱、织造工艺

**1. 主要原料**

主要原料包括棉花、粘胶纤维及涤纶、锦纶、腈纶、维纶、丙纶等棉性短纤维。这些纤维由一种或多种原料经纺纱制成纱线，纱线经织造制成坯布，坯布经染色或印花再经整理制成印染布。

**2. 主要加工工艺**

（1）纺纱生产工艺。纺纱工艺为连续性生产，可以用一种原料进行纯纺，也可以用多种原料进行混纺。这些纤维经混棉、梳棉、并条、粗纱、细纱等工序制成了纱线。纺纱工艺分粗梳系统和精梳系统。

（2）织造生产工艺。

在上浆工序中棉线用变性淀粉，涤纶用聚乙烯醇、聚丙烯酸酯等作为上浆辅料，目的使线具有较好的弹性和强度。

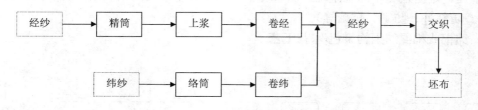

**图 8-1　棉纺织（棉混纺）产品的织造工艺**

### （二）棉纺织（棉混纺）产品的印染工艺

印染，又称染整，指对以天然纤维、化学纤维、以及天然纤维和化学纤维按不同比例混纺为原料的纺织材料（纤维、纱、线和织物）进行的以化学处理为主的染色和整理过程。典型的印染过程一般包括前处理、印染和后整理三个工序。

前处理是指去除纺织品上的天然杂毛，以及浆料、助剂和其他沾染物，以提高纺织品的润滑性、白度、光泽和尺寸稳定性，有利于进一步加工的工序。前处理主要包括烧毛、退浆、煮练、漂洗、开轧烘和丝光等工序。

烧毛：是利用高温火焰或炽热的金属表面去除纺织品上的茸毛，使其表面光洁、织物组织结构纹理清晰的加工过程。

退浆：是去除织物上的浆料，以利于染整后续加工的工艺过程。退浆又分酶法退浆（多用于纯棉织物）和碱法退浆（多用于棉混纺织物）。

煮练：是用化学方法去除织物的天然杂质。将织物在高温碱液（还需加表面活性剂）中蒸煮，除去织物纤维残存的天然杂质（蜡质、果胶等），可以增加织物对染料的吸附能力。

漂白：是指去除纺织品的天然色素，增加纺织品的白度。一般采用次氯酸钠、双氧水等氧化剂去除纤维表面和内部的有色杂质。漂白主要是针对棉纤维上的天然杂质进行的。

丝光：是指棉纱线、织物在一定张力下，经冷而浓的烧碱溶液处理，获得蚕丝样光泽和较高吸附能力的加工过程。

印染包括染色和印花。

染色：是对纤维和纤维制品施加色彩的过程。纺织品的染色主要有两种方法：一种是应用最为广泛的染色（常规染色），主要是将纺织品放在化学染料溶液中浸染；另一种方法是使用涂料，把涂料制成微小的不可溶的有色颗粒黏附在织物上。织物经染色后还需经多次漂洗，去除没有结合的染料。

印花：是指把循环性花纹图案施与织物、纱片、纤维网或纤维条的方法，又称局部染色。常用的印花工艺有直接印花、拔染印花、仿染印花，一般坯布都是直接印花。直接印花是将色浆直接通过筛网印花版印在纺织品上，是基本的印花方法之一，可以用多种染料共同印制。

后整理，织物后整理工序不仅可以赋予纺织品美观的效果，更重要的是可以赋予纺织品特殊的功效。后整理考虑最多的并非是美观性，而是其功能性。后整理包括一般性整理

（手感整理、定型整理、外观整理、面料复合）和特种整理（防水、阻燃、防污、防油、抗静电、防红外、防霉、抗菌等）。

### 1．纯棉或棉混纺织物染色/印花工艺

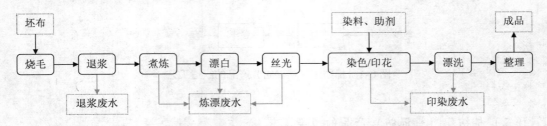

图 8-2　纯棉或棉混纺织物染色/印花工艺

### 2．纯棉、棉混针纺产品染色/印花工艺

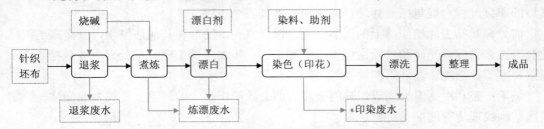

图 8-3　混针纺产品染色/印花工艺

### 3．灯芯绒印染工艺

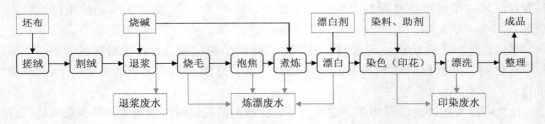

图 8-4　灯芯绒布染色/印花工艺

### 4．绒布印染工艺

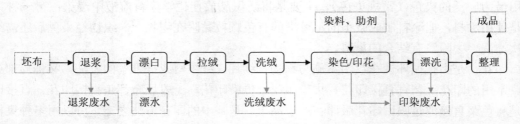

图 8-5　绒布染色/印花工艺

## 5. 漂白布工艺

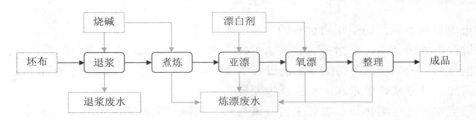

图 8-6　漂白布工艺

图 8-7　漂染工艺

图 8-8　染色印花生产线

### （三）棉纺织印染行业的废水来源及特征

印染废水基本就是纺织印染行业的全部废水。

纯棉及棉混纺产品，根据其织造方法可分为两大类，即机织产品和针织产品。从污染物产生量分析，机织产品在纺纱和织造过程中经纱需要上浆料，而针织产品的纱线则不需浆料，因此，其废水产生量和废水水质也差异很大。

印染废水中的污染物质，主要来自纤维材料、纺织用浆料和印染加工所使用的染料、化学药剂、表面活性剂、印染助剂和各类整理剂，也包括印染废水处理过程中加入的处理剂（如絮凝剂等），属有机性废水，主要成分为人工合成有机物及部分天然有机物，并含有一定量难生物降解物质。由于不同工厂的产品不同，印染工艺和所使用染化料不同，废水的产生量、污染物浓度均有较大差别。

#### 1. 前处理

棉的前处理主要包括退浆、煮炼，主要污染物是棉布中杂质、棉胶、半纤维素、织布时的浆料、碱等，目前前处理的 COD 平均质量浓度在 3 000 mg/L 左右；染色/印花的主要污染物是助剂和残留的染料，COD 平均质量浓度在 1 000 mg/L 左右；混合后，总平均质量浓度在 2 000 mg/L 左右。

（1）退浆废水。退浆一般是用烧碱等化学药剂除去织物上所带浆料。织物退浆废水中含有淀粉、聚乙烯醇（PVA）、聚丙烯酸、海藻胶和羟甲基纤维素（CMC）等各类浆料，另外还有润滑剂、防腐剂等辅助浆料。过去多用天然淀粉作浆料，水中 BOD 高，近些年来，逐渐由化学浆料代替，如聚乙烯醇（PVA），废水中 BOD 较低，但 COD 很高，从而降低了废水的生物降解性能。退浆废水一般呈碱性（碱退浆时），略带黄色。虽然其废水量较少，约占总废水量的 15%，但浓度较高，是印染废水有机物质的重要来源。退浆废水中 COD、BOD、SS 浓度高达数千毫克每升，退浆废水中的 COD 约占整个印染过程加工废水中 COD 的 45%。

表 8-6　上浆用各种浆料的可生化性表

| 浆料名称 | BOD/COD 比值 | 浆料名称 | BOD/COD 比值 |
|---|---|---|---|
| 可溶性淀粉 | 68%左右 | 聚乙烯醇（PVA） | 9%以下 |
| 合成龙胶 | 22%左右 | 甲基纤维素 | 6%以下 |
|  |  | 海藻酸钠 | 3%以下 |

（2）炼漂废水。

①煮炼废水。天然棉纤维一般含 94%的纤维素，在约 6%的杂质中，蜡质占 0.3%～1.5%，果胶占 1.0%～1.5%，含氮物质占 1.0%～2.5%，灰分占 1%。这些物质主要通过煮炼去除。

煮练一般采用热碱和表面活性剂等去除纤维中的棉蜡、油脂、果胶、含氮物质等杂质。煮练废水量大，温度高，一般呈强碱性，含碱浓度约 0.3%，废水呈深褐色，COD 和 $BOD_5$ 值均高达 5 000 mg/L 以上，是污染最严重的工序。煮炼废水量约占总废水量的 18%，本工序完成后，对仍残留在坯布表面的碱和浆料等需要用清水加以清洗。清洗是染色非常重要的环节，需要消耗大量的水。

②漂白废水。漂白一般采用次氯酸钠、双氧水等氧化剂去除纤维表面和内部的有色杂质。漂白主要是针对棉纤维上的天然杂质而进行的，而涤纶和维纶由于不耐浓度较高的强碱和高温作用，退浆和精炼过程中都采用了比纯棉织物要缓和的条件，有时甚至不经退浆或精炼，直接进行漂白加工，这样便要求漂白过程兼有精炼作用。漂白废水的特点是水量大，污染程度较轻，$BOD_5$ 和 COD 均较低。

③丝光废水。丝光一般是用浓烧碱溶液处理棉制品（纱线、织物），然后洗去烧碱。棉麻等植物纤维的纱线和织物一般都需丝光处理（即用碱浴液处理）。对于部分涤纶产品，还需要进行碱减量处理（碱减量见第一节介绍）。丝光废水含碱量高，从丝光工序排出的废液，虽经碱液回收，但由末端排出的少量丝光废水碱性较强。一般情况下，NaOH 含量在 3%～5%。多数印染厂通过蒸发浓缩回收 NaOH，所以丝光废水一般很少排出，经过工艺多次重复使用最终排出的废水 pH 值仍高达 12～13，BOD、COD、SS 均较高。

煮炼、丝光和漂白统称为炼漂废水。这部分废水碱和 COD 污染严重。

### 2．染色、印花

染色工序是整个加工过程的关键工序。根据加工坯布原料、颜色和对最终产品的要求不同，所选用染料类型、数量也不相同，必须选择相应的染色工艺进行加工染色。染色后，需要对产品进行皂洗和清洗。染色工序中主要水污染物包括染料、助剂、化学药剂、表面活性剂和微量有毒物质。由于不同的纤维原料需用不同的染料、助剂和染色方法，而且染料上染性能、染料浓度、染色设备和规模也不相同，故染色废水性质变化较大。染色废水的特点是水质、水量变化大，色度高，碱性强，$BOD_5/COD$ 值低，生化降解性差。

印花废水主要来自配色调浆、印花滚筒或筛网的冲洗废水、印花剩浆的处理，以及水洗和皂洗等。由于印花中的浆料用量比染料用量多几倍到几十倍，印花废水还含有大量浆料，其 COD 和 $BOD_5$ 值都较高。BOD 约占印染厂废水总量的 15%～20%。由于印花辊筒镀筒时使用重铬酸钾，辊筒剥铬时有三氧化铬产生。上述含铬的雕刻废水应单独处理。染漂废水和整理废水量约占总废水量的 60%。

### 3．后整理

由于整理工序常安排在整个染整加工的后道，故常称为后整理。整理工序结束再经过检验合格入库后，整个生产流程结束。

整理是指织物在完成前处理、染色和印花以后，通过物理的、化学的或物理化学两者兼有的方法，改善织物外观和内在品质，提高织物的服用性能或赋予织物某种特殊功能的加工过程。

整理废水通常含有纤维屑、各种树脂、甲醛、浆料和其他整理剂等，虽然其 COD 值较高，但废水量很小，对整个废水的水质影响不大。

### 4．棉纺染整的综合废水

纯棉印染综合废水中 COD 平均质量浓度为 800～1 200 mg/L，SS 约 300 mg/L，色度 500～700，pH 值在 10 左右。棉纺综合废水生化处理效果还可以，BOD/COD 比值为 30%～40%，经活性污泥法处理后 COD 去除率为 70%，BOD 去除率为 90%，色度去除率为 50%。退浆和丝光废水应进行碱回收或中和预处理。

现在许多棉织物多为混纺，含有化纤生产残留物，且上浆多用化学浆料（聚乙烯醇），废水中 BOD/COD 比值为 10%～30%，生物可降解性大大降低，单纯采用耗氧生物降解，不能满足达标排放的要求。棉混纺中的化学单体、PVA 浆料、化纤碱解物等难降解有机物进入棉印染废水，大大增加了棉纺印染废水中 COD 的浓度，可能上升至 2 000～3 000 mg/L，BOD/COD 比值较低，低于 0.2，生化降解性降低。

印染加工各工序的水质特征见表 8-7。

表 8-7 印染加工各工序水质特征

| 工序 | BOD$_5$ | 酸碱性 | 耗水量 | 总固体 | 温度 |
|---|---|---|---|---|---|
| 退浆 | 高 | 碱性 | 小 | 高 | |
| 煮炼 | 高 | 强碱性 | 大 | 高 | 高 |
| 漂白 | 低 | 强碱性 | 最大 | 高 | |
| 丝光 | 低 | 强碱性 | 中 | 低 | |
| 染色 | 高 | 强碱性 | 大 | 高 | |
| 印花 | 高 | 中性至强碱性 | 大 | 高 | |
| 整理 | 高 | 近中性 | 最小 | 中 | |

注：印染加工的具体情况不同，各项指标会有较大区别。

## 二、麻纺织工业污染核算

麻纺企业是指以亚麻、苎麻、红麻及黄麻、汉麻等纤维类农产品为主要原料进行脱胶和纺织加工的企业。其主要生产过程为，原麻经脱胶后制成精干麻，精干麻经纺纱制成麻纱线，纱线经织造最后制成麻布。

### （一）麻纺织的主要工艺

#### 1. 脱胶（沤麻）工艺

麻初加工工艺自然、原始、操作简单、成本低、耗水量大。沤麻是麻加工的首要环节。沤麻机理是利用温水浸泡、发酵麻原茎，使其韧皮部与本质部之间发生分离。这一生产工艺产生的废水是麻生产过程中产生的污染负荷最大的废水，称之为脱胶废水或沤麻废水。

麻为织物的韧皮纤维，韧皮中除了含有纤维素外还含有半纤维素、果胶物质、木质素等非纤维素成分。果胶物质、木质素等这些非纤维素成分统称为胶质，去除麻纤维中的胶质物质即可获得可纺纤维，这一过程称为脱胶。

脱胶是韧皮纤维加工成可纺性纤维生产过程中的关键工序，通常采用的方法有"化学脱胶法"和"微生物脱胶法"，目前应用较多的为化学脱胶。包括剥皮精洗工艺和带干精洗工艺。

剥皮精洗工艺见图 8-9。

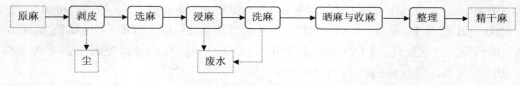

图 8-9 剥皮精洗沤麻工艺

带干精洗工艺见图 8-10。

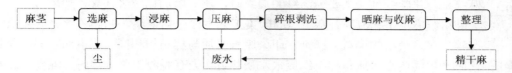

图 8-10 带干精洗沤麻工艺

带干精洗工艺是将原麻经过脱胶（也称"沤麻"）加工成精干麻。苎麻脱胶后，再通过打纤、酸洗、水洗、漂白、精炼、给油、烘干等工艺，最后产品为精干麻。精干麻可作为纺纱、织造的纤维。

脱胶是麻纺织印染中污染特别严重的工序，也是纺织印染工业中污染特别严重的工序。

### 2. 麻纺织印染工艺

麻纤维的纺织过程包括纺纱和织造过程。麻纤维的织造工艺可分为准备工序、织布工序和整理工序。

（1）麻纺织工艺流程。麻纺织生产工艺基本流程见图 8-11。

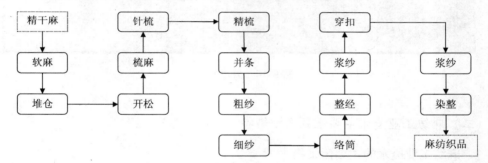

图 8-11 苎麻纺织生产工艺

脱胶后的亚麻纤维称为梳成麻，由于其质量和纤维长短有差异，其纺织工艺也不相同，见图 8-12 和图 8-13。

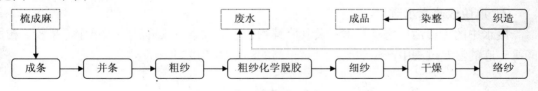

图 8-12 亚麻长纤维纺织工艺

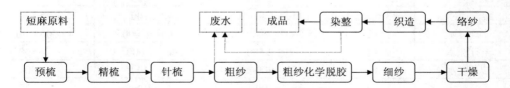

图 8-13 亚麻短纤维纺织工艺

麻纤维在织造过程中，经纱需上浆，短纤维比长纤维上浆量较大些。一般为变性淀粉浆，当麻纤维与化学纤维（主要为涤纶）混纺时，还需增加化学浆（聚乙烯醇）。

（2）麻纺织染色工艺流程。麻纺织的印染工艺主要包括退浆—初漂—丝光—复漂—漂白—染印等工序，使用的染料、助剂、印染废水水质与棉纺织相同。当麻纺厂只有染色、印花工艺时产生的废水水质与棉纺织废水水质相近。当有脱胶工艺废水时，混合后废水水质应根据脱胶废水和染印废水的比例来确定。

图 8-14　麻脱胶工艺

## （二）麻纺工业废水主要来源及污染特征

### 1. 麻纺工业废水的主要污染物

麻为织物的韧皮纤维，韧皮中除了含有纤维素外还含有半纤维素、果胶物质、木质素等非纤维素成分。麻纤维中由于非纤维素成分含量较多（一般为纤维重的 25%～35%），其水溶性差，故其与丝纤维脱胶相比，工艺过程较长，脱胶废水中污染物含量较高。脱胶废水中主要污染因子为 COD、$BOD_5$、pH、SS、色度、总磷、总氮、氨氮等。

### 2. 麻脱胶废水水质

废水中的主要污染物是：木素及其降解物、半纤维素及其降解物、单宁、果胶、树脂酸等。麻的沤制过程中产生的废水具有很高的污染物浓度。

表 8-8　化学脱胶废水水质

| 废水名称 | pH | COD/（mg/L） | $BOD_5$/（mg/L） | SS/（mg/L） |
|---|---|---|---|---|
| 浸酸废水 | 2～3 | 1 200～2 000 | 500～800 | >500 |
| 酸洗废水 | 3～5 | 350～500 | 140～200 | >500 |
| 一煮废水 | ≥12 | 15 000～20 000 | 5 000～6 000 | 15 000～20 000 |
| 一煮洗水 | >12 | 1 800～2 500 | 700～1 000 | >500 |
| 二煮废水 | >11 | 700～900 | 300～400 | >500 |
| 烤麻废水 | 7～9 | 250～300 | 50～100 | <500 |

表 8-9 沤麻废水污染物主要指标

| 项目 | 质量浓度值 | 平均值 |
|---|---|---|
| COD/（mg/L） | 4 100～10 900 | 7 712 |
| BOD$_5$/（mg/L） | 2 000～6 000 | 3 247 |
| SS/（mg/L） | 600 | |

# 第三节　毛与丝纺织印染工业污染核算

## 一、毛纺织印染工业污染核算

### （一）毛纺织生产概述

毛纺织企业是指以羊毛纤维或其他动物毛（也包括山羊绒、兔毛、马海毛、牦牛毛等特种动物毛）纤维为主要原料，进行洗毛、梳毛、染色、纺纱、织造、染整的生产企业。毛纺织过程也可用于毛型化纤纯纺、混纺以及与其他天然纤维混纺。

现在我国羊毛年加工量达到 40 万 t（净毛），约占世界羊毛加工总量的 35%，我国毛纺织工业产能居世界第一。我国毛纺织纤维的加工量约占纺织工业纤维加工量的 5%～8%。

### （二）洗毛工艺及环境污染

使用毛纤维进行纺纱、织造、染色之前，必须将羊毛中的非纤维成分如羊毛脂、汗液和土杂等杂质去除掉，使其成为纯净的具有可纺性纤维，这一过程称为洗毛。洗净后的毛纤维称为洗净毛。

毛纺织生产工艺流程大致包括：原毛—洗毛/染色—制条—纺纱—整经—织造—定型—品检等过程，不同企业的流程略有不同。

#### 1. 洗毛工艺

羊毛纤维中主要非纤维成分是羊毛脂、汗液和土杂质等。所谓洗毛就是利用机械与化学相结合的方法去除原毛中的羊毛脂、羊汗和沾附的砂土等杂质，使其成为纯净的具有可纺性纤维，这一过程称为洗毛。洗净后的毛纤维称为洗净毛。

洗毛主要除去原毛中的尘土、粪便、羊汗、羊脂等杂质，根据具体的生产工艺，可以把洗毛分为碱性、中性和酸性三种，其中碱性洗毛使用得最广泛，也最重要。

（1）碱性洗毛。主要为皂液洗毛，即肥皂与纯碱配合使用的方法。皂洗工艺装置是由多个洗涤槽和漂洗槽组成的。洗涤槽中皂碱的浓度按各种羊毛中所含油脂的性质、数量和其他杂质多少而定。一般皂液浓度达 0.2%即可乳化羊毛脂，pH 值控制在 11 以下，温度在 50℃以下。漂洗槽 pH 值应在 9 以下，以免对羊毛纤维造成损伤。

（2）中性洗毛。洗液的 pH 值为 6～7，洗液的温度可适当提高（50～60℃），这不仅减少羊毛的损伤，还能提高洗涤效果。

（3）酸性洗毛。此在洗毛过程中，在使用合成洗涤剂的同时，加入少量醋酸、甲酸或磷酸，控制 pH 在 4.8～6 范围进行洗毛，这种方法叫酸性洗毛。它的手感、弹性比碱性洗毛的同样产品好，色泽也较鲜明。

当原毛中草杂质较多时，还需要经过炭化。碳化是针对羊毛上植物性草杂质用酸液腐蚀、烤焦，以致脱落分离的工艺。有些洗毛工艺不用炭化工序，采用梳毛（粗梳和精梳）工序代替，既可去掉剩余的杂物，又可减少污染。

图 8-15  洗毛生产工艺

### 2．洗毛工艺环境污染

洗毛废水是在洗毛生产工艺排出的高浓度有机废水，是目前世界上较难治理的废水之一，主要成分是羊毛脂、羊汗、泥土、羊粪等，其中羊毛脂是废水中 COD、BOD 的主要成分。羊毛脂在水中呈乳化状态，洗毛废水常呈棕色或浅棕色，表面覆盖一层含各种有机物、细小悬浮物以及各种溶解性有机物的含脂浮渣。洗毛废水水质与羊毛品种、洗毛工艺耗水量等因素有关。

属生化降解性能较好的高浓度有机废水。洗毛工序排水量大致为 10～30 $m^3/t$ 毛。洗毛废水属高浓度废水，COD 值为 15 000～30 000 mg/L，BOD 值为 8 000～10 000 mg/L，SS 值为 5 000～6 000 mg/L。

洗毛废水根据洗毛剂的不同而有差异，在中性洗毛中洗液的 pH 为 6～7，碱性洗毛中洗液的 pH 值为 8.5～9.5，酸性洗毛中洗液的 pH 为 4.8～6。

洗毛废水最大的特点是羊毛脂含量高，造成这类废水 BOD、COD 值极高，现在许多洗毛工艺增加了回收羊毛脂工艺。洗毛废液经过提取羊毛脂、除去污垢杂质后再行回用。经脱脂的洗毛废水 COD 可降至 6 000～10 000 mg/L。

表 8-10　洗毛废水水质

| 洗毛机类别 | 洗槽 | COD/（mg/L） | BOD/（mg/L） | SS/（mg/L） |
|---|---|---|---|---|
| 国产 | 一、二、三槽混合水 | 32 700 | 7 880 | 1 050 |
| | 四、五槽混合水 | 1 000 | 210 | 480 |
| 进口 | 一、二、三槽混合水 | 25 600～47 000 | | |
| | 四、五槽混合水 | 1 500～4 500 | | |

注：洗毛废水浓度与洗毛的用水量有关，因废水中泥沙含量较高，故水质与采样方式、时间（洗毛水循环周期的长短）等因素有关。

## （三）毛纺织染整生产工艺及环境污染

### 1．毛粗纺染整生产工艺及环境污染

（1）毛粗纺染整生产工艺。毛粗纺染整生产工艺分为坯染工艺和散毛染色工艺，坯染生产工艺是将散毛织成白色坯布后再染色，产品为单一颜色。散毛染色生产工艺为先染色再织造，生产各种花呢等色织产品。毛粗纺染整生产工艺流程见图 8-16。

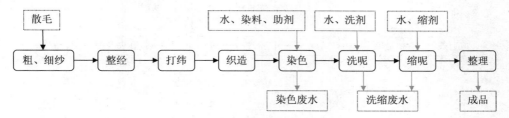

图 8-16　毛粗纺坯染生产工艺

（2）毛粗纺染整生产环境污染。毛织物在纺织过程中会黏附和毛油、浆料，并沾上尘埃、油污等杂质，上述工序中的洗呢就是洗去呢坯上的浆料、油剂和沾污的整理工艺过程，该过程产生一定洗呢废水。

缩呢工序是利用缩剂（以洗涤剂为主），在一定温度与压力下，在机械外力的反复作用下，彼此咬合纠缠，使织物收缩，厚度增加，表面产生一层绒毛将织纹掩盖的工艺过程。这一过程中废水量很少。

染色是指纺织材料用染浴处理，使染料和纤维发生化学或物理化学结合，或在纤维上生成不溶性有色物质的工艺过程。羊毛常用染料有酸性染料、含有金属螯合结构的酸性含媒染料以及酸性媒染染料等。染色过程中产生染色废水包括染料残液和含染料的漂洗废水。

### 2．毛精纺染整生产工艺及环境污染

（1）毛精纺染整生产工艺。毛精纺产品一般为薄织物，属高档产品。毛精纺染整生产工艺流程见图 8-17。

（2）毛精纺染整生产环境污染。毛精纺产品染色是毛纺织染色中废水量和污染物量最大的，染色工序的水量大，有大量的漂洗废水产生，煮呢、洗呢废水中含有表面活性剂类助剂。毛精纺使用的染料主要有酸性染料，还会使用部分分散染料、阳离子染料和直接染料等，废水除了含染料残液和含染料的漂洗水，洗呢废水还含一定量洗涤剂和渗透剂。染

色主要使用酸性染料，毛混纺织物还使用分散、阳离子和其他染料等。其生产废水的 pH 值一般为 5.8～6.5，污染物较低。

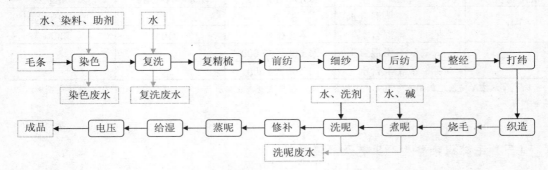

图 8-17　精毛纺织条染生产工艺

### 3．绒线纺织染整生产工艺及环境污染

（1）绒线纺织染整生产工艺。绒线纺织染整生产工艺流程见图 8-18。

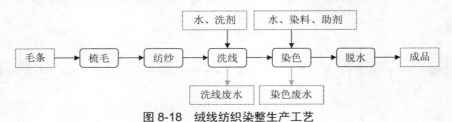

图 8-18　绒线纺织染整生产工艺

（2）绒线纺织染整生产环境污染。洗线工序排放一定量的含洗涤剂的废水。染色工序排放染色残液和含染料的漂洗水。

毛绒线分为粗绒线和细绒线，染色通常采用酸性染料，毛腈纶则采用阳离子染料。染色工序产生的废水主要为漂洗废水和染色残液，其污染物浓度介于粗纺与精纺印染废水之间。

图 8-19　绒线纺织染整

### （四）毛纺织工业的环境污染

毛纺织染整生产除了锅炉排放的燃料燃烧废气，主要的环境污染还是染整废水，废水中的主要污染因子是 COD、pH 值和色度。

毛纺织工业的废水包括染色残液及漂洗水、洗呢水、缩绒水等。

单位产品毛纺织用水量与排水量要比棉纺织产品多 2/3。

表 8-11　毛纺织产品耗水量

| | 单位 | 毛粗纺 | 毛精纺 | 纯毛绒线 | 洗毛 |
|---|---|---|---|---|---|
| 耗（新鲜）水量 | m³/hm | 32～34 | 20～22 | | |
| | m³/t | 360～380 | 340～360 | 70～80 | 20～50 |

毛纺织物染整主要使用酸性染料、阳离子染料和分散染料，废水污染物浓度不高，大多呈中性，可生化性较好。其印染废水水质一般为：COD 500～900 mg/L，BOD 250～400 mg/L，pH 6～9，色度 100～300 倍。

从总体看，毛纺织染整废水比棉纺废水污染强度低一些。毛粗纺比毛精纺废水中 COD 浓度要高一些。纯毛染色废水生化性较好，BOD/COD 值在 40% 左右，毛混纺的 BOD/COD 比值在 30% 左右，均属于生化性较好和可以生化的有机废水。

毛纺织在染色过程中使用的助剂有醋酸、硫酸、纯碱、红矾（重铬酸钾）元明粉、硫酸铵、硫化钠、柔软剂、匀染剂、平平加等，助剂大部分进入染色后的残液中。助剂是毛纺织染色废水有机污染的主体。由于羊毛含羟基和氨基，染色的上染率较高，染色牢度也好，染料流失率比棉纺要低一些，废水色度较棉纺废水低一些。毛纺织染色过程多在偏酸性条件下进行，产生的混合污水 pH 值一般略显酸性，废水 pH 值为 5.5.0～6.5，取决于染料的流失率。

## 二、丝绸纺织印染工艺与污染核算

### （一）缫丝工艺及污染核算

#### 1. 缫丝工艺

世界生丝生产主要集中在中国、印度、巴西等国，其中，中国和印度的产量占世界总产量的 90% 以上。

缫丝企业是指以蚕丝为主要原料，经选剥、煮茧、缫丝、复摇、整理等工序生产生丝、土丝、双宫丝以及长吐、汰头、蚕蛹等副产品的企业，包括桑蚕缫丝企业和柞蚕缫丝企业。

缫丝加工是将蚕茧缫成蚕丝的工艺过程，即将干茧通过缫丝机缫成丝的加工过程。缫丝方法很多，按缫丝时蚕茧沉浮的不同，可分为浮缫、半沉缫、沉缫三种，工序主要包括煮茧、缫丝、绞丝等，产生脱胶废水。

我国缫丝加工能力主要集中在江、浙、川等几个主产区，加工能力的集中度相对较高。

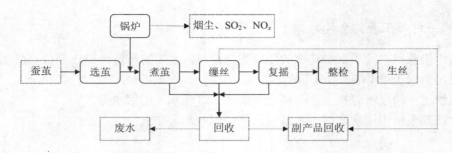

图 8-20　缫丝工艺

图 8-21　缫丝生产

## 2．缫丝加工行业的环境污染

缫丝业的主产品为生丝，副产品为长吐、汰头及蚕蛹等。制丝生产过程所产生的废水中的污染物主要来源于煮茧过程中所溶解的丝胶，以及缫丝、复摇过程中蚕丝从蚕茧上剥离时脱落和溶解的丝胶，混合后 $COD_{Cr}$ 为 150～250 mg/L，$BOD_5$ 为 60～100 mg/L，pH 为 6.5～8.5。缫丝生产用水的 90%左右消耗在这两个过程中。

缫丝副产品生产废水产生于蛹衬与蛹体的分离过程，水中污染物主要为丝胶、粗蛋白和破碎的蛹体。副产品生产耗水量较少，不到缫丝生产用水的 10%，一般占 5%左右，但污染程度高，其污染物浓度为 $COD_{Cr}$ 为 7 000～10 000 mg/L，$BOD_5$ 为 3 500～4 000 mg/L，SS 为 3 000～5 000 mg/L，pH 为 10～11.5，是缫丝生产业重点水污染源。

国内绝大多数缫丝厂的制丝生产与副产品处理是在同一厂区内进行（但也有部分企业将副产品的生产外包）。两种污水混合后在一起后，污水质量浓度 $COD_{Cr}$ 为 1 500～3 000 mg/L，$BOD_5$ 为 600～1 200 mg/L，SS 为 300～600 mg/L，pH 为 7.5～9.5。

脱胶废水中平均 COD 为 500～1 000 mg/L，BOD 为 2 500～5 000 mg/L，属于生化降

解性良好的有机废水。其中部分高浓度废水的 COD、BOD 值会达到平均值的 10 倍。但脱胶废水冲洗量大，平均浓度属中等污染。

表 8-12　缫丝副产品生产废水污染物主要指标

| 项目 | 浓度值 |
|---|---|
| $COD_{Cr}$/（mg/L） | 7 000～10 000 |
| $BOD_5$/（mg/L） | 3 500～4 000 |
| SS/（mg/L） | 3 000～5 000 |
| pH | 10～11.5 |

表 8-13　制丝生产与副产品处理废水混合后污染物主要指标

| 项目 | 浓度值 |
|---|---|
| $COD_{Cr}$/（mg/L） | 1 500～3 000 |
| $BOD_5$/（mg/L） | 600～1 200 |
| SS/（mg/L） | 300～600 |
| pH | 7.5～9.5 |

### （二）丝绸印染工艺及污染核算

**1. 真丝织物印染工艺及环境污染**

（1）真丝织物印染工艺。真丝印染工艺包括炼漂、染印、整理等工序。真丝产品的织造印染工艺如图 8-22 所示。

图 8-22　真丝产品的织造印染工艺

（2）真丝织物印染的环境污染。真丝织物印染过程中织物精炼、漂白、染色和印花均产生废水。

精炼主要有化学法（包括碱精炼和酸精炼）和酶法，精炼废水含一定量丝胶、浆料和有机物，废水显碱性；漂白一般用双氧水作为氧化剂，漂白废水浓度较低；染色过程中产生的废水量较少，有机污染物浓度也较低；印花废水量较少，浓度较高。

因真丝品轻薄，所用的染料和助剂较少，且上染率高，所以一般真丝产品印染废水的有机污染物浓度较低，可生化性较好，其废水一般呈弱酸性。

真丝绸印染炼漂工序使用醋酸、碱、洗涤剂、助剂，废水中含丝胶和化学有机物、显碱性。印染以醋酸为匀染剂，醋酸生化降解性较好，上色率高，整体废水显弱酸性，色度污染较轻。

真丝的印染废水水质一般为：COD 500～800 mg/L，BOD 200～400 mg/L，pH 5～8，色度 100～300 倍。

仿真丝废水的有机物浓度比真丝绸废水要高，与棉纺织废水相近，为 1 200～1 500 mg/L。

图 8-23　丝绸纺织印染

**2．人造丝织物印染工艺及环境污染**

（1）人造丝织物印染工艺。人造丝产品的印染工艺见图 8-24。

图 8-24　人造丝产品的印染工艺

（2）人造丝织物印染的环境污染。人造丝织物印染过程中织物精炼、染色和印花均产生废水。人造丝的印染所使用的染料助剂等与棉纺织物的印染相类似，但是由于人造丝的杂质少，因而其印染废水的污染物浓度不高，可生化性较好。人造丝印染废水水质一般为，COD 600～1 000 mg/L，BOD 250～400 mg/L，pH 值 8～10，色度 100～300 倍。纺丝织造工艺属于干法工艺，废水污染很少。

**3．绢纺和丝织加工工艺及环境污染**

绢丝的加工工艺包括精炼、精梳、粗纺、精纺工序。绢丝废水分高浓度废水和低浓度废水，高浓度废水来自炼桶废水、槽洗废水和煮炼废水，废水质量浓度达 4 000～5 000 mg/L；低浓度废水来自水洗机、脱水机废水和地面冲洗废水，质量浓度约为 500 mg/L。

## 第四节　人造纤维与合成纤维工业污染核算

化纤工业主要分为两大类产品：黏胶纤维（人造纤维）和合成纤维。

黏胶纤维是用木材、芦苇、棉短绒、甘蔗渣、玉米芯、稻草、竹子等经过清理以后，用化学方法把这些原料中的粗短纤维再制成适于纺织的长纤维。这种纤维是连续不断的丝，叫人造丝，这种丝截短后，卷曲度高的，叫人造毛；卷曲度低的，叫人造棉。人造丝、人造棉、人造毛都是黏胶纤维，只是纤维长短、曲直不同。

合成纤维是用石油、煤、天然气、石油废气、石灰石、空气、水等非纤维类的化工原料合成的纺织品（通常成丝状，如为片状或块状者则为树脂，合成树脂添加各种助剂后的制成品称为塑料）的原料，经过化学合成和机械加工制成的，这种纤维才是人们常说的"人造纤维"。合成纤维家族中主要有锦纶、涤纶、腈纶、维纶、氯纶、氨纶、芳纶、氟纶等，其中锦纶、涤纶、腈纶被称为现代化纤的三大支柱。

## 一、黏胶纤维工业的生产工艺及污染核算

黏胶纤维产品包括黏胶长丝、强力丝、黏胶短纤维、富强纤维、高石模量纤维等。黏胶纤维的生产分两个阶段：先由天然纤维素经化学加工提纯，制成化学浆粕；再以化学浆粕为原料，制成人造丝（黏胶纤维）。

### （一）化学浆粕生产工艺与污染核算

化学浆粕的主要原料为棉秆、棉籽壳、木材等含纤维素的植物。化学浆粕的生产过程与造纸工业的制浆过程相似，主要制浆方法有亚硫酸盐法、苛性钠法和水解硫酸盐法。

#### 1. 化学浆粕生产工艺与废水特征

化学浆粕的主要原料为棉秆、棉籽壳、木材等含纤维素的植物。化学浆粕的生产过程与造纸工业的制浆过程相似，主要制浆方法有亚硫酸盐法、苛性钠法和水解硫酸盐法。

化学浆粕碱法制浆工艺如图 8-25：

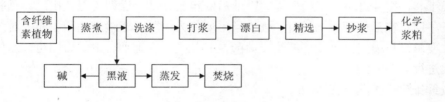

图 8-25 化学浆粕碱法制浆工艺

#### 2. 化学浆粕生产的环境污染

化学浆粕的生产过程均排出大量废水，每吨短纤维平均废水排放量在 250 $m^3$，长丝浆粕因质量要求高，耗水多，平均废水量在 400 $m^3/t$，废水的回用率较高，排水量还会减少。废水排放量与蒸煮黑液混排形成了浆粕废水。如果排污单位将黑液单独处理，可以大大减少废水中的污染负荷，使蒸煮废水更好处理。浆粕中的浓黑液 COD 值在 3 万～10 万 mg/L，pH 值在 13～15。混合废水中的 COD 还在 1 500 mg/L 左右，含有大量棉绒中的木质素、果胶、脂肪、蜡质等杂质，属于高浓度有机废水。

### （二）黏胶纤维生产工艺及污染核算

#### 1. 黏胶纤维生产工艺

黏胶纤维的生产主要包括三个部分，即黏胶的制备、纺丝成型和后处理。

（1）黏胶的制备。包括浸渍、压榨、粉碎、老化、黄化、溶解、熟成、过滤、脱泡等工序。浆粕经浓度为18%左右的氢氧化钠水溶液浸渍，使纤维素转化成碱纤维素、半纤维素溶出，聚合度部分下降；再经压榨除去多余的碱液。块状的碱纤维素在粉碎机上粉碎后变为疏松的絮状体，由于表面积增大使以后的化学反应均匀性提高。依据行业准入条件的要求，浸渍应采用连续浸渍压榨粉碎联合机，保证碱纤维素的合格组成和粉碎度。碱纤维素在氧的作用下发生氧化裂解使平均聚合度下降，这个过程称为老化。聚合度下降的程度与温度、时间有关。老化后将碱纤维素与二硫化碳反应生成纤维素黄酸酯，称黄化，使大分子间的氢键进一步削弱，由于黄酸基团的亲水性，使纤维素黄酸酯在稀碱液中的溶解性能大为提高。把固体纤维素黄酸酯溶解在稀碱液中，即是黏胶。刚制成的黏胶因黏度和盐值较高不易成型，必须在一定温度下放置一定时间，称为熟成，使黏胶中纤维素黄酸钠逐渐水解和皂化，酯化度降低，黏度和对电解质作用的稳定性也随着改变。在熟成的同时应进行脱泡和过滤，以除去气泡和杂质。

（2）纺丝成型。采用湿法纺丝。黏胶通过喷丝孔形成细流进入含酸凝固浴，黏胶中碱被中和，细流凝固成丝条，纤维素黄酸酯分解再生成水化纤维素。凝固和分解可同时发生，也可先后进行。在同一浴中完成凝固和分解的方法称单浴法纺丝。黏胶长丝用单浴法纺丝。在一浴内凝固而在另一浴中分解再生的方法称二浴法纺丝。强力丝或短纤维一般用二浴法纺丝。为改善纤维的某些性能，也有采用三浴法、四浴法甚至五浴法的。凝固浴是硫酸和硫酸锌的水溶液，各组分的含量因纤维品种而不同。

（3）后处理。成型后纤维需经过水洗、脱硫、酸洗、上油和干燥等后处理加工。水洗是除去附在纤维表面的硫酸及其盐类和部分硫。脱硫可在氢氧化钠、亚硫酸钠或硫化钠的水溶液中进行。金属离子可用盐酸处理去除。上油可降低纤维的摩擦系数，减少静电效应，改善纤维手感，提高纤维的可纺性能。上油后的丝条经过干燥即可包装出厂。黏胶短纤维的切段工序通常在后处理以前进行。强力丝主要作为轮胎或运输带的帘子布，对纤维的外观无特殊要求，只需用热水洗去纤维上硫酸及其盐类，经上油、干燥后即可，后处理可在纺丝机上进行。

黏胶纤维生产工艺见图8-26。

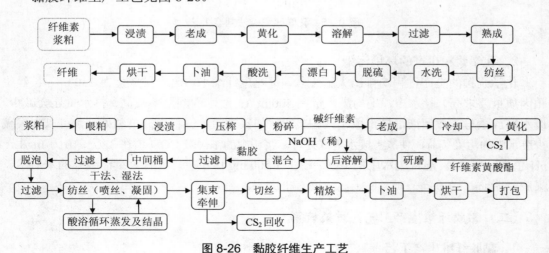

图8-26　黏胶纤维生产工艺

#### 2. 黏胶纤维生产的环境污染

黏胶纤维生产中主要污染是严重的废水污染。

黏胶纤维生产过程中的废水主要包括酸性和碱性废水两大类，其中酸性废水主要来源于纺丝车间和酸站，包括塑化浴溢流水、洗纺丝机水、酸站过滤器洗涤水、洗丝水和后处理酸洗水等；碱性废水主要来源于碱站排水、原液车间废水胶槽及设备洗涤水、滤布洗涤水、换喷丝头时的带出水和后处理的脱硫废水等。黏胶纤维生产过程中的废水主要含酸、锌离子及少量有机物。黏胶纤维生产过程中，短纤维废水量约为 300 $m^3/t$，其中酸性废水占 60%，废水中 COD 质量浓度约为 200 mg/L；长丝废水量约为 600 $m^3/t$，其中酸性废水占 60%，废水中 COD 质量浓度约为 150 mg/L。

黏胶纤维生产过程中废水排放总量大致为：短纤维 300 $m^3/t$，长纤维 1 200 $m^3/t$。黏胶纤维生产混合废水中的特征污染物为硫酸、硫化物、锌盐和纤维素。其中硫酸、硫化物（主要是 $H_2S$、$CS_2$ 等）和锌盐污染主要来自黏胶成型工段废水，且锌盐主要以硫酸锌和纤维素磺酸锌的形式存在；纤维素主要是由碱性废水中的黏胶纤维素与酸性废水混合后酸析而产生。

黏胶纤维生产过程中老成、黄化过程会有含 $CS_2$、$H_2S$ 等的废气产生和泄漏，造成废气污染，并可能产生安全问题。

黏胶纤维生产过程中会使用大量蒸汽，锅炉会排放大量燃料燃烧产生的烟气。

### 二、合成纤维生产工业的工艺类型及污染核算

#### （一）概述

合成纤维品种繁多，比较重要的有 40 多种，它以小分子有机化合物为原料，经聚和或缩聚反应合成线型有机高分子化合物，如聚丙烯腈、聚酯、聚酰胺等。按主链结构一般可以分为碳链和杂链合成纤维两类：碳链合成纤维是在主链上全由碳原子构成的聚合物所得到的纤维，如聚丙烯纤维（丙纶）、聚丙烯腈纤维（腈纶）、聚乙烯醇缩甲醛纤维（维纶）等；杂链合成纤维则是在大分子主链上，除含碳原子外，还有氧、氮、硫等杂原子的聚合物制得的纤维，如聚酰胺纤维（锦纶或尼龙）、聚酯纤维（涤纶）等。按使用功能可分为：①耐高温纤维，如聚苯咪唑纤维；②耐高温腐蚀纤维，如聚四氟乙烯；③高强度纤维，如聚对苯二甲酰对苯二胺；④耐辐射纤维，如聚酰亚胺纤维；⑤阻燃纤维、高分子光导纤维等。

合成纤维的生产，一般经过三个步骤：第一步是将乙烯、丙烯、苯、二甲苯等基本有机原料通过各种方法制成单体；第二步是将单体聚合或缩聚成高聚物；第三步是把高聚物熔融或制成纺丝原液，进而纺成纤维。这些过程都属于化工生产，因此本节只做简要介绍。

#### （二）合成纤维的生产工艺

#### 1. 锦纶

锦纶是聚酰胺纤维的商品名称，也叫"尼龙"、"卡普隆"。目前生产的主要品种有锦纶-6、锦纶-66、锦纶-1010 三个品种。

（1）锦纶-6。是由含 6 个碳原子的己内酰胺聚合制得聚己内酰胺经纺丝而成的。生产过程包括：己内酰胺的制造、聚合、纺丝及后加工。制造己内酰胺的方法有环己烷法，苯酚法，甲苯法等。生产工艺流程见图 8-27。

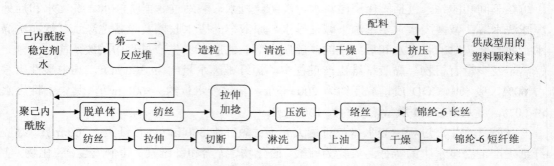

**图 8-27 锦纶-6 生产工艺流程图**

（2）锦纶-66。锦纶-66 又叫锦纶 66 短纤维，尼龙-66，尼龙 66 树脂，聚酰胺-66，聚己二酰己二胺。是由含有 6 个碳原子的己二胺与 6 个碳原子的己二酸缩聚，并经纺丝而成。生产过程包括：己二酸与己二胺混合制成聚己二酰己二胺盐（简称尼龙 66 盐），以 50%尼龙 66 盐的水溶液为原料，经缩聚反应得到聚己二酰己二胺，再经纺丝及后加工，生产出锦纶 66 长丝。其生产工艺流程见图 8-28。

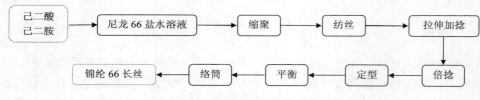

**图 8-28 锦纶-66 长丝生产工艺流程图**

**2. 涤纶**

涤纶是聚酯纤维的商品名称，也叫"的确良"。生产过程包括：对苯二甲酸的制造；对苯二甲酸的酯化；乙二醇的制造；对苯二甲酸乙二酯的缩聚；乙二醇的回收；纺丝及后处理。制造对苯二甲酸的方法有：对二甲苯硝酸氧化法，对二甲苯分步空气氧化法，对二甲苯一步空气氧化法；甲苯氧化一歧化法和苯酐转位法等。

（1）涤纶短纤维。生产涤纶短纤维是以聚酯（PET）融体为原料进入纺丝机；或以聚酯切片为原料，经干燥、熔融后送入纺丝机，再经若干加工过程得到涤纶短纤维。其生产工艺流程见图 8-29。

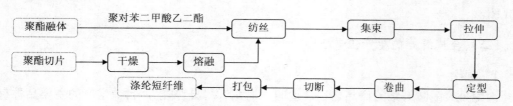

**图 8-29 涤纶短纤维生产工艺流程图**

（2）涤纶长丝。生产涤纶长丝是以聚酯切片为原料，经干燥、熔融后送入纺丝机；或以聚酯融体为原料送入纺丝机，经不同的后处理加工，得到涤纶长丝。其生产工艺流程见图 8-30。

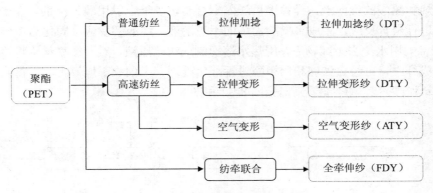

**图 8-30 涤纶长丝生产工艺流程图**

### 3．腈纶

腈纶是聚丙烯腈纤维的商品名称。生产过程包括：丙烯腈的合成和精制，丙烯腈的聚合或共聚，纺丝及后处理，溶剂的回收。制造丙烯腈的方法有乙炔法和丙烯氨氧化法两种。以丙烯氨氧化法为例，其工艺过程是丙烯与氨按一定比例混合送入氧化反应器，空气按一定比例从反应器底部进入，经分布板向上流动，与丙烯、氨混合并使催化剂床层流化。丙烯、氨、空气在 440～450℃和催化剂的作用下生成丙烯腈。反应气体中的丙烯腈和其他有机产物在吸收塔被水全部吸收下来，在成品塔将水和易挥发物脱除得到高纯度的丙烯腈产品。由丙烯腈生产腈纶纤维还须加入其他单体共聚制成。以一步法（均相溶液聚合）为例，加入第二单体为丙烯酸甲酯，第三单体为衣康酸，溶剂为硫氰酸钠水溶液。

腈纶纤维生产工艺流程见图 8-31。

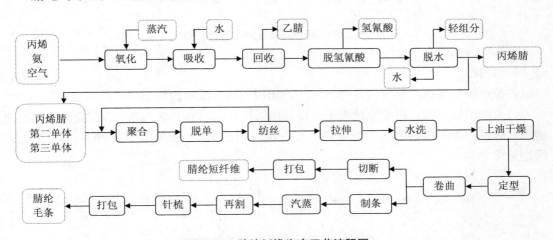

**图 8-31 腈纶纤维生产工艺流程图**

### 4．维纶

维纶是聚乙烯醇缩醛纤维的商品名称。生产过程包括：醋酸乙烯的合成，醋酸乙烯的聚合，醋酸乙烯的醇解，甲醇和醋酸的回收，纺丝及后加工，热处理及缩醛化。合成醋酸乙烯的方法有乙炔法和乙烯法两种。以乙烯法为例，其工艺过程是以乙烯、醋酸和氧气送入固定床反应器，在催化剂作用下，进行合成反应，生成醋酸乙烯，经气体分离器分离出含醋酸乙烯和醋酸的反应液，经精馏后送入聚合釜，在釜中以甲醇为溶剂，在聚合引发剂作用下，进行聚合反应，生成聚醋酸乙烯的甲醇溶液，经醇解反应，固化后得到聚乙烯醇（PVA）成品。用水洗去不纯物后，用热水溶解制成纺丝原液，然后经喷丝头将原液喷入凝固浴中形成纤维，再经热处理和用甲醛进行醛化处理、上油、干燥等工序，得到维纶短纤维或维纶牵切纱。其生产工艺流程见图 8-32 和图 8-33。

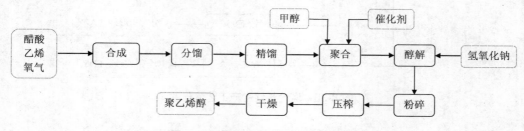

图 8-32　聚乙烯醇生产工艺流程图

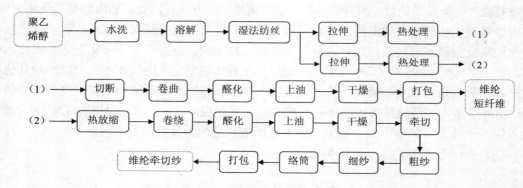

图 8-33　维纶纤维生产工艺流程图

### 5. 丙纶

丙纶纤维以聚丙烯切片为原料，可生产出丙纶短纤维和丙纶膨体长丝（BCF）。

（1）丙纶短纤维。丙纶短纤维生产以聚丙烯切片为原料，加入颜料及稳定剂，用气流输送至螺杆挤压熔融纺丝（220～280℃），再经若干工序，得到丙纶短纤维。其生产工艺流程见图 8-34。

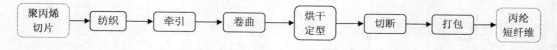

图 8-34　丙纶短纤维生产工艺流程图

（2）丙纶膨体长丝（BCF）。丙纶膨体长丝（BCF）是以聚丙烯切片为原料，加入掺和剂，用气流输送至螺杆挤压熔融纺丝，再经若干工序，得到丙纶膨体长丝。其生产工艺方框流程见图 8-35。

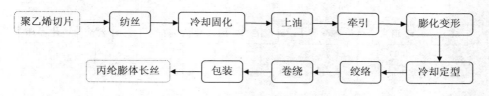

图 8-35　丙纶膨体长丝（BCF）生产工艺流程图

### （三）合成纤维生产工业的环境污染

合成纤维首先是用不同的化学方法制成各种化学纤维的单体化学物质，又经过聚合反应，制成相应的高分子聚合物，再经过湿法纺丝或熔融法纺丝工艺制成各种合成纤维。生产过程中的环境污染既有废气污染，又有严重的废水污染，其中许多化学污染有较高的毒性，生化降解性能较差，对环境的污染是十分严重的。

## 三、合成纤维纺织印染工艺及污染核算

### （一）合成纤维纺织印染的主要工艺

合成纤维纺织印染的主要工艺见图 8-36。

图 8-36　合成纤维纺织印染的主要工艺流程图

#### 1．前处理

合成纤维纺织染整工艺的前处理主要包括退浆、煮炼、漂洗等工序。合成纤维品种繁多，其化学、物理性质和染色特性各异，用途也不尽相同。涤纶、腈纶、锦纶和维纶等在服装加工行业应用最广，腈纶大量用于膨体绒线和绒毯，丙纶、氯纶大量用于织造地毯。醋酯纤维的染整特性与合成纤维有相似之处，其吸湿性都比天然纤维低，制成的织物在湿热状态下容易变形。合成纤维和醋酯纤维纺织物不含天然杂质，退浆或精炼的目的在于去除纺织过程中所加的浆料、油剂和尘污，一般在含有洗涤剂的弱碱溶液中进行。合成纤维和醋酯纤维纺织物一般不经过漂白，对白度要求高的也可进行漂白，以亚氯酸钠的漂白效果为最好，涤纶也可应用过氧化氢漂白，但效果略差。对于部分涤纶产品，还需要进行碱减量处理。碱减量是用较高浓度的氢氧化钠、促进剂与涤纶坯布加热进行反应，剥离部分涤纶高分子，减弱纤维的刚性，达到手感柔软之目的。碱减量的设备主要有溢流染色剂、精炼桶、间歇式减量机三种，除溢流染色机外，精炼桶、间歇式减量机可对剩余碱液进行回收续用。

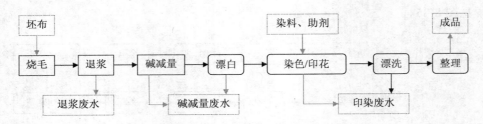

图 8-37　碱减量染色/印花工艺流程图

**2．热定形**

腈纶膨体纱染色前用沸水或蒸汽处理以取得膨松效果。三醋酯纤维和涤纶、锦纶等纺织物经过热定形可稳定形态尺寸，减少后续工序中的收缩变形。合成纤维纺织物经过高温处理后，浆料不易除去，油剂等物质也会引起发黄，一般在精练后进行热定形，有时在染色后再次热定形。

**3．染色**

染色主要是将染料溶解在水中，在一定的工艺退浆下将染料转移到织物上，生成有色织物。各种合成纤维的化学组成各异，适用的染料也不相同。涤纶染色主要用分散杂料，常用的染色方法有载体法、高温法以及热溶法。锦纶和氨纶主要用酸性染料，也可用酸性含媒染料、分散染料和某些直接染料在近沸点下染色。腈纶主要用阳离子染料或分散染料染色。维纶主要用还原、硫化和直接染料染色。丙纶很难上染，经过变性处理后有的可用分散染料或酸性染料染色。醋酯纤维主要用分散染料，有时也用不溶性偶氮染料染色。

**4．印花**

印花是通过预制好花纹的网版，将不同颜色的染料分批、依次涂在织物上形成彩色图案。合成纤维纺织物印花所用染料与染色方法基本相同，主要采用直接印花工艺。合成纤维吸湿能力低，色浆的含固量应适当提高，并要有较好的黏着力。印花方法以筛网印花为主。醋酯纤维和锦纶、腈纶织物在印花烘干后，采用常压蒸化使染料上染，然后水洗；涤纶织物用分散染料印花烘干后，在密闭容器中高温蒸化，也可作常压高温蒸化或焙烘使染料上染；涤纶织物还可用分散染料进行转移印花。合成纤维织物还可采用涂料印花，工艺简单，但印制大面积花纹手感较硬。

**5．后整理**

合成纤维织物一般仅需烘干、拉幅等整理工序。合成纤维属热塑性纤维，其织物如再经轧光、轧纹等整理，能有较为耐久的效果。醋酯和合成纤维亲水性低，在织物上施以亲水性高分子物，可提高去污性和防静电性。涤纶织物用碱剂进行碱重整理后，可得仿丝绸的风格；有些织物可作磨绒、起毛整理，制成绒类织物或仿麂皮织物。除此以外，还可作柔软、拒水、拒油、涂层等整理加工。

**（二）合成纤维纺织印染的环境污染**

合成纤维印染或混纺产品印染由于不用上浆或上浆较少，印染用水量比棉纺、毛纺印染耗水量都少，1 t 合成纤维的印染排水量一般为 100 多立方米，废水中的有机物浓度与棉纺相近，比毛纺要高一些。棉纺废水中有机物主要是退除的浆料，化纤产品废水主要是纤维中残存的化学单体产生的有机质,化纤印染废水的生化性能较差,一般 BOD/COD 比值低于 0.2。

合成纤维产品的印染上色率较好,印染废水中的色度污染比棉纺和毛纺织印染废水中的色度都低,约为 200~300 倍。废水中的 pH 值一般显中性。但如果合成纤维产品的印染过程有碱减量工艺,碱减量工艺废水量可能只占 5%,而 COD 负荷却占 60%。碱减量工艺分连续和间隙二种,如为间隙式,COD 可高达 20 000~60 000 mg/L,pH 值会达到 13,废水中的高分子有机物和部分染料很难被降解,最好采用化纤仿真碱减量废水回收技术(对苯二甲酸的回收利用,回收率可达 65%~70%)。

涤纶纤维前处理主要是碱减量,是典型的具有碱减量工艺的染整行业。

由于化纤坯布在染色后都需经高温定型,在定型过程中有大量的有机废气排放,特别是涤纶丝在织造过程中添加了润滑油剂,一些功能性面料(防水、防阻等)的后整理中染料的成分更为复杂,在热定型中会排出含有有机物、染料助剂的油烟,此类废气有强烈的刺激性。

另外,由于化纤企业的特殊性质,化纤行业生产过程及清洗过程产生的有机溶剂也会存在于废水处理后的污泥中,这类污泥属于《国家危险废物名录》中规定的危险废物(HW42)。

相关的排污系数参见本章第二节。

## 思考与练习:

1. 简述我国纺织印染工业存在的主要环境问题。
2. 简述我国纺织印染行业节能减排的主要途径。
3. 我国纺织工业水污染物排放标准有哪些?
4. 简述我国纺织染整工业废水的来源及主要污染特征。
5. 简述我国毛纺织工业废水的来源及主要污染特征。
6. 简述我国麻纺工业废水的来源及主要污染特征。
7. 简述我国缫丝工业废水的来源及主要污染特征。
8. 简述黏胶纤维生产的环境污染。
9. 简述合成纤维纺织印染的环境污染。

# 第九章　制革工业污染核算

本章介绍了我国制革工业主要的环境问题以及节能减排基本要求；介绍皮革、裘皮和塑料合成革、人造革的加工原理、原辅料；加工的生产工艺；生产过程的排污节点、污染物来源及机理。

专业能力目标：

1. 了解制革工业主要环境问题和节能减排途径；
2. 了解制革工业的原料结构和产业布局；
3. 了解皮革、毛皮工业的原料结构和生产工艺；
4. 了解塑料人造革、合成革工业的原料结构和生产工艺；
5. 掌握皮革鞣质加工的排污节点分析、主要废水污染来源及环境要素分析；
6. 掌握毛皮加工的排污节点分析、主要废水污染来源及环境要素分析；
7. 掌握塑料人造革、合成革加工的排污节点分析，主要废水污染来源及环境要素分析。

## 第一节　制革工业的主要环境问题

### 一、制革工业的现状

制革业主要指真皮皮革制造业、毛皮制造业，本书将合成革、人造革制造业也纳入本章阐述。制革工业是动物生皮经脱毛、鞣制等物理和化学方法加工，再经涂饰和整理，制成具有不易腐烂、柔韧、透气等性能的皮革产品的生产活动。制革产品即成品革是真皮鞋服、皮具、箱包、汽车及沙发内饰等的主要面料。牛皮革是皮鞋的优良原料之一。制革行业处于产业链的中间环节，其上游为畜牧养殖，下游为皮革产品生产企业。

我国已经成为世界皮革加工和销售中心，也是世界公认的皮革生产大国。我国的猪皮、羊皮原料资源居世界第一、牛皮居世界第三。皮革工业主要包括制革工业、皮鞋制造业、皮革制品业、毛皮业等。目前全世界成品革按类别所占比例约为：牛皮革 65%，绵羊皮革 16%，山羊皮革 8%，猪皮革 10%，其他 1%；按用途比例为：鞋面革 55%，家具革 20%，服装手套革及其他 25%。

2010 年，我国规模以上企业轻革（猪牛羊革）产量为 7.49 亿 $m^2$（折合牛皮 2.2 亿标准张），占世界总产量的 20%以上，居世界第一位；鞋类产品（皮鞋、旅游鞋、布鞋、胶鞋等）产量超过 100 亿双，占世界总产量的 50%以上，其中皮鞋产量 41.9 亿双；皮革服装产量 6237 万件，天然皮革包袋产量 7.8 亿只，毛皮服装产量 312 万件等，均名列世界产量首位。其中牛皮革加工约占 23%，猪皮革加工约占 58%，羊皮革加工约占 14%，其余杂皮革约占 5%。

2009 年，我国貂皮产量达 2 000 万张；狐狸皮 800 多万张，约占世界总产量的 35%以上；貉子 800 万只，獭兔 500 万只；毛皮服装 250 万件。

目前制革行业共有规模以上企业约 800 家，工业总产值 1 000 亿元，成品革产量 6.4 亿 $m^2$。制革行业生产集中度较低，布局分散，企业规模小、数量多，规模以下企业约 1 000 家，淘汰落后生产能力的任务仍然较重。全行业年废水排放量约 2.1 亿 t，COD 排放量约 15 万 t，氨氮排放量约 1.5 万 t。

皮革加工、毛皮加工工业是轻工行业继造纸和酿造工业之后的第三大污染工业，制革废水的污染是制革、毛皮工业主要污染源之一。我国一些制革集中地区，如河南、河北、浙江等省的一些地区的地下水已遭受严重污染。所以，能否有效地解决制革、毛皮工业的污染问题，已成为关系到我国制革、毛皮工业能否继续生存、健康稳定发展的瓶颈，也直接关系到我国皮革行业能否健康可持续发展。

## 二、制革工业存在的环境问题

（1）加快制革清洁生产工艺和循环经济课题的研究是我国制革工业面临的重要课题，加快新技术和清洁生产技术的推广工作，使污染尽量消除在生产工艺中，尽快做到少排或不排污染物质，以最小的投入得到最大的产出。但我国制革工业有 2 400 多家制革企业，多是年产 10 万标张以下的作坊式小厂，导致我国制革工业既有经济结构问题，又有环境结构问题，清洁生产技术推进缓慢。

（2）制革生产过程中铬的回收利用技术研究十分重要，在制革加工过程中就有 1/3 铬随污水被排放，不仅是资源的浪费，而且对环境造成重大损害。我国污水处理方面不存在铬液回收技术问题，制革过程使用的金属铬，回收后再用于制革，由于质量原因会影响成品革的质量，处理沉淀进污泥又有可能成为危险废物，这些问题都成为困扰制革行业的重大难题。

（3）制革生产的湿加工又多以水为介质，许多皮革化工辅料都要加到水中，而制革过程原料皮又不可能完全吸收水中的化工原辅料，有些化工原辅料利用率又特别低，如制革过程的浸灰脱毛工序，使用的石灰、硫化钠和硫氢化钠吸收率仅 10%～30%，转鼓中排出废水中硫化物达 3 000 mg/L 以上，COD 高达十几万毫克每升。

（4）制革行业每年所产生的制革污泥约有 5 000 万 t。多数环保监督只要求制革行业污水排放达到《污水综合排放标准》，对制革污泥的排放几乎没有特殊要求。制革污泥中如不含铬，每 kg 干污泥含有约 3 000 kcal 的热量，可以进行热能的回收，利用前景会非常广阔的。但如果含铬，在焚烧时，$Cr^{3+}$会被转化成毒性更大的 $Cr^{6+}$，加大毒性；污泥综合利用的前提是铬必须回收。

（5）成品皮革和毛皮是由原料皮加工而来的，原料皮的加工过程就是加工胶原蛋白和角蛋白的过程，加工过程中大量胶原和毛发被分解，以蛋白质形式进入废液中，加大了废水氨氮污染负荷。污水处理后废水中的蛋白质通过化学分解，释放出高浓度的氨氮，可能使废水中的氨氮含量比处理前还高。

（6）皮革加工过程使用的表面活性剂排放到废水中，不仅去除比较难，还影响了微生物的成长，降低了生化效果。

（7）原料皮在加工过程只能部分吸收化工原料，制革生产中的浸灰脱毛工序，对使用的石灰、硫化钠和硫氢化钠吸收率较低；在铬鞣和复鞣工序中使用三价金属铬为鞣剂，回收的铬再用到制革过程容易影响成品革的质量，利用率较低，而排出的含铬废水中 $Cr^{3+}$ 浓度可达 2 500 mg/L。这些都是制革及毛皮加工废水比较难治理的问题。由于制革生产还使用大量的脱脂剂、加脂剂和表面活性剂，污水采用曝气好氧活性污泥法处理，容易产生大量泡沫，活性污泥会随泡沫损失。

（8）我国制革工业是产生大量污水的行业，又是一种成分复杂、高浓度的有机废水，其中含有大量石灰、染料、蛋白质、盐类、油脂、氨氮、硫化物、铬盐以及毛类、皮渣、泥砂等有毒有害物质，COD、BOD、硫化物、氨氮、SS 等污染物浓度非常高，目前我国制革企业配套的污染治理设施运行成本很高。根据目前的污水治理技术，企业要使 COD 达到 100 mg/L，污水处理工程投资费用，特别是日常管理费用很高（即便投资很高，有时还难达到一级标准要求）。在这样情况下，企业往往宁愿罚款不愿治理，甚至存在偷排漏排的现象。

目前，我国皮革工业年排放废水超过 1 亿 t，其中铬化合物 6 000 t，硫化物 1 万 t，悬浮物 15 万 t。分散在全国各地的 2 400 多家制革企业，90%以上是年产仅 10 万张标准皮以下的传统作坊式小厂，年产值超过 500 万元的制革企业不满 300 家。我国制革工业是一个既有经济结构问题，又有环境结构问题的技术落后、污染严重的行业。由于制革行业存在以上环保问题，国家相关行政管理机构制定了明确和严格的产业政策和环保政策。

### 三、制革工业节能减排途径

皮革行业的污染重点在制革，单一、分散的小制革企业单独建立一套污水处理设施在成本上是无法接受的，因此，对于制革业来说，集中生产、统一治污是一条必须选择的现实路径。

面对我国越来越严格的环保要求，中国皮革协会适时提出了在全国有条件的地区培育5～8 个承接转移的制革生产基地。这些基地都要具有以下三个特点：第一，集群生产、统一治污、环保先行，降低环保成本，便于监督管理，从根本解决制革污染问题。第二，以制革为主，有条件的地区要逐步完善产业链，可向原料延伸，也可向下游制品加工延伸。第三，要探讨循环经济发展模式，前瞻性地应对越来越高的环保要求，逐步实现皮革行业循环经济。用集群生产、集中治污这种生产基地的模式，向社会展示制革企业节能减排、环保和发展循环经济的新风貌。

进一步强化行业环保措施，加大对清洁化制革技术、末端污染治理技术以及环境友好型皮革化学品的研发和推广力度；严格执行国家相关污染物排放标准，合理利用各类污水处理设施，制革企业和接受制革废水的各类公共污水处理单位，实现污水达标排放，固体废物及危险废物基本实现安全处置。到 2011 年，制革行业循环用水的企业数量达到 50%，与 2007 年相比，制革单位耗水量降低 10%，COD 排放降低 10%，水循环利用率提高 10%。

### 四、我国皮革行业"十二五"规划要求

中国皮革行业"十二五"规划中，将"推进节能减排，建设低碳产业；走资源节约、环境友好的新型工业化道路，为我国由皮革大国跨入皮革强国行列夯实基础"作为重要指导思想。在行业目标中，明确提出：废水排放比"十一五"末期减少 10%，主要污染物 $COD_{Cr}$ 排放减少 10%，氨氮排放减少 20%，实现固废无害化处理。

## 第二节　皮革鞣制加工业污染核算

中国皮革行业是由制革、制鞋、皮具、皮革服装、毛皮及制品五个主体行业组成。

皮革工业由于所用鞣剂不同，可将皮革分为轻革和重革，重革主要用于制作鞋底和工业革，轻革是以铬盐为鞣剂制作的，如鞋面革、服装革、皮包革、沙发革等。

### 一、皮革鞣制加工的原理

皮革的鞣制就是用鞣质对皮内的蛋白质进行化学和物理加工。它通过一系列工艺，并采用一些化学药剂，使牛、猪、羊等动物生皮内的蛋白质发生一系列变化，使胶原蛋白发生变性作用。鞣制后的皮革既柔软、牢固，又耐磨，不容易腐败变质。所以鞣制后的皮革可用来制各种皮制的日常生活用品。

### 二、皮革鞣制工业的原辅材料

#### 1．皮革工业的原料

皮革的原料是动物皮，大多数动物皮都可以用于制革，如牛皮、羊皮、猪皮、马皮、爬行动物皮、鱼皮、鹿皮、骆驼皮、袋鼠皮、鸵鸟皮等。实际上。只是牛皮、猪皮和羊皮的质量好且产量大，是制革的主要原料。

表 9-1　不同原料皮折算牛皮标张数

| 皮种 | 牛皮 | 猪皮 | 山羊皮 | 绵羊皮 | 马皮 | 鹿皮 |
|------|------|------|--------|--------|------|------|
| 折合比例 | 1 | 5 | 8 | 5 | 1.2 | 3 |

注：折合比例＝标张牛皮单位重量/其他皮种的单位重量。

#### 2．皮革工业的化学辅料

表 9-2　皮革用的化学辅料包括八大类

| 化学辅料类型 | 化学辅料名称 |
|------|------|
| 基本化工材料 | 酸类、碱类、盐类、氧化剂、还原剂、其他 |
| 酶制剂 | 主要是水解酶类，如蛋白酶、脂肪酶等 |
| 表面活性剂 | 有阴离子型、非离子型、两性型及其他类型的表面活性剂 |
| 皮革助剂 | 皮革助剂属于功能性皮革助剂，其本身可以赋予皮革某种特定性能；主要有填充剂、蒙面剂、防霉剂、防腐剂、防水剂、防污剂、防绞剂等 |

| 化学辅料类型 | 化学辅料名称 |
|---|---|
| 鞣剂及复鞣剂 | 无机鞣剂：铬鞣剂、锆鞣剂、铝鞣剂、铁鞣剂、钛鞣剂、硅鞣剂等<br>有机鞣剂：植物鞣剂、芳香族合成鞣剂、树脂鞣剂、醛鞣剂、油鞣剂等 |
| 皮革用染料 | 酸性染料、直接染料、碱性染料、活性染料和金属络合染料 |
| 皮革加脂剂 | 加脂剂：天然油脂加脂剂，天然油脂的化学加工产品，合成加脂剂，复合型和功能性加脂剂等 |
| 皮革涂饰剂 | 涂饰剂由成膜剂、着色剂、涂饰助剂和溶剂组成。<br>成膜剂：蛋白质类成膜剂、硝化（醋酸）纤维类成膜剂、乙烯基聚合物类成膜剂、聚氨酯类成膜剂；<br>着色剂：颜料、颜料膏和染料；<br>溶剂：有水和有机溶剂两大类；<br>涂饰助剂：手感剂、光亮剂、消光补伤剂、增塑剂、增稠剂、渗透剂、流平剂、发泡剂、消泡剂、稳定剂、填料、交联剂、防腐剂、防水剂等 |

制革生产过程物料消耗量特别大，原料皮中只有20%原料转化成皮革，80%转化成副产品和废物。制革准备阶段各工序生产过程清理掉大量的制革杂质（肉渣、油脂及各种杂质），其中大部分的蛋白质和油脂被处理废弃，进入制革废渣和废水中，造成废水中COD、BOD、氨氮浓度很高。大量的物料流失使得制革废水成为一种高浓度有机废水。铬鞣制生产需消耗大量硫化物和铬鞣剂。其中少部被皮革吸收，大部分进入废水中，硫化物和铬均属有毒物质，在加工过程中皮革对这些原料的吸收率，决定了这些化学物质的排放浓度。生产中染料和鞣剂的流失，造成废水有较高的色度，废水中的硫化钠和蛋白质分解会产生臭味。

另外制革过程使用了大量的化工材料。皮革化工材料主要包括：鞣剂和复鞣剂；加脂剂；涂饰剂（丙烯酸树脂类）；专用助剂（防腐剂、浸水剂、浸灰剂、脱灰剂、脱毛剂、软化剂、浸酸剂、脱脂剂、匀染剂、中和剂、提碱剂、固色剂、流平剂、固化剂、缓冲剂、手感剂等）；专用染料（皮革染料主要使用进口产品）。

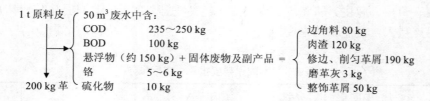

**图 9-1　制革工业污染物排放示意图**

## 三、皮革鞣制工业产品

天然皮革又称真皮，由动物皮加工而成，常见的有猪皮革、牛皮革、羊皮革、马皮革等。经脱毛和鞣制等物理、化学加工所得到的已经变性、不易腐烂的动物皮。再经修饰和整理，即为成革，又称皮革。皮革产品有鞋面革、服装革、沙发革、箱包革、装饰革等。

革的种类很多。一般按用途分类（见表）和按鞣制方法分类。按鞣制方法分为铬鞣革、植鞣革、油鞣革、醛鞣革和结合鞣革等。此外，还可分为轻革和重革。一般用于鞋面、服装、手套等的革，称轻革，按面积计量；用较厚的动物皮经植物鞣剂或各种结合鞣制，用于皮鞋内、外底及工业配件等的革，称重革，一般按重量计量。

在皮革生产的污染核算中不仅皮革加工原料如牛皮、羊皮、猪皮等对产排污量有明显影响，皮革加工产品类型如鞋面革、服装革、沙发革、箱包革、装饰革等也有明显影响，鞣制方法如铬鞣、植鞣、油鞣、醛鞣和结合鞣等也有明显影响。

### 四、皮革鞣制工业的生产工艺

制革生产工艺分为准备工段、鞣制工段、整饰工段，前两者为湿操作，后者主要为干操作。实际生产过程中，一些制革企业三个工段都有；一些企业只有准备和鞣制工段，即加工到蓝湿革；还有一些企业只有整饰工段，即从蓝湿革加工到坯革或成品革。制革企业由于加工工段不一样，在制革过程中消耗的水量差别很大。

准备工段包括从浸水到浸酸之前的操作，包括浸水、去肉、脱毛、软化等工序，去除原料革上的废肉、油脂、血污、泥沙、毛、粪便等杂物。

鞣制工段包括鞣制和鞣后湿处理，初鞣是将裸皮加工成革的质变过程。铬鞣过程中通过铬鞣剂与皮质的结合，是蛋白质性质转变，从而使皮变成了革。国内铬鞣剂主要是制革厂自配铬液，污染严重、浪费较大、质量也不稳定。目前采用的复鞣剂是以合成鞣剂为主，已出现了一些性能较好的合成鞣剂，复鞣剂是以锆、铝、铬为主要原料的络合鞣剂。经初鞣后的革称为蓝湿革，还需进行鞣后湿处理，进一步改善革的品质和外观。

整饰工段包括革的整理和涂饰，将皮革进行干燥，使用涂饰剂（目前我国使用的涂饰剂 70% 是丙烯酸树脂类）进行涂饰，涂饰是在皮革表面涂施一层高分子薄膜，使皮革更具防水、防油、防污、耐光、耐溶剂、透明度高、真皮感。

另外制革废水的排放，还因为原料皮（牛皮、羊皮、猪皮）的不同，加工工艺的不同，成品皮革的不同（鞋面革、服装革、沙发革、箱包革等），废水水质相差特别大，这些都是制革废水比较难治理的原因。

表 9-3　皮革鞣制工艺全过程工序

| 编号 | 工段 | 主要工序 |
| --- | --- | --- |
| 1 | 准备工段 I | 预浸水→主浸水→脱脂 |
| 2 | 准备工段 II | 浸灰→去肉（或剖层）→脱灰→软化 |
| 3 | 鞣制工段 | 浸酸→鞣制（铬鞣）或植鞣 |
| 4 | 湿整理工段 | 静置→剖层→削匀→复鞣→水洗→中和→填充→染色加脂→挤水 |
| 5 | 干整理工段 | 干燥→振软→喷中层→干燥→振软→摔软→喷顶层→成品革 |

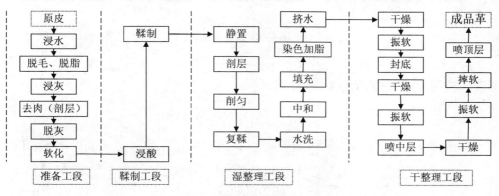

图 9-2　原皮轻革的生产工艺

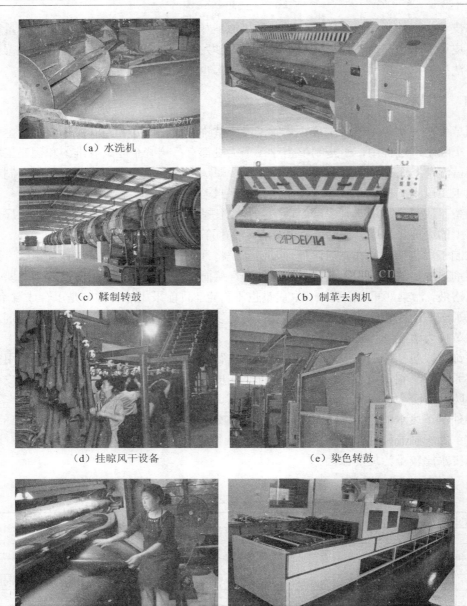

（a）水洗机

（c）鞣制转鼓

（b）制革去肉机

（d）挂晾风干设备

（e）染色转鼓

（f）制革干削机

（g）喷涂上光机

图 9-3　制革设备

## 五、皮革加工业的污水排污节点

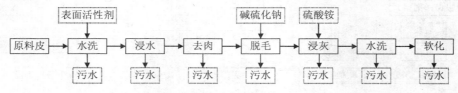

图 9-4　准备工段的污水排污节点

鞣制工段和整饰工段的排污情况见图9-5。

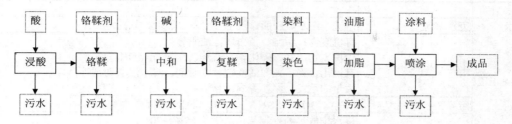

图9-5 鞣制工段和整饰工段的排污节点

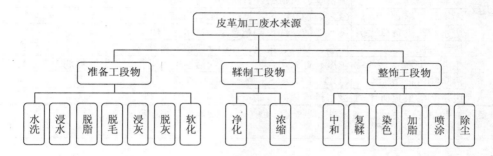

图9-6 皮革加工废水来源

表9-4 皮革加工业的主要污染物质来源

| 污染物 | 来源 |
|---|---|
| 硫 | 全部来自脱毛浸灰，加工1 t盐湿牛皮需耗40 kg硫化物，排放15~18 kg的$S^{2-}$，当pH值小于7时，可全部转化为硫化氢 |
| 油脂 | 准备工段中由于原料皮的油脂含量为25%~35%，其中脱脂时会去除10%，产生脱脂废液。脱脂废液占制革总废水量的5%，其中油脂含量1%~2%（1 g油脂相当3 g COD），COD质量浓度约3 000 mg/L。对脱脂废液应回收油脂 |
| 氨氮 | 氨氮产生量主要来自浸灰、脱灰、鞣制等残液。浸灰工序产生的废灰液中含大量蛋白质，主要是角质蛋白质，从灰液中分离蛋白可以大大减少废水中的污染物。每t盐湿皮可回收30~40 kg角蛋白 |
| 碱性废水 | 碱性主要来自脱毛膨胀用的石灰、烧碱和硫化物 |
| 高盐废水 | 大量的氯化物、硫酸盐等中性盐主要来源于原批保藏、脱灰、浸酸和鞣制工艺，废水中含盐量可达2000~3 000 mg/L |
| 悬浮物 | 主要有油脂、碎肉、皮渣、毛、血污等 |
| 高色度 | 色度由植鞣、染色、铬鞣废水和灰碱液形成，稀释倍数一般为600~3 600倍 |
| 含酚废水 | 主要来自于防腐剂，部分来自于合成鞣剂 |
| COD | 主要来自浸灰、脱灰、鞣制、复鞣、染色等工序残液；$BOD_5/COD$比值为0.40~0.50，可生化性好 |
| 三价铬 | 三价铬有70%来自铬鞣，26%来自复鞣，废水中三价铬质量浓度一般为60~100 mg/L，加工1 t盐湿牛皮耗铬盐50 kg，排放总铬3~4 kg |

表 9-5　皮革加工各工段的废水来源和污染物情况

| 工段 | 项 目 | 内 容 |
|---|---|---|
| 准备工段 | 废水来源 | 水洗、浸水、脱脂、脱毛、浸灰、脱灰、软化等工序 |
| | 主要污染物 | 有机废物：污血、蛋白质、油脂等；<br>无机废物：盐、硫化物、石灰、$Na_2CO_3$、$NH_4^+$等；<br>有机化合物：表面活性剂、脱脂剂、浸水浸灰助剂等；<br>大量的毛发、泥沙等固体悬浮物 |
| | 污染物指标 | COD、BOD、SS、$S^{2-}$、pH、油脂、氨氮、总氮 |
| | 废水和污染负荷比例 | 废水排放量约占制革总水量的 55%～70%；<br>污染负荷占总排放量的 70%左右，是制革废水的主要来源 |
| 鞣制工段 | 废水来源 | 浸酸和鞣制 |
| | 主要污染物 | 无机盐、三价铬、有机物、悬浮物等 |
| | 污染物指标 | COD、BOD、SS、Cr、pH、油脂、氨氮 |
| | 废水和污染负荷比例 | 废水排放量约占制革总水量的 5%～10% |
| 整饰工段 | 废水来源 | 中和、复鞣、染色、加脂、喷涂、除尘等工序 |
| | 主要污染物 | 色度、有机化合物（如表面活性剂、染料、各类复鞣剂、树脂）、悬浮物 |
| | 污染物特征指标 | COD、BOD、SS、Cr、pH、油脂、氨氮 |
| | 废水和污染负荷比例 | 废水排放量约占制革总水量的 20%～35% |

注：数据来自《制革及毛皮加工工业水污染物排放标准》（征求意见稿）编制说明。

---

**专栏**

　　制革行业产污量的确定主要依据相关文献统计和化工原料投加范围计算确定，具体分析如下：在传统制革生产过程中，生盐牛皮 20%～25%的重量转变成皮革，生盐绵羊皮和山羊皮 12%～15%的重量转变成皮革，而底革则是 65%。在常规的生产过程中，重量大多流失在各类废料中，其构成基本是 1 t 原料皮产生约 600 kg 固体废料，排水中包含约 250 kg $COD_{Cr}$ 和 100 kg $BOD_5$。另外，约 500 kg 各类化学材料被加入，采用的化工原料主要包括：酸、碱、盐、硫化物、石灰、铬鞣剂、加脂剂、复鞣剂、染料等，其中相当一部分进入水中。据统计，其中的硫全部来自脱毛浸灰，加工 1 t 盐湿牛皮需耗 40 kg 硫化物，排放 3～10 kg，废水中硫化物质量浓度一般为 40～100 mg/L。加工 1 t 盐湿牛皮耗铬盐 50 kg，排放总铬 2～5 kg，废水中 Cr（Ⅲ）质量浓度一般为 30～80 mg/L；氨氮一方面来自制革脱灰和软化过程添加的无机铵盐（据调研统计，加工 1 t 盐湿牛皮耗氨盐 50 kg，排放氨氮 9～18 kg），另一方面，皮革加工过程中水解到废水中的大量的皮蛋白随着废水中蛋白质的氨化，废水氨氮浓度迅速升高，据统计这部分氨氮贡献量为 6～12 kg/原皮，这使得废水中氨氮质量浓度很高，达到 200～600 mg/L。硫酸盐主要来自脱灰软化和浸酸鞣制工序，加工 1 t 盐湿牛皮耗硫酸或硫酸盐 50～110 kg，排放硫酸盐 30～70 kg，废水中硫酸盐质量浓度一般为 600～1 600 mg/L。另外废水中还含有中性盐和其他化学物质。

## 六、皮革工业的污染核算

### （一）皮革工业的废水污染

皮革废水主要来源于准备和鞣制工段以及整饰工段的部分工序（复鞣、染色、加脂等）。

在实际生产过程中，有一些制革企业三个工段都有；有一些企业只有准备工段和鞣制工段，即加工到蓝湿革；还有一些企业只有整饰工段，即从蓝湿革加工到坯革或成品革。这样制革企业由于加工工段不一样，制革过程所消耗的水量是有很大差别的。

制革及毛皮加工工业污水成分复杂，污染物浓度高，含有石灰、染料、蛋白质、盐类、油脂、氨氮、硫化物、铬盐以及毛、皮渣、泥砂等对环境有害的物质。污染物主要有：COD、BOD、硫化物、氨氮、三价铬等。

制革和毛皮加工的前工序基本都是在水中进行的，因此耗水量较高。化工原料加到溶液中，原料皮不可能将化工原料吸收完全，而且有的化工原料吸收率很低，如制革生产中的浸灰脱毛工序，所使用的石灰、硫化钠和硫氢化钠的吸收率只有10%~30%，从转鼓中排出时硫化物质量浓度高达5 000 mg/L，COD达数万毫克每升；成品皮革和毛皮是由原料皮加工而来的，原料皮的加工过程就是加工胶原蛋白和角蛋白的过程，加工过程中大量胶原和毛发被分解，以蛋白质的形式进入废液中，增加了废水中的污染负荷，特别是氨氮浓度很高；在制革过程中还使用了三价金属铬作为鞣剂，虽然可以回收，但回收铬用到制革过程中影响成品革的质量，利用率较低。

制革废水通常是间歇式排出，由于不同工序在每天的生产中都将出现生产高峰，高峰排水量约为日均排量2~4倍。每周末，准备工段剖皮以前各工序可能停止，周日排水为最低峰。

由于生产品种、生皮种类、工序交错运行，使废水水质波动很大，一天中pH最高可达11，最低为2左右。COD、BOD浓度值亦随水量变化而较大变动。

### 1．准备工段废水

鞣前准备工段在水洗、浸水、脱毛、浸灰、脱脂、软化等生产过程产生大量废水，废水量占总水量的70%以上，废水中含大量有机废物（污血、蛋白质、脂肪、泥沙等）、无机废物（酸、碱、硫化物、无机盐类）、有机化学物质（表面活性剂、脱脂剂等）。废水中COD、BOD、SS等污染物浓度很高，COD质量浓度高达3 000 mg/L左右、BOD质量浓度1 500 mg/L左右、SS质量浓度达3 000 mg/L、pH值平均在10左右，显碱性。

制革生产的脱毛工序多采用硫化碱脱毛技术，脱毛使用的化工原料主要是硫化钠和石灰，其废水占总水量的10%，脱毛废液废水的COD量占污染总量的50%，硫化物污染占95%，该部分废水属高浓度，高毒性废水，废水中硫化物质量浓度为1 300 mg/L，废水中SS浓度很大。

### 2．鞣制工段废水

鞣制工段在浸酸、鞣制、水洗过程产生大量有毒废水，废水量占总水量的8%，其废水中含高浓度铬盐、COD等，色度液会严重超标。含铬质量浓度1 500~2 000 mg/L，COD质量浓度2 000 mg/L左右、SS质量浓度2 500 mg/L。鞣后湿整饰工序在水洗、挤水、染色、加脂过程产生污水，废水量占总水量的20%，废水中含表面活性剂、酚类、有机溶剂等，COD质量浓度4 000 mg/L、SS质量浓度达3 000 mg/L。

目前铬鞣是广泛使用的鞣制方法，有些行内人士认为革鞣工序使用的红矾量越多制成的革性能越好，一般红矾用量为裸皮的5%，对铬鞣进行物料分析，革吸收了食用量的77%（按使用量5%计），剩余的铬则流失于鞣制废水中。鞣制1 t裸皮需50 kg红矾，排放10 kg左右铬盐，过多使用的红矾都会排入废水。

铬鞣的废水量约为 1 t 原料皮排放 1.8 m³ 铬鞣废水，废水中含铬质量浓度 3 500 mg/L；铬复鞣的废水量约为 1 t 原料皮排放 2.2 m³ 铬鞣废液，废水中含铬质量浓度 1 500 mg/L；制革中的铬鞣和复鞣工序铬污染占总铬污染的 95%，其后的水洗、挤水铬污染占总铬污染的 5%。

### 3．整饰工段废水

整饰工段属于干操作，污水很少。整饰过程的磨革会产生粉尘，喷涂会产生有机溶剂挥发产生的废气污染。

表 9-6　不同种类皮革加工的吨原皮（从生皮到蓝湿革）耗水量和排水量调研值

单位：m³/t 原皮

| 皮革种类 | 牛皮 | 猪皮 | 山羊 | 绵羊 |
|---|---|---|---|---|
| 耗水量 | 40～50 | 40～65 | 32～48 | 32～45 |
| 排水量 | 36～45 | 36～60 | 29～45 | 29～40 |

注：数据来自《制革及毛皮加工工业水污染物排放标准》编制说明（征求意见稿）。

表 9-7　不同种类皮革加工的吨原皮（从蓝湿革到成品革）耗水量和排水量调研值

单位：m³/t 原皮

| 皮革种类 | 牛皮 | 猪皮 | 山羊 | 绵羊 |
|---|---|---|---|---|
| 耗水量 | 20～40 | 35～55 | 32～40 | 30～40 |
| 排水量 | 17～35 | 32～50 | 29～36 | 27～36 |

注：数据来自《制革及毛皮加工工业水污染物排放标准》编制说明（征求意见稿）。

表 9-8　制革废水水质调查表

| 工序 | pH | COD | BOD | SS | 色度 | 油脂 | 氨氮 | $S^{2-}$ | 铬 |
|---|---|---|---|---|---|---|---|---|---|
| 浸水 | 7～8 | 2 500～5 500 | 1 100～2 500 | 2 000～5 000 | 150～500 | 1 000～5 000 | 100～200 | | |
| 脱脂 | 11～13 | 3 000～20 000 | 400～700 | 3 000～5 000 | 3 000～7 000 | 1 000～8 000 | | | |
| 浸灰脱毛 | 13～14 | 15 000～40 000 | 5 000～10 000 | 6 000～20 000 | 2 000～4 000 | 300～800 | 50～100 | 2 000～5 000 | |
| 脱灰 | 7～9 | 2 500～7 000 | 2 000～5 000 | 1 500～3 000 | 50～200 | | 3 000～7 000 | 300～600 | |
| 软化 | 7～8 | 2 500～7 000 | 2 000～5 000 | 300～700 | 1 000～2 000 | | 1 000～3 000 | 100～200 | |
| 浸酸 | 2～3 | 3 000～5 000 | 500～1 000 | 1 000～2 000 | 60～160 | | 200～500 | | |
| 鞣制 | 3～4.5 | 3 000～7 000 | 300～800 | 1 000～2 500 | 1 000～3 000 | 500～1 000 | 100～200 | 800～3 000 | |
| 复鞣中和 | 5～7 | 3 000～7 000 | 1 000～2 000 | 300～500 | 500～2 000 | | 200～400 | | 40～200 |
| 染色加脂 | 4～6 | 2 500～7 000 | 1 500～3 000 | 300～600 | 500～100 000 | 400～800 | | | 10～60 |
| 综合废水 | 8～10 | 3 000～4 000 | 1 500～2 000 | 2 000～4 000 | 600～4 000 | 250～2 000 | 300～600 | 40～100 | |

注：数据来自《制革及毛皮加工工业水污染物排放标准》编制说明（征求意见稿）。

### 表9-9 牛皮革鞣制加工业废水产污系数表

| 产品 | 头层牛皮鞋面革 | | | 二层牛皮鞋面革 | 头层牛皮装潢革 | |
|---|---|---|---|---|---|---|
| 工艺 | 生皮-成品革 | 蓝湿皮-成品革 | 生皮-蓝湿皮 | 蓝皮-成品革 | 蓝皮-成品革 | |
| 规模 | 所有规模 | 所有规模 | 所有规模 | 所有规模 | ≥50万标张牛皮/年 | <50万标张牛皮/年 |
| 废水量/(m³/t 原皮) | 50~100 | 20~40 | 30~55 | 20~45 | 60~95 | 70~100 |
| COD/(kg/t 原皮) | 90~180 | 40~90 | 50~110 | 40~70 | 110~250 | 200~300 |
| 氨氮/(kg/t 原皮) | 10~18 | 0.7~2 | 8~15 | 0.5~3 | 12~20 | 15~20 |
| 石油类/(kg/t 原皮) | 1.6 | 1.2 | 1.2 | 0.6~0.8 | 1.5 | 1.7 |
| 总铬/(kg/t 原皮) | 0.2~1 | 0~0.5 | 0.5~1.5 | 0~0.5 | 0.2~1.5 | 0.2~1 |
| 含铬废物/(kg/t 原皮) | 8~25 | | 6~20 | | 8.5~22.5 | 8~22.5 |

| 产品 | 头层牛皮装潢革 | | 二层牛皮装潢革 | 牛皮服装革 | 牛皮重革 | 牛皮箱包革 |
|---|---|---|---|---|---|---|
| 工艺 | 蓝皮-成品革 | 生皮-蓝皮革 | 蓝皮-成品革 | 牛皮服装革 | 植鞣革 | 箱包革 |
| 规模 | 所有规模 | 所有规模 | 所有规模 | 所有规模 | 所有规模 | 所有规模 |
| 废水量/(m³/t 原皮) | 25~50 | 30~50 | 30~60 | 35~70 | 40~55 | 60~95 |
| COD/(kg/t 原皮) | 30~60 | 80~180 | 55~100 | 80~150 | 90~160 | 110~250 |
| 氨氮/(kg/t 原皮) | 1~4 | 4~8 | 1~4.5 | 6~12 | 3~9 | 12~20 |
| 石油类/(kg/t 原皮) | 0.7~0.8 | 0.8 | 0.8~0.9 | 1~1.1 | 1 | 1.5 |
| 总铬/(kg/t 原皮) | 0~0.5 | 0.5~1.5 | 0~0.5 | 0.2~1.5 | 0 | 0.2~1 |
| 含铬废物/(kg/t 原皮) | | 7.5~21.5 | | 8~22.5 | 0 | 8.5~22.5 |

注：数据主要参照《第一次全国污染源普查工业污染源产排污系数手册》。

### 表9-10 猪皮革鞣制加工业废水产污系数表

| 产品 | 猪皮光面服装革 | 猪皮绒面服装革 | 猪皮鞋里革 | 猪皮重革 |
|---|---|---|---|---|
| 工艺 | 生皮-成品革 | 生皮-成品革 | 铬鞣工艺 | 植鞣革工艺 |
| 废水量/(m³/t 原皮) | 55~80 | 65~100 | 50~80 | 60~80 |
| COD/(kg/t 原皮) | 90~200 | 120~270 | 130~240 | 80~120 |
| 氨氮/(kg/t 原皮) | 6~15 | 10~16 | 8~15 | 2~8 |
| 石油类/(kg/t 原皮) | 1.5 | 2.0 | 1.5 | 1.5 |
| 总铬/(kg/t 原皮) | 0.2~1 | 0.2~1 | 0.5~1.5 | 0 |
| 含铬废物/(kg/t 原皮) | 7.5~20 | 8~21.5 | 7.5~20 | 0 |

注：规模等级为所有规模；数据主要参照《第一次全国污染源普查工业污染源产排污系数手册》。

表 9-11    羊皮革鞣制加工业废水产污系数表

| 产品 | 绵羊服装革 | 绵羊服装革 | 绵羊服装革 | 山羊鞋面革 | 山羊鞋面革 | 山羊鞋面革 | 山羊手套革 |
|---|---|---|---|---|---|---|---|
| 工艺 | 生皮-成品革 | 蓝皮-成品革 | 生皮-蓝皮革 | 生皮-成品革 | 生皮-蓝皮革 | 蓝皮-成品革 | 生皮-成品革 |
| 废水量/(m³/t 原皮) | 60~90 | 30~40 | 40~70 | 70~110 | 50~70 | 30~40 | 50~85 |
| COD/(kg/t 原皮) | 120~250 | 60~100 | 80~160 | 100~180 | 60~100 | 50~80 | 80~150 |
| 氨氮/(kg/t 原皮) | 7~16 | 3~8 | 5~10 | 8~14 | 5~10 | 3~5 | 5~9 |
| 石油类/(kg/t 原皮) | 1.5~2 | 1 | 1.5 | 2.5 | 3.5 | 2.5 | 2 |
| 总铬/(kg/t 原皮) | 0.2~1 | 0~0.5 | 0.5~1.5 | 0.2~1 | 0.5~1.5 | 0~0.5 | 0.2~1 |
| 含铬废物/(kg/t 原皮) | 6.5~21.5 | | 7.5~20 | 6~20 | 10~25 | | 7.5~21.5 |

注：规模等级为所有规模；数据主要参照《第一次全国污染源普查工业污染源产排污系数手册》。

### （二）制革废气污染

制革企业在生产过程中也会产生部分气体，皮革加工过程产生的硫化氢、氨水和其他一些易挥发的有机废气，以及蛋白质固体废料分解产生的有毒气体或不良气味，企业废水综合池在高温天气下也产生部分臭气。胶头堆放产生的臭气。

### （三）制革固体废物污染

制革工业固体废弃物主要包括制革污泥和革屑、革渣两大类。

一般来讲制革厂在对污水进行预处理时，污泥含量占污水的 5%~10%，而同时产生与污泥等量的其他固体废物。沉降污泥以大量含水的形态存在，其中的固体干物质为 3%~5%。

以生化方法处理废水所产生的污泥比用物理方法处理废水所产生的污泥多 50%~100%。皮革厂在处理污泥前，一般要对污泥进行脱水，脱水后的污泥其固体干物质的含量为 20%~40%。

## 第三节    毛皮工业污染核算

毛皮被人们誉为软黄金，毛皮业在我国历史悠久，经过数代人的共同努力，我国已经成为世界公认的毛皮生产大国。

### 一、毛皮加工的原理

带毛的动物皮经鞣制、染整所得到的具有使用价值的产品，又称裘皮。毛皮由毛被和皮板两部分构成，其价值主要由毛被决定。具体加工原理如下：

（1）鞣制。带毛生皮转变成毛皮的过程。鞣制前通常需要浸水、洗涤、去肉、软化、浸酸，使生皮充水、回软，除去油膜和污物，分散皮内胶原纤维（见制革）。绵羊皮通常采用醛-铝鞣，细毛羊皮、狗皮、家兔皮采用铬-铝鞣，水貂皮、蓝狐皮、黄鼠狼皮一般采用铝-油鞣。为使毛皮柔软、洁净，鞣后需水洗、加油、干燥、回潮、拉软、铲软、脱脂和整修。鞣制后，毛皮应软、轻、薄，耐热、抗水、无油腻感，毛被松散、光亮，无异味。

（2）染色。毛皮在染液中改色或着色的过程。旱獭皮可仿染标准水貂色，水貂皮可增色成黑灰色调。毛皮染色通常使用氧化染料、酸性染料、活性染料、酸性媒染染料和直接染料等。染色方法有浸染、刷染、喷染、防染等，可使毛被产生平面色、立体色（如一毛三色）和渐变色的效果。毛皮染色后，颜色鲜艳、均匀、坚牢，毛被松散、光亮，皮板强度高，无油腻感。

（3）退色。在氧化剂或还原剂作用下，使深色的毛被颜色变浅或退白。黑狗皮、黑兔皮退色后，可变成黄色。

（4）增白。白兔皮或滩羊皮使用荧光增白剂处理，可消除黄色，增加白度。

（5）剪绒。染色前或染色后，对毛被进行化学处理（涂刷甲酸、酒精、甲醛和水等）和机械加工（拉伸、剪毛、熨烫），使弯曲的毛被伸直、固定并剪平。细毛羊皮、麝鼠皮等均可剪绒。剪绒后要求毛被平齐、松散、有光泽，皮板柔软，不裂面。

（6）毛革加工。毛革是毛被和皮板两面均进行加工的毛皮。根据皮板的不同，有绒面毛革和光面毛革之分。毛皮肉面磨绒、染色，可制成绒面毛革。肉面磨平再喷以涂饰剂，经干燥、熨压，即制成光面毛革。对毛革的质量要求是毛被松散，有光泽；由于毛革服装不需吊面直接穿用，因此要求皮板软、轻、薄，颜色均匀，涂层滑爽，热不粘，冷不脆，耐老化，耐有机溶剂。

## 二、毛皮工业使用的原辅材料和产品

### 1. 毛皮加工原料

毛皮工业使用的原料是动物皮毛，如绵羊皮、水貂皮、狐狸皮、兔皮、貉皮、水獭皮等。

由于毛皮加工方式与皮革加工相似，也是有准备、鞣制、整饰基本工序，使用的化学辅料基本相似，可以参考皮革加工的化学辅料相关资料。

表 9-12　各类毛皮折算羊皮的比例

| 皮种 | 羊皮 | 绵羊皮 | 羔皮 | 山羊皮 | 貉子皮 | 狐狸皮 | 水貂皮 | 黄狼皮 | 滩羊皮 | 兔皮 |
|---|---|---|---|---|---|---|---|---|---|---|
| 折合比例 | 1 | 1 | 3 | 1.6 | 8 | 3 | 5 | 8 | 2 | 8 |

注：折合比例是以标张羊皮单位重量/其他皮种的单位重量，标张牛皮以 25 kg/标张折算。

### 2. 毛皮加工的产品

毛皮加工的产品有貉子毛皮、狐狸毛皮、水貂毛皮、羊毛皮、兔毛皮、羊剪绒毛皮、其他动物毛皮等。

### 三、毛皮加工的生产工艺

毛皮鞣制行业不同产品的加工过程有较大的差异，主要表现在原料皮来源、化工原料、鞣制（硝染）类型、产品特殊性要求等方面的差异上，其次，由于毛皮加工企业以小型居多，生产技术和管理水平差异非常明显，特别是节水工艺技术水平差异较大。

表 9-13　毛皮鞣制工艺过程

| 编号 | 工段 | 主要工序 |
|:---:|:---:|:---|
| ① | 准备工段 | 组批→抓毛→浸水→脱脂→软化 |
| ② | 鞣制工段 | 浸酸→鞣制→复鞣 |
| ③ | 整理工段 | 干燥→回潮→拉软→成品 |
| ④ | 染色工段 | 复鞣→脱脂→染色→加脂→干燥 |
| ⑤ | 剪绒工段 | 剪毛→浸复水→复鞣→脱脂→脱水→加脂→干燥 |

（1）鞣（硝）制工艺：从原料皮加工成毛皮的工艺过程，即依次进行①→②→③工段；

（2）染色工艺：从原料皮加工染色成品的工艺过程，即依次进行①→②→③→④工段。对于本工艺在实际调查中应根据毛皮是否染色而定；

（3）剪绒工艺：从原料皮加工成剪绒羊皮的工艺过程，即依次进行①→②→③→④→⑤工段。

#### 1. 鞣制工艺流程

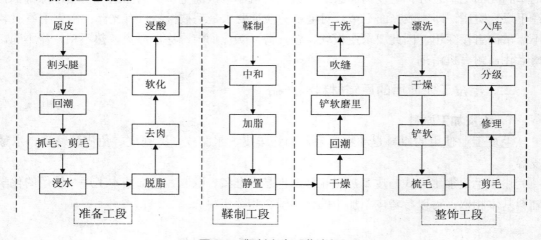

图 9-7　鞣制生产工艺流程

#### 2. 染色工艺流程

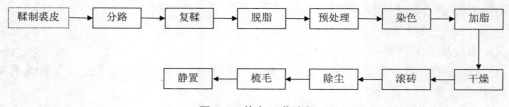

图 9-8　染色工艺流程

### 3．剪绒工艺流程

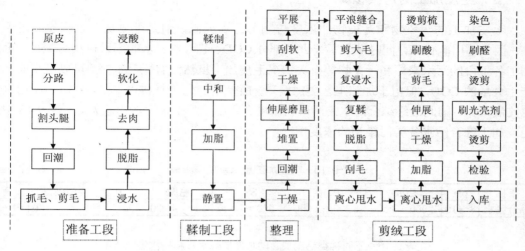

**图 9-9　剪绒生产工艺流程**

## 四、毛皮加工的排污节点

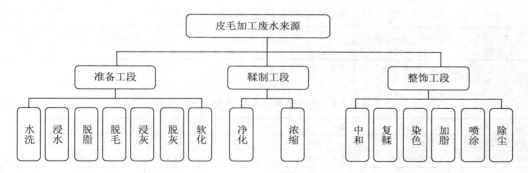

**图 9-10　皮毛加工废水来源**

**表 9-14　毛皮加工业各工段的废水来源和污染物情况**

| 工　段 | 项　目 | 内　容 |
|---|---|---|
| 准备工段 | 废水来源 | 水洗、浸水、脱脂、软化等工序 |
| | 主要污染物 | 有机废物：污血、蛋白质、油脂等；<br>无机废物：盐等；<br>有机化合物：表面活性剂、脱脂剂、助剂等；<br>大量的毛发、泥沙等固体悬浮物 |
| | 污染物特征指标 | COD、BOD、SS、pH、油脂、氨氮 |
| 鞣制工段 | 废水来源 | 浸酸和鞣制 |
| | 主要污染物 | 无机盐、三价铬、合成鞣剂、悬浮物等 |
| | 污染物特征指标 | COD、BOD、SS、Cr、pH、油脂、氨氮 |
| 整饰工段 | 废水来源 | 脱脂、中和、复鞣、染色、加脂等工序 |
| | 主要污染物 | 色度、有机化合物（如表面活性剂、染料、各类复鞣剂）、悬浮物 |
| | 污染物特征指标 | COD、BOD、SS、Cr、pH、油脂、氨氮 |

注：数据来自《制革及毛皮加工工业水污染物排放标准》（征求意见稿）编制说明。

### 五、毛皮加工的污染核算

毛皮加工的污染物和污染物的浓度与制革污水类似，但是毛皮加工过程没有脱毛工序，因此不用硫化碱，同时减少了很大一部分 COD、悬浮物，水的用量也相对减少。毛皮加工各工段的污水来源和污染物等有关情况毛皮加工虽然没有脱毛工序，可以减少脱毛是产生大量的 COD，但由于加工工艺更加繁琐，所使用的化工材料也很多，同时由于用水量也比制革少，因此最终综合污水的污染物浓度并不低，跟制革污水相差无几。表 9-15 中是毛皮加工综合污水各类污染物的浓度情况。

表 9-15　毛皮加工废水水质调查表　　　　　　　　　　　　单位：mg/L

| 指标 | pH | COD | BOD | SS | 色度 | 油脂 | 氨氮 | 铬 |
|------|----|-----|-----|----|----|----|----|----|
| 综合废水 | 8～10 | 2 000～3 500 | 1 200～2 000 | 1 000～2 500 | 600～4 000 | 300～1 500 | 60～120 | 10～20 |

表 9-16　不同种类毛皮加工的吨原皮耗水量和排水量调研值　　单位：m³/t 生毛皮

| 毛皮种类 | 羊剪绒（盐湿皮） | 水貂（干板） | 狐狸（干板） | 猾子（盐湿皮） | 兔皮（盐湿皮） |
|---------|------------|----------|----------|------------|------------|
| 耗水量 | 68～120 | 60～80 | 50～70 | 40～50 | 40～50 |
| 排水量 | 60～100 | 50～70 | 45～360 | 35～45 | 35～45 |

表 9-17　典型毛皮加工企业单位生皮综合废水量　　　　　单位：m³/t 原皮

| 毛皮种类 | 羊剪绒（盐湿皮） | 水貂（干板） | 狐狸（干板） | 貂子（盐湿皮） | 兔皮（盐湿皮） |
|---------|------------|----------|----------|------------|------------|
| 排水量 | 45～100 | 45～70 | 45～60 | 35～45 | 35～45 |

注：数据来自《制革废水治理工程技术规范》（征求意见稿）编制说明。

表 9-18　典型毛皮加工企业废水水质范围　　　　　　　　　单位：mg/L

| 废水 | pH | COD | BOD | SS | 色度 | 动植物油 | 氨氮 | 铬 |
|------|----|-----|-----|----|----|------|----|----|
| 含铬废水 | 3.5～5 | 2 000～4 000 | 400～1 000 | 400～1 500 | 800～2 000 | 300～600 | 40～100 | 300～700 |
| 综合废水 | 8～10 | 2 000～3 500 | 1 000～1 800 | 1 000～2 500 | 600～4 000 | 300～1 500 | 60～120 | 10～20 |

注：数据来自《制革废水治理工程技术规范》（征求意见稿）编制说明。

表 9-19　绵羊皮鞣制加工业废水产污系数表

| 产品<br>工艺 | 羊剪绒毛皮 | | 滩羊皮毛皮 | 水貂毛皮 | 狐狸毛皮 | 貂子毛皮 | 兔毛皮 |
|------|----------|----------|----------|--------|--------|--------|--------|
| | 短羊剪绒工艺 | 长羊剪绒工艺 | 铬鞣工艺 | 硝染工艺 | 硝染工艺 | 硝染工艺 | 硝染工艺 |
| 废水量/<br>（m³/t 原皮） | 55～100 | 70～120 | 50～65 | 35～45 | 30～45 | 40～55 | 40～60 |
| COD/<br>（kg/t 原皮） | 70～100 | 80 000～120 | 60～95 | 60～90 | 50～90 | 70～95 | 75～100 |
| 氨氮/<br>（kg/t 原皮） | 2～7 | 4～8 | 2～5 | 2.5 | 2.5 | 2.5 | 2.5 |
| 石油类/<br>（kg/t 原皮） | 2 | 2.5 | 0.2～1 | 1 | 2.5 | 1.5 | 2 |
| 总铬/<br>（kg/t 原皮） | 0.2～1 | 0.2～1 | 0.2～1 | 0 | 0～0.4 | 0～0.4 | 0～0.4 |
| 含铬废物/<br>（kg/t 原皮） | 10～20 | 10～22 | | | | | |

注：数据主要参照《第一次全国污染源普查工业污染源产排污系数手册》。

## 第四节　塑料人造革、合成革工业污染核算

改革开放以来合成革每年都是两位数字的增长，合成革工业正在蓬勃发展。合成革现已大量取代了资源不足的天然皮革，并较之得到更广泛的应用，我国已成为全球合成革生产大国，生产企业主要集中在浙江、江苏、广东和山东等沿海城市。

### 一、塑料人造革、合成革生产原理

塑料人造革（通常以织物为底基，涂覆由合成树脂添加各种添加剂的配混料制成，广泛用于制作服装、鞋帽、箱包、家具、灯箱、棚布及各种工业配件等的聚氯乙烯人造革、聚氨酯人造革、聚烯烃人造革等）。

塑料合成革（通常以经浸渍的无纺布的网状层、微孔聚氨酯层作为表面层结合而制成，广泛用于制作鞋、靴、箱包和球类的塑料合成革）。

### 二、人造革、合成革加工的原辅料

人造革：也叫仿皮或胶料，是 PVC 和 PU 等人造材料的总称。它是在纺织布基或无纺布基上，由各种不同配方的 PVC 和 PU 等发泡或覆膜加工制作而成，可以根据不同强度、耐磨度、耐寒度和色彩、光泽、花纹图案等要求加工制成。

塑料人造革与合成革的主要原料是各种树脂（聚氯乙烯树脂 PVC、聚氨酯树脂 PU），用 PVC 树脂为浆料生产的人造革称为 PVC 人造革，用 PU 树脂为浆料生产的人造革称为 PU 人造革。主要原料还有无纺布和有机溶剂。底基有无纺布基，各类尼龙布基、起毛布基、针织布基、各类机织布基。

塑料人造革与合成革还要应用各种化工产品，如增塑剂（邻苯二甲酸二辛酯 DOP、邻苯二甲酸二酯丁 DBP）、溶剂（二甲基甲酰胺 DMF、甲苯 TOL、丁酮 MEK、乙酸乙酯 EA），并在人造革合成革生产配方中加入各种稳定剂、发泡剂等加工助剂。

这些化工产品在人造革合成革的生产加工制造过程中会产生大量废气、废水和固体废弃物等，会给环境带来污染的负荷。

### 三、人造革、合成革加工的产品

在我国，人们习惯将用 PVC 树脂为原料生产的人造革称为 PVC 人造革（简称人造革）；用 PU 树脂为原料生产的人造革称为 PU 人造革（简称 PU 革）；用 PU 树脂与无纺布为原料生产的人造革称为 PU 合成革（简称合成革）。

一种类似皮革的塑料制品。通常以织物为底基，在其上涂布或贴覆一层树脂混合物，然后加热使之塑化，并经滚压压平或压花，即得产品。近似于天然皮革，具有柔软、耐磨等特点。根据覆盖物的种类不同，有聚氯乙烯人造革（PVC），聚氨酯人造革（PU）等。

PVC 人造革有 3 类产品：发泡人造革、普通人造革、绒面人造革。

人造革和合成革产品的面积单位换算成重量单位，具体换算如表 9-20。

表 9-20  人造革、合成革单位面积质量

| 人造革、合成革产品 | 单位面积质量/（kg/m²） |
|---|---|
| 仅产超细纤维合成革 | 1.1 |
| 仅产箱包革和鞋面革 | 0.7 |
| 仅产服装革 | 0.5 |
| 箱包革、鞋面革和服装革 | 0.6 |
| 其他用途人造革、合成革 | 0.6 |

## 四、人造革、合成革生产工艺

合成革生产工艺（工序、流程）种类较多。根据要求，一种产品往往需要多种生产工艺进行组合生产。通常以一种材料为基材，在上面涂覆一层或多层合成树脂（包括各种添加剂）制成的一种外观似皮革的产品。所用的基材有各类织布、合成纤维无纺布、皮革等，也有无基材的产品。涂覆的合成树脂主要为聚氨酯（PU）、聚氯乙烯（PVC），据资料介绍还有聚酰胺（PA）和聚烯烃（如聚乙烯 PE、聚丙烯 PP）等。生产工艺根据污染产生情况，可分为干法、湿法、直接成型等工艺、后处理工艺以及超纤生产的特殊工艺。

### （一） 干法生产工艺

干法生产工艺用于聚氨酯（PU）、聚氯乙烯（PVC）及聚烯烃（如聚乙烯 PE、聚丙烯 PP）等合成革的生产，包括直接涂覆法和间接涂覆法（离型纸法、钢带法等）。其中最常见的为离型纸法，离型纸干法生产工艺流程见图 9-11。

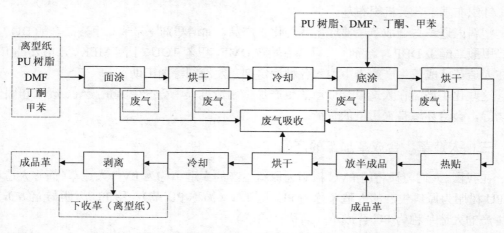

图 9-11  离型纸干法生产工艺流程图

### 1. 干法生产设备

离型纸干法生产工艺主要设备有：配料罐、高速搅拌机、生产流水线（包括涂刮、贴合、烘箱、冷却、剥离、收卷装置）、检验装置等。

离型纸有不同的花纹，通过涂覆可使产品得到不同的花纹。

## 2．干法生产工艺

离型纸放入生产线上，将已调制好的聚氨酯浆料涂刮于离型纸上，用于溶解聚氨酯的溶剂二甲基甲酰胺沸点较高，挥发量较小，涂刮过程是在半敞开的工作环境中进行，在涂布机上方设有集气罩，挥发的气态有机溶剂大部分吸入集气罩内导入室外排放。

将涂布了浆料的离型纸送入烘干机上烘干，在密封的条件下烘干，温度逐步升高，设有排气筒将挥发气态熔剂收集导出。

在放超细纤维基布前重复涂刮涂布、烘干1~3次（视工艺要求涂刮），第三次预烘干温度较低，然后在离型纸上方放置超细纤维基布，再进行烘干，冷却后剥离离型纸，上层即为超细纤维合成革成品，下层的离型纸可以重复使用。

### （二）直接成型法

其生产工艺与干法类似，不依靠媒介直接把涂层剂涂在基材上，直接涂覆，没有贴合和剥离工序。直接法指涂层剂在涂覆贴合以及固化中没有采用烘箱加热方式，直接固化成型。适用于聚氯乙烯（PVC）及聚烯烃等合成革的生产，如挤出热熔法、复合法等生产工艺。

### （三）　湿法生产工艺

湿法生产工艺主要是聚氨酯（PU）合成革生产工艺，生产的结果一般还是半成品（称为"贝斯"），一般再经干法工艺或其他处理后才成为成品。湿法工艺包括浸渍（含浸）、涂覆工艺或两种工艺组合。一般湿法合成革生产工艺流程见图9-12。

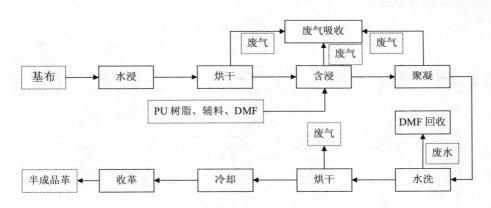

图 9-12　一般湿法合成革生产工艺流程图

### 1．湿法生产设备

合成革湿法生产工艺的主要设备有真空配料罐、搅拌机、生产流水线（包括含浸槽、预凝固槽、涂覆/刮、凝固槽、水洗槽、挤压、烘干、冷却、收卷装置）等。

### 2．湿法生产工艺

把合成革基布送入树脂含浸槽中进行含浸，含浸浆料含30%的聚氨酯和70%的溶剂二甲基甲酰胺，使用前再加1∶1的二甲基甲酰胺稀释。

含浸后的无纺布料即进入凝固槽进行凝固成膜处理，凝固槽中是18%二甲基甲酰胺水溶液，含浸后的无纺布在凝固槽中进行物料的充分交换，浆料中二甲基甲酰胺被水置换，形成泡孔。

然后进入清水槽进行逆流洗涤，高浓度洗涤水最后进入凝固槽补充水分。

凝固液中的二甲基甲酰胺浓度达到 20% 时，送回收塔回收，产生的污水部分用于水洗和配制 18% 二甲基甲酰胺溶液，重复使用。

清水槽中的洗涤水主要来自二甲基甲酰胺回收水、湿法线废气喷淋回收水和补充清水，洗涤后的半成品革送甲苯抽出车间。

## （四）后处理工艺

后处理工艺是合成革发展的一个重要方向，后处理工艺种类繁多并不断的有所更新，大多采用同皮革后处理和纺织品有关加工处理相似的工艺。包括表面涂饰（包括喷涂）、印刷、压花、磨皮、干揉、湿揉、植绒等。

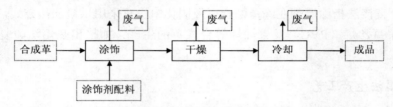

图 9-13　后处理工艺流程

## （五）超细纤维生产工艺

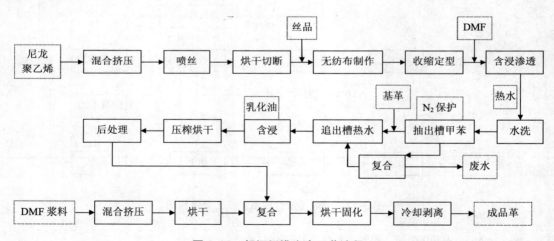

图 9-14　超细纤维生产工艺流程

### 1．超细纤维生产设备

超细纤维生产工艺主要设备有：切片输送装置、螺杆挤出机、纺丝箱体和自控装置、卷绕装置、喷丝板、牵伸装置、上油机、卷曲机、切断机、开混生产线、给棉机、梳理机、铺网机、预针刺机、针刺机、卷绕切割机、热收缩机等。

## 2．超细纤维生产工艺

尼龙切片和聚乙烯混合，锦螺杆挤压机内加热、熔融后，挤压过滤；再经纺丝箱挤出成丝；丝束通过水浴槽拉伸、卷曲、烘干，再切断成所需长度的短纤维；然后进行打包，送无纺布生产工序，其后续工艺与干法湿法基本相同。

### （六）后整理工艺

#### 1．后整理设备

后整理工艺主要设备有研磨机、处理机、压花机、水洗机、揉纹机、抛光机、植绒机等。

#### 2．后整理工艺

后整理工艺大多采用同皮革后处理和纺织品有关加工处理类似工艺。如表面涂饰（包括表面处理、辊涂、喷涂等）、印刷、压花、研磨、干揉、湿揉、植绒等。

## 五、塑料人造革、合成革加工的排污节点

塑料人造革、合成革加工的排污节点见图 9-15。

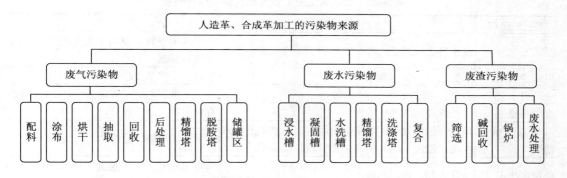

**图 9-15　人造革、合成革加工的污染物来源**

人造革、合成革制造业废气的产生过程和主要污染物分析见表 9-21。

**表 9-21　合成革工业主要废气污染物排污节点**

| 产生过程 | 主要污染因子 | 排放特征 | 措施 |
|---|---|---|---|
| 干法配料车间 | 二甲基甲酰胺、甲苯（兼有二甲苯、苯）、丁酮 | 无企业排放 | 可收集治理后有企业排放 |
| 湿法配料车间 | 二甲基甲酰胺 | 无企业排放 | 可收集治理后有企业排放 |
| 干法涂台上浆 | 二甲基甲酰胺、甲苯（兼有二甲苯、苯）、丁酮 | 无企业排放 | 可收集治理后有企业排放 |
| 湿法涂台上浆 | 二甲基甲酰胺 | 无企业排放 | 可收集治理后有企业排放 |
| 干法烘干线 | 二甲基甲酰胺、甲苯（兼有二甲苯、苯）、丁酮 | 有企业排放 | 主要废气源，TOL、MEK 基本直接排放 |
| 湿法烘干线 | 二甲基甲酰胺 | 无企业、有企业排放均有 | 有湿法烘干回收装置的为有企业排放 |

| 产生过程 | 主要污染因子 | 排放特征 | 措施 |
|---|---|---|---|
| 湿法槽 | 二甲基甲酰胺 | 无企业排放 | 自然挥发 |
| 熟化间、检验、收卷、仓库等 | 二甲基甲酰胺、甲苯（兼有二甲苯、苯）、丁酮 | 无企业排放 | 车间面源 |
| 后处理工序 | 二甲基甲酰胺、甲苯、丁酮、丁酯 | 有企业排放 | 涂饰、喷涂等表面处理工序，可收集处理 |
| 储罐、原料库区 | 二甲基甲酰胺、甲苯、丁酮 | 无企业排放 | 来源于大小呼吸及自然逸散 |
| 精馏尾气 | 二甲基甲酰胺 | 无企业排放 | 约占回收二甲基甲酰胺量的万分之五 |
| 脱胺塔尾气 | 二甲胺、二甲基甲酰胺 | 有企业排放 | 大部分企业没有脱胺塔设施 |
| 塔顶水 | 二甲胺 | 无企业排放 | 二甲胺沸点 7℃，容易自然挥发出来 |
| 锅炉房 | $SO_2$、烟尘 | 有企业排放 | 水膜除尘 |

注：资料参照《清洁生产审核指南合成革工业》（征求意见稿）编制说明。

人造革、合成革制造业废水的产生过程和主要污染物见表 9-22。

表 9-22　合成革工业主要废水污染物排污节点

| 工艺或流程 | 产生过程 | 主要污染物 |
|---|---|---|
| 湿法工艺 | 浸水槽、凝固槽、水洗槽等的工艺废水和清洗水 | 二甲基甲酰胺、阴离子表面活性剂、悬浮物、氨氮 |
| 甲苯抽出工艺 | 水封水、甲苯回收水 | 甲苯、二甲基甲酰胺 |
| 后处理工艺 | 湿揉、洗涤废水 | 有机溶剂、阴离子表面活性剂、悬浮物 |
| 废气回收 | 水洗涤式废气净化治理水 | 有机溶剂、悬浮物 |
| 二甲基甲酰胺精馏 | 精馏塔的塔顶水、真空泵出水、二甲基甲酰胺回收废水储罐（池）的非定期排放、清洗水 | 二甲基甲酰胺、悬浮物 |
| 冷却塔废水 | 冷却水的非定期排放 | 同所用水有关，一般为二甲基甲酰胺、悬浮物 |
| 清洗 | 地面冲洗水、容器洗涤水、设备洗涤水 | 悬浮物 |
| 锅炉废水 | 锅炉废气治理废水 | 悬浮物 |

**思考与练习：**

1．简述我国制革工业的原料结构和产业布局。

2．到企业或在网上调研常规的羊皮、猪皮、牛皮、马皮、驴皮、袋鼠皮鞣质的主要设备和工艺流程及排污节点。

3．到企业或在网上调研皮草的最新生产工艺和排污节点。

4．调研含铬废水的最新治理工艺并进行经济技术比较。

5．分析含铬废水中铬回收的可行性和成本分析。

6．查阅资料分析制革行业边角料的最新回收或者综合利用的方法。

7．调研或者查阅资料分析目前制革废水存在的主要问题，并提出解决办法。

# 第十章  发酵、酿造工业污染核算

本章介绍了我国发酵与酿造行业的主要环境问题和节能减排基本要求；啤酒、白酒、味精等行业的原辅材料结构、基本能耗；主要生产设备与基本工艺，排污节点和环境要素分析。要求了解和掌握相关行业的生产原辅料、能源消耗、生产工艺与其废气和废水污染物排放之间的关系，了解基本生产流程的废气、废水排污节点和环境要素。

专业能力目标：

1. 了解发酵与酿造行业的主要环境问题；
2. 了解发酵、酿造工业生产的基本原理；
3. 了解啤酒、白酒、味精、酒精等行业的原料结构与主要设备；
4. 掌握啤酒、白酒、味精、酒精等行业的生产工艺流程；
5. 掌握啤酒、白酒、味精、酒精等行业的主要排污节点与治理情况。

## 第一节  我国发酵、酿造工业存在的主要环境问题

酿造和发酵都是以粮食为原料，借助微生物在有氧或无氧条件下的生命活动制备微生物菌体，直接产生代谢产物或次级代谢产物的过程。在这一过程中，使之成为由复杂成分构成的、具有较高风味要求的食品和饮品，如调味食品和各类酒、酱油、食醋等，习惯上称为酿造过程；而使之成为成分单一的、不具有风味要求的生化产品，如酒精、柠檬酸、谷氨酸、单细胞蛋白等，习惯上称为发酵过程。

### 一、发酵、酿造行业现状

目前，发酵工业主要包括酿酒工业和调味品工业，还包括新兴的产业酶制剂、氨基酸、有机酸、味精、功能食品和食品添加剂、特种发酵工业产品，精细化工产品、生物反应器、分离介质及装备。按照《国民经济行业分类》国家标准（GB/T 4754—2011）的规定，生化工业制品（农药、医药、有机化工原料、化工助剂、添加剂等）归并到相应工业行业，与食品有关的发酵产品的制造归类于"食品制造工业"。

我国发酵产业已形成以原料主产区为主的区域布局。其中，氨基酸、有机酸和淀粉糖行业主要集中在山东、东北三省、内蒙古、河北等地；酶制剂行业大多分布在江苏、湖南、湖北和山东；酵母行业则以湖北、广东、广西和安徽为主。2006—2012 年，我国发酵行业

主要发酵产品节能减排初见成效。例如，味精行业的水耗每年降低 5.9%，能耗下降 2.2%；柠檬酸行业水耗每年降低 13.2%，能耗下降 6.8%。

## 二、发酵、酿造行业主要环境问题

目前，全国从事发酵类产品生产的企业已达数万家，随着产业的飞速发展，其环境问题也日趋严重。酿造工业在消耗大量粮食的同时，由于原料利用水平低，生产过程排放的废水、废渣污染负荷极高，是典型的高浓度、重污染有机废水，对环境的危害非常严重。酿造工业排放的主要废渣水来自原料处理后剩下的废渣、分离与提取主要产品后废液与废糟，以及加工过程中各种冲洗水、洗涤剂和冷却水。由于酿造工业属于传统工业，其生产技术水平平均较低，属于粗放型、重污染型行业，这些行业使用的原料基本是以粮食、薯类等农副产品为主，利用特殊的微生物进行发酵，因此环境污染特性都有相近之处，在发酵生产过程中都排出含渣（糟）废水（如酒精糟、啤酒醪、白酒糟、废母液、玉米浆、薯干渣、黄浆水、大米浆等），其中都含有大量糖类、蛋白质、氨基酸、维生素和多种微量元素，这些物质的排放会严重污染环境，如果回收既是理想的饲料原料，又是生化降解过程微生物增殖的营养源。

## 三、发酵、酿造行业的节能减排

发酵、酿造行业的节能减排措施主要包括菌种改造、发酵工艺优化、分离提取技术和工艺、原料及副产物的综合利用以及污染物减排。发酵、酿造行业在生产中实现"三高"（高产量、高转化率和高生产强度）及污染控制的治理加资源化是全行业节能减排的关键。

发酵、酿造行业在"十二五"的规划中，对于到 2015 年实现的节能减排目标见表 10-1。

表 10-1　发酵、酿造行业"十二五"节能减排目标　　　　　　　　　单位：%

| 指标 | 原料利用率 | 固体废物综合利用率 | 水耗 | 能耗 | 污染物产生量 | 污染物排放量 | 温室气体排放量 |
|---|---|---|---|---|---|---|---|
| 增加比率 | +97 | +72 | −30 | −18 | −20 | −15 | −18 |

备注：+为增加，−为减少。

# 第二节　啤酒工业污染核算

酿酒工业主要包括酒精、啤酒、白酒、黄酒及葡萄酒等产业，在我国酿酒工业中，白酒、啤酒、葡萄酒为 3 大主要酒种，其中以啤酒生产为主导，产量最大增长的幅度也最快。

## 一、啤酒工业现状

啤酒是以麦芽（包括特种麦芽）为主要原料，以大米或其他谷物为辅助原料，经麦芽汁的制备，加酒花煮沸，并由酵母发酵酿制而成的，含有 $CO_2$、起泡的、低酒精度（2.5%～

7.5%）的饮料酒。1949—1979 年全国啤酒厂总数达到 90 多家，产量为 51.59 万 kL。1979—1988 年每年总产量以 30%递增。2012 年，全国啤酒总产量已达到 4 902 万 kL。

---

**啤酒分类**

（1）按所用酵母品种分类：

上面发酵啤酒：采用上面酵母进行发酵，发酵温度较高；

下面发酵啤酒：采用下面酵母进行发酵。

（2）按麦芽汁浓度分类：

低浓度啤酒：原麦芽汁浓度为 2.5～8°P，酒精含量为 0.8%～2.2%；

中浓度啤酒：原麦芽汁浓度为 9～12°P，酒精含量为 2.5%～3.5%；

高浓度啤酒：原麦芽汁浓度为 13～22°P，酒精含量为 3.6%～5.5%。

（3）按生产方式分类：

鲜啤酒：不经巴氏灭菌或瞬时高温灭菌的新鲜啤酒；存放时间较短，一般为 7 天；

纯生啤酒：不经巴氏灭菌或瞬时高温灭菌的新鲜啤酒，而采用物理方法进行无菌过滤；口味新鲜，淡爽，啤酒稳定性好，保质期可达半年以上；

熟啤酒：经巴氏灭菌或瞬时高温灭菌的啤酒；保质期较长，可达三个月左右。

---

## 二、啤酒工业污染减排途径

### （一）改进生产工艺，降低总能耗

采用一罐发酵法，提高生产效率，降低消耗；采用高浓糖化，降低蒸汽消耗；采用麦汁压滤技术提高生产效率；采用快速发酵工艺酿造啤酒，比传统发酵工艺可缩短近 50%的时间，同样的发酵罐容积年生产能力可提高生产效率，同时可节约能源；采用复合酶糖浆酿造高浓度啤酒；实现生产全过程的微机自动控制，发酵工序和糖化工序冷媒采用直接氨冷却，改变过去以氨冷却乙醇溶液，再用乙醇溶液去冷却发酵液或麦汁的二次冷却方式，达到了提高能源利用率、节约能源的目的。

### （二）降低水消耗

进行节水技术改造，提高水的重复利用率。啤酒生产是用水大户，进行用水的技术改造工作，不但可以节约水资源，而且可以减少污水的产生量和排放量。

**1. 冷凝水的回收利用**

啤酒生产要使用大量的蒸汽，蒸汽使用后产生的冷凝水基本可全部回收作为软水直接进入锅炉，在回收水的同时又可回收热量。

**2. 糖化热水的回收**

糖化车间采用冰水冷却麦汁，冰水与热麦汁热交换后变为 75℃左右的热水，除部分用作糖化车间自身的投料、洗槽及设备的清洗外，剩余热水回收，部分用于制备锅炉用水，部分用于发酵车间啤酒高浓稀释无菌脱氧水的制备、CIP 清洗用水、原水处理脱氧罐反冲洗用水、灌装洗瓶机和杀菌机补充用水，节约了大量的热能和水资源。

**3．啤酒灌装生产洗瓶和杀菌工序用水的控制**

在洗瓶工序，将洗瓶机后段的漂洗水回收至前段的浸泡池重复利用，同时控制好喷淋水的压力和喷淋水量。在杀菌工序，通过完善杀菌机 PLC 温度控制系统，平衡杀菌用水的循环利用，最大限度地减少补给水。

**4．冷却水的循环利用**

生产所需冷冻机、空压机等辅助设备应增加冷却设备（如冷却塔等），使冷却水能循环利用，减少水的排放并通过在冷却水中添加缓蚀除垢剂和加装砂滤器，对冷却水进行循环净化，防止冷却水的污染，保证冷却效果。

**5．污水回收处理后循环利用**

处理后的废水，可作为冷冻机、空压机、风机、泵等的冷却水，或冲洗车间地板、浇花等非生产用水。

**（三）二次蒸汽的回收利用**

啤酒生产中有 40%～50% 蒸汽热能消耗在糖化车间，糖化车间能源的节约和回用可以明显节能。糖化车间能耗重点是麦汁煮沸工序，煮沸产生的水蒸气称为二次蒸汽。目前，二次蒸汽从排气筒直接排放至大气中，不仅会对周围环境造成一定的污染，而且浪费了许多能量，将 1 kg 100℃的热水转换成为 100℃的蒸汽需要大约 2 260 kJ 的热能。增加常压二次蒸汽回收系统，可在回旋澄清槽和麦汁冷却器之间增加真空蒸发系统，减少蒸汽消耗。

**（四）节约用电**

大功率生产设备如泵机、风机、空压机等，采用变频调节技术，加装变频器，可取得明显的节电效果。包装灌装流水生产线采用行程开关控制系统，主要机台的启停与辅助输送系统的启停连锁，减少设备的空转。

**（五）啤酒生产副产物综合利用，减少污染物排放**

（1）$CO_2$ 回收利用：把啤酒发酵过程中产生的 $CO_2$ 回收用于生产，既节约了生产成本，又减少了温室气体的排放。

（2）湿麦槽和废酵母回收利用：建立完整的麦槽及酵母回收系统，回收细麦槽用作饲料。

（3）碱液回收利用：将灌装车间生产的废碱水通过回收后给动力车间使用，可用于脱硫系统烟气的脱硫，也用于调节污水站污水 pH 值。

**（六）减少污染物的排放，实行清洁生产**

我国啤酒企业做好"节能减排"工作，要遵循"领导是关键，创新是动力，人才和管理是保证，意识是关键，全员参与是根本"的工作原则，每个啤酒企业都应牢固树立起开源节流、节能降耗、节约就是创造的意识。自觉加强环境保护，推进循环经济，实施可持续发展战略，为全面构建和谐社会作出应有的贡献。

### 三、啤酒生产原料

啤酒是以麦芽（包括特种麦芽）为主要原料，以大米或其他谷物为辅助原料，经麦芽汁的制备，加酒花煮沸，并由酵母发酵酿制而成的，含有 $CO_2$、起泡的、低酒精度（2.5%~7.5%）的饮料酒。

表 10-2　啤酒生产原辅料

| 原辅料 | 说明 |
| --- | --- |
| 麦芽 | 麦芽由大麦制成。用大麦制麦芽比小麦、黑麦、燕麦快，没有壳的小麦很难发出麦芽，所以选用带壳大麦作酿造的主要原料。大麦发芽过程将内含的难溶性淀粉转变为用于酿造工序的可溶性糖类 |
| 酒花 | 酒花属麻系植物。酒花有结球果组织，结球果给啤酒注入了苦味与甘甜，使啤酒更加清爽可口，并且有助消化 |
| 酵母 | 真菌类的一种微生物。在啤酒酿造过程中，酵母把麦芽和大米中的糖分发酵成啤酒，产生酒精、$CO_2$ 和其他微量发酵产物。这些微量但种类繁多的发酵产物与其他那些直接来自于麦芽、酒花的风味物质一起，组成了成品啤酒的感官特征 |
| 糖 | 在某些啤酒中精炼糖是重要的添加物。它使啤酒颜色更淡，杂质更少，口味更加爽快。通过加入大米来获取精炼糖，使啤酒的口味更加清爽，以符合消费者口味的需要 |
| 水 | 啤酒 90%以上成分是水，水在啤酒酿造过程起重要作用。酿造所需水质必须洁净，应为去除矿物盐的软水 |

### 四、啤酒工业生产工艺

啤酒的生产过程大体可以分为四大工序：麦芽制造，麦汁制备，啤酒发酵，啤酒包装与成品啤酒。啤酒生产线设备包括 9 大系统：

①粉碎系统：粉碎机；②糖化系统：糊化锅、糖化锅、过滤槽、煮沸锅、旋沉槽；③过滤系统：立式过滤机；④发酵系统：发酵罐、清酒罐；⑤罐装系统：灌装机、保鲜桶、封口机；⑥洗涤系统：碱液/$H_2O_2$罐车；⑦制冷系统：制冷机组、冰水罐；⑧蒸汽系统：蒸汽发生器；⑨控制系统：动力控制、制冷控制、温度控制。具体的生产工艺见图 10-1。

图 10-1　啤酒生产工艺流程

#### 1. 麦芽制备工序

由原料大麦制成麦芽（也称制麦），是啤酒生产的开始。制麦的目的是产生各种水解酶，并使麦粒胚乳细胞的细胞壁受半纤维素酶和蛋白消解酶作用后变成网状结构，利于糖化时酶进入胚乳细胞内将淀粉和蛋白质等消解。

麦芽浸渍周期长达 48~72 h。麦芽制备工段分大麦贮存、筛选、浸渍、发芽、干燥和除根等六个工序。用水浸渍大麦称浸麦，浸麦水常投加化学药品（如饱和澄清石灰水、甲醛水溶液、高锰酸钾、氢氧化钠或氢氧化钾溶液）。麦芽干燥过程分烘干和焙焦，使酶停止活动，干燥成干麦芽。除根是利用除根机加工。麦芽制备工序用水主要包括浸麦用水和冷却用水两部分，许多啤酒厂直接从外厂购买麦芽。

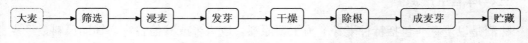

图 10-2 麦芽制备工艺流程

### 2．麦汁制备工序

> **糖化：**
>
> 　　指酿酒和蒸馏工艺中，将碾磨后的谷物（通常是混合有玉米、高粱、黑麦或小麦的大麦芽）与水混合，加热混合物并保持恒定温度（常见温度有 45℃、62℃和 73℃），以使麦芽中的酶将淀粉分解为食糖（通常为麦芽糖），进而产生麦芽汁的过程。

　　麦汁制备过程称糖化，粉碎麦芽与温水混合，麦芽自身有多种水解酶，将淀粉和蛋白质等分解成可溶性低分子糖类、糊精、氨基酸、胨、肽等，麦芽内溶物浸出率可达 80%，这是糖化过程。糖化后滤除麦糟得到麦汁。此工序产生麦汁冷却水、装置洗涤水、麦糟、热凝固物和酒花糟，装置洗涤水主要是糖化锅洗涤水、过滤槽洗涤水和沉淀槽洗涤水。除此之外，糖化过程还要排出酒花糟、热凝固物等大量悬浮固体。

### 3．发酵工序

　　糖化后，麦汁除去酒花糟后澄清冷却至 6.5～8.0℃，接种酵母发酵。发酵分前发酵和后发酵。前发酵是酵母对以麦芽糖为主的麦汁进行发酵，产生乙醇和 $CO_2$。后发酵是将前发酵得到的嫩酒送后发酵罐，长期低温贮藏，完成残糖发酵，澄清啤酒，促进成熟。发酵工段除产生大量冷却水外，还产生发酵罐洗涤水、废消毒液、酵母漂洗水和冷凝固物。

### 4．成品酒工序

　　在后发酵罐中，残余酵母和蛋白质等沉积于罐底部，少量悬浮于酒中，须经硅藻土过滤分离才能罐装。滤酒工艺滤器截留的酒渣、部分滤料及残酒进入污水。滤后的成品酒可直接灌装，用于灌装的桶或罐，在装酒前需要进行清洗和消毒，因此清洗水中含有残酒和酒泥。

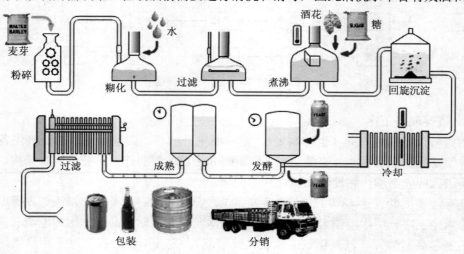

图 10-3 啤酒生产工艺流程图

## 五、啤酒工业的污染

### （一）啤酒生产中的污染

啤酒工业是以农产品加工为原料，加工过程资源消耗较大，涉及电、水、热和农副产品原料，排出废弃物（废水、废气、废渣等）较多，但这些废弃物都无毒，有机成分含量较高。因此，可以作为再利用的资源实现循环。

啤酒工业生产过程中产生的主要污染物见图 10-4。

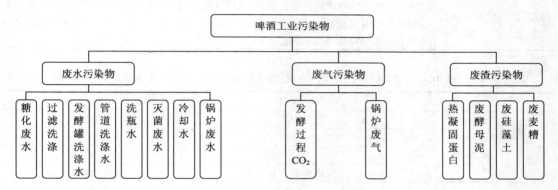

**图 10-4 啤酒工业主要污染源**

产生的主要排污节点见图 10-5。

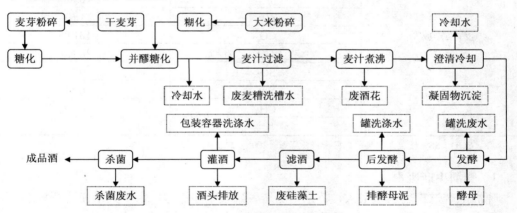

**图 10-5 啤酒生产工艺排污节点**

**表 10-3 啤酒工业排污节点说明**

| 工序 | 污染物类型 | 特征 |
|---|---|---|
| 麦芽制备 | 浸麦废水 | 浸麦时常加化学药品，如饱和澄清 $Ca(OH)_2$、$CH_2O$ 水溶液、$KMnO_4$、$NaOH$ 或 $KOH$ 溶液。因此，浸麦废水是一种颜色很深、极易腐败的有机废水 |
| 麦汁制备 | 糖化废水 | 糖化、过滤过程来自糖化锅和糊化锅冲洗水、过滤槽和沉淀槽洗涤水、麦汁煮沸、冷却会产生废酒花容器等的洗涤废水，冲渣废水、含渣废水如麦糟液、冷热凝固物、剩余酵母等，属于高浓度污水。废水量占总排水量的 5%～10%，废水中 COD、SS 和氨氮污染物质量浓度最高可达 30 000 mg/L |

| 工序 | 污染物类型 | 特征 |
|------|-----------|------|
| 麦汁制备 | 废麦糟 | 啤酒糟占啤酒生产所需原料的 22%左右。啤酒糟内含蛋白质约 25%～30%，含脂肪 6%～12%，以及一定数量的淀粉、纤维素、氨基酸和无机盐等 |
| 发酵 | 发酵废水 | 来自发酵和贮酒过程产生的发酵罐洗涤水、过滤洗涤水、消毒废水、酵母漂洗水、酵母压缩机洗涤水，消毒废水、酵母漂洗污水，属于中浓度污水。其水量占总水量的 25%，其废水 COD 质量浓度约为 2 500 mg/L |
| | 酵母泥 | 酵母是啤酒发酵车间副产物，含有丰富的蛋白质，以干物质计其含量为 50%，这些蛋白质由多种氨基酸组成，而这些氨基酸绝大部对人和动物有利。酵母含有丰富维生素，也很高的营养价值 |
| 成品酒包装 | 成品酒工段废水 | 在滤酒工艺中，经滤器截留的酒渣、部分过滤材料及残酒随水排入下水道。经过滤后的成品酒可直接桶装或罐装，装酒用的桶或罐，在装酒前需要进行清洗和消毒，因此清洗水中含有残酒和酒泥 |

**表 10-4    中国啤酒行业生产 1 kL 啤酒所消耗的资源及环境排放清单**　　单位：kg/kL

| 分类 | 项目 | 系数 |
|------|------|------|
| 资源消耗 | 原料 | 1 013.69 |
| 能源消耗 | 电（kW·h） | 84.00 |
| | 标准煤 | 85.00 |
| | 综合能耗（标煤） | 115.00 |
| 污染排放 | COD | 28.43 |
| | SS | 9.52 |
| | $NH_3$ | 0.07 |
| | 粉尘 | 0.64 |
| | 固废 | 1.63 |
| | $CO_2$ | 181.05 |
| | CO | 0.22 |
| | $SO_2$ | 0.71 |
| | $NO_x$ | 0.41 |
| | $CH_3$ | 0.02 |
| | 烟尘 | 1.21 |

注：原料、COD、SS、粉尘及固废的数据来自任辉等（2005）的相关研究。

### 1．啤酒生产废水

啤酒生产过程用水量很大，特别是酿造、罐装工序过程，由于大量使用新鲜水，会产生大量废水。我国每吨啤酒从糖化到灌装总耗水 6～12 $m^3$。啤酒废水主要来自：

（1）糖化车间的麦汁工序废水。糖化、过滤过程来自糖化锅和糊化锅冲洗水、过滤槽和沉淀槽洗涤水、麦汁煮沸、冷却会产生废酒花容器等的洗涤废水，冲渣废水、含渣废水如麦糟液、冷热凝固物、剩余酵母等，属于高浓度污水。废水量占总排水量的 5%～10%，废水中 COD、SS 和氨氮污染物质量浓度最高可达 30 000 mg/L。

（2）发酵车间的发酵工序废水。来自发酵和贮酒过程产生的发酵罐洗涤水、过滤洗涤水、消毒废水、酵母漂洗水、酵母压缩机洗涤水，消毒废水、酵母漂洗污水，属于中浓度污水。其水量占总水量的 25%，其废水为 COD 质量浓度约 2 500 mg/L。

（3）麦芽车间、灌装车间的灌酒、制麦芽废水。洗瓶，消毒、清洗废水，破瓶流出的啤酒、地面冲洗水。其水量占总排水量的 65%，属于低浓度废水。废水中有残酒、洗涤液、纸浆、染料、浆糊、残酒和泥沙等，COD 质量浓度约 700 mg/L。

（4）冷却水。冷冻机、麦汁和发酵冷却水等，这类废水基本上未受污染。

（5）办公废水。其水量占总排水量的 10%，COD 质量浓度约 300 mg/L。

---

啤酒工业废水主要含糖类、醇类等有机物，有机物浓度较高，虽然无毒，但易于腐败，排入水体要消耗大量的溶解氧，对水体环境造成严重危害。啤酒废水的水质和水量在不同季节有一定差别，处于高峰流量时的啤酒废水，有机物含量也处于高峰。国内啤酒厂废水中：$COD_{Cr}$ 质量浓度为 1 000~2 500 mg/L，$BOD_5$ 质量浓度为 600~1 500 mg/L，该废水具有较高的生物可降解性，且含有一定量的凯氏氮和磷。

啤酒废水中富含糖类、蛋白质、淀粉、果胶、维生素、废酵母等物质，属于中等浓度有机废水，可生化性较好。COD 质量浓度为 1 000~1 500 mg/L，其中的主要污染因子是 $COD_{Cr}$、$BOD_5$、悬浮物、氨氮，在废水治理设施的入口综合污水的质量浓度分别为 1 000~1 500 mg/L、500~1 000 mg/L、220~440 mg/L、120~160 mg/L，啤酒废水的可生化性较好，BOD/COD 约为 0.5，因此很多治理技术的主体部分是生化处理。

---

在生产过程，强度高的污染主要来自废酵母和各种蛋白质凝固物的排放，啤酒本身的 COD 值很高，生产中啤酒流失也会增加污染；硅藻土、硅胶作为滤酒的助滤剂，滤后多以水冲洗此滤饼成浆状，直接排放。滤饼内含有酵母、蛋白质沉淀等，能增高废水的 COD 值和 SS 值 10%左右。在污染治理方面，国内啤酒厂多采用末端增加废水处理设备，治标不治本。改进工艺，实现资源利用，即减少废水排放及废水处理量，可达到节能减排功效。

**2．啤酒生产的废气污染**

啤酒企业的废气主要来自锅炉房的燃烧废气，废气量及污染物排放量同燃料燃烧废气排放计算相同。

**3．啤酒生产的固体废物污染**

啤酒生产的各道工序都会产生废渣，包括过滤出的废麦糟、酵母泥、废硅藻土、废酒泥等。麦糟是麦汁制作过滤后的废物，主要成分是蛋白质、淀粉、还原糖、粗纤维、灰分等；废酵母是洗涤酵母过程过滤后的废物，啤酒废渣应进行回收利用。

---

啤酒行业的原料是大麦、酒花、大米，生产过程只利用了其中的淀粉，大部分蛋白质留在了麦糟及凝固物中，同时，还排出废酒花、废酵母、废酒、$CO_2$ 等，都是无毒无害的物质，且有一定的营养成分。每吨啤酒的可回收固体废物包括：麦糟 200~300 kg、淡麦汁 45 kg、废酒花 5 kg、酵母 6~9 kg、废硅藻土 7~10 kg、残酒和洗出液 24 kg 等。当污水采用生化法处理时，每削减 1 t $BOD_5$ 产生污泥 0.6 t。

---

**（二）啤酒工业的污染治理**

国家对于啤酒工业的污染治理非常重视，自 2005 年以来和啤酒行业有关的标准制订，大多和环保、节能、减排有关，《清洁生产标准　啤酒制造业》、《水污染物排放标准》、《啤酒企业 HACCP 实施指南》等；还有政府有关部门下达的课题和项目，如《国家先进污染防治示范技术和国家鼓励发展的环境保护技术目录》、《啤酒工业循环经济重点技术的调研及经济政策研究》等。在环境保护部新下达的《国家重点监控（废水）企业名单》中，啤酒企业有 61 家名列其中。由此可见国家对节能减排的重视程度，这也成为今后行业工作和企业生产的重要内容。

---

根据国务院《节能减排综合性工作方案》的通知精神，酒精行业主要淘汰高温蒸煮糊化工艺、低浓度发酵工艺等落后生产工艺装置，及年产 3 万 t 以下企业（废糖蜜制酒精除外）。禁止新建的酒精生产线（燃料乙醇项目除外）。实现在"十一五"期间内淘汰落后酒精生产工艺及年产 3 万 t 以下生产企业的生产能力 160 万 t。2008 年 2 月发改委和国家环保总局的公告，2007 年已确定淘汰落后酒精产能 42 万 t，企业 39 家。

---

啤酒废水的源控制方法：

（1）降低酒损率：从麦芽制备开始，直到成品酒出厂，每一道工序都会有酒损产生。酒损率与生产厂的设备先进性、完好性和管理水平的高低有关。酒损率越高，造成的环境污染越严重。一般来说，设备和管理水平先进的厂的酒损度为 6%～8%，而落后厂的酒损率可高达 18% 以上，一般水平的啤酒厂的酒损率为 10%～12%。减少啤酒流失，既可削减污染排放负荷，又可提高经济效益。

（2）回收酵母：制酒工艺产生含废酵母、酒液等的废水，有机物含量高，经处理可回用。废酵母经压榨，回收酵母内清酒液，压榨后的废酵母由酵母干燥机干燥成粉，这样既经济，又可降低污水的 COD 负荷。

（3）清污分流，提高循环用水率：在啤酒生产过程中产生大量冷却水，这些水的量很大，污染轻，可回收再用。

## 第三节　白酒工业污染核算

### 一、白酒工业现状

白酒是指以高粱等谷物为主要原料，以曲类、酒母为糖化发酵剂，利用淀粉质（糖质）原料，经蒸煮、糖化、发酵、蒸馏、陈酿和勾兑而酿制而成的各类蒸馏白酒。我国白酒与白兰地、威士忌、伏特加、朗姆酒、金酒并列为世界六大蒸馏酒之一。

---

**白酒的种类**

（1）按用曲种类分：

大曲酒：以大曲为糖化发酵剂，进行多次发酵，然后蒸馏、勾兑、贮存而成的酒；

小曲酒：以小曲为糖化发酵剂，进行多次发酵，然后进行蒸馏、勾兑、贮存而成的酒；

麸曲白酒：以纯粹培养的曲霉菌及酵母制成的散麸曲和酒母为糖化发酵剂，进行多次发酵，然后进行蒸馏、勾兑、贮存而成的酒。

（2）按香型分类：

酱香型：采用高温制曲、晾堂堆积、清蒸回酒等工艺，用石壁泥底窖发酵；

清香型：采用清蒸清渣等工艺及地缸发酵；

米香型：以大米为原料，小曲为糖化发酵剂；

兼香型：采用上述某些白酒生产工艺或其他特殊工艺酿制成的、具有混合香型或特殊香型的白酒。

（3）按生产方法分类：

固态发酵法白酒：酒醅含水 60% 左右，发酵物料处于固体状态，例如大曲酒、麸曲酒及部分小曲酒；

半固态发酵法白酒：有先固态糖化后液态发酵和先液态糖化后固态发酵两种，大部分小曲酒属于此类。

但近几年来，由于我国产业发展政策的调整，白酒工业的发展进入了相对平稳的时期。2012 年我国白酒产量达到 1 153 万 kL。我国白酒行业主要以传统工艺为主，年产 10 万 kL 以上的只有 3 家，年产 1 万 kL 以上的只有 60 多家，合计产量占全国白酒总产量的 31%，2007 年全国白酒规模以上企业 1 160 家，还有上万家中小型酒厂，生产工艺既传统又落后。白酒行业是耗能、耗粮大的行业。

## 二、白酒行业的节能减排

白酒工业作为发酵工业，副产物多，产生量巨大，主要副产物如酒糟、黄水、池皮泥等，均含有大量有益成分。过去对酿酒副产物的利用率较低，大都作为废弃物直接排放处理，造成了资源浪费和环境危害。应以技术创新为依托，利用科学的技术手段和先进的生产工艺，实现了资源的变废为宝和综合循环利用，使传统的"资源—产品—污染排放"的开环式经济，转变为"资源—产品—废弃物—再生资源"的闭环式经济。

### 1．综合回收利用酿酒副产物黄水、酒尾研制复合酿酒调酒液

黄水、酒尾是白酒在发酵和蒸馏过程中产生的。可以利用生化反应机理，通过高温高酸催化酯化、蒸馏提纯等独特工艺，制取复合酿酒调酒液。调酒液可用于各种中低档浓香型白酒的勾调，既增降低了生产成本，又可实现黄水零排放，彻底消除了对环境的危害，经济效益和社会效益显著。

### 2．丢糟再利用生产蛋白饲料

生产过程丢弃的酒糟，过去的处理方式是：部分鲜糟用于喂猪，其余多晒干作饲料添加剂。丢糟晾晒气味难闻，对环境造成污染；另外酒糟直接加于饲料，如纤维素、半纤维素等成分，单胃动物不能直接吸收利用，资源浪费。以丢糟为原料，进行固液发酵，降解丢糟中的纤维素、半纤维素等成分，生产生物酶蛋白饲料和复合酶添加剂。

### 3．彻底治理酿酒废水

白酒企业既是水资源消耗大户，也是污染大户。解决酿酒废水的污染问题，应节能与减排并举，同时废水回用，处理后的水全部用作冷却、花草灌溉、锅炉用水等，实现了水资源良性循环。

### 4．实施清洁生产

为锅炉安装脱硫设备装置，解决烟尘及 $SO_2$ 污染问题，降低大气污染。

### 5．技改降低能耗

采用变频技术，用于泵、风机、深井泵等设备，节电效果明显。将刷瓶用水回收处理后循环利用。

## 三、白酒生产的原料

制白酒原料一般可分淀粉质原料与糖质原料。在淀粉质原料中，主要使用粮谷原料。在粮谷原料中，高粱占主导地位，其次为大米、玉米。此外，还有青稞、大麦等杂粮和米糠、淀粉渣等。在糖质原料中，如糖蜜、蔗渣等。

白酒中使用辅料的作用：调整酒醅的淀粉浓度、酸度、水分、发酵温度，保证正常的发酵和提供蒸馏效率。

表 10-5　常用的酿酒原料与辅料

| 品种 | | 简介 |
| --- | --- | --- |
| 原料 | 高粱 | 高粱也称高粱或红粮。依籽粒含的淀粉性质来分有粳高粱和糯高粱，北方多为粳高粱，南方多为糯高粱。高粱是酿酒的主要原料，在固态发酵中，经蒸煮后，疏松适度，熟而不黏，利于发酵 |
| | 玉米 | 玉米做原料酿酒不如高粱酿出的酒纯净。生产中选用玉米做原料，可将玉米胚芽除去 |
| | 大米 | 大米淀在混蒸式的蒸馏中，可将饭味带入酒中，酿出的酒具有爽净的特点。但其中糯米在蒸煮后，往往因质软性黏而形成发酵不正常，故宜与高粱等其他原料混合使用 |
| | 小麦 | 小麦不但是制曲的主要原料，而且还是酿酒的原料之一。小麦中含有丰富的碳水化合物（主要是淀粉），钾、铁、磷、硫、镁等含量也适当。小麦的黏着力强，营养丰富，但在发酵中产热量较大，所以生产中单独使用应慎重 |
| | 甘薯 | 甘薯又称红薯、地瓜等，薯类原料出酒率比其他原料高，但薯块中含有较多的果胶，甘薯树脂，易生成甲醇，对发酵有一定的抑制，因此不能大量使用 |
| | 豆类 | 白酒制曲如果不以小麦为原料，而改用大麦、荞麦时，一般都需要添加20%～40%的豆类。常用的是豌豆，以补充蛋白质数量的不足并增加曲块的黏结性，有助于曲块保持水分，适宜微生物的生长 |
| | 甘蔗糖蜜 | 以甘蔗制糖后的废蜜 |
| | 甜菜糖蜜 | 以甜菜制糖后的废蜜 |
| 辅料 | 麸皮 | 小麦磨粉的副产品，为微生物生长的良好培养基，具有良好的通气、疏松、吸水等性能，有利于根霉菌的生长繁殖，可以制得质量优良的曲块 |
| | 高粱糠 | 加工高粱米的副产物。其不仅被用作辅料，而且还可以作为酿酒的原料，在使用时，入窖水分不宜过大，否则生酸快 |
| | 稻壳 | 稻壳吸水性差，但疏松性好，是酿制优质白酒的好辅料。因质地坚硬又是酒醅的良好填充料 |
| | 玉米芯 | 玉米穗轴的粉碎物，疏松度大，吸水性好。使用于酿制普通白酒时作辅料和填充料，玉米芯粉碎得越细吸水性越好 |
| | 水 | 水质好坏直接影响糖化速度和发酵良好性，并影响酒质优劣。酿酒行业都重视水质，故名酒酿造必要佳泉。工艺用水要求：无色透明，微酸性，硬度较低，金属离子及有机物含量均较低的水。色度不超过15度，不呈异色；混浊度低于5度；无邪味、腥味、臭味等；以氧化钙计总硬度低于250 mg/L，铅低于0.1 mg/L，砷低于0.04 mg/L；1 ml水中细菌低于100个，其中大肠杆菌低于3个/L水；pH 6.5～8.5 |

### 四、白酒的生产工艺

白酒工业生产的方法根据发酵物料状态的不同，可区分为固态发酵法、半固态发酵法和液态发酵法等。

固态发酵法指发酵酒醅含水分不多，糖化与发酵在固体状态酒醅中同时进行。以高粱等粮谷为原料，使用大曲或麸曲，入窖固态糖化发酵，成熟后固态蒸馏取酒。我国传统的白酒生产工艺，大曲酒（以大曲为糖化发酵剂）、麸曲白酒（以麸曲为糖化剂、酒母为发酵剂）及部分小曲酒（以小曲为糖化发酵剂、固态发酵及固态蒸馏）的生产均属固态发酵法。产品风格独特，酒质醇厚。多数名优白酒都用此工艺生产，但工人强度高，原辅材料消耗多。

半固态发酵法是以大米为原料、小曲为糖化发酵剂或采用先固态培菌糖化、再半固态半液态发酵和蒸馏的方法，如桂林三花酒等；或采用半固态边糖化边发酵，然后蒸馏的方法，如广东米酒等，均属此法。

液态发酵法是指发酵醪于液态中进行发酵，实际上是采用相似于淀粉质原料（或糖质原料）制造酒精的生产工艺。先制造酒精，再进行串香、调香或固液勾兑生产白酒。此法生产的白酒称为液态白酒。世界其他各国蒸馏酒的生产工艺大都采用液态发酵法，例如白兰地、威士忌、伏特卡及蓝姆酒等，可见液态发酵法是白酒工业发展的方向。

> 白酒生产多以高粱、小麦、玉米等为原辅料，经过四道工序（原料的预处理、糖化发酵、蒸馏出酒、装瓶），每生产 1 t 白酒需消耗 3 t 粮食（2.5 t 原料粮、0.5 t 制曲用粮），原料出酒率 40%，同时需要消耗 1 t 标准煤，20～50 $m^3$ 水，50 kW·h 电。

一般的固态发酵酿酒生产工艺见图 10-6。

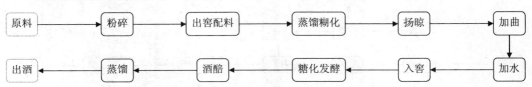

图 10-6　白酒固态发酵生产工艺流程

固态发酵法又分续渣法、清渣法两种工艺。续渣法将渣子（粉碎后的生原料）蒸料后，加曲（大曲或麸曲和酒母），入窖（即发酵池）发酵，取出酒醅蒸酒，在蒸完酒的醅子中，再加入清蒸后的渣子（清蒸）；亦有采用将渣子和酒醅混合后，在甑桶内同时进行蒸酒和蒸料（混烧），然后加曲继续发酵，如此反复进行，由于生产过程中一直在加入新料及曲，继续发酵蒸酒，故称续渣发酵法。

液态法白酒是产量最大的白酒，生产方法与酒精生产类似，但在调香、后处理等方面则有所不同。将液态法与固态法相结合，创造了一套生产白酒的新工艺，即利用液态发酵法生产质量较好的酒精作为酒基，对采用固态发酵法制成的香醅进行串蒸或浸蒸，称串香法。串香法白酒生产工艺流程见图 10-7。

图 10-7　白酒串香法生产工艺流程

## 五、白酒工业的环境污染

白酒生产过程中主要的污染物见图 10-8 和图 10-9。

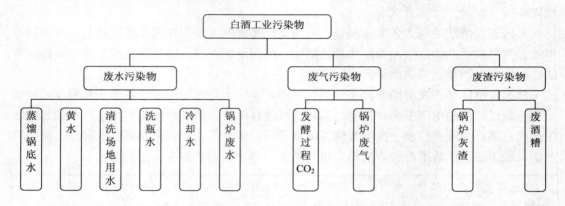

图 10-8　白酒工业主要污染源

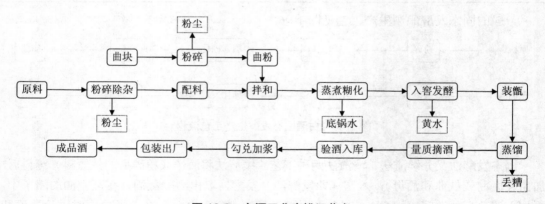

图 10-9　白酒工业产排污节点

表 10-6　白酒企业中主要污染物及来源

| 类型 | 污染物 | 主要来源 |
|---|---|---|
| 废水 | 蒸馏锅底水、黄水、冷却水 | 酿酒车间 |
| | 洗瓶水 | 包装车间 |
| | 冲洗水 | 酿酒、制瓶、制曲等车间 |
| 废气 | 粉尘 | 破碎、制曲等车间 |
| | $SO_2$、CO、$NO_x$、苯并[a]芘 | 燃煤锅炉 |
| 废渣 | 酒糟、炉渣 | 酿酒车间、燃煤锅炉 |
| 物理性污染 | 噪声、气味等 | 各车间 |

### 1．白酒工业的废水

白酒工业废水主要包括：锅底废水、蒸馏冷却废水、曲盒清洗废水、引曲排放废水、洗瓶废水、设备容器清洗废水等，由于废水种类繁多水质不同，如锅底废水 $COD_{Cr}$ 约为 4 200 mg/L、药酒废水 $COD_{Cr}$ 高达 8 000 mg/L、冲瓶废水 $COD_{Cr}$ 仅为 25 mg/L。白酒废水从制酒到生产陈化过程产生的废水分为两部分：

一部分为高浓度废水，含有机质浓度非常高，如白酒糟、蒸馏锅底水和蒸馏工段地面冲洗水、地下酒库渗漏水、发酵池盲沟水等，COD 质量浓度高达 2 万～10 万 mg/L、BOD 质量浓度高达 1 万～4.4 万 mg/L，这部分废水量很小，只占总量的 4%。主要污染物有氨基酸、醇、酯、醛类物质。这部分污水应先进行预处理再与低浓度污水混合。

其余如蒸馏工具清洗水和冷却水等属于低浓度废水，有机质浓度较低，COD 质量浓度只有 100～300 mg/L，如酿造车间的冷却水、洗瓶水、蒸馏操作工具的冲洗水、灌装车间酒瓶清洗水等。

高浓度和低浓度污水混合的综合污水 COD 质量浓度约 900 mg/L、BOD 质量浓度约 450 mg/L。废水中的污染物的成分大部分为可生化降解的有机物，但其他组分中低碳醇、脂肪酸含量大，需经很好的驯化才能使这部分物质为生物所氧化。

表 10-7 白酒工业主要废水特征

| 类型 | 来源 | 特征 |
|---|---|---|
| 甑锅底水（又称底锅水） | 生产大曲酒所产生的甑锅底水，主要来源于馏酒蒸煮工艺过程 | COD 质量浓度为 20 000～50 000 mg/L，BOD 质量浓度为 15 000～25 000 mg/L，SS 质量浓度为 5 000～7 000 mg/L，呈酸性 |
| 发酵废水（又称黄水） | 酒醅在微生物的作用下，部分水分渗出，而沉积在窖底的一种棕黄色、微黏稠的混浊液体 | 黄水中含大量的含氮化合物、还原糖及醇、醛、酸、酯等香味物质，还含有大量的经长期驯化的有益微生物菌群。一般情况下，年产万吨规模的大曲酒厂日产黄水量 10 t 左右。黄水的 pH 为 3.0～3.5，$COD_{Cr}$ 质量浓度为 25 000～40 000 mg/L，$BOD_5$ 质量浓度为 25 000～30 000 mg/L |
| 冷却水 | 馏酒过程中作为酒蒸气间接冷却用水 | 被当作废水随同甑锅底水及其他杂物一同排放 |
| 清洗场地水 | 清洗场地 | 混有大量天然有机物，使废水中 COD、SS 含量升高 |

表 10-8 白酒工业水污染物产生量

| 工艺 | 清香型（半固态发酵） | 清香型（固态发酵） | | 浓香型（固态发酵） | |
|---|---|---|---|---|---|
| 规模单位 | 所有规模 | 2 000～5 000 kL/a | ≥5 000 kL/a | 2 000～5 000 kL/a | ≤2 000 kL/a |
| 工业废水量/（m³/kL 65°原酒） | 62.5 | 45 | 48.5 | 55 | 61 |
| COD/（kg/kL 65°原酒） | 391 | 230 | 206 | 268 | 298 |
| $BOD_5$/（kg/kL 65°原酒） | 242 | 110 | 124 | 160 | 180 |
| 氨氮/（kg/kL 65°原酒） | 2.7 | 1.5 | 1.4 | 1.6 | 2.5 |

## 2．白酒工业的废气和废渣

白酒企业的废气主要来自锅炉房的燃烧废气和污水厂的恶臭气体。

白酒生产会产生大量酒糟，1998 年我国白酒产量 650 万 t，产生白酒糟 1 000 多万 t，约合 1.6 t 酒糟/t 酒。鲜酒糟含水量 60%以上，贮存极其困难，极易霉变，有些企业将大量白酒糟的任意堆放严重污染环境。

# 第四节　酒精工业污染核算

酒精工业指以谷类、薯类、糖蜜为原料，经发酵、蒸馏生产食用、工业酒精和燃料乙醇的工业。它作为酒基、浸提剂、洗涤剂、溶剂、表面活性剂等广泛应用于酿酒、化工、橡胶、油漆涂料、电子、照相胶片、医药、香料、化妆品等行业领域。在食品工业中，酒精是配制各种酒类和生产食醋及食用香精的主要原料；也是许多化工产品不可缺少的基础原料和溶剂，利用酒精可以制造合成橡胶、聚氯乙烯、聚苯乙烯、乙二醇、冰醋酸、苯胺、乙醚、酯类、环氧乙烷和乙基苯等大量化工产品；是生产油漆和化妆品不可缺少的溶剂；在医药工业和医疗事业中，酒精用来配制、提取医药制剂和作为消毒剂；染料生产、国防工业及其他工业部门也需要大量酒精。

## 一、我国酒精工业的现状

2013 年 1—11 月，我国发酵酒精产量为 813.77 万 kL。目前国内酒精企业近 200 多家左右，截至 2011 年国内占前 10 名的骨干酒精企业（含燃料乙醇）所产酒精 342.6 万 kL，占全国总量的 41%。目前我国有酒精生产企业年产 3 万 kL 以上的属大型企业，一般具有规模、技术和综合利用的优势，废渣实现回收生产蛋白饲料，经厌氧—好氧处理基本能够达标排放。年产酒精 1 万～3 万 kL 的中型酒精企业具有综合利用，并建立和运行污水处理设施的优势。年产酒精 1 万 kL 以下的企业属于小型企业，其生产规模属于国家淘汰的企业，其生产水平低、综合利用能力差，污水处理成本高，其生存出路只能以环境为代价，这部分企业必须淘汰。

目前我国淀粉生产酒精的出酒率一般为 52%左右，较好的为 53%～54%，最高可达 56%，而差的只有 50%左右。原料出酒率一般在 32%左右，好的 33%～34%，最高可达 35%。吨酒精标煤耗量一般为 700 kg 左右，好的 600 kg 左右，最低 420 kg，最高 1 300 kg。世界平均水平单位酒精能耗 300～400 kg 标煤。酒精行业是我国环境排放有机污染物最高、污染环境严重的一个行业，酒精糟的污染是食品与发酵工业最严重的污染源之一。由于投资、生产规模、技术、管理等原因，大部分企业的综合利用率较低，采用清洁生产工艺及废水治理措施不到位。

淘汰高温蒸煮、稀醪（酒分 8%以下）的发酵工艺；推广中、低温蒸煮，浓醪发酵（酒分在 10%以上）和差压蒸馏等工艺，降低能耗。"十五"期间有 15%（2015 年有 35%～40%）的酒精生产达到国际先进水平，达到每吨优级酒精耗蒸汽小于 4.2 t（蒸馏用汽小于 3 t），耗电小于 180 kW·h，耗水小于 50 m$^3$；每吨 DDGS 耗蒸汽小于 2.5 t，耗电小于 180 kW·h。

## 二、酒精工业的节能减排

依据国家现行的法律、法规及《国务院关于印发节能减排综合性工作方案的通知》（国发[2007]15 号），国家已颁布执行的产业政策、行业发展规划，环保政策及国家标准，对不符合国家产业政策、环保评审不达标和超标排放的落后生产能力依法实施淘汰（包括落后企业、落后生产线、落后生产设备）。确定期间，酒精行业淘汰落后生产能力 160 万 t。酒精行业主要淘汰高温蒸煮糊化工艺、低浓度发酵工艺等落后生产工艺装置（适用《污水综合排放标准》（GB 8978—1996））及年产 3 万 t 以下企业（废糖蜜制酒精除外）。

## 三、酒精工业的原料

淀粉质原料发酵法是我国生产酒精的主要方法。该法是以玉米、薯干、木薯等含有淀粉的农副产品为主要原料，经蒸煮处理，使淀粉糊化、液化，并破坏细胞，形成均一的发酵液。

可用于酒精的原料：

（1）淀粉类原料：包括薯类、谷类等粮食原料（如玉米等）；

（2）糖类原料：主要是废糖蜜；

（3）纤维质原料：木材的废料、农作物秸秆、甘蔗渣、废纤维等原料；

（4）其他原料：亚硫酸盐纸浆废液、植物等原料。

## 四、酒精工业的基本生产工艺

酒精生产分为发酵法和化学合成法两种。发酵法是将淀粉质、糖质等原料，在微生物作用下经发酵生产酒精。该法根据原料不同可分为淀粉质原料发酵法、糖蜜原料发酵法和纤维质原料发酵法。我国酒精工业根据原料不同主要有玉米、薯类等淀粉酒精（占 75%）、废糖蜜酒精（占 20%）、合成酒精（占 5%）。

酒精生产分为发酵法和化学合成法两种，我国食用酒精的生产工艺以发酵法为主。

工艺又分为低醪发酵（≤9%）、中醪发酵（9%～13%）、浓醪发酵（≥13%）。

企业规模分为小型（≤4 万 m³）、中型（4 万～8 万 m³）、大型（≥8 万 m³）。

发酵法是将淀粉质、糖质原料，在微生物作用下，经发酵生产食用酒精。

### 1. 淀粉质原料酒精

淀粉质原料酒精主要产地是北方，以薯类、玉米、谷物和农副产品为原料，利用其中的淀粉发酵而成，其中淀粉质原料酒精产量占全国食用酒精总产量的 81%。

淀粉质原料酒精生产工艺见图 10-10。

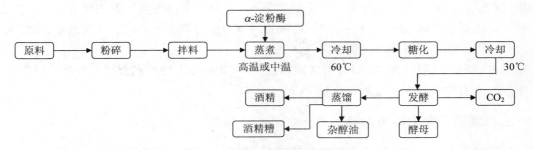

**图 10-10 淀粉质原料酒精生产工艺流程**

粉碎是为便于淀粉游离。蒸煮使淀粉糊化、液化，形成发酵液，使其在酶作用下更好地被发酵。

### 2．糖质酒精

糖质酒精是以糖蜜为原料，经发酵后醪液从初馏塔蒸馏而出，我国广东、海南、广西、云南、福建等省（区）以甘蔗糖蜜生产酒精，黑龙江、内蒙古、新疆等省（区）以甜菜糖蜜生产酒精。许多糖厂都设有糖蜜制酒车间。

糖质原料酒精生产工艺包括稀糖液制备、酒母培养、发酵、蒸馏等，见图 10-11。

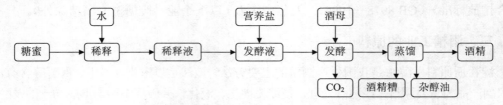

图 10-11　糖质原料酒精生产工艺流程

### 3．纤维质原料酒精

以林业和木材工业的下脚料、秸秆、废纤维废料、甘蔗渣等为原料，发酵、蒸馏工业酒精，生产工艺见图 10-12。

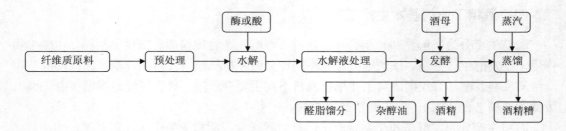

图 10-12　纤维质原料酒精生产工艺流程

### 4．化学合成法

以炼油和裂解石油废气为原料，合成生产工业酒精（乙醇）。生产方法分为间接水和直接水合法两种，目前工业上普遍采用后者。间接水合法：又称硫酸水合法，它的生产过程是将乙烯与硫酸经加成反应生成硫酸氢乙酯，再进行水解，生成乙醇和硫酸。此法缺点是对设备腐蚀严重，酸消耗较多；优点是对原料气纯度要求不高，设备简化，易于上马。直接水合法：乙烯与水蒸气在磷酸催化剂存在下，在高压高温下直接发生加成反应，生成酒精。此法要求乙烯纯度在 98% 以上，需采用特殊方法分离裂解各组分，对设备、材料要求较高，但此法步骤简单，无腐蚀问题。

国内酒精生产以发酵法为主，合成酒精已停产，85% 以上的酒精都以淀粉质原料生产，其中 55% 左右的酒精采用玉米为原料。

## 五、酒精工业的环境污染

酒精企业在运行中产生的污染物包括废水、废气、废渣、噪声、恶臭。酒精废水的主要特点是有机物含量高，酸度高，无毒性，循环利用率低，但易造成水体富营养化，恶化水质。

> 废水主要包含生产工艺废水、洗涤水、冷却水等；废气主要包括锅炉废气、$CO_2$；废渣主要包括酒精糟、炉渣、废酵母等；噪声包括运输车辆噪声、设备噪声等；恶臭主要包括二次蒸汽，干燥过程和废水处理产生的气体、气味。每生产 1 kL 酒精约排放 13～16 t 酒精糟。酒精糟呈酸性，$COD_{Cr}$ 高达 $5 \times 10^4$～$7 \times 10^4$ mg/L，是酒精行业最主要的污染来源。

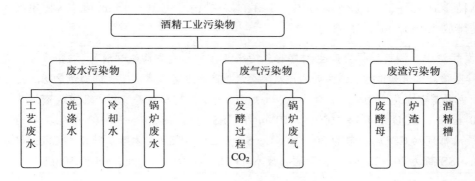

图 10-13  酒精工业主要污染物

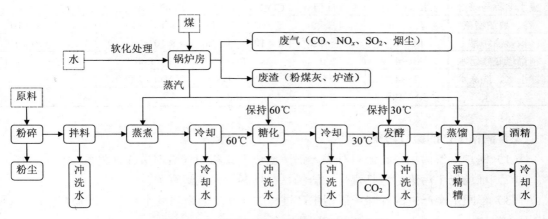

图 10-14  酒精工业（发酵法）排污节点图

表 10-9  酒精生产过程主要污染物及来源

| 污染物类型 | 主要来源 | 特征 |
|---|---|---|
| 高浓度有机废水 | 主要来源于浸泡、酿造等生产过程 | 含有糖类、醇类、维生素等 |
| 中浓度污水 | 生产设备的冲洗水、洗涤水 | COD 质量浓度为 600～2 000 mg/L，BOD 质量浓度为 500～1 000 mg/L |
| 低浓度污水 | 蒸煮、糖化、发酵、蒸馏工艺的冷却水 | COD 质量浓度低于 100 mg/L |
| 废气 | 锅炉 | CO、$NO_x$、$SO_2$、烟尘 |
| 废渣 | 锅炉 | 粉煤灰、炉渣 |
| 废渣 | 发酵废渣 | 淀粉含量低，但是蛋白质含量却很高 |

### （一）酒精工业的主要污染

#### 1. 酒精工业的废水污染

在酒精酿制过程中，微生物通过发酵过程将部分碳水化合物转化为乙醇或含少量乙醇的附属产物，而无机盐、蛋白质、粗脂肪等非碳水化合物和纤维素基本被留在母液中，成为高温、高浓度、高悬浮固体的酒精废水。酒精废水温度可达 $100℃$，$BOD_5$ 及 $COD_{Cr}$ 的含量都相当高，其中 $COD_{Cr}$ 甚至高达 150 g/L，SS 质量浓度可达 $10\sim50$ g/L。每生产 1 kL 粮食酒精排放 $13\sim20$ m³ 废水，每生产 1 kL 木薯酒精产生 $10\sim15$ m³ 废水，每生产 1 kL 糖蜜酒精排放 $13\sim15$ m³ 糖蜜酒精废水。

> 发酵法生产酒精过程会产生大量的蒸馏残液（又称为酒精废醪液），酒精废醪液是酒精粗塔排出物，这是酒精行业最主要的污水来源，属高浓度有机废水，有机物含量高，占 $93\%\sim94\%$，主要是碳水化合物以及氮化合物、生物菌、醇类和有机酸等。其中 $COD_{Cr}$ 高达 $3\times10^4\sim5\times10^4$ mg/L，BOD 达 $1.3\times10^4\sim3\times10^4$ mg/L，SS 高达 $1\times10^4\sim5\times10^4$ mg/L，pH 值 $3\sim5$。淀粉质酒精废水 $COD_{Cr}$ 一般为 $30\sim70$ g/L，SS 为 $20\sim35$ g/L，木薯酒精废水 COD 高达 $30\sim60$ g/L，SS 高达 $20\sim30$ g/L，糖蜜酒精废水 $COD_{Cr}$ 为 $80\sim150$ g/L，SS 为 50 g/L。

表 10-10　发酵酒精生产废水水质与排水量

| 废水名称与来源 | 排水量/（t/t） | pH 值 | $COD_{Cr}$/（mg/L） | $BOD_5$/（mg/L） | $\rho$（SS）/（mg/L） |
|---|---|---|---|---|---|
| 谷、薯酒精糟 | $13\sim16$ | $4\sim4.5$ | $5\times10^4\sim7\times10^4$ | $2\times10^4\sim4\times10^4$ | $1\times10^4\sim4\times10^4$ |
| 糖蜜酒精糟 | $14\sim16$ | $4\sim4.5$ | $8\times10^4\sim11\times10^4$ | $4\times10^4\sim7\times10^4$ | $8\times10^4\sim10\times10^4$ |
| 精馏塔底残留水 | $3\sim4$ | 5.0 | 1 000 | 600 | — |
| 冲洗水、洗涤水 | $2\sim4$ | 7.0 | $600\sim2\,000$ | $500\sim1\,000$ | — |
| 冷却水 | $50\sim100$ | 7.0 | <100 | | |

#### 2. 酒精生产的废气污染

（1）锅炉烟气污染：与燃料种类、锅炉燃烧方式和烟气治理措施有关系；

（2）堆场扬尘污染：包括煤厂、渣场、料场和运输装卸有关；

（3）车间生产产生的异味：酒精生产过程的异味主要来自两个环节：①酒精；②饲料烘干；

（4）污水处理场恶臭：在污水处理过程中产生的恶臭物质主要由硫化物和有机硫化物组成，有时臭味会随风飘到很远处，影响范围大，反映强烈。

#### 3. 酒精生产的固体废物污染

以玉米、木薯等原料发酵生产酒精的过程中，在发酵后会有很多的发酵残渣产生，如玉米酒精生产 1 t 酒精约需用 3 t 玉米，其中只有占原料 60%的淀粉能被用来发酵生产酒精，其他剩余的蛋白质、脂肪、碳水化合物、纤维素作为废物被丢弃了。另外，酒精废醪的预处理得到的酒精干酒醪也属于废渣。

### （二）酒精工业的污染治理与清洁生产

酒精企业产生的酒精糟的污染是酒类工业中最严重的污染源之一，由于投资、生产规模、技术、管理等原因，大部分酒精企业的综合利用率较低，许多企业虽然有废水处理设施，但由于处理成本太高，往往不能坚持运行，还有些企业是故意偷排。

酒精工业的清洁生产：引用清洁生产工艺，最多可以节约40%的用水量。另一方面，回收副产品后，酒糟水和废水的COD可以降低50%左右；废水经过生物处理后，污染负荷可以进一步减少90%左右。

目前酒精工业污染环境仍然较严重，主要原因是酒精行业的污染全过程控制工作进行缓慢，许多企业未将原料、生产工艺与设备、综合利用于废水治理进行综合考虑，落实国家规定的酒精行业产业技术政策还不到位。

国家规定的酒精行业产业技术政策包括以下内容。

（1）"酿酒工业环境保护行业政策、技术政策和污染防治政策"中酒精部分规定的行业政策为：酒精生产的最小经济规模为3万t/年；酒精生产原料由以薯类为主调整为玉米为主，实现有经济效益的综合利用和废水达标排放；提倡糖蜜酒精集中加工处理和综合利用；严格控制扩大酒精生产能力的基建、技改项目。

（2）国家规定的技术政策中限制和淘汰的技术为：淀粉原料高温蒸煮糊化技术；低浓度酒精发酵技术；常压蒸馏技术和装置。推广应用的技术有：以玉米为原料的酒精糟生产优质蛋白饲料（DDGS）技术；薯类酒精厌氧发酵制沼气，消化液再经好氧处理技术；糖蜜酒精糟采用大罐通风发酵生产单细胞蛋白饲料技术。

（3）"轻工业资源综合利用技术"规定的酒精行业综合利用技术政策为：发酵工业应采用淀粉质原料，特别是采用玉米为原料，应首先经前分离副产品后再生产淀粉和淀粉糖；酒精行业应采用耐高温α-淀粉酶和糖化酶的双酶法新工艺；应采用高温、浓醪酒精发酵工艺，淘汰低温、低浓发酵技术，应用固定化连续发酵以及差压蒸馏节能技术与装置；糖蜜酒精糟生产颗粒有机肥或复合肥，糖蜜生产甘油，蔗渣与糖蜜原料生产纤维性饲料。

为降低酒精废水的生产成本和污染治理成本，酒精行业应将生产工艺、酒精糟的回收和综合利用、废水治理进行综合考虑，采用最新的清洁生产工艺，达到经济效益和环境效益的统一。

## 第五节　发酵医药工业污染核算

### 一、发酵医药工业现状

医药产品按其生产工艺可分为生物制药和化学制药。所谓生物制药是通过微生物的生命活动将粮食等有机原料进行发酵、过滤提炼而成。而化学制药则是采用化学方法使有机物质或无机物质通过化学反应生成的合成物。

生物制药包括发酵工程制药、基因工程制药、细胞工程制药和酶工程制药几大类。很多抗生素、维生素、动物激素、药用氨基酸、核苷酸等都可通过发酵工程得到，其中，抗生素的生产占主要地位。目前，常用的抗生素已达一百多种，如青霉素类、头孢菌素类、红霉素类和四环素类。

生物制药的生产包括发酵生产菌体、提取、制备粗产品，精制提纯。发酵过程是利用微生物的活动，对农副产品进行发酵，产生菌体和微生物代谢产物。制备粗产品和精制提纯过程既包括生化工艺，也有与化学制药相同的物化过程。发酵工程制药包括抗菌素（现已发现的抗菌素有 3 000 多种，如青霉素、链霉素、氯霉素、土霉素、红霉素、庆大霉素、头孢霉素、金霉素等）、维生素、氨基酸、核酸、有机酸、辅酶、酶抑制素、激素、免疫调节物质及其他活性物质。在众多发酵工程制药产品中，抗菌素工业占较大比重，其废水占医药废水的大部分。

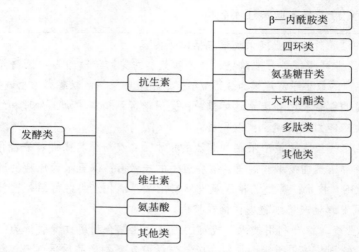

**图 10-15　发酵医药工业主要产品分类**

一般工业发酵生产产品主要是微生物利用糖类的代谢物，而抗菌素发酵不是在菌体生长阶段发生的，而是在菌体生长繁殖告一段落后才开始大量分泌的。抗生素合成的机理目前还没完全了解，其理论产量很难用物料平衡计算。

**表 10-11　发酵医药工业主要产品**

| 类型 | | 产品 |
|---|---|---|
| 发酵类抗生素类药物 | β-内酰胺类 | 以青霉素类和头孢菌素类两类抗生素为主，还有一些β-内酰胺酶抑制剂和非经典的β-内酰胺类抗生素 |
| | 四环类 | 盐酸土霉素、盐酸四环素、盐酸金霉素等 |
| | 氨基糖苷类 | 硫酸链霉素、硫酸双氢链霉素、硫酸庆大霉素等 |
| | 大环内酯类 | 红霉素、柱晶白霉素、麦白霉素等 |
| | 多肽类 | 盐酸去甲万古霉素、杆菌肽、环孢素、卷曲霉素（卷须霉素）、紫霉素、结核放线菌素、威里霉素、恩拉霉素（持久霉素）、平阳霉素等 |
| | 其他类 | 洁霉素、利福霉素、创新霉素、赤霉素、井岗霉素、环丝氨酸（氧霉素）、更新霉素、自立霉素、正定霉素（柔红霉素）、链褐霉素、光辉霉素（多糖苷类）、阿克拉霉素、新制癌霉素、克大霉素（贵田霉素）、阿霉素等 |
| 发酵类维生素类药物 | | 主要包括维生素 $B_{12}$、维生素 C 等 |
| 发酵类氨基酸类药物 | | 主要包括赖氨酸、谷氨酸、苯丙氨酸、精氨酸、缬氨酸 |
| 其他类 | | 核酸类药物（辅酶 A）、甾体类药物（氢化可的松）、酶类药物（细胞色素 C）等 |

## 二、发酵类制药存在的问题

我国的抗生素产业存在着很多问题。主要是技术水平与国际先进水平相比仍存在不小差距。此外，我国的抗生素产业更多地集中于低端的原料药，在半合成抗生素的合成工艺以及制剂产品质量等方面还存在很大差距。与青霉素和 7-ACA 相比较，中国企业的下游产品半合成青霉素、头孢菌素和制剂产品，在除中国外的国际市场上占有率还不足 5%，许多新一代的头孢菌素仍需要大量进口。

## 三、发酵类制药节能减排

国家环保总局在 2007 年 3 月份公布的 6 066 家工业污染源重点监控企业中，医药企业占117 家，其中以发酵类原料药生产企业居多。而抗生素原料药作为我国能源、资源消耗较大的出口主导型产品，如何实现节约型、环保型生产经营成为原料药制药企业可持续发展的关键。

抗生素生产中有很多可以改进生产工艺提高节能减排的途径，如抗生素原料药的酶法工艺代替化学合成工艺可节约大量化工原料。对于有效降低能源损耗，提高能源潜在利用率，统筹能源匹配，利用分级用能、按质用能、梯级用能和多效用能等科学方法，避免能源"大材小用"或"降质使用"的浪费现象等方面。

## 四、发酵类制药生产原料

目前新抗生素的获得途径：（1）从自然界分离筛选新抗生素产生菌。（2）改造现有的已知抗生素的产生菌，再经筛选获得新得抗生素产生菌。（3）从已知的抗生素进行结构改造，经筛选获得新的半合成抗生素。（4）采用新的筛选方法。（5）采用现代分子生物学技术产生新抗生素。（6）基因克隆产生新抗生素。（7）沉默基因的激活。

多数抗生素的原始产生菌是从自然界分离筛选获得，通过微生物发酵方法生产抗生素或其他药物的活性成分，后再经过分离、纯化、精制等工序制得的一类药物。发酵类药物的生产特点基本比较相似，一般都需要经过菌种筛选、种子制备、微生物发酵、发酵液预处理和固液分离、提炼纯化、精制、干燥、包装等步骤。

## 五、发酵类制药生产工艺

抗生素的生产方法有：
（1）生物合成法；即微生物发酵法；
（2）全化学合成法；如氯霉素分子结构简单，在发现之后很快就用全化学法合成获得成功；
（3）半化学合成法；用化学或生物化学的方法改变已知抗生素的化学结构，或引入特定的功能基团而获得的新抗生素品种或衍生物的总称。

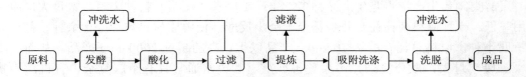

**图 10-16  发酵类制药生产工艺**

抗生素的生产步骤：

青霉素发酵：其发酵工艺以玉米浆、麸质粉为氮源，葡萄糖为碳源以及无机盐作为发酵培养基同时加入，合成青霉素所必需的前体物质为原料，采用种子罐和发酵罐进行二级发酵，经 180～200 h 发酵培养，得到青霉素发酵液，过滤除菌丝后，澄清青霉素 V 滤液进入提取和制备工序。青霉菌在发酵过程中产生次级代谢产物。

青霉素提取：利用青霉素在不同 pH 值条件下存在不同形态（青霉素游离酸和青霉素盐类），在水和有机溶媒中溶解度的差别，经过反复萃取、转移、分离过程，进行浓缩和提纯，用溶剂将青霉素提取，再经过冷冻、抽提、结晶、分离、干燥，得到青霉素结晶。青霉素酸与钾盐或钠盐反应得到青霉素盐的母晶，经溶剂洗涤、分离、干燥后得到成品结晶。

产品回收常用三种方法：溶剂萃取法，直接沉淀法和离子交换吸附法。最常用的是溶剂萃取法：采用有机溶剂回收发酵液中的活性药剂或产品，从有毒混合物中制得很少量的产品需经过多种溶剂萃取。另外一种常用方法是直接沉淀法：在发酵液中加入铜或锌等重金属溶液，使产品以重金属盐的形式沉淀下来，然后过滤发酵液，从剩余固体物中提取药品。离子交换吸附法是用离子交换树脂和活性炭等固体材料黏结产品，而后用溶剂萃取、浓缩、结晶，提取药物，溶剂蒸馏回收。

表 10-12　部分抗生素提炼与干燥方法

| 抗生素品种 | 提炼方法 | 干燥方法 |
|---|---|---|
| 金霉素盐酸盐 | 溶剂提炼法、沉淀加溶媒精制 | 气流干燥、真空干燥 |
| 链霉素、庆大霉素 | 离子交换法 | 喷雾干燥 |
| 四环素盐酸盐 | 四环素碱加尿素成复盐、加溶媒精制法 | 真空干燥 |
| 土霉素盐酸盐 | 沉淀加溶媒精制法 | 气流干燥 |
| 红霉素 | 溶媒提炼法、大孔树脂加溶媒精制 | 真空干燥 |
| 其他大环内酯类抗生素 | 溶媒提炼法 | 真空干燥 |

## 六、发酵类制药工业污染

发酵类制药工业的生产特点是生产品种多，生产工序长，使用原料种类多，数量大，原材料利用率低，原料总消耗有的达到 10 kg/kg，高的可达 200 kg/kg，导致："三废"产生量大，废物成分复杂，污染危害严重，有机物多，浓度高，COD 和氨氮浓度高、色度深、毒性大等环境污染特征。

### 1. 废水污染

发酵类制药企业生产废水的污染物主要是常规污染物，即 COD、BOD、SS、pH、色度和氨氮等污染物。

发酵类制药生产特点是生产品种多，生产工序长，使用原料种类多、数量大，原料利用率低。一种原料药往往有几步甚至十余步反应，使用原材料数种或十余种，甚至高达三四十种，原料总耗有的达 10 kg/kg 产品以上，高的超过 200 kg/kg 产品。从而产生的"三废"量大，成分复杂，污染危害严重。其废水通常具有组成复杂，有机污染物种类多、浓度高，COD 和 BOD 值高，$NH_3-N$ 浓度高，色度深、毒性大，固体悬浮物 SS

浓度高等特征。

　　发酵类制药产生的废水来源及产污特点见表 10-13。

表 10-13　发酵类制药产生的废水来源于污染特点

| | 来源 | 特点 |
|---|---|---|
| 抗生素生产废水 | （1）提取工艺的结晶液、废母液，属高浓度有机废水；（2）洗涤废水，属中浓度有机废水；（3）冷却水 | （1）排放量大，污染物浓度高。来自发酵残余营养物的高 COD（10～80 g/L）和高 SS（0.5～25 g/L）；（2）含有难降解物质和有抑菌作用的抗菌素，高浓度硫酸盐及高浓度酸、碱、有机溶剂等有生物毒性，难生化降解；（3）pH 波动较大，温度较高，带有颜色，气味重；（4）间歇生产造成水质、水量波动 |
| 维生素生产废水 | 主要来自洗罐水、母液及釜残 | （1）排放量大，污染物浓度高；（2）高浓度有机废水多为间歇排放，造成排水水质不均匀；（3）废水中主要含有有机污染物，水质偏酸性，另外还含有氮、磷及无机盐，废水可生化性好 |
| 氨基酸生产废水 | 主要来自发酵罐气体洗涤水、蒸发气洗涤水和树脂洗涤水 | 水中含有蛋白、糖等。某些具有副产品生产能力的氨基酸生产企业，废水还部分来源于副产品车间蒸发结晶工序及制肥车间等，废水中主要含有氨氮等 |
| 其他类生产废水 | 主要来自发酵、提取车间洗排水、地面冲洗水等 | 废水的污染物主要是发酵残余物，包括发酵代谢产物、残余的消沫剂、凝聚剂等，以及在药品提取过程中的各种有机溶剂和一些无机盐类等 |

　　在《污水综合排放标准》（GB 8978—1996）中，规定了部分制药行业的最高允许排水量，数据见表 10-14。

表 10-14　制药工业医药原料药最高允许排水量　　　　　单位：$m^3/t$ 产品

| 医药原料药 | 最高允许排水量 | 医药原料药 | 最高允许排水量 | 医药原料药 | 最高允许排水量 |
|---|---|---|---|---|---|
| 青霉素 | 4 700 | 洁霉素 | 9 200 | 维生素 C | 1 200 |
| 链霉素 | 1 450 | 金霉素 | 3 000 | 维生素 B1 | 3 400 |
| 土霉素 | 1 300 | 氯霉素 | 2 700 | 非那西汀 | 750 |
| 四环素 | 1 900 | 新诺明 | 2 000 | 呋喃唑酮 | 2 400 |
| 庆大霉素 | 20 400 | 安乃近 | 180 | 咖啡因 | 1 200 |

表 10-15　一般发酵类制药企业污水处理设施污染物进水浓度

| 污染物 | 浓度范围 | 污染物 | 浓度范围 |
|---|---|---|---|
| COD | 3 000～20 000 mg/L，多数厂家在 10 000 mg/L 以下 | BOD | 在 500～5 000 mg/L，大多数厂家在 3 000 mg/L 以下 |
| SS | 80～2 242 mg/L，大多数厂家在 1 000 mg/L 以下 | $NH_3$-N | 24～200 mg/L，大多数厂家在 150 mg/L 以下 |

## 2. 废气污染

　　有机溶剂废气产生于提取等生产工序，常见的处理工艺有回收法，炭吸附法、冷凝法等。个别厂家收集后，经烟囱直接排放。污水处理厂恶臭气体气味来自污水处理产生的 $H_2S$、溶剂混合气味。污水处理站产生的恶臭气体，一般收集后采用碱吸收、化学吸收及生物吸收等方法处理。大部分企业采取收集后高空排放，个别企业采取无组织排放，对周围环境影响很大。发酵类制药产生的废气来源于污染特点见表 10-16。

表 10-16 　发酵类制药产生的废气来源于污染特点

| | 来源 | 特点 |
|---|---|---|
| 抗生素生产废气 | （1）生产过程（发酵、提取、精制、粉碎、筛分、总混、包装、过滤）的废气；<br>（2）干燥过程产生废气；<br>（3）锅炉房产生的烟气；<br>（4）污水站废气 | （1）发酵车间废气主要成分是 $CO_2$、水蒸气等（这部分气味小）；<br>（2）提取和精制工序的萃取分离、溶媒蒸馏回收以及输送、存储等过程产生有机溶媒废气；粉碎、筛分、总混、包装、过滤过程产生药尘；<br>（3）干燥中产生带有焦糊气味；<br>（4）污水处理站排放的恶臭等；厌氧处理尤为严重 |
| 维生素生产废气 | （1）发酵车间的尾气；<br>（2）转化车间的废气；<br>（3）污水站废气 | （1）发酵车间废气主要成分是 $CO_2$、水蒸气等（这部分气味小）；<br>（2）转化车间排放的有机溶媒废气；<br>（3）污水处理站排放的恶臭等；厌氧处理尤为严重 |
| 氨基酸生产废气 | （1）发酵车间的尾气；<br>（2）制肥车间干燥机的废气；<br>（3）生产过程的废气；<br>（4）污水站废气 | （1）发酵车间废气主要成分是 $CO_2$、水蒸气等（这部分气味小）；<br>（2）制肥车间干燥机产生的干燥尾气；<br>（3）生产过程中排放的氨气；<br>（4）污水处理站排放的恶臭等；厌氧处理尤为严重 |
| 其他类生产废气 | （1）工艺废气；<br>（2）锅炉房产生的烟气；<br>（3）污水站废气 | （1）工艺废气主要是有机溶媒废气；<br>（2）锅炉房产生的烟气主要是燃料燃烧废气；<br>（3）污水处理设施产生的恶臭，厌氧处理尤为严重 |

### 3．固体废物

产生的固体废物主要有：发酵工序产生的菌丝废渣（菌丝体和蛋白质）；过滤、提取分离、精制脱色等工序过程产生的废弃树脂、废活性炭；污水处理站产生的废物（格栅截留物、污泥）；锅炉房燃煤产生的灰渣以及生活垃圾等。废树脂、废活性炭中主要含有色素和有机杂质，同时含有一定的抗生素效价。这部分固废均属于工业危险废物，需要专门进行处理；其他废物与菌丝废渣（主要成分为蛋白质、脂肪和糖类等）为一般废物。发酵类制药产生的固体废物来源于污染特点见表 10-17。

表 10-17 　发酵类制药产生的固体废物来源于污染特点

| | 来源 | 特点 |
|---|---|---|
| 抗生素生产固体废物 | （1）发酵废物；<br>（2）过滤、提取分离、精制脱色废物；<br>（3）污水站污泥；<br>（4）锅炉房灰渣 | （1）发酵工序产生的菌丝废渣（属危废）；<br>（2）过滤、提取分离、精制脱色等工序过程产生的废弃树脂、废活性炭（属危废）；<br>（3）污水站污泥（属危废）；<br>（4）锅炉房灰渣 |
| 维生素生产固体废物 | （1）发酵废物；<br>（2）转化车间废物；<br>（3）污水站污泥 | （1）发酵车间产生的废菌丝渣（可综合利用）；<br>（2）转化车间脱色、过滤、分离等工序产生的废活性炭、废溶媒（回收），釜残液（焚烧）；<br>（3）污水处理站产生的废物（格栅截留物、污泥）（可综合利用）；<br>（4）锅炉房灰渣 |

| | 来源 | 特点 |
|---|---|---|
| 氨基酸生产固体废物 | （1）发酵车间废物；<br>（2）提取工序的废物；<br>（3）锅炉房产生的灰渣；<br>（4）污水站产生的污泥 | （1）发酵车间产生的废菌丝渣（可综合利用）；<br>（2）提取工序产生的废活性炭；<br>（3）锅炉房产生的灰渣；<br>（4）污水站产生的污泥（可综合利用） |
| 其他类生产固体废物 | （1）发酵车间废物；<br>（2）脱色工序的废物；<br>（3）污水站产生的污泥 | （1）发酵车间产生的废菌丝渣（可综合利用）；<br>（2）脱色工序产生的废活性炭（回收）；<br>（3）污水站产生的污泥（可综合利用） |

# 第六节　味精工业污染核算

## 一、味精工业现状

我国味精生产自 20 世纪 80 年代开始进入高速发展阶段，并于 1992 年成为世界味精生产的第一大国。2012 年我国味精产量达 300 万 t。我国味精生产主要集中在十几家大型企业。山东省 5 家大型企业的味精产量占全国总产量的 50%；河南、河北两家大型企业产量约占全国近 30%；全国七八家十万吨以上的生产企业产量就占全国总产量的 90%。其余产量分布在福建、四川、宁夏、广东以及东北等地。

味精行业是我国发酵工业的主要行业之一，味精生产分为水解法、合成法和发酵法三类，我国味精基本上以淀粉质和糖质等为原料通过发酵法生产。

## 二、味精工业存在的问题

（1）技术水平较低，菌种水平低，生产工艺及水平较落后。（2）研发力度不足，研发水平较低，资金投入不足。（3）环境污染问题。

味精制造业高浓度有机废水污染严重，是行业突出的共性问题，其废水 COD、SS 等浓度较高，pH 值低。虽然，为了达到国家排放标准要求，生产企业投资建设治污工程，但多数采用末端治理技术，不仅投资大、治理费用高，废水中有用物质得不到利用，难以符合节约资源、发展循环经济的要求。

## 三、味精工业的节能减排

国家对味精等工业节能减排要求较高，国家发改委、环保部关于做好淘汰落后造纸、酒精、味精、柠檬酸生产能力工作的通知，提出了淘汰小型企业的要求，味精行业主要淘汰年产 3 万 t 以下生产企业[适用《味精工业污染物排放标准》（GB 19431—2004）]。《产业结构调整目录（2005 年版）》禁止新建使用传统工艺、技术的味精生产线。

由于国家节能减排的要求及味精行业的高污染、高能耗的特点，使得味精行业的环境保护工作日益受到重视。虽然各企业针对味精有机废水污染问题均采取了有效的治理措施，但形势依然严峻，味精生产企业需继续开展技术创新，带动全行业技术进步，进一步发展循环经济，节约资源，做到集约化、清洁化。

味精行业可以从如下的几个方面推进节能减排的工作：

（1）增加科技投入，建立研发平台，提高味精行业工艺技术和装备水平，全面提升行业技术经济指标。

（2）行业循环经济和清洁生产技术的研究逐渐深入，降低物耗能耗成为企业生存发展的关键因素。

（3）改变单一产品结构模式，开发多种产品，增强企业抗风险能力，提高企业竞争力。

（4）扩大行业规模，提高行业集中度。

（5）拓宽非粮原料的应用范围，降低行业生产成本，减轻耗粮压力。

### 四、味精工业生产原料

味精制造业的主要原料有玉米淀粉或糖蜜、大米、小麦、木薯淀粉等。辅料主要有硫酸、液氨、离子膜碱、活性炭等。个别厂家以小麦为原料。国内以大米、淀粉、糖蜜为原料，国外以糖蜜为原料生产谷氨酸。淀粉（玉米）的消耗是味精的主要生产成本之一。味精行业的综合能耗包括一次能源（如煤、石油、天然气等）、二次能源（如蒸汽、电力等）和直接用于生产的能耗工质（如冷却水、压缩空气等）。

谷氨酸发酵以糖蜜和淀粉为主要原料。糖蜜是制糖工厂的副产物，分为甘蔗糖蜜和甜菜糖蜜两大类，其中含较多的可发酵性糖，总糖含量：甘蔗糖蜜 54.8%，甜菜糖蜜 49.4%；总糖中主要是可发酵性糖。淀粉以薯类、玉米、小麦、大米等为主，直链淀粉占 17%～27%，其余为支链淀粉。

### 五、味精工业基本生产工艺

味精生产工艺与其他发酵产品一样，生产工艺流程见图 10-17。主要包括淀粉水解糖的制取、谷氨酸发酵与提取和谷氨酸精制生产味精。

**图 10-17　味精生产工艺流程图**

#### 1．淀粉水解糖的制备

到目前为止，所发现的谷氨酸产生菌都不能直接利用淀粉，因此，以淀粉为原料时，必须先将淀粉水解成葡萄糖，才能供发酵使用。水解淀粉为葡萄糖的方法有酸解法和酶酸法等。

#### 2．谷氨酸发酵

谷氨酸发酵包括谷氨酸生产菌的育种、扩大培养和发酵等过程。是一复杂的生化反应过程，影响因素很多。

#### 3．谷氨酸的提取

谷氨酸的提取是将谷氨酸生产菌在发酵液中积累的 L-谷氨酸提取出来。目前国内各味精厂主要采用以下几种方法提取谷氨酸：等电点法、离子交换法、金属盐法、盐酸水解-等电点法、离子交换膜电渗析法。

### 4．谷氨酸制味精

从发酵液中提取得到的谷氨酸，仅仅是味精生产中的半成品。谷氨酸与适量的碱进行中和反应，生成谷氨酸一钠，其溶液经过脱色、除铁、除去部分杂质，最后通过减压浓缩、结晶及分离，得到较纯的谷氨酸一钠。谷氨酸一钠的商品名称就是味精或味素。

## 六、味精工业的环境污染

### （一）排污节点

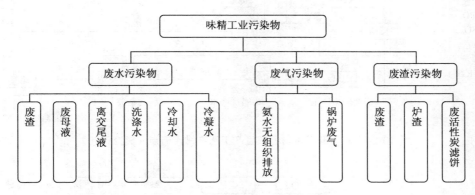

图 10-18　味精工业主要污染类型

### 1．水解糖制备

淀粉水解制糖工艺产排污节点见图 10-19。味精生产制糖过程主要是淀粉水解双酶制糖，由图 10-19 可知，制糖生产过程中没有废气污染物排放；主要污染是生产排出的制糖清洗废水，另外还有极少量的粉渣排放。

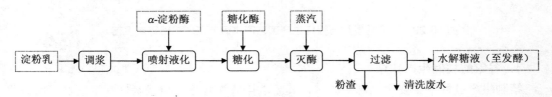

图 10-19　淀粉水解制糖工艺产排污节点

以大米（玉米）为原料的制糖工艺产排污节点见图 10-20，生产过程中没有废气污染物排放；主要污染是生产排出的制糖清洗废水和洗涤水，米渣可作为饲料出售。

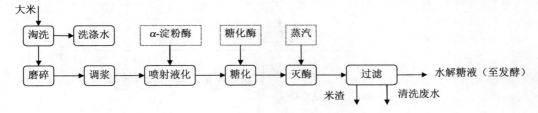

图 10-20　大米为原料的工艺

### 2．谷氨酸发酵与提取

谷氨酸发酵与提取（离交工艺）生产过程中主要污染源为谷氨酸提取的离交尾液及树脂洗涤水，该部分废水排放量大，污染物浓度高、难处理；谷氨酸发酵过程中还将排出消毒灭菌洗罐废水。谷氨酸发酵提取过程中无废渣产生，废气主要来自发酵和提取过程中使用氨水而产生的无组织排放。

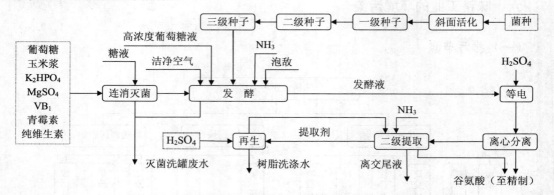

**图 10-21　谷氨酸发酵与提取生产工艺产排污节点（离交工艺）**

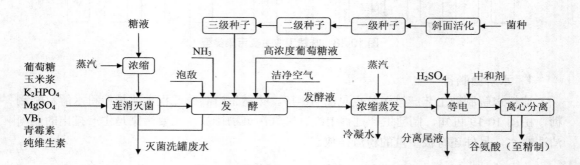

**图 10-22　谷氨酸发酵与提取生产工艺产排污节点（浓缩等电工艺）**

### 3．谷氨酸精制生产味精

精制生产过程中主要污染源为废水，其废水排放为脱色时粒状炭柱冲洗废水，而脱色压滤洗滤布水经沉淀后全部返回中和工序，供谷氨酸溶解水使用而不外排。固体废物主要为过滤产生的废活性炭滤饼。

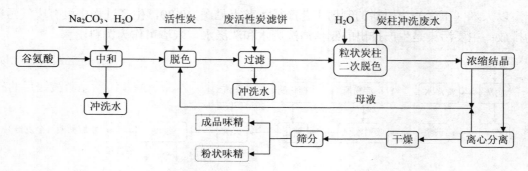

**图 10-23　精制生产中污染**

### （二）味精工业环境污染

#### 1. 味精工业废水污染

味精行业高浓度有机废水污染严重，是行业突出的共性问题，生产 1 t 味精要产生 15～20 t 高浓废水，其 pH 值为 1.8～2.0，COD 质量浓度达 30 000～70 000 mg/L、BOD/COD 大约 0.45～0.50、SS 质量浓度达 12 000～20 000 mg/L、$NH_3$-N 质量浓度达 5 000～7 000 mg/L。此外，味精生产过程中洗涤水、冷凝水等中浓废水的 pH 为 3.5～4.5，COD 质量浓度达 1 000～2 000 mg/L，SS 质量浓度达 150～250 mg/L。

表 10-18　味精生产主要污染物产生状况

| 污染物分类 | pH | $COD_{Cr}$/（mg/L） | $BOD_5$/（mg/L） | SS/（mg/L） | $NH_3$-N/（mg/L） |
|---|---|---|---|---|---|
| 高浓度（废母液、离交尾液） | 1.8～2.0 | 30 000～70 000 | 20 000～42 000 | 12 000～20 000 | 5 000～7 000 |
| 中浓度（洗涤水、冷凝水） | 3.5～4.5 | 1 000～2 000 | 600～1 200 | 1 500～2 500 | 200～500 |
| 低浓度（冷却水） | 6.5～7 | 100～500 | 60～300 | 100～200 | 5～10 |
| 综合废水 | | 1 000～4 500 | 500～3 000 | 1 000～1 500 | 250～300 |

#### 2. 味精生产的废气污染

（1）锅炉烟气污染：与燃料种类、锅炉燃烧方式和烟气治理措施有关系；

（2）堆场扬尘污染：包括煤厂、渣场、料场和运输装卸有关；

（3）车间生产产生的异味：酒精生产过程的异味主要来自两个环节：①酒精；②饲料烘干；

（4）污水处理场恶臭：在污水处理过程中产生的恶臭物质主要由硫化物和有机硫化物组成，污水处理厂恶臭气体中硫化氢（$H_2S$）质量浓度可达 70 000 mg/$m^3$，有时臭味会随风飘到很远处，影响范围大，反映强烈。

#### 3. 味精生产的固体废物污染

每生产 1 t 味精需用 4～4.5 t 大米，这其中只有占原料 60% 的淀粉能被用来发酵生产味精，其他剩余的蛋白质、脂肪、碳水化合物、纤维素作为废物被丢弃了。这些被丢弃的剩余物质不仅引起严重的环境问题，还造成资源的严重浪费。味精行业每年要产生 200 万 $m^3$ 废渣。

### （三）味精工业的污染治理

#### 1. 味精工业废水治理技术

味精综合废水处理工艺一般都采用厌氧处理和好氧处理相结合的方式处理味精废水。

#### 2. 味精工业废物综合利用

发酵废母液除菌体，得到菌体蛋白可以用于生产饲料；除去菌体后的清母液浓缩，得到的冷凝水可以重复利用；浓缩母液经过脱盐操作，获得结晶硫酸铵；结晶硫酸铵后的硫铵母液进行焦谷氨酸过滤分离，滤渣和结晶硫酸铵可生产复合肥。

**思考与练习：**

1. 啤酒生产的主要生产工艺是什么？产排污节点有哪些？
2. 抗生素生产过程中产生的废水为何生化处理效果差？
3. 味精生产的生产工艺主要包括哪些流程？主要产生哪些污染物？
4. 分析啤酒行业水污染物的特点及污染物与其生产工艺之间的关系。
5. 分析抗生素行业生产工艺中的主要排污节点。
6. 分析白酒行业节能减排的措施有哪些。

# 第十一章　机械电子工业的污染核算

本章介绍了我国机械制造业的主要环境问题和节能减排的基本途径；介绍了机械冷加工、机械热加工、金属材料表面处理及热处理制造业的基本工艺类型、主要生产设备、原辅材料、基本能耗，及对环境的影响。

专业能力目标：

1. 了解我国机械制造业的主要环境问题；
2. 了解机械冷加工、热加工、金属材料表面处理及热处理的基本原理；
3. 了解机械冷加工、热加工、金属材料表面处理及热处理的原料结构与主要生产设备；
4. 了解铸造、锻造、电镀、涂装的基本生产工艺；
5. 掌握铸造、锻造、电镀、涂装生产工艺的排污节点及对环境的影响；
6. 掌握金属材料表面处理及热处理制造业的排污节点及对环境的影响。

## 第一节　机械制造业的主要环境问题

### 一、机械工业的产业类型

广义的机械工业是指用金属切削机床从事工业生产活动的工业部门。狭义的机械工业是指机器制造工业。根据《国民经济行业分类》（GB/T 4754—2011），机械行业共分 13 个大行业，126 个小行业。从机械行业的产品类型上可分为通用设备制造（也可称为普通机械制造业）和专用设备制造。通用设备制造是生产制造通用机械零部件及制造其他专业机械制品的行业，包括锅炉及原动机制造业、金属加工机械制造业、轴承及阀门制造业、其他通用零件制造业和铸件制造业。通用设备制造业主要以机床、基础件为主要产品类型，下游主要需求行业为机械设备制造整个行业，包括化工、电子、冶金、汽车等多项领域。

"十一五"期间，我国机械工业的产业规模持续快速增长。2010 年机械工业增加值占全国 GDP 的比重已超过 9%；工业总产值从 2005 年的 4 万亿元增长到 2010 年的 14 万亿元，年均增速超过 25%，在全国工业中的比重从 16.6%提高到 20.3%；规模以上企业已达 10 万多家，比"十五"末增加了近 5 万家。2009 年，我国机械工业销售额达到 1.5 万亿美元，超过日本的 1.2 万亿美元和美国的 1 万亿美元，跃居世界第一，成为全球机械制造第一大国。

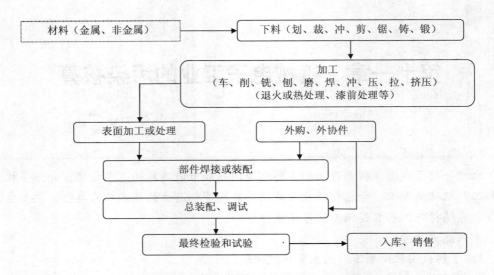

**图 11-1　通用机械设备制造的一般工艺流程**

专用设备制造业（特殊用途机械制造业）主要行业包括电力装备、冶金矿山、石化通用、汽车、农业机械、大型施工机械、工作母机等。其主要工艺过程应包括：铸造（造型、造芯、熔炼、浇铸等）、机加工（车、削、铣、刨、磨、钳、镗、插、拉等）、冲剪（冲剪成型、剪切）、热处理（退火、回火、淬火、发蓝、高频淬火、渗碳、渗氮等）、表面处理（镀铬、镀锌、镀铜、镀镍、喷漆等）、焊接（电焊、气焊、氩弧焊、二氧化碳保护焊等）、装配（部件组装、总装）等。

**图 11-2　专用机械设备制造业简要工作流程**

## 二、机械工业的主要环境问题

机械工业生产过程中基本上都会产生废气、污水、噪声和固体废物，如果污染防治措施欠缺，对周围环境和社区的影响较大。

机械工业在冷加工过程中（车、镗、铣、刨、磨、钻、压、拉、包绞、焊等），对环境的影响主要是油污、粉尘、噪声和废弃物。其中的酸洗和电镀对环境的主要影响是污水，其次是废气和危险废物；焊接对环境的主要污染是光污染，其次是废气和废弃物。

而在热加工过程中（铸造、锻压、加热、冶炼、热处理和非金属烧结等），对环境的主要影响是含重金属的废气、粉尘、烟尘，其次是固体废弃物和噪声。因此，本章将在后面就铸造、锻造、热处理、热成型等热加工过程，车、削、铣、刨、磨、焊等冷加工过程，以及金属表面处理等机械工业典型的三大工艺类型及其对环境的影响和污染核算等相关内容进行逐一介绍。

### 三、机械工业节能减排的途径

机械工业作为我国战略性支柱产业，肩负着为国民经济各行业及国防建设提供装备的重任，它所生产的产品是否先进、高效、节能和环保，直接影响着所装备行业的经济效益、能源（资源）消耗和污染物的排放，是各行业实现节能减排目标的源头和保障。

从机械工业目前的现状看，无论是所生产的产品，还是自身的生产过程，都与国民经济的上述要求相距甚远。目前机械产品的工作效率、钢材利用率和环保性能普遍低于国际先进水平，这种粗放式的发展模式不仅无法支撑国民经济的转型升级，而且也不能适应开放环境下市场竞争的形势，无法保障行业的可持续发展。

面对"节能、环保"已成为机械制造业一大重要发展趋势的现实，机械工业必须由过度依赖于消耗能源、资源和增加环境成本转向更多地依靠技术创新、管理创新和劳动者素质提高实现增长。生产模式努力向节能减排、绿色制造转变。

根据《"十二五"机械工业发展总体规划》的要求，节能减排以生产过程和提高终端用能产品能效为重点，尤其是作为机械工业中高耗能环节的热加工企业，更要重视节能减排，大力推进铸造、锻压、热处理等生产过程的节能，加快淘汰落后的燃煤锻造加热炉、无磁轭（≥0.25）铝壳无芯中频感应电炉、中频发电机感应加热电源等生产设备。重点推广余热利用热处理、真空与可控气氛加热和全纤维炉衬等技术以及大吨位外热风长炉龄冲天炉、高效电机、节能型内燃机等设备。

## 第二节　机械冷加工的污染核算

### 一、机械冷加工的工艺类型

机械加工是用机械对工件的外形尺寸或性能进行改变的过程。机械加工习惯上分为热加工和冷加工两个范畴。

冷加工是指在不改变材料性质的基础上改变材料的形状以达到我们所希望的几何形状，通常指用切削工具从金属材料（毛坯）或工件上切除多余的金属层，从而使工件获得具有一定形状、尺寸精度和表面粗糙度的加工方法。如车削、钻削、铣削、刨削、磨削、拉削、冷压、弯曲等。一个普通零件的加工工艺流程，通常包括粗加工、精加工、装配、检验、包装等环节。加工过程中主要的工艺和方法包括车、铣、刨、插、磨、钻、镗等，另外还有数控加工、线切割等很多加工方式。

图 11-3　车、铣、刨、磨加工图

## 二、机械冷加工的污染核算

冷加工过程主要是车削，有时也要用到磨削、铣削等其他切削加工方法。在加工过程中还要用到夹具、冷却液等。切削加工过程会产生很多污染物，其中主要污染物是切屑和切削液。其中切削液占总成本的 8%～10%，切屑占总成本的 2%～5%，此外，还会产生噪声、热、废液、振动等。

切屑主要组成成分是成型切屑和粉尘切屑，成型切屑所占比例很大。切削液中含有的有害成分为硫、亚硝酸胺、甲醛、苯酚类物质等。通常排放未处理的切削液 COD 为 18 000 mg/L，BOD 为 9 300 mg/L。含有大量的亚硝酸铵、三乙醇胺的缓冲剂和表面活性剂等使用一段时间就会排放。

机加工过程产生的废水主要包括：在机器维护、保养、清洗过程的洗涤液，零件清洗时产生的废水，各种机械运转滴漏后的冲洗废水，机加工车间冲洗地面、设备、容器等排出的废水，这些都是机械加工含油废水。金属切削过程产生的环境污染还包括机加工过程中产生的机械噪声，该噪声一般会超过 80 dB，噪声扰民严重。在机械冷加工过程产生的固体废物有少量机械加工垃圾、废水处理的污泥，其中机械加工垃圾中的金属废物基本回收利用，而废矿物油（HW08）和废乳化液（HW09）属于危险废物，对环境影响较大，是需要重点关注的环境问题。

# 第三节  机械热加工的污染核算

## 一、机械热加工的工艺类型

机械热加工是通过加热或化学处理来改变材料的性质以达到所希望的要求，如硬度、强度、耐磨性、零件外观表面的性质等，它包括热处理、铸造、锻造及热成型等工艺。

### （一）铸造

#### 1. 铸造工艺简介

铸造是将融化的金属液倒入型腔内，经冷却凝固获得所需形状和性能的零件的制作过程。

铸造是比较经济的毛坯成形方法，有些难以切削的零件，如燃汽轮机的镍基合金零件不用铸造方法就无法成形。另外，铸造零件的尺寸和重量的适应范围很宽，金属种类几乎不受限制；零件在具有一般机械性能的同时，还具有耐磨、耐腐蚀、吸震等综合性能，是其他金属成形方法如锻、轧、焊、冲等所做不到的。采用铸造方法生产的毛坯零件，在机械制造数量和吨位上占有很大的比重，如机床占 60%～80%，汽车占 25%，拖拉机占 50%～60%。

#### 2. 铸造工艺类型、过程

铸造工艺可分为重力铸造、压力铸造和砂型铸造。

铸造主要工艺过程包括：金属熔炼、模型制造、浇注凝固和脱模清理等。

　　铸造生产经常要用的材料有各种金属[如铸钢、铸铁、铸造有色合金（铜、铝、锌、铅等）等]、焦炭、木材、塑料、气体和液体燃料、造型材料等。所需设备有冶炼金属用的各种炉子，有混砂用的各种混砂机，有造型造芯用的各种造型机、造芯机，有清理铸件用的落砂机、抛光机等。还有供特种铸造用的机器和设备以及许多运输和物料处理的设备。

　　铸造方法常用的是砂型铸造，其次是特种铸造方法，如：金属型铸造、熔模铸造、石膏型铸造等。而砂型铸造又可以分为黏土砂型铸造、有机黏结剂砂型铸造、树脂自硬砂型铸造、消失模铸造等。

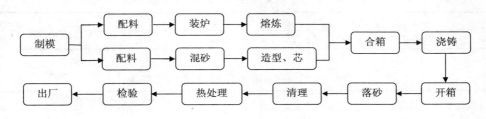

**图 11-4　铸件一般工艺流程**

### 3．铸造工艺能耗指标

　　我国铸造行业的能源消耗占机械工业能耗的 25%～30%，能源利用率仅为 17%。铸造生产综合能耗是国外发达国家的 2 倍。

　　按照铸造行业准入条件要求，企业吨铸铁的综合能耗≤0.44 t 标准煤；吨铸钢的综合能耗≤0.56 t 标准煤。

**表 11-1　冲天炉熔炼铸铁的能耗指标（铁液 1 480℃）**

| 冲天炉的熔化能力/（t/h） | 能耗指标/（kg 标准煤/t 金属液） |
| :---: | :---: |
| >3～≤5 | <140 |
| >5～≤10 | <135 |
| >10（水冷炉） | <125 |

**表 11-2　无芯感应电炉熔炼铸铁的能耗指标（热炉纯熔化）**

| 感应电炉容量/t | 能耗指标/（kW·h/t 金属液） |
| :---: | :---: |
| ≤1.0 | <630 |
| 1.5 | <620 |
| 2 | <610 |
| 3 | <600 |
| ≥5 | <590 |

**表 11-3　感应电炉炼钢（普通钢）的能耗指标（最大值）**

| 感应电炉的容量/t | ≤0.5 | 1 | 2 | 3 | ≥5 |
| :---: | :---: | :---: | :---: | :---: | :---: |
| 能耗指标/（kW·h/t 金属液） | 730 | 720 | 710 | 700 | 690 |

表 11-4　感应电炉熔炼铝合金的能耗指标（最大值）

| 感应电炉的容量/t | ≤0.15 | 0.3 | 0.5 | 1 | 2 | ≥3 |
|---|---|---|---|---|---|---|
| 能耗指标/（kW·h/t 金属液） | 700 | 680 | 660 | 640 | 630 | 620 |

表 11-5　电弧炉炼钢的能耗指标（最大值）

| 电弧炉的容量/t | ≤1.5 | 3 | 5 | 10 | 20 | 30 | ≥50 |
|---|---|---|---|---|---|---|---|
| 能耗指标/（kW·h/t 金属液） | 800 | 780 | 770 | 760 | 750 | 720 | 700 |

表 11-6　电阻炉熔化铝合金能耗指标（最大值）

| 电阻炉容量/t | ≤0.15 | 0.3 | 0.5 | ≥1 |
|---|---|---|---|---|
| 最高能耗限值/（kW·h/t 金属液） | 830 | 800 | 750 | 700 |

表 11-7　燃气铝合金熔化炉能耗指标（最大值）

| 设备名称 | 燃气铝合金熔化炉 |
|---|---|
| 最高能耗限值/（t 标煤/t 金属液） | <0.28 |

图 11-5　铸造车间

## （二）锻造

### 1．锻造工艺简介

锻造生产是机械制造工业中提供机械零件毛坯的主要加工方法之一。通过锻造，不仅可以得到机械零件的形状，还能改善金属内部组织，提高金属机械性能和物理性能。一般对受力大、要求高的重要机械零件，多采用锻造法制造。如汽轮发电机轴、转子、叶轮、叶片、护环、大型水压机立柱、高压缸、轧钢机轧辊、内燃机曲轴、连杆、齿轮、轴承以及国防工业方面的火炮等重要零件，均采用锻造技术生产。我国现有锻造企业 1 万余家，近4 000 家为乡镇企业，大多数企业产量不大，技术水平不高，不能进行规模化生产。

### 2．锻造工艺流程

不同的锻造方法有不同的流程，其中以热模锻的工艺流程最长，一般顺序为：锻坯下料、锻坯加热、辊锻备坯、模锻成形、切边、冲孔、矫正、中间检验（检验锻件的尺寸和表面缺陷）、锻件热处理（用以消除锻造应力，改善金属切削性能）、清理（主要是去除表面氧化皮）、矫正、检查（一般锻件要经过外观和硬度检查，重要锻件还要经过化学成分分析，机械性能、残余应力等检验和无损探伤）等。

### 3．锻造工艺的坯料

一般的中小型锻件都用圆形或方形棒料作为坯料。棒料的晶粒组织和机械性能均匀、良好，形状和尺寸准确，表面质量好，便于组织批量生产。

经压制和烧结成的粉末冶金预制坯，在热态下经无飞边模锻可制成粉末锻件。锻件粉末接近于一般模锻件的密度，具有良好的机械性能，并且精度高，可减少后续的切削加工。

对浇注在模膛的液态金属施加静压力，使其在压力作用下凝固、结晶、流动、塑性变形和成形，就可获得所需形状和性能的模锻件。

图 11-6 锻造车间

## 二、机械热加工的污染核算

### 1. 铸造行业的环境污染

铸造业的污染排放相当严重。我国每生产 1 t 合格铸件，大约要排放粉尘 50 kg，废气 $1\ 000\sim2\ 000\ m^3$，废砂约 1 t，废渣 0.3 t，单位产品污染物的排放是工业发达国家的 10 倍。

铸造企业的环境污染包括生产过程中产生的含粉尘、烟尘、$SO_2$、$NO_x$ 和其他污染物的废气以及废水、固体废弃物及危险废物、噪声。其中：

（1）烟尘：主要来源于熔炼过程中使用燃料排放的烟尘、$SO_2$、$NO_x$。

（2）粉尘：主要来源于造型、砂处理、铸件清理过程，主要产尘点是造型和砂处理（包括旧砂再生）过程中的振动填充过程、翻箱机振动筛、皮带运输机以及落砂机、抛丸机、抛丸滚筒、砂轮磨削、手工清铲、旧砂再生等过程。如果使用消失模还会产生一些苯类废气以及因 EPS 在高温下与氧不充分燃烧而产生的炭黑。

（3）废水：主要来源于铸铁机等设备的冷却水以及冲渣水、湿式除尘废水等。

（4）固体废弃物和危险废物：主要来源于废铸件、脱硫石膏、除尘灰尘、高炉水渣以及熔炼设备维修过程中的废耐火砖、废石棉等保温材料。

（5）噪声：主要来源于空压机、翻砂机等。

### 2. 锻造行业的环境污染

（1）烟尘：主要来源于加热炉加热锻件过程中产生的烟尘、$SO_2$、$NO_x$、CO、$CO_2$ 和煤炭不完全燃烧产生的粉尘，模具润滑剂高温时生成的烟尘，锻件清理过程中（喷砂、抛丸、砂轮磨削）产生的粉尘等。

（2）废水：主要来源于酸洗后的清洗废液，热煤气和清洗煤气中的含酚废水，加热设备冷却水，工模具冷却水以及含油废水。

（3）固体废弃物：主要来源于切边、冲孔废料及废品锻件、氧化皮、铁屑、煤渣，清理滚筒、喷丸设备除尘下来的废渣，以及废乳化液、工业炉维修废弃的石棉绒、矿渣棉、玻璃绒等绝缘材料，光饰材料的废磨料和填加剂等。

（4）噪声和振动：主要来源于空气锤、蒸汽锤、摩擦压力机等。

## 第四节　金属材料表面处理及热处理制造业的污染核算

金属材料表面处理技术与金属热处理和表面热处理不是一个概念。一般把金属表面防护和改性称之为金属材料表面处理，改变金属材料表面组织结构和力学性能指标称为金属表面热处理。

金属的表面防护包括：电镀、涂装、化学处理层。其中：

（1）电镀：包括镀锌、铜、铬、铅、银、镍、锡、镉等；

（2）涂装：包括油漆涂装、静电喷粉、喷塑、刷漆、抹油、喷涂等；

（3）化学表面处理：包括酸洗、除油、发蓝发黑、氧化处理、磷化、化学镀等。

金属热处理是将金属工件放在一定的介质中加热到适宜的温度，并在此温度中保持一定时间后，又以不同速度在不同的介质中冷却，通过改变金属材料表面或内部的显微组织结构来控制其性能的一种工艺。金属热处理工艺大体分为整体热处理、表面热处理和化学热处理三大类。根据加热介质、加热温度和冷却方法的不同，每一大类又有若干不同的热处理工艺。同一种金属采用不同的热处理工艺，可获得不同的组织，从而具有不同的性能。钢铁是工业上应用最广的金属，钢铁显微组织最为复杂，因此钢铁热处理工艺种类也很繁多。

下面我们就金属表面处理和金属热处理的污染核算分别作简要介绍。

### 一、金属表面处理工艺及污染核算

#### （一）电镀行业污染核算

#### 1．电镀工业的基本情况

电镀生产是金属（或非金属）的表面处理工艺，是通过化学或电化学作用在金属（或非金属）制件表面形成另一种金属膜，因而改变制件表面属性的一种加工工艺。

电镀工艺可以改变金属（或非金属）的表面属性，如抗腐蚀性、外观装饰性、导电性、耐磨性、可焊接性等，它广泛应用于机械制造业、装备工业（汽车、火车、轮船、飞机）、轻工业、电子电气工业。"十二五"期间，电镀技术的应用热点将继续由机械、轻工等行业向电子、钢铁行业扩展转移，由单纯防护性装饰镀层向功能性镀层转移，由相对分散向逐渐整合转移。目前电镀企业在机械制造业占 30%，轻工业占 20%，电子电气占 20%，其余分布在航空航天和仪器仪表等行业。图 11-7 是 2010 年下半年我国电镀加工企业调查情况。

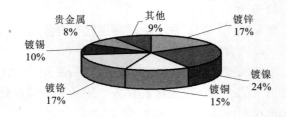

**图 11-7　我国可电镀各镀种电镀加工企业比例分布**

注：该图摘自 2010 年慧聪表面处理网《我国电镀行业发展状况研究报告》。

目前电镀行业的产经营方式基本属于高能耗、物耗的粗放型生产。电镀行业大量使用强酸、强碱、重金属溶液，甚至包括镉、氰化物、铬酐等有毒有害化学品，在工艺过程中排放废水、废气和废渣，严重污染环境危害人体健康，已成为一个重污染行业。电镀企业除少数国有大型企业、三资企业外，大多数企业为中、小企业，且厂点多、规模小，专业化程度低，装备水平低，污染控制与环境管理困难。为了解决这一问题，我国《产业结构调整指导目录（2011 年本）》明确规定，淘汰含氰沉锌、含氰电镀等落后工艺、产能；淘汰氰化镀锌、六价铬钝化、电镀锡铅合金、含硝酸褪镀等工艺；禁止使用铅、镉、汞等重污染化学品；全面淘汰手工电镀工艺（金、银等贵重金属电镀确需保留手工工艺的，应经设区市经信、环保部门审核同意），对无法实现自动化的手工电镀线（包括前处理和铬钝化等工段）必须确保全部废水得到收集处理。

**2．电镀生产工艺及产排污节点**

电镀工艺过程大致可以划分为：镀前处理、电镀、镀后处理三个工序。

（1）镀前处理。金属表面通常会附着各种污物，阻碍电解液和金属表面直接接触，会阻碍电流的通过，给金属离子放电带来阻力，降低电镀层结合力。因此，必须对镀件进行电镀前处理。电镀前处理包括整平、除油、除锈（活化、浸蚀）。生产中，企业根据镀件的情况选择前处理工序，并非都要经过所有工序。

①机械抛光。镀件表面残留的毛刺、型砂造成的表面砂眼、坑凹不平整等状态，要采用相应的方法除去，这包括磨光、机械抛光、电抛光、滚光、喷砂处理等。多数情况下，镀件进入电镀企业（车间）之前已经经过加工，不需要再进行整平处理。

②除油（脱脂）工序。主要的除油方法有物理机械法除油、有机溶剂除油、化学除油、电化学除油、擦拭除油和滚筒除油、超声波除油等。主要设备为除油槽和清洗槽，添加的化学品主要为片碱、有机溶剂、除油剂或乳化剂。该工序主要产生含油废水（碱性废水）。

③浸蚀（除锈）工序。镀件表面往往存在氧化物或者氧化膜，为保障镀层与镀件紧密结合需要进行除锈。除锈方法有多种，常用浸蚀与机械法。浸蚀一般分为化学浸蚀和电化学浸蚀。化学浸蚀一般采用酸洗，主要按采用不同酸的种类和浓度区分，主要设备为酸洗槽和清洗槽，添加的化学品主要为盐酸、氢氟酸等。电化学浸蚀一般采用酸液加电极。该工序主要产生酸（碱）性废水和废气。

镀件在脱脂、除锈后必须使用纯水进行清洗，以去除表面残留的杂质和化学物质。该工序为前处理中产生酸碱废水的主要部分。该废水主要污染成分为悬浮物、COD、油类，一般不含重金属。

表 11-8　镀前处理废水中主要污染物

| 工序 | 处理使用的溶液 | 废水中主要污染物 |
|---|---|---|
| 电抛光 | 硫酸、磷酸、柠檬酸、氢氟酸、铬酐等 | 残酸、氟化物、六价铬等 |
| 滚光 | 硫酸、盐酸、皂角粉等 | 残酸及其重金属盐 |
| 强腐蚀 | 硫酸、盐酸、硝酸、氢氟酸、铬酸、缓释剂等 | 残酸及其重金属盐、氟化物、六价铬等 |
| 化学除油 | 氢氧化钠、碳酸钠、磷酸钠、硅酸钠、OP 乳化液等 | 残碱液、乳化液、油脂皂化液等 |
| 电解除油 | 氢氧化钠、碳酸钠、磷酸钠、硅酸钠等 | 残碱液、油脂皂化液等 |
| 溶剂除油 | 四氯化碳、汽油、煤油、酒精等 | 废溶剂及油脂等 |

表 11-9　电镀前的预处理方法简介

| 预处理材料类别 | 金属类型 | 常用方法和镀液主要物质 |
|---|---|---|
| 金属材料镀前的预处理 | 铝和铝合金 | （1）化学浸锌（含氰化钠）；（2）阳极氧化处理：化学镀锌镍（含氰化钠）或化学镀锡 |
| | 锌基合金 | （1）氰化预镀铜；（2）中性预镀镍 |
| | 镁合金 | （1）镀锌法（有些镁合金还要二次氰化预镀铜，有氰化物）；（2）化学镀镍法 |
| | 钛及钛合金 | （1）活化浸镍；（2）喷砂浆镀镍 |
| | 不锈钢 | （1）阴极活化；（2）浸渍活化；（3）镀锌活化 |
| | 钼及钼合金 | （1）预镀铬；（2）预镀镍 |
| | 铅及铅合金 | （1）氰化预镀铜（氰化钠、氰化铜）；（2）预镀镍（硫酸镍、氯化铵、硼酸） |
| 非金属材料镀前的预处理 | 塑料制品 | 有机溶剂（醇类、酮类、三氯乙烯）或碱除油→机械或化学（铬酐—硫酸）粗化→中和→敏化（氯化亚锡—盐酸）→贵重金属（银氨液或氯化钯）活化→还原解胶（银氨用甲醛、钯用次磷酸钠） |
| | 石膏 | 封闭处理（石蜡）→喷涂 ABC 塑料→除油（磷酸三钠、碱、乳化液）→粗化（铬酐-硫酸）→敏化（氯化亚锡—盐酸）→活化（硝酸银、氨水） |
| | 木材 | 喷胶封闭处理（环氧树脂、酮类、三乙烯四胺）→烯酸溶液处理 |
| | 陶瓷及玻璃 | 有机溶剂（酒精、丙酮、香蕉水、煤油）清洗→涂银浆（氧化银、硼酸铅、松香）→烧渗（使用马弗炉逐渐加热至 520℃ 或 650℃） |
| | 纸板等吸水材料 | 喷涂 ABC 塑料或喷涂树脂材料导电胶后可以直接电镀 |
| | 鲜花 | 喷涂 ABC 塑料定型后可以电镀 |
| | 石蜡 | 喷涂导电漆或导电胶→粗化（铬酐-硫酸）→电镀 |
| 对不同金属镀层基体材料进行电镀前的预处理 | 镀铜的镀前处理 | 用氰化槽电镀→（稀盐酸或稀硫酸）酸洗→镀铜 |
| | 镀锌的镀前处理 | 氰化物浸渍→镀锌 |
| | 镀铝的镀前处理 | 清洗→活化→乙醇→脂肪酸→镀铝 |
| | 镀银的镀前处理 | 一般在铜件上镀银。镀前处理包括汞盐浸汞；或氰化预镀银；或硫脲浸银 |
| | 镀金的镀前处理 | 铜银制件只要适当处理即可镀金；镍制件必须使用盐酸活化后才可镀金 |
| | 镀铅的镀前处理 | 对钢和铜制件使用酸洗；对铸铁使用喷砂进行镀铅前的预处理 |
| | 镀铬的镀前处理 | 表面清理→除油→活化（铬酐）→镀铬 |

注：在镀前的预处理中常使用氰氟酸进行酸性处理。

（2）电镀。电镀过程中，以镀层金属或其他不溶性材料做阳极，待镀的金属制品做阴极，镀层金属的阳离子在金属表面被还原形成镀层。为排除其他阳离子的干扰，且使镀层均匀、牢固，需用含镀层金属阳离子的溶液做电镀液，以保持镀层金属阳离子的浓度不变。

在电镀生产中常见镀种包括镀锌、镀铜、镀镍、镀铬，其中镀锌可作为单层电镀的代表，镀铜、镀镍、镀铬可以作为多层电镀的代表。另外，根据镀液中是否含有氰化物可分为含氰电镀和无氰电镀。根据操作工艺划分，可以分为手工生产和自动生产，也有一些企业是手工和自动生产混用的模式。

①镀锌（冷镀锌）。与其他金属相比，锌是相对便宜而又易镀覆的一种金属，属低值

防蚀电镀层，广泛用于保护钢铁件，特别是防止大气腐蚀，并用于装饰。镀锌分为氰化物镀锌和非氰化物镀锌。非氰化物镀锌根据镀液种类可分为锌酸盐镀锌、氯化物镀锌、硫酸盐镀锌，主要生产设备为挂镀槽、滚镀槽、清洗槽。该工序主要产生含锌废水。

②镀铜。包括碱性镀铜和酸性镀铜。根据镀铜溶液划分，目前使用最多的是氰化物镀铜、硫酸盐镀铜和焦磷酸盐镀铜，目前采用焦磷酸盐镀铜较为广泛。氰化物碱性镀铜一般作为其他镀种（镀镍、镀铬等）的预镀层。为了获得较薄的细致光滑的铜镀层，将表面除去油、锈的钢铁等制件作阴极，纯铜板作阳极，挂于含有氰化亚铜、氰化钠和碳酸钠等成分的碱性电镀液中，进行碱性（氰化物）镀铜；为了获得较厚的铜镀层可进行多层镀铜，先将镀件进行碱性氰化物镀铜，再置于含有硫酸铜、硫酸镍和硫酸等成分（或者焦磷酸盐、酒石酸盐、乙二胺等配制的无氰电解液）的电解液中，进行酸性镀铜。该工序主要产生含氰铜废水和含氰废气。

③镀镍。主要用作防护装饰性镀层。镍镀层对铁基体而言，属于阴极性镀层，其孔隙率高，因此要用镀铜层作底层或采用多层镍电镀。从普通镀镍溶液中沉积出来的镍镀层不光亮，但容易抛光，使用某些光亮剂可获得镜面般光亮的镍层。在电镀工业中，镀镍层的生产量仅次于镀锌层而居第二位。

按镀液划分，镀镍液的类型主要有硫酸盐型、氯化物型、氨基磺酸盐型、柠檬酸盐型、氟硼酸盐型等。其中以硫酸盐型镀镍液在工业上的应用最为普遍。该工序主要产生含氰铜废水和含氰废气（预处理），含镍废水以及来自于镀槽、钝化槽的滤渣和废液。

④镀铬。镀铬主要用于提高抗蚀性、耐磨性和硬度，修复磨损部分以及增加反光性和美观等。镀铬主要分为镀硬铬和镀装饰铬，其中镀硬铬直接在镀件表面镀铬，为单层电镀；而镀装饰铬需要预镀铜、镀镍作为底镀层，最后进行镀铬，属于多层电镀。

产生酸碱废水的工序主要为前处理；产生含铜、含镍、含铬废水的工序为电镀后清洗；固废主要来自于镀槽、钝化槽的滤渣和废液（属于危险废物）。废气主要来自于脱脂、除锈过程的酸碱废气；采用含有硝酸的溶液进行除锈、出光还会产生氮氧化物废气，镀铬还会产生铬酸雾。

表 11-10　电镀工艺及电镀液主要成分

| 电镀金属 | 工艺 | 电镀液主要成分 |
|---|---|---|
| 镀铜 | 氰化镀铜 | 应用广泛的工艺，使用的镀液有预镀溶液、含酒石酸钾钠溶液、光亮氰化镀铜溶液，主要含氰化亚铜和氢氧化钠（可能还有酒石酸钾钠和氢氧化钠） |
| | 酸性硫酸液镀铜 | 使用的镀液有普通镀液和光亮镀液，主要含硫酸铜、硫酸、氯离子等 |
| | 焦磷酸盐镀铜 | 使用的镀液主要含铜盐、焦磷酸钾及辅助络合剂（酒石酸、柠檬酸）和光亮剂等 |
| | 新镀铜工艺 | 属无氰工艺，又可减少镀前处理，有柠檬酸-酒石酸盐镀铜，羟基亚乙基二磷酸镀铜，镀液含铜、硫酸铜、酒石酸钾和羟基亚乙基二磷酸 |
| | 氟硼酸盐镀铜 | 镀液含氟硼酸铜、铜、氟硼酸等 |
| 镀镍 | 瓦特型镀镍溶液 | 镀液含硫酸镍、氯化镍、硼酸等 |
| | 混合镀镍溶液 | 氯化物-硫酸盐混合镀镍溶液主要含硫酸镍、氯化镍、硼酸等 |
| | 络合物型镀液 | 镀液含硫酸镍、氯化镍、氨水、三乙醇胺、焦磷酸镍、柠檬酸铵等 |
| | 光亮镀镍 | 镀液含硫酸镍、氯化镍、柠檬酸钠、丁炔二醇、光亮剂、柔软剂 |

| 电镀金属 | 工艺 | 电镀液主要成分 |
|---|---|---|
| 特殊镀镍 | 镀黑镍 | 镀液含硫酸镍、硫酸锌、氯化锌、硼酸等 |
| | 镀缎面镍 | 镀液含硫酸镍、氯化镍、硼酸、端面形成剂、光亮剂等 |
| | 滚镀镍 | 主要用于镀小件，镀液主要含硫酸镍、氯化镍、硼酸、硫酸镁等 |
| 镀铬 | 镀铬 | 普通镀液含铬酐、硫酸；复合镀液主要含铬酐、硫酸、氟硅酸；自动调节镀液主要含铬酐、硫酸、硫酸锶、氟硅酸钾；四铬酸盐镀液主要含铬酐、氧化铬、硫酸、氢氧化钠、氟硅酸钾；三价镀液主要以氯化铬、加入络合剂、氯化盐、硼酸等 |
| | 镀硬铬 | 镀液含铬酐、硫酸、CS-添加剂、三价铬等 |
| | 镀黑铬 | 镀液含铬酐、硝酸钠、硼酸、氟硅酸等 |
| 镀锌 | 氰化物镀锌 | 镀液含氧化锌、氢氧化钠、氢氧化钠、光亮剂（含苯甲基尼古丁酸、苯甲醛、异丙醇、额二羟基丙基洛托品氯化物）等 |
| | 锌酸盐镀锌 | 镀液含锌、氧化锌、氢氧化钠、DE-99 添加剂、HCD 光亮剂等 |
| | 氯化物镀锌 | 镀液含氧化锌、氯化钾、硼酸、光亮剂 H（醇与乙烯的氧化物）等 |
| | 硫酸盐镀锌 | 镀液含硫酸锌、硫酸钠、硫酸铝、硼酸、明矾、光亮剂 SN-I、SN-II 等 |
| 镀镉 | 氰化物镀镉 | 镀液含氧化镉、氰化镉、氢氧化钠、硫酸钠等 |
| | 无氰镀镉 | 三乙酸胺镀镉（氯化铵、三乙酸胺、硫酸镉、氯化镉、乙酸钠等）；硫酸盐镀镉（硫酸镉、硫酸盐、苯酚等）；碱性镀镉（硫酸镉、氯化镉、三乙酸胺、硫酸铵等） |
| 镀锡 | 酸性镀锡 | 镀液含硫酸亚锡、硫酸、有机添加剂 SS-820 等 |
| | 甲酚磺酸镀锡 | 镀液含硫酸亚锡、硫酸、甲酚磺酸、β-奈酚等 |
| | 氟硼酸镀锡 | 镀液含氟硼酸、氟硼酸亚锡、2-奈酚等 |
| | 碱性镀锡 | 镀液含硫酸亚锡、氢氧化钠、锡、锡酸钾等 |
| | 冰花镀锡 | 镀液含硫酸亚锡、硫酸、镀锡光亮剂、镀锡稳定剂等 |
| | 化学镀锡 | 镀液含氯化亚锡、氢氧化钠、盐酸、硫脲等 |
| 镀银 | 氰化镀银 | 镀液含银盐、氰化钾、光亮剂 FB-1、FB-2、A、B 等 |
| | 硫代硫酸盐镀银 | 镀液含硝酸银、硫代硫酸盐、SL-80 添加剂等 |
| | 亚氨二磺酸镀银 | 镀液含硝酸银、亚铵二磺酸、硫酸铵、光亮剂 A、B 等 |
| | 乙酸钾镀银 | 镀液含硝酸银、乙酸钾、808A、B 添加剂等 |
| | 尿素镀银 | 镀液含硝酸银、氧化买、尿素、硫脲等 |
| 镀金 | 碱性氰化镀金 | 镀液含金、氰化钾、磷酸氢二钾等 |
| | 微酸性柠檬酸盐镀金 | 镀液含氰化亚金钾、柠檬酸盐等 |
| | 亚硫酸盐镀金 | 镀液含亚硫酸金铵、亚硫酸盐等 |
| 镀铂 | 亚硝酸盐镀铂 | 镀液含亚硝酸二氨铂、硝酸铵、氢氧化铵等 |
| | 酸性镀铂 | 镀液含亚硝酸二氨铂、硫酸钾、磺酸等 |
| | 碱性镀铂 | 镀液含亚硝酸二氨铂、氢氧化钾、EDTA 光亮剂等 |
| 电镀仿金 | 闪镀镍铁合金 | 镀液含硫酸镍、硫酸亚铁、硼酸、镍、快光剂 |
| | 镀仿金 | 镀液含氰化亚铜、氧化锌、氰化锌、锡酸钠、氰化钠、酒石酸钠等 |
| 电镀锌镍 | 酸性镀锌镍 | 镀液含氯化锌、氯化镍、硫酸锌、硫酸镍、氯化钾、氯化铵、硼酸等 |
| | 碱性镀锌镍 | 镀液含氧化锌、硫酸镍、氢氧化钠、乙二胺、三乙醇胺、ZQ-添加剂等 |
| 电镀锌铬 | 镀锌铬 | 镀液含氯化锌、硫酸锌、氯化铬、硫酸铬、硼酸、光亮剂、氯化钾等 |
| 电镀锡锌 | 镀锡锌 | 镀液含锡酸钠、氰化锌、氰化钠等 |
| 电镀锡镍 | 镀锡镍 | 镀液含氯化亚锡、氯化镍、氟化氢铵、氯化铵等 |
| 电镀镍铁 | 镀镍铁 | 镀液含硫酸镍、氯化镍、硫酸铁、硼酸等 |
| 电镀镍磷 | 镀镍磷 | 镀液含氯化镍、硫酸镍、磷酸、亚磷酸等 |

（3）镀后处理。镀件经过电镀后需要进行电镀后处理。电镀后处理工艺是对锌、镉、铜、银等金属镀层用铬酸和铬酐溶液进行化学或电化学方法处理，使镀层表面形成一层坚实致密的镀膜，镀件既光亮，又耐腐蚀。镀层经钝化后，抗腐蚀能力可以提高5倍以上。镀后处理方法一般包括清洗、钝化、烘干，其中主要的产污工序为清洗和钝化。

①清洗。镀件清洗是去除表面携带的镀液等杂质的过程。清洗分为传统单槽清洗和节水清洗（淋洗、喷洗、多级逆流漂洗、回收或槽边处理），清洗产生的废水根据电镀工序不同分为含氰废水、含锌废水、含铜废水、含镍废水、含铬废水、综合废水等。采用传统单槽清洗工艺，水资源利用效率低，耗水量大，废水产生量大。

②钝化。钝化是使金属表面转化为不易被氧化的状态，延缓金属的腐蚀速度的方法。钝化主要为镀锌后处理，分为六价铬钝化（高铬钝化、低铬以及超低铬钝化）、三价铬钝化和无铬钝化。其中高铬钝化工艺铬酐质量浓度为250 g/L左右，低铬为5 g/L左右，超低铬钝化液铬酐质量浓度为 2 g/L。高铬酸钝化处理六价铬的流失较高，铬污染严重甚至高于电镀工艺。采用低铬工艺不仅能够大大减少铬酐的使用量，而且清洗水中的六价铬含量极低。采用低铬、超低铬钝化工艺，溶液对镀锌层没有化学抛光作用，所以在钝化工序之前应加一道稀硝酸出光工艺，体积分数一般为 1%～3%的硝酸溶液，然后进行钝化。

镀铜后一般进行清洗、烘干即可，若镀铜后不再镀覆盖层或只是在镀铜层表面进行有机覆盖层涂覆，为了防止铜层变色，可进行钝化处理。

表 11-11　钝化工艺和钝化液

| 钝化工艺 | 钝化溶液 |
| --- | --- |
| 彩虹色钝化 | 镀液含铬酸、硫酸、硝酸等 |
| 草绿色钝化 | 镀液含铬酸、硫酸、磷酸、盐酸、硝酸等 |
| 高铬酸钝化 | 镀液含铬酐、硫酸、硝酸等。高铬酸钝化虽然质量好，但铬酐流失大，且多在清洗时流失，增加了废水处理的负荷 |

（4）退镀。生产中不合格镀件比例较高时将造成企业生产资源消耗和产排污系数增加。但也有部分企业将不合格镀件送至其他企业进行退镀，部分企业也接收外来不合格镀件进行退镀。

生产中退除不合格镀层的方法有很多，根据镀层性质和退镀要求可以采用化学退镀法、电解退镀法。化学退镀即采用化学法退去不合格镀层。不同的基体金属和镀种采用不同的化学药剂退镀，常见的有酸、碱、强络合剂等。电解退镀即电化学法退镀，把不合格镀层零件作为阳极，退去镀层。

退镀工序会产生废液和废气，退镀后清洗镀件产生清洗废水。

图 11-8　电镀生产车间

**3. 电镀生产中的废水、废气、固体废物及产污系数**

（1）电镀生产中的废水。电镀过程中清洗工序较多，废水也较多，有前处理废水、镀件清洗水、车间地面冲洗水以及操作管理不当造成的跑冒滴漏的各种排水等。

电镀废水可分为酸碱废水、含氰废水、含铬废水、重金属废水、有机废水和混合废水。

①酸碱废水一般包括前处理工序及其他酸洗槽、碱洗槽产生的废水，主要污染物为盐酸、硫酸、氢氧化钠、碳酸钠、磷酸钠等；

②含氰废水主要由含氰电镀工序产生，主要污染物为氰化物、络合态重金属离子等，须单独收集、处理；

③含铬废水一般包括镀铬、镀黑铬、钝化、退镀等工序产生的废水，主要污染物为六价铬、总铬等，须单独收集、处理；

④重金属废水一般包括镀镍、镉、铜、锌等金属及其合金产生的废水，主要污染物为各种游离态、络合态重金属离子及络合剂类有机物、甲醛和乙二胺四乙酸（EDTA）等；

⑤有机废水主要是前处理工序如工件除锈、脱脂、除油、除蜡等环节产生的废水，主要污染物为有机物、悬浮物、重金属等；

⑥混合废水包括多种工序排放的废水，主要污染物为多种金属离子，添加剂、络合剂、染料、分散剂等有机物，及悬浮物、石油类、磷酸盐、表面活性剂等。

电镀废水主要是清洗废水，废水量约为用水量的90%。

表 11-12　废水种类划分

| 序号 | 废水种类 | 废水来源 | 主要污染物 |
|---|---|---|---|
| 1 | 含铬废水 | 镀铬、钝化等 | 含有铬、铜、铁等金属离子和硫酸等；钝化、阳极化处理等废水；还有钝化溶液产生的金属离子和盐酸、硝酸以及部分添加剂、光亮剂等 |
| 2 | 含氰废水 | 含氰电镀，包括氰化物镀铜、镀银、镀金等 | 游离氰化物以及铜氰、镉氰、银氰、锌氰等络合离子 |
| 3 | 含镍废水 | 电镀镍、化学镀镍 | 硫酸镍、氯化镍、硼酸、硫酸钠、次亚磷酸钠、柠檬酸钠等盐类，以及部分添加剂、光亮剂等。一般废水中含镍质量浓度在 100 mg/L 以下，pH 值在 6 左右 |
| 4 | 酸、碱废水 | 镀前处理中的去油、腐蚀和浸酸、出光等中间工艺以及冲地坪等的废水 | 硫酸、盐酸、硝酸等各种酸类和氢氧化钠、碳酸钠等各种碱类，以及各种盐类、表面活性剂、洗涤剂等，同时还含有铁、铜、铝等金属离子及油类、氧化铁皮等杂质。一般酸、碱废水混合后偏酸性 |
| 5 | 电镀混合废水 | 除各种分质系统废水，将电镀车间排出废水混在一起的废水 | 其成分根据电镀混合废水所包括的镀种而定 |

（2）电镀生产中的废气。电镀生产过程中产生大量废气，可分为含尘废气、酸性废气、碱性废气、氮氧化物废气、含铬废气及含氰废气。

①在前处理工序中，喷砂、磨光及抛光等环节会产生含尘废气；

②浸蚀、出光、化学抛光、化学除油、电化学除油等环节及碱性和氰化电镀过程中会产生酸碱废气；

③镀铬工艺及镀后处理中的钝化环节会产生含铬酸雾；

④氰化电镀会产生含氰废气。

这些废气必须严格处理、控制排放，防止污染空气。

表 11-13　电镀生产废气污染物种类

| 序号 | 种类 | 来源 | 污染物 |
|---|---|---|---|
| 1 | 含尘废气 | 喷砂、磨光及抛光等 | 沙粒、金属氧化物及纤维粉尘 |
| 2 | 酸性废气 | 采用盐酸、硫酸等酸性物质进行酸洗、出光和化学抛光等 | 氯化氢、二氧化硫、氟化氢、硫化氢及磷酸等气体和硫酸雾 |
| 3 | 碱性废气 | 化学除油、碱性电镀等 | 氢氧化钠、碳酸钠等碱性物质由于加热所产生的碱性气体 |
| 4 | 含铬废气 | 镀铬产生的铬酸雾 | 铬酸雾 |
| 5 | 含氰废气 | 氰化物电镀工艺 | 氰化氢 |
| 6 | 氮氧化物废气 | 含有硝酸溶液的酸洗、出光和抛光等 | 酸性废气，一氧化氮、二氧化氮、四氧化二氮等 |

（3）电镀生产中的固体废弃物。电镀企业产生的固体废弃物主要是电镀槽液滤渣、电镀废水处理站的污泥（每处理 1 t 电镀废水一般产生污泥 0.5～1 kg）及化学除油工序产生的少量油泥，均为危险废物，必须交具有相关资质的单位进行处理。

此外电镀过程中产生的废槽液、钝化废液以及前处理过程中产生的废酸碱液、废有机溶剂，亦为危险废物，在此并述。

（4）电镀行业污染物控制。现有电镀企业水污染物排放浓度限值见表 11-14。

表 11-14　电镀企业水污染物排放浓度限值

| 序号 | 污染物 | 排放浓度限值 | 污染物排放监控位置 |
|---|---|---|---|
| 1 | 总铬（mg/L） | 1.0 | 车间或生产设施废水排放口 |
| 2 | 六价铬（mg/L） | 0.2 | 车间或生产设施废水排放口 |
| 3 | 总镍（mg/L） | 0.5 | 车间或生产设施废水排放口 |
| 4 | 总镉（mg/L） | 0.05 | 车间或生产设施废水排放口 |
| 5 | 总银（mg/L） | 0.3 | 车间或生产设施废水排放口 |
| 6 | 总铅（mg/L） | 0.2 | 车间或生产设施废水排放口 |
| 7 | 总汞（mg/L） | 0.01 | 车间或生产设施废水排放口 |
| 8 | 总铜（mg/L） | 0.5 | 企业废水总排放口 |
| 9 | 总锌（mg/L） | 1.5 | 企业废水总排放口 |
| 10 | 总铁（mg/L） | 3.0 | 企业废水总排放口 |
| 11 | 总铝（mg/L） | 3.0 | 企业废水总排放口 |
| 12 | pH 值 | 6～9 | 企业废水总排放口 |
| 13 | 悬浮物（mg/L） | 50 | 企业废水总排放口 |
| 14 | 化学需氧量（$COD_{Cr}$，mg/L） | 80 | 企业废水总排放口 |
| 15 | 氨氮（mg/L） | 15 | 企业废水总排放口 |
| 16 | 总氮（mg/L） | 20 | 企业废水总排放口 |
| 17 | 总磷（mg/L） | 1.0 | 企业废水总排放口 |

| 序号 | 污染物 | 排放浓度限值 | | 污染物排放监控位置 |
|------|--------|-------------|------|------------------|
| 18 | 石油类（mg/L） | 3.0 | | 企业废水总排放口 |
| 19 | 氟化物（mg/L） | 10 | | 企业废水总排放口 |
| 20 | 总氰化物（以 $CN^-$ 计，mg/L） | 0.3 | | 企业废水总排放口 |
| 单位产品基准排水量（$L/m^2$）（镀件镀层） | | 多层镀 | 500 | 排水量计量位置与污染物排放监控位置一致 |
| | | 单层镀 | 200 | |

根据环境保护工作的要求，在国土开发密度已经较高、环境承载能力开始减弱，或环境容量较小、生态环境脆弱，容易发生严重环境污染问题而需要采取特别保护措施的地区，应严格控制设施的污染物排放行为，在上述地区的设施执行水污染物特别排放限制。

执行水污染物特别排放限制的地域范围、时间，由国务院环境保护行政主管部门或省级人民政府规定。

对于排放含有放射性物质的废水，还应符合《电离辐射防护与辐射源安全基本标准》（GB 18871—2002）的规定。

水污染物排放浓度限值适用于单位产品实际排水量不高于单位产品基准排水量的情况。若单位产品实际排水量超过单位产品基准排水量，须将实测水污染物浓度换算为水污染物基准水量排放浓度，并以水污染物基准水量排放浓度作为判定排放是否达标的依据。

### 4. 热浸镀锌污染

热浸镀锌，也叫热浸锌和热镀锌，是一种有效的金属防腐方式。热浸镀锌是使熔融金属与经过除油、除锈的铁基体反应而产生合金层，从而使基体和镀层二者相结合。

热浸镀锌时先将钢铁制件进行酸洗，为了去除钢铁制件表面的氧化铁，酸洗后在氯化铵或氯化锌水溶液，或氯化铵和氯化锌混合水溶液槽中进行清洗，然后浸入 500℃左右熔化的锌液镀槽中，使钢构件表面附着锌层，从而起到防腐的目的。热浸镀锌的镀层较厚，一般为 30～60 μm，镀层防腐能力较高，镀层均匀，附着力强，使用寿命长。适合于户外工作的钢铁制件，如高速公路围栏、电力铁塔、大尺寸紧固件等较为"粗糙"的工件的长期防锈。

除了热镀锌，还有冷镀锌（又称电镀锌）。冷镀锌是利用电解设备将镀件经过除油、酸洗后放入成分为锌盐的溶液中，并连接电解设备的阴极，在镀件的对面放置锌版，连接在电解设备的阳极，接通直流电源，阳极上的锌离子向阴极迁移，并在阴极上放电，使工件镀上一层锌层的方法。

冷镀锌是钢铁镀件在冷却的条件下在表面镀锌，而热镀锌是钢铁镀件在热浸的条件下在表面镀锌。热浸镀锌抗腐蚀能力远远高于冷镀锌。热镀锌的附着力很强，不容易脱落，热浸镀锌镀件在几年里都不会生锈；而冷镀锌在半年里就会生锈。

热浸镀锌生产过程产生的废气、废水、废渣含有重金属锌，污染环境。

### （二）涂装行业污染核算

涂装是指用涂料在金属和非金属材料表面覆盖形成保护层或装饰层的材料保护技术。

涂装按涂料分类有溶剂型涂料涂装、电泳涂装、粉末涂装；按涂装方式分类有空气喷涂、无气喷涂、静电喷涂、电泳；按涂料功能分类有底漆涂装、中涂涂装、面漆涂装等。

涂装工艺可以简单归纳为：前处理→喷涂→干燥或固化→"三废"处理。

这里主要介绍油漆喷涂和粉末涂装生产及其污染核算。

图 11-9 油漆喷涂　　　　　图 11-10 全自动立式粉末喷涂生产线

### 1．油漆喷涂污染核算

为保证涂装质量，须在涂装前清除金属表面残存的油污、锈蚀物、污垢及其不利于涂装的有害物质；为了提高防腐蚀性能与涂层质量，还要进行磷化、钝化处理等。这些过程中会有"三废"（废水、废气、固体废弃物）产生。

（1）废水。废水来自涂前表面处理产生的废水和涂装生产过程中。涂装生产废水主要来自涂装前的再处理工序，如电泳的泳前、泳后的水冲洗。化学处理液绝大多数是有害的化学物质，冲洗时有害物质进入冲洗水中，使冲洗水成为含有许多有害化学物质和重金属离子的废水。

（2）废气。喷涂油漆利用率低和严重的环保问题，是喷漆工艺难以回避的重要问题。根据有关监测数据，喷涂的漆料附着率通常仅为 10%～20%，喷逸的油漆雾化成漆雾后，随环境气流弥散，给环境造成严重污染。

一般溶剂型涂料在喷涂时产生的废气污染十分严重。虽有厂家采用良好的通风装置和设备，如喷漆室或水帘喷涂室等有效排放和回收处理的措施，但有机溶剂和过喷漆雾因排放回收处理效果欠佳等原因，仍会有大量含有机溶剂（苯、甲苯、二甲苯等）、部分油气颗粒及沥青烟的废气挥发，污染环境和危害操作者的健康。在涂装干燥过程中，进入空气的有害有毒性气体主要含甲苯、二甲苯、酯、酮、醇、少量的醛类、胺类等物质。由于使用涂料不同，干燥设备不同，干燥时会发出性质不同的废气。粉刷各类油漆时主要是有机溶剂的挥发，挥发量见表 11-15。

表 11-15　油漆中有机溶剂的挥发量　　　　　　　　　　　单位：kg/t

| 油漆类别 | 溶剂挥发量 | 油漆类别 | 溶剂挥发量 | 油漆类别 | 溶剂挥发量 |
|---|---|---|---|---|---|
| 油脂漆类 | 71 | 氨基树脂漆类 | 509 | 聚酯漆类 | 408 |
| 天然树脂漆类 | 311 | 硝基树脂漆类 | 537 | 环氧树脂漆类 | 246 |
| 酚醛树脂漆类 | 341 | 过氯乙烯漆类 | 668 | 聚氨酯漆类 | 340 |
| 沥青树脂漆类 | 420 | 乙烯树脂漆类 | 569 | 有机硅类 | 370 |
| 醇酸树脂漆类 | 432 | 丙烯酸漆类 | 641 | 硝基漆稀料 | 1 000 |
| 各种橡胶漆类 | 502 | | | 其他稀料 | 1 000 |

（3）固体废弃物。涂装生产过程中产生的废渣（以下均应袋装集中焚烧）主要来自：

①涂装前表面处理反应过程中的沉淀物。

②不同涂装方法的过涂飞散漆雾附着在涂漆室壁、设备和通风排尘装置、输送涂料的容器和管道内外等处，待有机溶剂挥发后则形成沉淀废渣。

③电泳涂料槽液在长期泳涂后的沉淀物。

④水帘、幕淋、浸涂等涂装过程中产生的沉淀物。

涂装前表面处理废渣含有大量的多种金属盐类和重金属离子，如硫酸亚铁、磷酸盐、锌及其化合物、氢化物、铬、镉、铅及其化合物等。涂装过程中的涂料废渣中则含有颜料、合成树脂和有机溶剂及其化合组成物质。

酸洗、磷化的污染在后面阐述。

**2．粉末涂装污染核算**

粉末涂装是表面涂装技术的一项新工艺，是以粉末形态进行涂装并形成涂膜的涂装工艺。

粉末涂料是一种新型、不含溶剂、100%固体粉末状的涂料，具有不用溶剂、无污染、可回收、节省能源和资源、减轻劳动强度和涂膜机械强度高等特点，在多种场合下可代替传统的油漆工艺。目前，粉末涂料在国内外已得到广泛的应用。

与传统的油漆工艺相比，粉末涂装的优点是：

①高效：由于是一次性成膜，可提高生产率30%～40%；

②节能：降低能耗约30%；

③污染少：无有机溶剂挥发（不含油漆涂料中甲苯、二甲苯等有害气体）；

④涂料利用率高：可达95%以上，且粉末回收后可多次利用；

⑤涂膜性能好：一次性成膜厚度可达50～80 μm，其附着力、耐蚀性等综合指标都比油漆工艺好；

⑥成品率高：在未固化前，可进行二次重喷。

粉末涂装工艺过程一般包括：前处理、喷粉、固化三个环节。

（1）前处理。前处理包括机械前处理和化学前处理。机械前处理可有效去除工件上的铁锈、焊渣、氧化皮、消除焊接应力，增加防锈涂膜与金属基体的结合力，从而大大提高工程机械零部件的防锈质量。化学前处理目的是除掉工件表面的油污、灰尘、锈迹，并在工件表面生成一层抗腐蚀且能够增加喷涂涂层附着力的"磷化层"或"铬化层"。

主要工艺步骤包括除油、除锈、磷化（铬化）、钝化。

工件经前处理后不但表面没有油、锈、尘，而且原来银白色有光泽的表面上还生成一层均匀而粗糙的不容易生锈的灰色磷化膜（铬化膜），既能防锈又能增加喷塑层的附着力。

常见前处理有浸泡式、喷淋式、瀑布式三种。浸泡式需要多个浸泡槽；喷淋则需要在喷涂流水线上设置一段喷淋线；瀑布式为溶液直接从高处顺着工件流下。

（2）喷涂。静电喷涂是将粉末涂料均匀地喷涂到工件的表面上。特殊工件（包含容易产生静电屏蔽的位置）应该采用高性能的静电喷塑机来完成喷涂。

工艺过程：利用静电吸附原理，在工件的表面均匀的喷上一层粉末涂料；落下的粉末通过回收系统回收，过筛后可以再用。

（3）固化。固化是将喷涂后的粉末固化到工件表面上。

工艺过程；将喷涂后的工件置于 200℃ 左右的高温炉内 20 分钟（固化的温度与时间根据所选粉末质量而定，特殊低温粉末固化温度为 160℃ 左右，更加节省能源），使粉末浓融、流平、固化。

粉末涂装工艺种类较多，常见的有静电喷粉和浸塑两种。

静电喷涂是利用高压静电电场使带负电的涂料微粒沿着电场相反的方向定向运动，并将涂料微粒吸附在工件表面的一种喷涂方法。

粉末静电喷涂工艺流程：上件→脱脂→清洗→去锈→清洗→磷化→清洗→钝化→粉末静电喷涂→固化→冷却→下件。

粉末涂料开始用于防护和电气缘方面，随着科技的发展，已广泛使用于汽车工业、电气绝缘、耐腐蚀化学泵、阀门、汽缸、管道、屋外钢制构件、钢制家具、铸件等表面的涂装。

浸塑是将工件加热到一定温度后，通过流化床粉桶将工件浸入粉桶内再取出，然后经过高温烘烤后成型的一种金属表面防腐的新型技术。浸塑技术是防腐技术的新发展，是高分子聚合物材料的新使用。我国的浸塑产品涉及公路、铁路、城市管理、园林、农渔业、住宅建设、医药卫生等各个领域。

浸塑工艺流程：工艺前处理→上工件→预烘（预烘 320～370℃ 15 分钟）→浸塑（振动，除余粉）→固化（180～200℃ 10 分钟）→下工件。

粉末涂装的环境污染主要是化学前处理过程产生的废气、废水和废渣。在喷涂和固化过程中，对环境的污染主要包括两个方面，加热过程中使用的工业窑炉产生的烟尘、粉尘以及工艺生产中产生的工艺废气和废弃的粉末等。

酸洗、磷化的污染在后面阐述。

表 11-16　涂装工艺的排污节点

| 污染类别 | 工艺单元 | 污染物 |
|---|---|---|
| 废气 | 酸洗塔 | 酸雾 |
| | 喷漆 | VOC（甲苯、二甲苯） |
| | 流平 | |
| | 烘干 | |
| | 喷塑 | 粉尘 |
| | 加热炉 | 烟尘、$SO_2$、$NO_x$ |
| 废水 | 漆雾净化 | 苯类、COD、BOD、石油类、SS |
| | 前处理水洗、酸洗塔、场地冲洗 | pH 值、COD、BOD、Zn、总磷、石油类、SS |
| | 脱脂、酸洗、表调、磷化 | pH 值、COD、BOD、Zn、总磷、LAS 石油类、SS |
| 噪声 | 排风机、引风机、空压机、泵等机械 | 噪声 |
| 固体废物 | 漆渣、过滤吸附剂 | 危险废物（HW12） |
| | 废催化剂、塑粉 | |
| | 污水污泥 | 危险废物（HW12） |

### （三）化学表面处理的污染核算

化学表面处理包括酸洗、除油、发蓝发黑、氧化处理、磷化、化学镀等。

### 1．酸洗

酸洗除锈、除氧化皮的方法是工业领域应用最为广泛的方法，利用酸对氧化物溶解以及腐蚀产生氢气的机械剥离作用达到除锈和除氧化皮的目的。

（1）酸洗洗液。酸洗中使用最为常见的酸液是盐酸、硫酸、磷酸。硝酸由于在酸洗时产生有毒的二氧化氮气体，一般很少应用。盐酸酸洗适合在低温下使用，不宜超过 45℃，使用浓度 10%～45%，还应加入适量的酸雾抑制剂为宜。硫酸在低温下的酸洗速度很慢，宜在中温使用，温度 50～80℃，使用浓度 10%～25%。磷酸酸洗的优点是不会产生腐蚀性残留物（盐酸、硫酸酸洗后或多或少会有 $Cl^-$、$SO_4^{2-}$残留），比较安全；但磷酸的缺点是成本较高，酸洗速度较慢，一般使用浓度 10%～40%，处理温度可常温到 80℃。在酸洗工艺中，采用混合酸也是非常有效的方法，如盐酸-硫酸混合酸，磷酸-柠檬酸混合酸。目前在钢铁的酸洗上主要使用的是硫酸酸洗和盐酸酸洗的方法。

（2）酸洗工艺。酸洗工艺主要有浸渍酸洗法、喷射酸洗法和酸膏除锈法。一般多用浸渍酸洗法，大批量生产中可采用喷射法。钢铁零件一般在 10%～20%（体积）硫酸溶液中酸洗，温度为 40℃。当溶液中含铁量超过 80 g/L，硫酸亚铁超过 215 g/L 时，应更换酸洗液。常温下，用 20%～80%（体积）的盐酸溶液对钢铁进行酸洗，不易发生过腐蚀和氢脆现象。由于酸对金属的腐蚀作用很大，需要添加缓蚀剂（甲醛、硫脲、二苄亚砜、六亚甲基四胺等）。清洗后金属表面成银白色，同时钝化表面，提高不锈钢抗腐蚀能力。

（3）酸洗工艺的环境污染。酸洗会产生废酸和酸洗废水（含酸 0.3%左右），酸洗废水量约为损失的酸洗液质量的 4 000 倍或为废酸液的 35 倍，酸洗废水含氯离子、铁离子、pH 值等污染。

酸洗过程中酸洗池产生的酸雾是酸洗的主要废气污染。

酸洗过程中的废渣有废酸液和废水处理产生的污泥。

表 11-17　酸洗工序产生的废液和废水水质

| 污染物 | 含硫酸亚铁 | 含硫酸 | 废液或废水量（kg/t 钢） |
|---|---|---|---|
| 酸洗废液 | 15%～30% | 5%～13% | 55～70 kg/t 钢 |
| 冲洗废水 | 0.2%～0.5% | 0.2%～0.4% | 为消耗的酸洗废液的 30～40 倍 |

图 11-11　酸洗生产线

### 2．磷化

（1）磷化工艺简介。磷化是指把金属工件用含有磷酸二氢盐的酸性溶液进行化学处理。经磷化处理的金属材料及其制品表面形成浸入性磷酸盐膜层（磷化膜），该膜层与金属基体有良好的结合能力、耐磨性和对涂料的附着能力，以提高整个涂层系统的耐腐蚀能力。因此，机械、钢铁等行业大都采用磷化处理技术来制作机械零件的防护层。

磷化处理温度通常为常温型：5～30℃；低温型：35～45℃；中温型：50～70℃。中、低温磷化工艺，磷化速度快，磷化膜耐蚀性好，但磷化膜结晶粗大，挂灰重，液面挥发快，槽液不稳定，沉渣多，而低、常温磷化工艺的磷化膜结晶细致，厚度适宜，膜间少杂质，吸漆量少，涂层光泽度好，可改善涂层的附着力。

一般五金加工喷涂加工前的酸洗磷化的通用工艺是：磷化→清洗→电泳→清洗→烘干。

（2）磷化前预处理。一般情况下，磷化处理要求工件表面应是洁净的金属表面。工件在磷化前必须进行除油脂、锈蚀物、氧化皮以及表面调整（表调）等预处理。特别是涂漆前打底用磷化还要求作表面调整，使金属表面具备一定的"活性"，才能获得均匀、细致、密实的磷化膜，达到提高漆膜附着力和耐腐蚀性的要求。因此，磷化前预处理是获得高质量磷化膜的基础。磷化前预处理工艺是：

除油脂—水洗—酸洗—水洗—中和—表调—磷化；除油除锈"二合一"—水洗—中和—表调—磷化；除油脂—水洗—表调—磷化。

①除油脂：除油脂的目的在于清除掉工件表面的油脂、油污。包括机械法、化学法两类。机械法主要是手工擦刷、喷砂抛丸、火焰灼烧等。化学法主要是溶剂清洗、酸性清洗剂清洗、强碱液清洗，低碱性清洗剂清洗。中和一般就是用 0.2%～1.0%纯碱水溶液。在有些工艺中对重油脂工件，还增加预除油脂工序。

②表面调整：表面调整的目的，是促使磷化形成晶粒细致密实的磷化膜以及提高磷化速度。表面调整剂主要有两类，一种是酸性表调剂，如草酸；另一种是胶体钛。两者的应用都非常普及，前者还兼备有除轻锈（工件运行过程中形成的"水锈"及"风锈"）的作用。

在磷化前处理工艺中，是否选用表面调整工序和选用哪一种表调剂都是由工艺与磷化膜的要求来决定的。一般原则是：涂漆前打底磷化、快速低温磷化需要表调。如果工件在进入磷化槽时，已经二次生锈，最好采用酸性表调，但酸性表调只适合于≥50℃的中温磷化。一般中温锌钙系磷化不表调也行。

（3）磷化。在磷化工序中，使用的磷化液按不同的性能要求有不同的配方。磷化液按配方元素不同，主要分轻铁系、锌系、锰系、锌钙系磷化液。采用的促进剂基本都是钼酸盐、硝酸盐、亚硝酸盐、氯酸盐、有机硝硝基化合物等。使用的清洗剂主要包括脱脂剂、脱漆剂，碱性清洗剂，酸性清洗剂，高效清洗剂，专用清洗剂，渗氮清洗剂，三合一清洗剂，四合一清洗剂。

（4）磷化工艺的环境污染。磷化工艺的主要污染是废水和废渣。

①磷化工艺废水：磷化工艺废水主要含磷、锌、铁、pH 值、COD、乳化油、TP、LAS等污染物，并具有很高的 COD 值。其中磷化废液外观浑浊并有一种难闻气味，含有大量 $FeHPO_4$ 沉淀及悬浮物，成分复杂，如不加以治理直接排放，将会严重污染环境。

电泳废水的主要污染物为高分子树脂、颜料、中和剂、重金属离子 $Pb^{2+}$ 及低分子有机溶剂。

②磷化、电泳废渣：主要是磷化废水处理产生的污泥，如果用石灰处理的话，污泥的数量较大。

### 3．阳极氧化

阳极氧化是指金属或合金的电化学氧化。阳极氧化在铝合金材质方面使用最为广泛。

（1）阳极氧化工艺简介。阳极氧化工艺是将金属或合金的制件作为阳极，采用电解的方法使其表面形成氧化物薄膜。金属氧化物薄膜改变了表面状态和性能，如表面着色，提高耐腐蚀性、增强耐磨性及硬度，保护金属表面等。例如铝阳极氧化，将铝及其合金置于相应电解液（如硫酸、铬酸、草酸等）中作为阳极，在特定条件和外加电流作用下，进行电解。阳极的铝或其合金氧化，表面形成氧化铝薄层，其厚度为 $5 \sim 30\ \mu m$，硬质阳极氧化膜可达 $25 \sim 150\ \mu m$。阳极氧化后的铝或其合金，提高了其硬度和耐磨性（可达 $250 \sim 500\ kg/mm^2$），具有了良好的耐热性（硬质阳极氧化膜熔点高达 $2\,320\ K$），优良的绝缘性（耐击穿电压高达 $2\,000\ V$），增强了抗腐蚀性能（在 $\omega = 0.03$ NaCl 盐雾中经几千小时不腐蚀）。有色金属或其合金（如铝、镁及其合金等）都可进行阳极氧化处理，这种方法广泛用于机械零件，飞机汽车部件，精密仪器及无线电器材，日用品和建筑装饰等方面。

图 11-12　阳极氧化生产线

（2）阳极氧化的工艺流程

阳极氧化的工艺流程包括：脱脂→碱洗→酸洗→化抛→氧化→染色→封孔→干燥。

①脱脂：指铝及铝合金表面脱脂，包括有机溶剂脱脂、表面活性剂脱脂、碱性溶液脱脂、酸性溶液脱脂、电解脱脂、乳化脱脂。

②碱洗（碱腐蚀）：这是制品经某些脱脂方法脱脂后的补充处理，以便进一步清理表面附着的油污赃物，清除制品表面的自然氧化膜及轻微的划擦伤，从而使制品露出纯净的金属基体，利于阳极膜的生成并获得较高质量的膜层。

碱洗溶液的基本组成是氢氧化钠，另外还添加调节剂（NaF、硝酸钠），结垢抑制剂（葡萄糖酸盐、庚酸盐、酒石酸盐、阿拉伯胶、糊精等）、多价螯合剂（多磷酸盐）、去污剂等。

③酸洗：其作用是除掉碱洗后残留在制件表面上的黑色挂灰，同时兼有中和碱的作用，防止污染电解液。酸洗后制件表面光亮，又称出光。

④化抛（化学抛光）：靠化学试剂对样品表面凹凸不平区域选择性溶解作用消除磨痕、浸蚀整平的一种方法。

在化抛过程，金属零件表面不断形成钝化氧化膜和氧化膜不断溶解，前者强于后者。表面微观凸起部位溶解速率大于凹下部位的溶解速率；且膜溶解和膜形成始终同时进行，只是速率有差异，使零件表面粗糙度整平，从而获得平滑光亮的表面。抛光可以填充表面毛孔、划痕以及其他表面缺陷，从而提高疲劳阻力、腐蚀阻力。

⑤氧化：以铝或铝合金制品为阳极置于电解质溶液中，利用电解作用，使其表面形成氧化铝薄膜的过程，称为铝及铝合金的阳极氧化处理。

⑥染色：阳极氧化膜是由大量垂直于金属表面的六边形晶胞组成，每个晶胞中心有一个膜孔，并具有极强的吸附力。当氧化过的铝制品浸入染料溶液中，染料分子通过扩散作用进入氧化膜的膜孔中，同时与氧化膜形成难以分离的共价键和离子键。此为染色。

⑦封孔：染色过程中形成的共价键和离子键结合是可逆的，在一定条件下会发生解吸附作用。因此，染色之后必须经过封孔处理，将染料固定在膜孔中，同时增加氧化膜的耐蚀、耐磨等性能。

⑧干燥：先将工件孔眼内的水分甩干净，以免残余水分污染工件表面。干燥方法以毛巾擦干为好，揩擦过程中还能把因铝材材质或操作工艺问题引起的表面浮霜一起揩擦干净。

### 4．发蓝（发黑）

（1）发蓝工艺简介。发蓝工艺是一种材料保护技术，钢铁表面通过化学反应，生成一种均匀致密、有一定厚度、附着力强、耐蚀性能好的蓝黑色氧化膜，起到美化和保护工件的作用。该工艺又称为发黑，广泛用于机械零部件和钢带的表面处理。

单独的发蓝膜抗腐蚀性较差，经涂油涂蜡或涂清漆后，抗蚀性和抗摩擦性都有所改善。发蓝时，因其表面形成的膜层很薄，对零件的尺寸和精度都几乎没有影响。故常用于精密仪器、光学仪器、工具、硬度块及机械行业中的标准件等。

图 11-13　发蓝工艺制品　　　　　　　　图 11-14　发蓝生产线

（2）发蓝工艺分类。发蓝工艺根据其原理和工艺流程的不同，一般分为热碱发蓝、常温发蓝、石墨流态床发蓝、电阻加热发蓝、铅浴加热发蓝、电磁感应加热发蓝、含氧蒸汽发蓝等 7 种工艺。发蓝处理现在常用的方法有传统的碱性加温发蓝和出现较晚的常温（酸性）发蓝两种。

（3）发蓝工艺流程。

①加温发蓝（碱性发蓝）。碱性发蓝工艺有单槽法和双槽法，单槽法操作简单，目前应用广泛。

双槽法是钢铁工件依次在两个浓度和工艺条件不同的氧化槽中进行两次氧化处理。氧化膜较厚，耐腐蚀性较高。

单槽法工艺流程：去油（零件在去油液煮 20～30 分钟，温度 80～100℃）→冷水清洗

（流动清水漂洗）→酸洗（用盐酸溶液清洗，常温，时间少于 30 s）→发蓝（发蓝液装在铁或不锈钢容器中，底部用电炉加热，不同材质入槽时间和温度均不相同）→水洗（流动冷水或温水清洗时间 30～60 s）—沸水清洗（时间 2～5 分钟）→皂化处理（温度 80～90℃，时间 2～3 分钟）→浸油（在 80℃左右变压器油或锭子油中浸 1～3 分钟）→油空净后成品。

双槽法工艺流程：化学除油→热水洗→流动水洗→酸洗→流动冷水洗→氧化→冷水洗→热水洗→填充处理→流动冷水洗→流动热水洗→干燥→检验→浸油。

②常温发蓝（酸性发蓝）。常温发蓝是把经过除油、除锈处理的钢铁工件，在常温状态下浸入、喷淋或涂刷常温发蓝剂，进行发蓝处理的一种新技术。目前在我国机械制造业已经得到一定的应用。

常温发蓝剂主要由无机盐、无机酸、氧化剂和活化剂组成。

常温发蓝具有成本低、高效、节能、污染小等优点，有取代碱性发蓝的趋势。

其工艺流程为：除油→水洗→除锈→水洗→发蓝→水洗→上油。

（4）发蓝对环境的影响。金属零件发黑处理属于表面化学处理，要用到盐酸、烧碱等有腐蚀作用的化学产品，在去油、酸洗、发黑、皂化等过程中会产生有腐蚀性的废液，如果这些废液不经达标处理就排放，会污染环境。另外，盐酸是可以汽化挥发的液体，挥发的物质腐蚀性很强，对人体和一些物品也会造成损害。

## 二、金属热处理工艺及污染核算

### （一）金属热处理工艺

金属热处理是将金属工件放在一定的介质中加热到适宜的温度，并在此温度中保持一定时间后，又以不同速度冷却，通过改变金属材料表面或内部的组织结构来控制其性能的一种综合性工艺过程。

金属热处理是机械制造业的重要工艺之一。为使金属工件具有所需要的力学性能、物理性能，除合理选用材料和各种成形工艺外，热处理工艺是必不可少的。与其他加工工艺相比，热处理一般不改变工件的形状和整体的化学成分，而是通过改变工件内部的显微组织，或改变工件表面的化学成分，赋予或改善工件的使用性能。

钢铁是机械工业中应用最广的材料，钢铁显微组织复杂，可以通过热处理予以控制，钢铁的热处理是金属热处理的主要内容。另外，铝、铜、镁、钛等及其合金也可以通过热处理改变其性能。

金属热处理工艺大体可分为整体热处理、表面热处理和化学热处理三大类。

图 11-15　金属热处理生产车间

## 1．整体热处理

整体热处理是对工件整体加热，然后以适当的速度冷却，以改变整体力学性能的金属热处理工艺。钢铁的整体热处理大致有退火、正火、淬火和回火四种基本工艺：

（1）退火：将工件加热到适当的温度，根据材料和工件尺寸采用不同的保温时间，然后进行缓慢冷却。退火是使金属内部组织达到或接近平衡状态，获得良好的工艺性能和使用性能，或者为进一步淬火作组织准备。

（2）正火：将工件加热到适宜的温度后在空气中冷却。正火的效果与退火相似，只是得到的组织更细，常用于改善材料的切削性能，也有用于对一些要求不高的零件作为最终热处理。

（3）淬火：将工件加热保温后，在水、油或其他无机盐、有机溶液等淬冷溶液等淬冷介质中快速冷却。淬火后钢件变硬，但同时变脆。

（4）回火：为了降低钢件的脆性，将淬火后的钢件在高于室温而低于 650℃的某一适当温度进行长时间的保温，再进行冷却的工艺过程。

## 2．表面热处理

金属表面热处理是只加热工件表层，以改变其表层力学性能的金属热处理工艺。

为了只加热工件表层而不使过多的热量传入工件内部，使用的热源须具有高的能量密度，使工件表层或局部能在短时或瞬时达到高温。

表面热处理方法有火焰淬火和感应加热热处理，热源有氧乙炔或氧丙烷等火焰、感应电流、激光和电子束等。

## 3．化学热处理

化学热处理是利用化学反应、有时兼用物理方法改变钢件表层化学成分及组织结构，以便得到比均质材料更好的技术经济效益的金属热处理工艺。

化学热处理与表面热处理不同之处，是前者改变了工件表层的化学成分。化学热处理时是将工件放在含碳、氮或其他合计元素的介质（气体、液体、固体）中加热，保温较长的时间，从而使工件表层渗碳、氮、硼和铬等元素。渗入元素后，有时还要进行其他热处理工艺如淬火及回火。

化学热处理主要方法有渗碳、渗氮、渗硫、渗金属。经化学热处理后的钢件，实质上可以认为是一种特殊复合材料，芯部为原始成分的钢，表层则是渗入了合金元素的材料。芯部与表层之间是紧密的晶体型结合，它比电镀等表面复护技术所获得的芯、表部的结合要强得多。

### （二）金属热处理对环境的影响

热处理过程形成的废水、废气、废盐、粉尘、噪声及电磁辐射等均会对环境造成污染。热处理的环境污染可分为化学性污染和物理性污染。

## 1．化学性污染

化学性污染来自原料、中间反应产物及废弃物中的各种有害物质，主要以废气、废水和固体废物的形式存在。

## 2．物理性污染

物理性污染主要为噪声和电磁辐射。

### 3．金属热处理工艺的污染节点

（1）热处理过程中高温炉与高温工件会产生热辐射、烟尘、炉渣和油烟等；

（2）为防止金属氧化而在盐浴炉中加入二氧化钛、硅胶和硅钙铁等脱氧剂而产生废渣；

（3）在盐浴炉及化学热处理中产生各种酸、碱、盐等及有害气体和高频电场辐射等；

（4）退火、淬火工序中除有大量烟尘产生外，会还产生污水，且污水中除了油、SS外，还含有淬火剂（如二氧化钛、硅胶、亚硝酸钠、硝酸钾等）；

（5）表面渗氮时用电炉加热并通入氨气，氨气可能泄漏；

（6）表面氰化时，将金属放入加热的含氰化钠的渗氰槽中会产生含氰废水和废气；

（7）表面（氧化）发黑处理时，碱洗在氢氧化钠、碳酸和磷酸三钠的混合液中进行，酸洗在浓盐酸、水、尿素混合液中进行，都将排出废碱液、废酸液和表面活性剂、氯化氢废气等。

表 11-18　热处理工艺

| 工艺类型 | 工　艺 | 对金属表面性能的作用 |
|---|---|---|
| 退火、正火 | 把金属加热再慢慢冷却，以得到所需的金属金相结构 | 不考虑 |
| 氧化黑化 | 采用碱洗（氢氧化钠、碳酸钠、磷酸三钠、表面活性剂）、酸洗（酸、尿素、水混合液）、氧化处理（氢氧化钠、小酸钠水溶液） | 该工艺处理的氧化膜具有高耐磨、高防腐 |
| 渗硫 | 通过硫与金属工件表面反应而形成薄膜的化学热处理工艺。固体渗硫剂的成分为硫化铁94%，氯化铵3%，石墨3%；液体渗硫剂盐浴液含碳酸盐和氰酸盐和含硫物质 | 经过渗硫处理的工件，其硬度较低，但减摩作用良好，能防止摩擦副表面接触时因摩擦热和塑性变形而引起的擦伤和咬死 |
| 渗氮 | 使氮原子向金属工件表层扩散的化学热处理工艺 | 可获得比渗碳层更高的硬度、更高的耐磨、耐蚀和抗疲劳性能 |
| 碳氮共渗 | 在金属工件表层同时渗入碳、氮两种元素的化学热处理工艺 | 耐磨和耐蚀性高，抗疲劳性能优于渗碳 |
| 渗硼 | 使硼原子渗入工件表层的化学热处理工艺 | 可增加耐腐蚀、耐摩擦性能 |
| 硫氮共渗 | 将硫、氮或硫、氮、碳同时渗入金属工件表层的化学热处理工艺 | 可使工件表层兼具耐磨和减摩等性能 |

表 11-19　热处理环境污染的分类和来源

| 污染物 | | 来　源 |
|---|---|---|
| 废气 | CO | 燃料或气燃烧，气体渗碳及碳氮共渗等 |
| | SO$_2$ | 燃料或气燃烧，渗硫及硫氮碳共渗 |
| | NO$_x$ | 燃料或气燃烧，硝盐浴，碱性发黑 |
| | 氰化氢及碱金属氰化物 | 液体渗碳、碳氮共渗及氮碳共渗等 |
| | 氨 | 渗氮，氮碳共渗，硫氮碳共渗等 |
| | 氯及氯化物 | 高、中温盐浴，气体渗硅、渗硼及渗金属，盐酸清洗，热浸锌及热浸铝 |
| | 烷烃、苯、二甲苯、甲醇、乙醇、异丙醇、丙酮、醋酸乙酯、三乙醇胺、苯胺、甲酰胺、三氯乙烯等有机挥发性气体 | 气体渗碳及碳氮共渗剂，有机清洗剂，防渗涂料等；淬火油槽，回火油炉； |
| | 油烟气 | 酸洗； |
| | 盐酸、硝酸、硫酸蒸气 | 氧化槽，硝盐浴，碱性脱脂槽； |
| | 苛性碱及亚硝酸盐蒸气 | 燃料炉，各种固体粉末法化学热处理，热浸锌及热浸铝，喷砂 |
| | 烟尘及粉尘 | |

| 污染物 | | 来　源 |
|---|---|---|
| 废水 | 氰化物 | 液体渗碳、碳氮共渗及硫氮碳共渗； |
| | 硫及其化合物 | 渗硫及硫氮等多元共渗； |
| | 氟的无机化合物 | 固体渗硼及渗金属； |
| | 锌及其化合物 | 热浸锌及渗锌； |
| | 铅及其化合物 | 热浸锌，防渗碳涂料； |
| | 钒、锰及其化合物 | 渗钒，渗锰； |
| | 钡及其化合物 | 残盐清洗；淬火废液； |
| | 有机聚合物 | 有机淬火介质； |
| | 残酸、残碱 | 酸洗，脱脂； |
| | 石油类 | 淬火油，脱脂清洗 |
| 固体废物 | 氰盐渣 | 液体渗碳、碳氮共渗及硫氮碳共渗等盐浴； |
| | 钡盐渣 | 高、中温盐浴； |
| | 硝盐渣 | 硝盐槽，氧化槽； |
| | 锌灰及锌渣 | 热浸锌； |
| | 酸泥 | 酸洗槽； |
| | 含氟废渣 | 固体渗硼剂，粉末渗金属剂； |
| | 混合稀土废渣 | 稀土多元共渗剂及稀土催渗剂 |
| 噪声 | | 燃烧器，真空泵，压缩机，通风机，喷砂和喷丸 |
| 电磁辐射 | | 高频感应设备 |

## 思考与练习：

1. 简述机械冷加工过程对环境的污染。
2. 简述机械热加工过程对环境的污染。
3. 简述机械工业节能减排的途径。
4. 到机械冷加工现场考察（实习），并小结机械冷加工对环境的污染。
5. 到机械热加工现场考察（实习），并小结铸造、锻造工艺对环境的污染。
6. 对比油漆喷涂与粉末涂装对环境的影响。
7. 金属表面处理的酸洗工艺可能对环境产生哪些污染？
8. 简述金属表面处理磷化工艺的环境污染。
9. 简述金属热处理工艺可能对环境产生的污染。

# 第十二章　无机化学工业污染核算

本章主要介绍了我国部分无机化学工业（合成氨、硫酸、氯碱、纯碱、电解锰行业）等行业的原辅材料结构、产品、基本能耗；主要生产设备与基本工艺；环境要素分析；主要污染来源与污染机理分析。

专业能力目标：

1. 了解合成氨、硫酸、氯碱、纯碱、电解锰等行业的原辅料结构与基本能耗；

2. 了解合成氨、硫酸、氯碱、纯碱、电解锰等行业的基本生产工艺；

3. 掌握合成氨、硫酸、氯碱、纯碱、电解锰等行业水、废气、固体废物的主要污染来源；

4. 掌握合成氨、硫酸、氯碱、纯碱、电解锰等行业主要污染物的产生机理。

## 第一节　无机化学工业的主要环境问题

### 一、无机化学工业简介

无机化工是无机化学工业的简称，以天然资源和工业副产物为原料生产硫酸、硝酸、盐酸、磷酸等无机酸、纯碱、烧碱、合成氨、化肥以及无机盐等化工产品的工业。包括硫酸工业、纯碱工业、氯碱工业、合成氨工业、化肥工业和无机盐工业。广义上也包括无机非金属材料和精细无机化学品如陶瓷、无机颜料等的生产。无机化工产品的主要原料是含硫、钠、磷、钾、钙等化学矿物和煤、石油、天然气以及空气、水等。

需特别指出的是，无机盐工业的范围至今没有统一的概念。无机盐工业产品范围较广，绝大多数无机化工产品都属无机盐工业范畴，但不包括已独立形成部门的三酸（硫酸、盐酸、硝酸）、两碱（纯碱、烧碱）和原盐、部分无机颜料和无机非金属材料的生产。按此概念它包括 1 000 多种无机化工产品，除盐类产品外还包括：硼酸、铬酸、砷酸、磷酸、氢溴酸、氢氟酸、氢氰酸等多种无机酸；钡、铬、镁、锰、钙、锂、钾的氢氧化物等无机碱；以及氮化物、氟化物、氯化物、溴化物、碘化物、氢化物、氰化物、碳化物、氧化物、过氧化物、硫化物等元素化合物和钾、钠、磷、氟、溴、碘等单质。

## 二、无机化工生产过程中污染物产生的主要原因

无机化工生产过程中污染物产生的主要原因有以下六种。

（1）在化学生产的反应装置中一般的化学反应转化率都是一定的，有的单程转化率还很低，原料不可能全部转化为成品和半成品。原料平均利用率一般只有30%～40%，其余部分多转变为"三废"形式。虽经多次循环使用、回收，杂质含量增加，必然要排放一定量的污染物。许多化工生产由于工艺和设备的诸多原因，回收率不高，发生产品、中间体、原料的流失，产生一定量的污染物。

（2）许多化工企业由于生产设备和工艺落后，物料流失严重，如技术比较成熟的硫酸铵生产，1 t硫酸铵需要0.26 t氨和0.75 t硫酸，约1.01 t原料，还有1%的原料不能参加反应排入了空气。

（3）化学反应中的副产品一般可回收利用，还可作为其他化工生产原料，进一步加工。但许多副产品在化工生产中由于成分复杂、含量不高，回收和综合利用在技术和回收成本上都有一定的困难，许多化工厂宁可将其作为化工废物排放。

（4）在化工生产过程中还有一些随生产介质的排出，带出一些物料，如蒸馏冷却水、滤液、吸收剂、化学处理的脱水分离水、反应溶剂、水洗、酸洗、碱洗排出的废液、清洗水、直接冷却水等。

（5）在化工生产过程中因管理不善，以及因设备陈旧、简陋等原因，造成跑、冒、滴、漏、挥发等现象，这也是化工生产污染物排放的重要原因。

（6）许多化学品对人体和环境危害极大。化工污水、废气中污染物大多具有不同程度的毒性。

## 三、无机化工污染的特点

化学工业是重污染行业，化学工业排放的"三废"不仅所含污染物复杂，排放量大，而且具有较高的环境和生物毒性，排放具有极大环境风险，化学废渣在其危害性无法确定时，一般都视为危险废物。化学工业排出的废水、废气、固体废物对环境污染都很明显，尤以水污染更为突出。化工厂由于用水量和排水量较大，一般多集中于江、河、湖、海附近，因此对水域的污染极为严重。

### 1．化工生产的废水污染特点

（1）有毒性和刺激性。化工废水中含许多有毒和剧毒的无机物质和有机物质，如环芳烃、芳香族胺、含氮杂环化合物、有机氮及氰、酚、砷、汞、镉、六价铬、酸、碱等，这些物质对环境和生物体都有较高的毒性。

（2）pH值不稳定。化工生产排放的废水，时而呈强酸性，时而呈强碱性，pH值很不稳定，增加了废水处理的难度。

（3）废水温度高。化工废水中相当一部分是冷却水，因此排出的废水水温都较高，会造成局部水域的热污染。

### 2．化工废气污染特点

（1）排放物质多含有刺激性和腐蚀性。化工生产排放的刺激性和腐蚀性气体很多，如$SO_2$、$NO_x$、氯气、氯化氢、酸雾等，都有较强的刺激性和腐蚀性。

（2）排放的废气中易燃、易爆气体较多。化工生产排放的废气中会含有极易发生火灾和爆炸事故的成分，危害极大。

（3）排放的废气中会含有异味物质。化工废气中常含有一些臭味和怪味的物质，如硫化氢等。

### 3. 化工固体废物的污染特点

化工生产的固体废物多数属于危险废物，如硫酸矿渣、碱渣、电石渣、沥青渣等。化工废渣的贮存、处置和运输都可能产生对土壤、水体和大气的污染。

## 第二节　合成氨工业污染核算

### 一、合成氨工业的原料与能耗

合成氨工业生产过程是以天然气或煤炭为原料通过水蒸气重整工艺制得氢气，然后与氮气进行高压合成制得合成氨。合成氨的原料是煤、焦炭、天然气、石油脑、重油等，目前合成氨原料已从固体燃料为主转移到以气体燃料和液体燃料为主。

化肥工业目前每年原材料消耗量为：天然气 100 亿 m³，煤炭 7 000 万 t，油（重油、石脑油）60 万 t，磷矿石 4 300 万 t，硫铁矿 1 150 万 t，硫磺 900 万 t，卤水 8 000 万 m³，电 500 亿 kW·h。化肥工业的能耗约占全国能源消费总量的 3%，占化学工业能耗的 35%。

按照不同的装置水平，每生产 1 t 碳酸氢铵需要 800 m³ 天然气，装置技术水平低一些的需要大概 1 000 m³。尿素是高能耗的产品，每 t 尿素需耗 1.2~1.5 t 原料煤，以"煤头"化工企业合成氨产量占比 64% 和 1 t 合成氨耗煤 2 t 计算，2004 年合成氨耗煤为 5 404 万 t，化工行业耗煤为 10 808 万 t，较 2003 年增加 933 万 t。

以无烟煤或焦炭为燃料生产合成氨的工艺，约耗燃煤 1.4 t 原煤/t 氨，原料煤（焦或白煤）1.1~1.5 t 原煤/t 氨（富氧气化 1.1、间歇气化 1.5）。

### 二、我国合成氨工业生产的基本工艺

合成氨的生产工序主要包括造气、脱硫、CO 变换、脱碳、精制、压缩与合成。

目前，我国采用的合成氨生产工艺主要有：无烟煤固定床间歇气化制氨、水煤浆加压气化制氨、天然气蒸汽转化（连续加压）制氨、天然气常压间歇制氨等。

### 1. 以固体燃料为原料的生产工艺

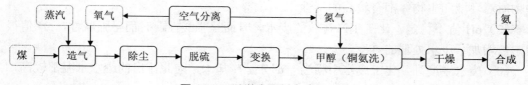

图 12-1　以煤为原料合成氨工艺

造气：制备含氢、氮、CO 的粗原料气。

净化：除去氢、氮以外的杂质，如硫化物、CO、$CO_2$，老工艺采用铜氨液洗涤，现多

采用甲烷化或液氮深冷分离法。

压缩和合成：将纯净的氢、氮混合气压缩到高压，在铁催化剂与高温条件下合成为氨。

## 2．以天然气（或石油气）为原料的生产工艺

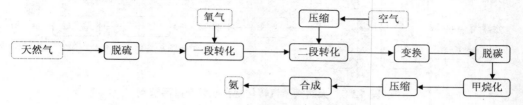

**图 12-2　以天然气为原料合成氨工艺**

## 3．以重油为原料的生产工艺

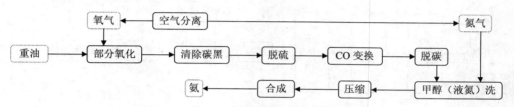

**图 12-3　以重油为原料合成氨工艺**

## 三、合成氨工业主要生产工艺产排污节点

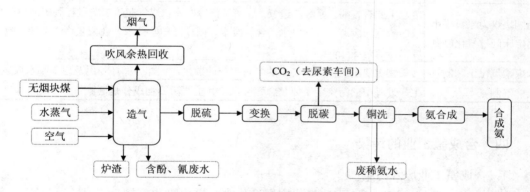

**图 12-4　无烟块煤固定床间歇气化制氨产排污节点**

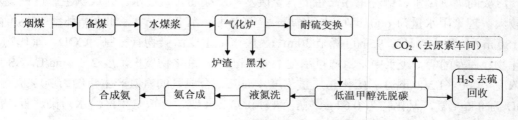

**图 12-5　水煤浆加压气化制氨产排污节点**

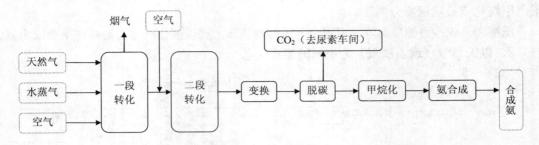

图 12-6 天然气蒸汽转化制合成氨产排污节点

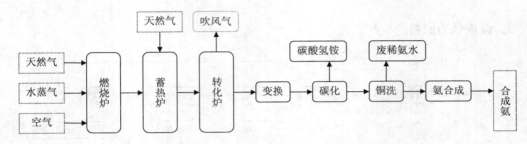

图 12-7 天然气常压间歇转化制合成氨产排污节点

表 12-1 合成氨工业排污节点说明

| 生产工艺 | 污染物特征 |
|---|---|
| 无烟块煤为原料采用固定床间歇气化制氨 | 废水主要有含酚、氰等的造气、脱硫洗涤冷却水，煤气脱硫工艺过程脱硫液再生排放的硫泡沫废液，含油废水，含氨废水，循环冷却水排水。视工艺路线不同，吨氨废水排放量 5~50 t |
| 水煤浆气化工艺制氨 | 污染物主要是气化装置产生的含有细灰的黑水，大部分循环使用及用于制水煤浆 |
| 天然气制氨 | 生产过程中的污染物主要是含氨废水，其主要污染物成分是氨氮 |

## 四、合成氨工业的污染

### 1. 合成氨工业废水污染

以煤（焦）造气洗涤废水、重油气化炭黑净化水含氰化物浓度较高，须进行脱氰处理。废水还包括脱硫工序产生的脱硫（主要是硫化氢和有机硫）废水、铜洗工序产生的含氨废水、冷凝的含氨废水、铜洗工序产生的含氨废水、冷凝的含氨废水。合成氨生产过程废水量较大，理论用水量为 600 $m^3/t$，如水循环率 50%可降至 300 $m^3/t$，如水循环率 70%可降至 180 $m^3/t$，如水循环率 95%可降至 30 $m^3/t$。废水中主要污染物有氨氮、COD、氰化物、硫化物、挥发酚等，废水中氨氮质量浓度约 400 mg/L，氰化物质量浓度 2~3 mg/L，SS 质量浓度 1 000~1 500 mg/L，硫化物质量浓度 4 mg/L。合成氨的氨氮产生量约为 30 kg/t 氨，COD 为 8 kg/t 氨，氰化物为 0.6 kg/t 氨，油为 0.33 kg/t 氨，合成氨生产废水污染严重，应严格控制生产过程的氨氮物料流失。

表 12-2　不同原料路线的合成氨生产废水排放情况

| 污染物类型 | 天然气、油田气为原料 | 煤、焦为原料 | 以油为原料 |
|---|---|---|---|
| 水量/（$m^3$/t $NH_3$） | 11.10 | 30～70 | 3～8 |
| COD/（kg/t $NH_3$） | 1.29 | 1.61～25.2 | 0.19～2.96 |
| 氨氮/（kg/t $NH_3$） | 1.87 | 2.80～32.9 | 0.37～5.39 |
| 悬浮物/（kg/t $NH_3$） | 0.52 | 3.5～35 | 0.08 |
| 挥发酚/（kg/t $NH_3$） | $0.22 \times 10^{-3}$ | 0.7～35 | $0.08 \times 10^{-3}$～$8 \times 10^{-3}$ |

注：数据引自吴萱，何有光. 合成氨工艺清洁生产分析[J]. 辽宁城乡环境科技，2001（8）.

### 2. 合成氨工业废气污染核算

合成氨的废气包括锅炉排放的烟气、造气排放的造气吹风气、铜洗再生气、合成放空气、氨贮槽的氨罐弛放气等，铜洗再生气废气量 175 $m^3$/t，主要污染物是 CO；合成弛放气废气量 170 $m^3$/t，废气中含 $NH_3$、$CH_4$、Ar 等；液氨储罐气废气量 50 $m^3$/t，废气中含 $NH_3$、$CH_4$。锅炉烟气约 6 000 $m^3$/t 氨，其余的工艺废气主要含氨、甲烷、$SO_2$、CO 等。合成原料气中含 $SO_2$、CO 较多，每合成 1 t 氨，废气中产生的 $SO_2$ 约 2 kg，以煤为原料制得的煤气中含硫化氢质量浓度约 3 000 mg/$m^3$，有机硫约 400 mg/$m^3$，以天然气和重油为原料的原料气中的含硫化物量视含硫量不同有很大区别。

表 12-3　不同原料路线的合成氨生产废气排放情况

| 污染物类型 | 天然气、油田气为原料（来自转化炉的烟气） | 煤、焦为原料（锅炉燃煤烟气和废热锅炉排出的造气吹风气） | 以油为原料（来自除 $H_2S$ 浓缩塔排放尾气和锅炉烟气） |
|---|---|---|---|
| 烟气量/（$m^3$/t $NH_3$） | 7 618.7 | 1 853～3 671 | 4 060.9 |
| $SO_2$/（kg/t $NH_3$） | 1.38 | 2.28～5.7 | 2.77 |
| 烟尘/（kg/t $NH_3$） | 0.03 | 0.42 | — |
| 甲醇/（kg/t $NH_3$） | — | — | 0.014 |

注：数据引自吴萱，何有光. 合成氨工艺清洁生产分析[J]. 辽宁城乡环境科技，2001（8）.

# 第三节　硫酸工业污染核算

## 一、硫酸工业的原料与能耗

硫酸的生产原料主要有硫磺、硫铁矿和有色金属火法冶炼厂的含 $SO_2$ 的烟气；此外，有些国家还利用天然石膏、磷石膏、硫化氢、废硫酸、硫酸亚铁等作原料。2000 年以前，我国硫酸生产主要以硫铁矿为主要原料，硫磺制酸所占比例不到 30%，而国外基本上是以硫磺为制硫酸的生产原料。近几年来，我国硫磺制酸和烟气制酸工业得到了较快发展，所占比例逐年提高，2006 年硫磺矿制酸所占比例增加到 44.8%。

## 二、我国硫酸工业生产的基本工艺

硫酸生产路线有硫磺制酸、硫铁矿制酸、石膏制酸和烟气制酸等。

通常，采用接触法制造硫酸，其包括三个基本工序：（1）由含硫原料制备含 $SO_2$ 气体，实现这一过程需要将含有硫原料焙烧，故工业上称为"焙烧"；（2）将含 $SO_2$ 和氧的气体催化转化为 $SO_3$，工业上称之为"转化"；（3）将 $SO_3$ 与水结合成硫酸，实现这一过程需要将转化所得 $SO_3$ 气体用硫酸吸收，工业上称为"吸收"。

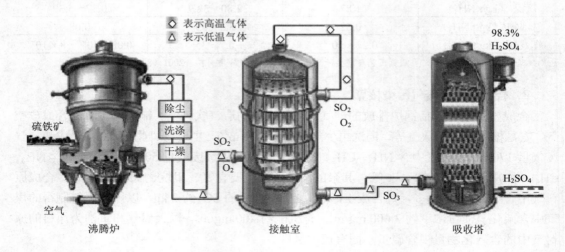

**图 12-8　接触法制硫酸示意图**

硫酸生产总体工艺流程包括原料预处理、$SO_2$ 炉气制取、炉气净化、$SO_2$ 转化、$SO_3$ 吸收、尾气处理等六大工序。不同的生产原料有着不同的预处理方式，而产生的 $SO_2$ 则按相同的反应原理制得硫酸。

**表 12-4　硫酸生产总体工艺流程说明**

| 工序 | 特征 |
| --- | --- |
| 原料工段 | 硫精砂运入矿库，经皮带输送焙烧工段矿粉贮斗 |
| 焙烧工段 | 硫精砂由胶带加料机送入沸腾炉焙烧，产生 900℃的高温炉气，经废热锅炉回收热量，再经干法除尘器去除大部分粉尘，温度降至 300℃进入净化工段 |
| 净化工段 | 用湿法文丘管除尘器洗涤矿尘和氟、砷等杂质，炉气温度降至 60℃，炉气中的 $SO_3$ 形成酸雾，再用泡沫塔、电除雾器和干燥塔，除去污水和水分，从脱吸塔排出的污水应进入污水站 |
| 转化吸收工段 | 在催化剂作用下，$SO_2$ 氧化成 $SO_3$，净化后的炉气经热交换，通过三段催化剂转化，转化率可达 90%，再经冷却，进入吸收塔用稀硫酸吸收<br>现代硫酸生产常用的两转两吸（二次转化二次吸收）工艺，使经过催化剂的气体，先进入中间吸收塔，吸收掉生成的 $SO_3$，余气再次加热后，通过后面的催化剂层，进行第二次转化，然后进入最终吸收塔再次吸收 |
| 尾气处理 | 吸收塔头的尾气经石灰清液吸收后排放，污水排入水处理站 |

### 1. 硫磺制酸

硫磺制酸包括焚硫、转化和吸收。当原料为液态硫磺时，可直接用液硫泵将其输入焚硫炉；若原料为固态硫磺，则需在熔硫槽中以蒸汽间接加热熔融，滤除杂质后，用泵送入焚硫炉。$SO_2$ 经"转化"和"吸收"可得硫酸，一般用 98.3%的浓硫酸吸收 $SO_3$ 制硫酸。

### 2．硫铁矿制酸

硫铁矿是硫化铁矿物的总称，它包括黄铁矿与白铁矿（分子式均为 $FeS_2$）以及成分相当于 $Fe_nS_{n+1}$ 的磁硫铁矿，三者中以黄铁矿为主。硫铁矿经焙烧后制得含 $SO_2$ 的气体。

控制沸腾层焙烧温度在 $850\sim950℃$，设置废热锅炉，以回收多余的反应热。

硫铁矿制酸按原料物理状态又分为硫铁矿石制酸和硫精砂制酸。硫铁矿石制酸时原料要经过破碎工序以利于在焚硫炉内充分焙烧，而硫精砂制酸时则不需要，其主要工序为：硫铁矿焙烧、炉气净化、$SO_2$ 转化及 $SO_3$ 吸收。

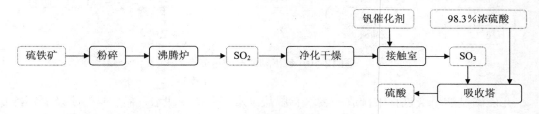

**图 12-9　硫铁矿制酸生产工艺流程**

### 3．石膏制酸

石膏制酸是将石膏、焦炭和其他辅料在回转窑内于约 $1\,400℃$ 下煅烧，同时制得水泥熟料和含 $SO_2$ 的气体。

生成的氧化钙与物料中的氧化硅成分在窑中反应生成水泥熟料，通常烟气中的 $SO_2$ 体积分数为 $7\%\sim10\%$，送入接触法硫酸生产装置制成硫酸。生产 1 t 硫酸可同时制得 1 t 水泥熟料。石膏的煅烧通常采用半水工艺。

### 4．硫化氢制酸

工业废料硫化氢，主要是在煤的炼焦及许多其他热加工过程中，由一般的硫化物转变而成，存在于焦炉气或其他气流中，天然气、石油气中也含有硫化氢。这些硫化氢对一般工业来说，都是有害物质。通常用有机溶液脱除气体中的硫化氢，溶液再生时，放出高浓度硫化氢气体，用作生产硫酸的原料。从天然气或石油中回收的大量硫化氢气体通常用于克劳斯法制取硫磺。而由焦炉气或煤气精制过程中得到的硫化氢，由于数量较小，将其燃烧生成 $SO_2$，用于生产硫酸。

硫化氢气体首先进入燃烧炉，在送入的空气中燃烧。温度达 $1\,000℃$ 的气体从硫化氢燃烧炉出来，进入废热锅炉，在这里冷却到约 $450℃$，然后经洗涤、电除雾、干燥后，进行转化、吸收。

## 三、硫酸工业产排污节点

硫酸工业废水是指硫酸生产过程排放的废水，包括生产工艺酸性废水、脱盐废水、设备冷却水、锅炉排污水、循环冷却排污水及生活污水等，其中炉气净化工程中产生的酸性废水为主要污染源。

硫酸工业的主要废气污染源是硫酸工业尾气，即由吸收塔顶部或经进一步脱硫后排放的制酸尾气，其主要污染物为 $SO_2$ 和硫酸雾；此外，硫铁矿制酸过程中在原料破碎、干燥工序产生的含尘废气，需收集并经除尘设施处理后由排气筒排放，主要污染物为颗粒物。

工艺设备、储罐的不严密性导致的跑、冒、滴、漏，取样和设备检修等过程会产生 $SO_2$、硫酸雾及颗粒物的无组织排放。

### 1．硫磺制酸

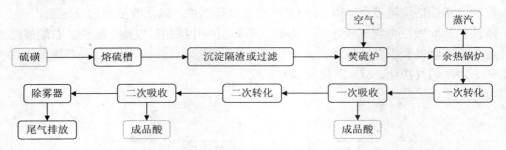

图 12-10　硫磺制酸产排污节点

在硫磺制酸生产过程中排放的废水有脱盐废水、设备冷却水、锅炉排污水及循环冷却排污水。废气主要是由吸收塔顶部或经进一步脱硫后排放的尾气，即硫酸工业尾气，主要污染物为 $SO_2$ 和硫酸雾。

### 2．硫铁矿制酸

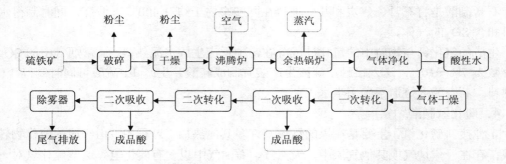

图 12-11　硫铁矿制酸产排污节点

硫铁矿制酸生产过程中，排放的工艺废水为净化工序产生的酸性废水，其主要污染物为 $H_2SO_4$、$H_2SO_3$、矿尘（$Fe_2O_3$）、砷、氟及重金属离子，如 Pb、Zn、Cu 等有害杂质。此外，硫铁矿制酸过程还排放脱盐废水、设备冷却水、锅炉排污水及循环冷却排污水。

硫铁矿制酸过程中产生的废气即硫酸工业尾气，主要污染物为 $SO_2$ 和硫酸雾。

### 3．石膏制酸

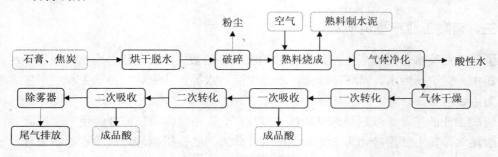

图 12-12　石膏制酸产排污节点

石膏制酸生产过程中，排放的工艺废水为净化工序产生的酸性废水，其主要污染物为氟和悬浮物等。

### 4．硫化氢制酸

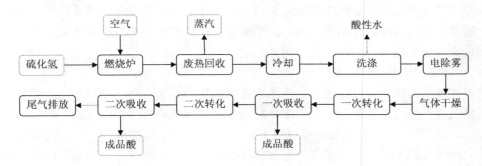

图 12-13　硫化氢制酸产排污节点

硫化氢制酸生产过程中，排放的工艺废水为净化工序产生的酸性废水，其主要污染物为硫化物。

### 四、硫酸工业污染

硫酸工业属于化工行业，因此具有化工行业的高污染性。硫酸工业排放的主要污染物包括大气污染物和水污染物，其中大气污染物主要为 $SO_2$，水污染物主要为砷、氟和重金属离子等。

#### 1．硫酸工业废气污染

以硫铁矿为原料制成的原料气，含有大量粉尘、砷、氟化氢、氯化氢等杂质，需使原料气净化去杂。焙烧和转化工段产生的废气量约为 3 500 $m^3/t$ 硫酸，主要污染物为二吸塔生产尾气中含的 $SO_2$、尘和砷、氟化物等，在转化前应进行净化。硫酸生产设备还会产生酸雾污染（$SO_3$）。在硫酸生产的原料场和渣场还会产生无组织粉尘排放。

经回收余热的原料气，先通过干式净化设备（旋风除尘器、静电除尘器）除去绝大部分矿尘，再进行湿法净化（水洗净化或酸洗净化）。前者是将洗涤水一次通过净化设备，不作循环，原料气的热量和所含杂质均由排放污水带出。尾气虽经净化，但还会产生 $SO_2$，一般采用氨气吸收，减少排放。

硫酸装置所排废气中含有的 $SO_2$，对大气环境、大气质量影响很大，是扰民的主要因素。废气中 $SO_2$ 的含量高低，主要由硫酸生产过程中吸收、转化、净化等工序的工艺技术水平决定。为此，企业必须采用先进的二转二吸工艺，提高 $SO_2$ 的转化率和 $SO_3$ 的吸收率，充分回收硫资源，同时可以减少尾气中 $SO_2$ 的排放。采用二转二吸工艺，尾气 $SO_2$ 产生的浓度可由一转一吸的 4 000～8 000 $mg/m^3$ 降至 600 $mg/m^3$。

#### 2．硫酸工业废水污染

硫酸生产的主要水污染源是焙烧工段和净化工段，废水量为 15～20 $m^3/t$ 硫酸（不包括冷却水，如生产过程有废水回用，废水量可降至 5～10 $m^3/t$ 硫酸），废水中的主要污染物是 pH 值、砷、氟、硫化物等，pH 值可达 1～2。水洗工序中产生大量酸性废水，废水中含砷、氟、SS 和重金属元素，应采用硫酸亚铁或石灰进行中和沉淀，采用循环洗涤可以减少废水产生量。

对于工艺污水，因使用硫铁矿为原料，含有废酸、悬浮物和重金属离子等有害因子，因此处理技术难度高，投资大，且效果不大理想，一直是硫酸行业感到棘手的问题。传统硫酸生产工艺生产每 t 硫酸约排放污水 5～20 m³，此法易对环境造成严重危害，一般很少使用。新工艺采用洗涤液在系统中循环，不断吸收原料气中的 $SO_3$ 而成为稀硫酸。所以此法污酸量少，便于处理或利用，应用日益广泛。

**3．硫酸工业固体废物污染**

使用硫铁矿为原料生产硫酸，会产生大量硫铁矿渣，可以用于炼铁和生产水泥。

焙烧阶段产生大量硫酸渣（主要成分是 $Fe_2O_3$），如果硫酸生产使用的原料硫精砂含硫率为 22%，则每生产 1 t 浓硫酸需要消耗 1.5 t 酸原料，产生硫酸渣约 1.2 t。污水处理站产生干基中和渣 0.2 t/t 酸，其主要成分为水和硫酸钙或亚硫酸钙，可供水泥厂做掺合剂。还有一定量的废钒催化剂。

# 第四节　氯碱工业污染核算

## 一、电石工业污染核算

### （一）电石工业的原料与能耗

焦炭是电石生产的原料，焦炭的主要成分是 C，所以也有企业用其他的碳素材料代替部分的焦炭，比如石油焦和煤等碳素材料。石灰也是电石生产的原料。电极糊是制成电炉电极的原料，电极在生产电石的过程中不断消耗并补充。

每生产 1 t 电石耗电能 3 300 kW·h，电石生产过程中电力的消耗按其用途分为二种，一种是生产过程中的综合用电，如动力用电、照明用电等辅助用电；另一种是用于提供电石生成反应所需的热能，行业内常称为工艺用电，即为电炉电耗，是电石生产的主要电力消耗。电炉电耗占电石生产成本的 60%～70%。另外还需要焦炭 600 kg，煤 500 kg，碳精棒 50 kg。

### （二）我国电石工业生产的基本工艺

电石工业生产仍沿用电热法工艺，是生石灰（CaO）和焦炭（C）在埋弧式电炉（电石炉）内，通过电阻电弧产生的高温反应制得，同时生成副产品 CO。

**1．石灰生产**

生石灰（CaO）是由石灰石（$CaCO_3$）在石灰窑内于 1 200℃左右的高温煅烧分解制得：

$$CaCO_3 \longrightarrow CaO + CO_2$$

石灰窑可以是固体燃料的混烧窑，或气（液）体燃料的气烧窑。

**2．电石生产**

电石（$CaC_2$）是生石灰（CaO）和焦炭（C）于电石炉内通过电阻电弧热在 1 800～2 200℃的高温下反应制得：

$$CaO + 3C \longrightarrow CaC_2 + CO$$

电石炉是电石生产的主要设备，电石工业发展的初期，电石炉的容量很小，只有100～300 kVA，炉型是开放式的，副产品CO在炉面上燃烧，生成$CO_2$白白的浪费。到20世纪五、六十年代，国外的电石炉容量向大型化发展，已出现75 000 kVA的电石炉，电石炉也由开放式向全密闭化的进步，现时还采用了中空电极和生产过程的计算机控制。大型化全密闭电石炉的出现，实现了电石生产的副产品CO的回收，回收的CO则用于配套的气烧石灰窑，这些技术的成功利用，标志着电石生产在工艺技术上走向清洁生产和循环经济，具备节能减排特征。这方面在2004年，国内建成30 000 kVA的全密闭电石炉目前已开始成功推广。目前国家规定电石炉容量必须大于5 000 kVA，现阶段炉型上内燃式电石炉和全密闭式电石炉并存。

内燃式和全密闭式电石炉的区别在于：内燃式电石炉，生产过程中产生的副产品CO，在炉面上燃烧，成为含夹带粉尘的$CO_2$的高温尾气排放。全密闭式电石炉，生产过程中产生的副产品CO经过净化处理后加以回收利用，正常时应无尾气排放。

### （三）电石工业产排污节点

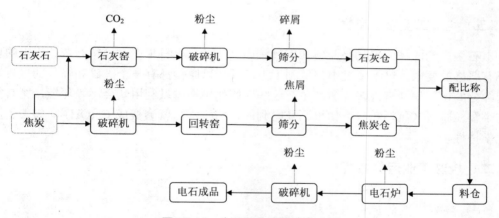

图 12-14　电石工业产排污节点图

表 12-5　电石工业排污节点说明

| 污染物类型 | 工序 | 主要成分及特征 |
|---|---|---|
| 粉尘 | 原材料加工 | CaO、C |
| | 电石炉炉气 | CaO、C（密闭炉粉尘中含C，但内燃式则其C因燃烧而消失），全密闭电石炉的粉尘在未处理前中含有微量$CN^-$ |
| | 成品加工 | $CaC_2$ |
| 固体污染物 | 原材料加工 | 可以回收利用，可以用于空心电极，中小型电石企业也可以成型后作为原材料投入电石炉 |

### （四）电石工业大气污染

电石生产的环境污染主要是废气污染，除了石灰、焦炭、电石的粉碎和筛分过程产生粉尘外，主要废气污染是电石炉产生的高温反应废气，密闭式电石炉产生废气量约为 400 m³/t，其中 320 m³ 是 CO，废气中 80% 体积是 CO，20% 体积是 $CH_4$，还含大量粉尘，含尘质量浓度约为 150 g/m³，产生粉尘 60 kg/t 电石，开放式电石炉产生废气量约为 3 000 m³/t，含尘质量浓度约为 20 g/m³。电石炉这一工序，每生产 1 t 电石，将至少有 0.06 t 粉尘产生。

表 12-6　部分企业电石炉炉气排放调研（末端处理前）　　　　单位：kg/t 电石

| 企业名称 | 电石炉容量/产量（年） | 炉型 | 粉尘量 |
|---|---|---|---|
| 西安西化热电化工有限责任公司 | 2.55 万 kVA/4.5 万 t | 密闭 | 100 |
| 贵州水晶化工股份有限公司 | 3.5 万 kVA/6 万 t | 密闭 | 40~60 |
| 湖南湘维有限公司 | 1.8 万 kVA/3.6 万 t | 密闭 | 45~70 |
| 青海东胜化工有限公司 | 2.55 万 kVA/4.5 万 t | 密闭 | 40 |
| 皖维高新材料股份有限公司 | 2.5 万 kVA | 密闭 | 48~72 |
| 昊华集团宣化有限公司下花园电石厂 | 2.55 万 kVA/4.5 万 t | 密闭 | 60 |
| 浙江巨化电石有限公司 | 2.3 万 kVA/4.5 万 t | 内燃 | 140~224 |
| 福建三钢集团有限责任公司电石厂 | 2 万 kVA/4.0 万 t | 内燃 | 78~82.8 |

### （五）电石工业固体废物

电石生产的固体污染物是原料加工过程中产生的，电石生产对原料石灰、焦炭的块度大小有严格的要求，过大或过小都不利于生产。所以原料都有一个破碎和筛分的过程，破碎和筛分的过程就会有许多碎屑产生，这些碎屑如果不加以利用就会污染环境，尤其如石灰的小颗粒原料（包括粉料）如果不及时利用，它吸水后就会变成 Ca(OH)₂，失去了原来的化学特性。

## 二、烧碱工业污染核算

### （一）烧碱工业的原料与能耗

盐是烧碱工业的重要原料，可以是海盐、湖盐、井盐、卤水。国外离子膜法烧碱的盐耗一般在 1.5 t 以下，国内盐耗一般为 1.55~1.60 t，甚至有些厂高达 1.67~1.76 t。烧碱生产中隔膜法平均耗水 6 m³/t，离子膜法平均耗水 4.8 m³/t。

电耗高是其主要特点，电耗是烧碱生产的主要成本。烧碱单位产品综合能耗平均约 794.6 kg 标煤/t，年消耗标煤约 1 470 万 t；按每 t 烧碱平均耗电 2 600 kWh 计算，年耗电约 481 亿 kWh，折标煤 591 万 t。我国离子膜法烧碱的平均电耗 2 286 kWh/t，与国外先进水平相差 17%~43%。2000 年，我国离子膜法制高纯烧碱的蒸汽消耗平均为 0.67 t（折标煤 95.7 kg）。而日本的蒸汽消耗只有 0.343 t（折标准煤 49 kg），综合能耗国内平均水平比国外高 31% 左右。

### （二）我国烧碱工业生产的基本工艺

我国的烧碱生产方法有离子膜法和隔膜法。离子交换膜法制碱技术是 1970 年代中期出现的清洁、节能的电解制碱技术，是生产高纯碱的主要方法，在世界上应用较为广泛。目前我国离子膜烧碱总能力占烧碱总产能的 50%以上。近年来金属阳极、改性隔膜加小极距技术的应用使隔膜法制碱技术提高到了一个新的水平。彻底淘汰了水银法烧碱和部分石墨阳极隔膜法烧碱生产。

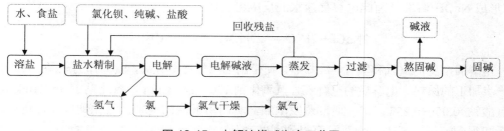

图 12-15　电解法烧碱生产工艺图

### 1．离子膜法烧碱生产工艺

离子交换膜法是 20 世纪 70 年代新发展的方法。这种方法是用离子交换膜作隔膜，它允许 $Na^+$ 通过，但 $Cl^-$ 和 $OH^-$ 不能通过。因此，用这种方法生产的烧碱纯度很高，浓度也较大。但离子交换膜的使用寿命目前还不够长，这个问题一旦解决，它将可能成为最有发展前途的制碱方法。德国、日本等国已有一些氯碱工厂用离子交换膜法生产烧碱。

在电解槽中，用阳离子交换膜把阳极室和阴极室隔开。阳离子交换膜跟石棉绒膜不同，它具有选择透过性。它只让 $Na^+$ 带着少量水分子透过，其他离子难以透过。电解时从电解槽的下部往阳极室注入经过严格精制的 NaCl 溶液，往阴极室注入水。在阳极室中 $Cl^-$ 放电，生成 $Cl_2$，从电解槽顶部放出，同时 $Na^+$ 带着少量水分子透过阳离子交换膜流向阴极室。在阴极室中 $H^+$ 放电，生成 $H_2$，也从电解槽顶部放出。但是剩余的 $OH^-$ 由于受阳离子交换膜的阻隔，不能移向阳极室，这样就在阴极室里逐渐富集，形成了 NaOH 溶液。

随着电解的进行，不断往阳极室里注入精制食盐水，以补充 NaCl 的消耗；不断往阴极室里注入水，以补充水的消耗和调节产品 NaOH 的浓度。所得的碱液从阴极室上部导出。因为阳离子交换膜能阻止 $Cl^-$ 通过，所以阴极室生成的 NaOH 溶液中含 NaCl 杂质很少。用这种方法制得的产品比用隔膜法电解生产的产品浓度大、纯度高，而且能耗也低，所以它是目前最先进的生产氯碱的工艺。

### 2．隔膜法烧碱生产工艺

电解在立式隔膜电解槽中进行。电解槽的阳极用涂有 $TiO_2$-$RuO_2$ 涂层的钛或石墨制成，阴极由铁丝网制成，网上附着一层石棉绒做隔膜，这层隔膜把电解槽分隔成阳极室和阴极室。将已除去 $Ca^{2+}$、$Mg^{2+}$、$SO_4^{2-}$ 等杂质的精制食盐水从电解槽的上部加入，食盐水中进行如下电解反应：

在隔膜电解槽中，隔膜放在阳极和阴极之间，它能使食盐水通过，还能防止阳极和阴极产生的气体混合而发生副反应，电解时的槽电压一般为 3.0～3.8 V。

电解时，食盐水从阳极室加入，通过隔膜进入阴极，这时在阳极室发生下面的反应：

$$2Cl^- \longrightarrow Cl_2 \uparrow + 2e$$

溶液中的 $Cl^-$ 消耗后，$Na^+$ 随同食盐水进入阴极室。与此同时，阴极室里由水电离生成的 H⁺发生如下反应：

$$2H^+ + 2e \longrightarrow H_2 \uparrow$$

溶液中的 H⁺消耗后，水不断电离，在阴极积累大量的 OH⁻。OH⁻跟阳极室透过来的 Na⁺形成 NaOH 溶液。因此电解食盐水的反应可写成：

$$2NaCl + 2H_2O = 2NaOH + H_2 \uparrow + Cl_2 \uparrow$$

电解后产生的氯气和氢气，冷却后，使带出的蒸气冷凝分离，就能作为产品，或者用作进一步加工的原料。电解后的电解液含氢氧化钠 $130 \sim 145 \ kg/m^3$、氯化钠 $175 \sim 210 \ kg/m^3$、次氯酸钠 $0.05 \sim 0.25 \ kg/m^3$。通过蒸发浓缩，利用溶解度的差别，氯化钠以晶体析出，过滤后即得到液碱，或进一步蒸发而得到固碱产品。

### （三）烧碱工业产排污节点

烧碱生产过程中产生的主要废物为工业废水和盐泥。废水主要来源于氯气冷却工序产生的含氯废水以及离子膜法烧碱生产过程中离子交换树脂的再生废水；盐泥为盐水精制过程产生。

### 1. 离子膜法烧碱生产产排污节点

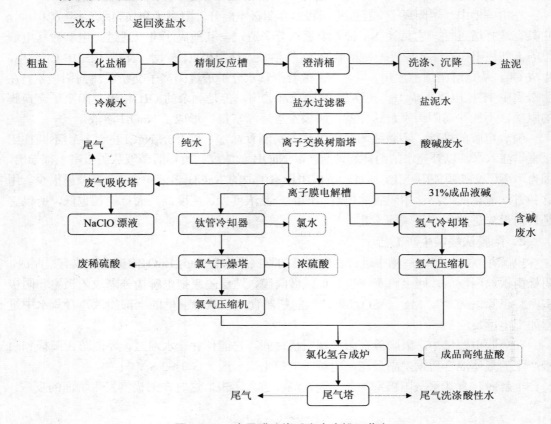

**图 12-16　离子膜法烧碱生产产排污节点**

表 12-7 离子膜法生产烧碱主要污染物说明

| 工序 | 污染物及其特征 |
|---|---|
| 盐水精制 | 原盐送至化盐桶，用电解槽返回淡盐水加上一次水进行化盐，饱和粗盐水在反应槽加精制剂与钙镁等杂质反应再至澄清桶将杂质沉淀除去后，经过盐水过滤器送离子交换树脂塔进行再精制。澄清桶出来的盐泥经过三层盐泥洗涤桶洗涤后盐泥经自然沉降外排，洗涤水循环化盐。由于盐泥未经压缩，大部分盐泥水外排。<br>经过离子交换树脂塔精制后的盐水，Ca-Mg 的含量将至 $20 \times 10^{-12}$ 以下，合格的精制盐水送至电解工序。离子交换树脂再生过程中排放一定量的含酸、含碱废水，约为 $0.5 \ m^3/h$。 |
| 电解 | 电解工序中加入 1.25 t/h 的纯水，电解产生的氯气、氢气送至氯、氢处理工序，淡盐水循环用于电解槽，碱液冷却后送成品碱贮槽做成品（31%成品烧碱）。<br>淡盐水加盐酸后再经脱氯塔用空气吹除脱氯，后又经 $Na_2SO_3$ 还原处理，使淡盐水中含氯量降低到规定浓度返回盐水系统，脱氯气体入 NaClO 漂液工段。事故及开停车氯气入废气吸收塔被 NaOH 碱液吸收，尾气外排 |
| 氢、氯处理 | 电解来的氯气经过二次钛冷却器与循环水 7℃冷水间接换热后，再经扑沫器进入泡沫干燥塔与塔顶下来的硫酸逆流接触，干燥氯气经压缩机大部分送氯化氢盐酸工段、液氯工段，液氯尾气及脱氯气送次氯酸钠工序。干燥后的废硫酸自流入废酸贮槽供用户利用。Ⅰ、Ⅱ段钛冷却器出来的氯水（$0.6 \ m^3/h$）入循环水系统消毒。电解来的湿氢气经喷淋冷却后，经氢气压缩机送至氯化氢、盐酸工段，喷淋冷却水外排。净化后的氯气和氢气在合成炉内燃烧生产氯化氢，经冷却、吸收后生成 30%的试剂盐酸，尾气洗涤酸性废水外排 |
| 吸收塔 | 吸收塔顶部的尾气进入尾气吸收底部与循环泵送来的碱液再一次吸收，使排空废气含氯达标排放 |
| 其他 | 另有部分水封用水及泵冷却水、实验室及各工序生活废水外排 |

## 2. 隔膜法烧碱生产产排污节点

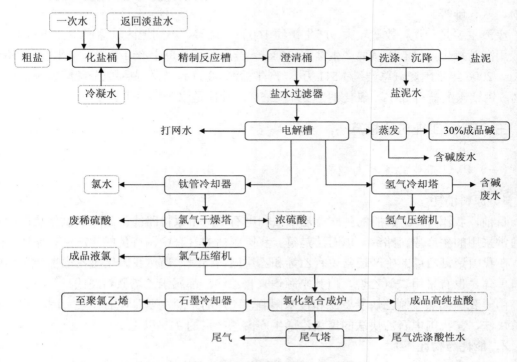

图 12-17 隔膜法烧碱生产产排污节点

表 12-8　隔膜法生产烧碱主要污染物说明

| 工序 | 污染物及其特征 |
|---|---|
| 盐水精制 | 原盐送至化盐桶，用蒸发工段过来的冷凝水及一次水进行化盐，饱和粗盐水在反应槽加精制剂与钙镁等杂质反应再至澄清桶将杂质除去。澄清桶出来的盐泥经过洗涤沉降后外排，精制后的盐水送至电解工序。盐泥未经压滤，部分盐泥水外排 |
| 电解 | 电解产生的氯气和氢气送至氯、氢处理工序，电解液送蒸发工序浓缩，最终生成 30%的成品液碱，由蒸发工序采集的盐经溶化后送回化盐工序。蒸发喷射泵产生的碱性废水外排。开停车及事故氯气入漂液车间生产漂液；同时在清洗隔膜电解槽时产生间歇废水——打网水外排 |
| 氢、氯处理 | 电解来的氯气经过二次钛冷却器和经过泡沫干燥塔浓硫酸干燥后大部分送氯化氢、盐酸工段，余氯送液氯和 $Ca(ClO)_2$ 漂液阶段，干燥后的废硫酸流入废酸贮槽。Ⅰ、Ⅱ段钛冷却器出来的氯水（1 $m^3$/h）入循环水系统消毒，电解的湿氯气喷淋冷却后送氯化氢盐酸工段。喷淋冷却水入三次水池重复利用。净化后的氯气和氢气在合成炉内燃烧生成氯，部分吸收后生成 30%的盐酸，氯化氢合成炉尾气洗涤酸性废水外排，部分送聚氯乙烯工段 |
| 合成炉 | 合成炉尾气排空 |
| 其他 | 另有部分空压机及泵冷却水、实验室及各工序生活废水外排 |

### （四）烧碱工业污染

烧碱生产以天然气为原料的，废水量为 4～5 $m^3$/t 烧碱，废水中的污染物主要有氯、氨、碳酸氢铵、pH、盐。

烧碱工业废气主要是生产设施排放的含氯尾气和燃烧废气。以煤和焦炭为原料的，还含酚、氰、砷等。

废渣主要是盐泥，数量较大，产生量约 160 kg/t 烧碱。不同地区原盐产生盐泥量不同，一般用海盐每生产 1 t 烧碱要产生盐泥 30 kg，岩盐和湖盐每生产 1 t 烧碱产生盐泥 50～60 kg。2006 年全国烧碱总产量 1 511 万 t，产生盐泥 60 万 t。盐泥主要成分硫酸钡占 35%～45%，钙镁碳酸盐占 25%，氯化钠占 2%～2.5%，其他是水分和泥土。

## 三、PVC 工业污染核算

### （一）PVC 工业的原料与能耗

#### 1. 原料消耗

目前，我国 PVC 树脂的生产有乙烯法和电石法两个原料路线。乙烯氧氯化法是世界上通常采用的生产原料路线，电石法是符合我国国情的具有中国特色的生产原料路线。因此，在我国聚氯乙烯的生产通常说有乙烯和乙炔原料路线，当然我国聚氯乙烯生产有直接进口单体，也有采用二氯乙烷，但其来源均来自乙烯，都属于乙烯原料路线。

由于我国天然气制乙炔受资源和技术限制，乙炔的来源主要是电石发生，因此称为电石乙炔法，在我国电石乙炔法的聚氯乙烯生产占总产量的 71%以上。

#### 2. 能耗与物耗

电石法生产 PVC 属于高能耗、高污染行业，从电石法配套的烧碱、电石和电石渣水泥产业链分析，将配套烧碱、电石和电石渣的电耗全部折算到 PVC 上，每生产 1 t 电石法 PVC 树脂，其综合耗电量达到 8 500 kWh，而 1 t 乙烯法 PVC 的耗电量约 3 600 kWh。

电石法生产 PVC 耗汞量较大，我国电石法 PVC 行业汞使用量占全国汞使用总量的 60% 左右。目前，我国每吨电石法 PVC 消耗氯化汞触媒平均约 1.2 kg（以氯化汞的平均含量 11% 计）。

### （二）我国 PVC 工业生产的基本工艺

#### 1．乙烯原料生产氯乙烯工艺

以乙烯、氯气和氧气为原料生产氯乙烯单体的生产方法称为乙烯平衡氧氯化法。其生产原理主要有三个反应步骤完成。（1）直接氯化反应：乙烯和氯气在三氯化铁为催化剂条件下直接反应生成 1,2-二氯乙烷，反应是放热过程，工业上一般控制温度为 50～120℃，分为低温直接氯化法、中温直接氯化法和高温直接氯化法。（2）氧氯化反应：乙烯、二氯乙烷裂解出的氯化氢和氧气在以 $Al_2O_3$ 为载体的 $CuCl_2$ 催化剂条件下进行反应，反应过程是一个放热反应，控制温度在 240℃左右，按氧气的来源分为空气法和纯氧法，按照反应器的性质分为沸腾床和固定床法。（3）二氯乙烷的裂解：二氯乙烷在裂解炉管内加热到 500℃左右，压力 2.5 MPa 条件下裂解为氯乙烯单体和氯化氢，转化率一般为 50%～55%。粗氯乙烯经过精制生产出聚合用单体。氯乙烯单体工业生产中乙烯消耗一般为 0.459～0.500，氯气消耗为 0.584～0.610。

#### 2．电石乙炔法氯乙烯生产工艺

采用电石乙炔法生产氯乙烯首先要制取乙炔，乙炔是电石加水生成乙炔气和氢氧化钙，乙炔的生产过程中有 $Ca(OH)_2$ 产生，为处理这些副产物，有两种生产方法，一种是生成消石灰干粉，称为干法，其最大特点是这些干渣便于综合利用。另一种是以水带走 $Ca(OH)_2$ 形成渣浆，称为湿法，目前我国主要采用湿法。

由乙炔装置送来的精制乙炔气，与氯化氢装置送来的氯化氢气体（经缓冲器），借流量计分别控制流量使分子配比乙炔/氯化氢 = 1/1.05～1.1，于混合器中充分混合后进入脱水设备，干燥的混合气经预热器预热以降低相对湿度，由流量计控制进入串联的第 I 组转化器（可由数台并联操作），借列管中填装的升汞/活性炭催化剂（触媒），使乙炔和氯化氢合成反应转化为氯乙烯气体。第 I 组转化器出口气体中尚含有 20%～30% 未转化乙炔气，随转化的氯乙烯再进入第 II 组转化器继续反应，使出口处未转化的乙炔控制在 1%～3%（单台转化器）。粗氯乙烯单体经精制生产出聚合用单体。

#### 3．PVC 生产工艺

无论是以乙烯为原料还是以乙炔为原料生产的氯乙烯，其聚合过程是一样的。经过近 200 年的发展，虽然 PVC 已经可以采用悬浮、乳液、本体和溶液等方法制备，但实际上往往根据产品用途对性能的要求以及经济效益，选用其中一、两种方法进行工业生产，因而也造成了各种方法所生产树脂产量的很大不同，世界（国内）采用各种方法生产 PVC 树脂所占的比例大约是：悬浮法 80%（94%），乳液法 10%（4%），本体法 10%（2%），溶液法则几乎为零。

以下就 PVC 生产中常用的悬浮法进行介绍。通常，VC 悬浮聚合的操作过程如下：先将去离子水加入聚合釜内，在搅拌下继续加入分散剂水溶液和其他聚合助剂，再加入引发剂，上人孔盖密闭，充氮试压检漏，抽真空或充氮排除釜内空气，最后加入 VC 单体；将釜温升至预定温度进行聚合，反应至预定压降（转化率）即加入终止剂，回收未反应单体；PVC 浆料经汽提脱除残留单体、离心洗涤分离、干燥等工序，即包装成 PVC 树脂产品。

### （三）PVC 工业产排污节点

#### 1. 电石乙炔原料路线生产氯乙烯过程的产排污节点

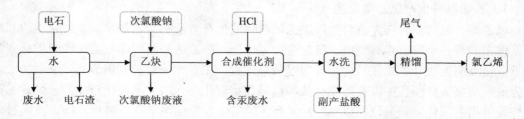

图 12-18　电石乙炔原料生产氯乙烯路线的产排污节点

表 12-9　电石乙炔原料生产氯乙烯路线的主要污染物说明

| 工序 | 污染物及其特征 |
| --- | --- |
| 电石在水中反应 | 在这个过程中产出电石渣、乙炔发生上清液、废次氯酸钠等废水。废次氯酸钠一般补充在上清液中用作乙炔发生的工艺水 |
| 合成粗氯乙烯 | 在合成过程中，一般氯化氢过量，因此过量的氯化氢经水洗生产废盐酸 |
| 精馏 | 氯乙烯经精馏制成成品氯乙烯，同时产生精馏尾气，在这个过程中可以产生的废水有换催化剂时冲洗反应器水，其中含有催化剂和升华汞，这部分水经过滤吸附后重复利用，此外因水洗产生的废盐酸会含有升华汞。废盐酸经脱吸后，烯酸重复利用，其中汞在累积达到一定浓度加入硫化钠生产硫化汞，分离后为固体废物 |

#### 2. 乙烯原料路线生产氯乙烯过程的产排污节点

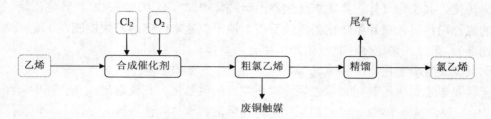

图 12-19　乙烯原料路线生产氯乙烯的产排污节点

从图 12-19 可以看出，乙烯原料路线生产氯乙烯过程中乙烯与氯气、氧气在催化剂 $CuCl_2$ 作用下生产粗氯乙烯。因此会产生废 $CuCl_2$ 催化剂。在粗氯乙烯精馏中会产生尾气，精馏尾气为工业废气。

### 3．氯乙烯聚合及成品的产排污节点

图 12-20　氯乙烯聚合及成品的产排污节点

氯乙烯聚合是在水相中加入氯乙烯及各种助剂，经聚合后生成聚氯乙烯浆料，经气提将未反应完全的氯乙烯脱除后进行离心分离产生含水分在 30%左右的聚氯乙烯和离心母液，离心母液中含有溶解在其中的各种助剂，主要是聚乙醇类有机物。含水的聚氯乙烯经干燥产生聚氯乙烯的同时产出含聚氯乙烯细粉的干燥废气。

### （四）PVC 工业污染

母液是聚氯乙烯生产中必然产出的，无论乙烯法还是电石法，一般产生量为 3～4 t/t PVC，主要含有聚乙烯醇等各种有机物，COD 在 180～300 g/t 左右，回收技术有膜法和生化法。采用膜法可回收 70%的水，而浓水再去生化处理。而直接生化法可以使水中 COD 降到 30 g/t 以下，完全达到工业用水指标，企业可以根据需要进行水平衡。进一步采用溴氧处理可使 COD 降到 10 g/t 以下，从而实现回用的要求。

乙炔是电石和水反应生成的产物。湿法乙炔发生是用多于理论量 17 倍的水分解电石，产生的电石渣浆含水量为 90%。干法乙炔发生是用略多于理论量的水以雾态喷在电石粉上使之水解。

低汞触媒汞的含量为 5.5%左右，是高汞触媒（汞含量 10.5%～12%）的一半左右。电石法氯乙烯的生产过程中汞采用活性炭吸附等技术治理，含汞活性炭和使用后的废汞触媒，由有资质的厂家回收利用。

在氯乙烯合成过程中为了能使乙炔反应完全，通常氯化氢过量，过量的氯化氢采用水洗的方法去除，而产生废盐酸，一般生产 1 t 聚氯乙烯产生 60 kg 左右。目前采用盐酸脱吸技术可回收氯化氢而废水循环利用。氯化氢的回用率可高达 98%。

电石法 PVC 生产过程中采用湿法乙炔发生技术，产生大量电石渣浆，经压滤脱水后可得到含水 40%～60%的电石渣，一般每万吨电石法 PVC 产生电石渣 1.7 万 t 左右（干基）。过去，电石渣一直采用渣场堆放处理，占用大量土地，电石渣主要成分为氢氧化钙，呈粉状，遇风天气易造成粉尘污染。电石渣处理一直是制约我国电石法 PVC 发展的最大瓶颈问题。

## 第五节　纯碱工业污染核算

### 一、纯碱工业的原料

氨碱法是以盐和石灰石为主要原料，以氨为中间辅助材料。联碱法是以氨和 $CO_2$ 及原

盐为原料。天然碱法以天然碱矿为原料。

## 二、我国纯碱生产的基本工艺

纯碱主要用于硼砂（四硼酸钠）、红矾钠、氧化铝、合成洗涤剂、日用玻璃制品、肥皂、平板玻璃、硅酸钠（包括偏硅酸钠）、合成洗衣粉、三聚磷酸钠生产。

纯碱生产方法有三种，即氨碱法、联碱法和天然碱法。我国纯碱生产氨碱法占 52.5%，联碱法占 40.2%，天然碱法占 7.3%。企业生产以氨碱法、联碱法为主。

### 1. 氨碱法生产工艺

氨碱法是以盐和石灰石为主要原料，以氨为中间辅助材料生产纯碱的方法。原盐用水（或海水）溶解成为粗盐水后，经过精制去除粗盐水中的 $Ca^{2+}$ 和 $Mg^{2+}$ 杂质，精制后的盐水在吸氨塔内吸收氨生成氨盐水。氨盐水在碳化塔内吸收 $CO_2$，生成 $NaHCO_3$ 悬浮液。悬浮液经真空过滤机进行固液分离，得到的滤饼经煅烧后即为纯碱产品。煅烧生成的 $CO_2$ 气体返回碳化塔循环使用。过滤得到的母液在蒸氨塔内与石灰乳反应，蒸馏出的氨气循环使用。

蒸、吸氨工序是氨碱法生产的一个主要工序，目的是用精制盐水回收过滤母液中的氨和 $CO_2$，从而制得生产纯碱的氨盐水。

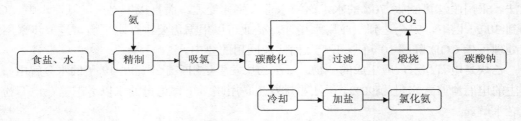

图 12-21　氨碱法纯碱生产工艺

### 2. 联碱法工艺过程

联碱法是以合成氨装置生产的氨和 $CO_2$ 及原盐为原料生产纯碱并联产氯化铵的方法。联碱法分为Ⅰ和Ⅱ两个过程：

Ⅰ过程制取纯碱：氨母液Ⅱ和 $CO_2$ 在碳化塔内反应，生成 $NaHCO_3$ 悬浮液，经真空过滤后得到滤饼，滤饼煅烧后即为纯碱产品，滤液送Ⅱ过程。

Ⅱ过程制取氯化铵：来自真空过滤机的母液经吸氨、换热后，在冷析结晶器中析出氯化铵结晶，来自冷析结晶器的母液在盐析结晶器中加盐继续析出氯化铵结晶，冷析和盐析得到的晶浆，经离心分离、干燥得到氯化铵产品。盐析排出的母液经换热、吸氨、澄清后送往Ⅰ过程。

### 3. 天然碱法工艺过程

以天然碱矿为原料，利用高压熔采技术获取卤水，卤水经过蒸发、过滤、煅烧、冷却、包装等工序制得纯碱。工艺废水重复利用，回注熔采制卤水。

## 三、纯碱工业产排污节点

### 1. 氨碱法工艺产排污节点

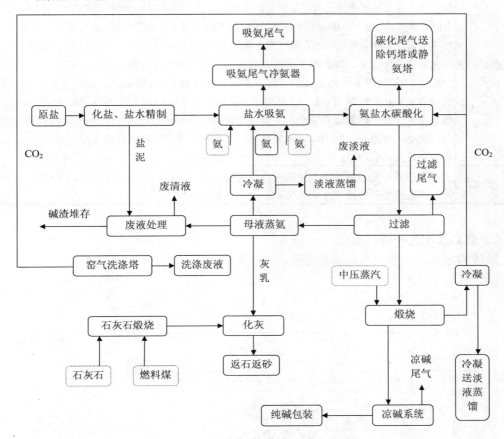

**图 12-22　氨碱法生产工艺产排污节点**

**表 12-10　氨碱法生产污染物说明**

| 工序 | 污染物及其特征 |
|---|---|
| 盐水 | 粗盐水中 $Mg^{2+}$、$Ca^{2+}$ 反应生成 $Mg(OH)_2$ 和 $CaCO_3$，形成盐泥，盐泥与蒸馏废液混合经澄清或压滤，废清液排放，固态渣堆存。盐泥的产生量和化学成分因原盐中 $Mg^{2+}$、$Ca^{2+}$ 含量等不同而不同。盐泥产生量约 $1.1 \sim 1.2 \ m^3/t$ 碱，其中含固体渣约 60 kg/t 碱（干基）。固形物中硫酸钙约 11.55%，碳酸钙 58.5%，氢氧化镁约 19.5%，酸不溶物 2.07%，混合氧化物 2.11%，其他 6.27%。原盐中 $Ca^{2+}$、$Mg^{2+}$ 杂质较高时，采用石灰碳酸铵法精制盐水比较经济，但石灰碳酸铵法精制盐水产生的盐水废泥中含氨，其浓度和排放量与除钙量和操作水平相关。采用石灰纯碱法精制盐水，没有氨损失，但在原盐中 $Ca^{2+}$、$Mg^{2+}$ 杂质较高时，因使用产品纯碱，运行费用高 |
| 石灰工序 | 石灰石煅烧后制取含 $CO_2$ 窑气去碳化车间制碱，石灰消化后用于母液蒸馏和盐水精制。窑气需经洗涤塔、电除尘器、冷却塔进行除尘、降温。洗涤水产生约 $8 \ m^3/t$ 碱，其中含有粉尘、煤焦油等物。化灰工序中，由于石灰石、焦炭或白煤质量等原因，不可避免产生一些沙石等杂物，分离后，可用于建筑铺路等 |

| 工序 | 污染物及其特征 |
|---|---|
| 蒸、吸氨工序 | 母液中总氨分为游离氨和固定铵，固定铵必须加入灰乳后才能分解。蒸氨过程产生蒸馏废液，蒸馏废液经澄清或压滤，产生废清液和固态渣。部分废清液用于生产氯化钙，剩余部分排放；部分固态渣用于制造工程土、建筑胶泥等，剩余部分堆存。蒸馏废液约 10 m³/t 碱，含固体废渣约 200～300 kg/碱（干基）。废液中固体物基本来源于灰乳，废渣产生量取决于石灰石质量、石灰石煅烧后的有效分解率等。废渣 pH 值小于 12.5，属于一般固体废物。<br>为保证氨的回收率，降低排放废液中的氨氮浓度，必须保持灰乳过剩。废液中含过剩灰约 2 滴度（1 滴度等于 1/20 mol/L），废清液中含 $Ca(OH)_2$ 约 800 mg/L。经澄清等方式处理后，废清液 pH 值一般为 11～11.5，其中含 NaCl 约 55 g/L、$CaCl_2$ 约 100 g/L、氨氮 50 mg/L。影响废液含氨的因素比较复杂，主要因素有蒸氨塔的开用周期、母液的成分波动、灰乳的成分波动、母液与灰乳的相对量等，与设备水平、生产过程的自动化控制水平、原料的质量都有较大关联 |
| 冷凝等 | 蒸氨冷凝液、重碱煅烧炉气冷凝液及设备的清洗、检修、泄漏等造成含氨母液进行淡液蒸馏，淡液蒸馏后的淡液含氨约为 400 mg/L，返回系统 |

## 2. 联碱法工艺产排污节点

联碱的废水，主要来自设备清洗水及母液膨胀。

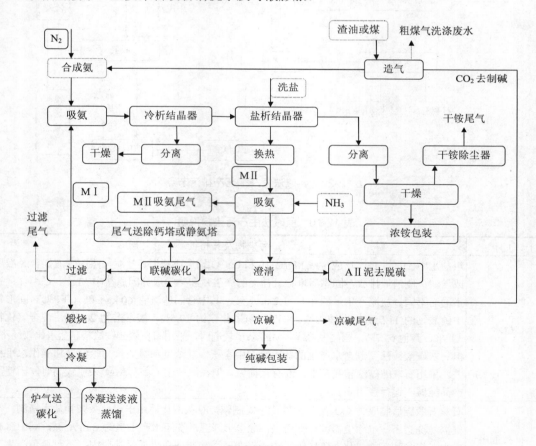

**图 12-23　联碱法生产工艺产排污节点**

（1）联碱法生产过程中，像母液换热器、盐析和冷析结晶器、滤碱机、离心机、除尘器等设备需要定期或不定期清洗，清洗水为含氨废水；设备故障、设备检修、母液贮桶、泵、管线等泄漏也产生含氨废水。这些含氨废水必须回收进入系统，才能降低排水氨氮浓度。

（2）联碱生产封闭循环，要求达到母液平衡，原盐、$CO_2$气向系统带入水分，对维持母液平衡是一不利因素，母液一旦膨胀，就会造成母液外溢。必须通过加强生产调度管理，避免母液膨胀。

（3）利用洗水对真空过滤机滤饼洗涤降低重碱盐分，是保证纯碱盐分的必需措施。联碱法制碱和氨碱法制碱不同，洗水的加入量既要保证纯碱盐分合格，又要兼顾系统的水平衡，当生产系统波动等情况下，经常会出现母液总储量膨胀，无法调度，其结果必然是母液冒溢。解决这些问题，需要很高的工艺管理水平。

（4）在氨加工企业中，联碱法与尿素、硝胺、碳铵生产相比，氨的利用率较低，主要原因是联碱法的工艺流程较长，氨的曝空损失较高，含高氯根的母液对设备的腐蚀较严重，设备检修较为频繁。

### 3．天然碱法工艺产排污节点

天然碱法生产过程中的含碱废水基本回用，排放的废水主要为少量冷却水、原水过滤反冲洗水和生活用水。

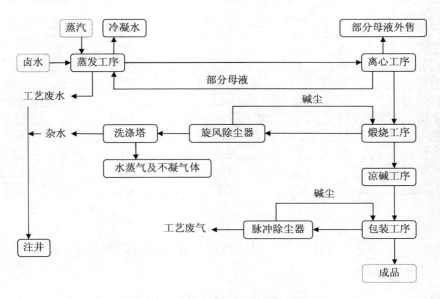

图 12-24　天然碱法生产工艺产排污节点

### 四、纯碱工业污染核算

生产 1 t 纯碱约排出 10 m³ 的蒸氨废液，其中含氯化钙 105 g/L、氯化钠 55 g/L、氯 5 mg/L。经澄清、蒸发浓缩后，氯化钠先结晶析出，再继续浓缩、冷却凝固制得氯化钙。氨碱法废水 10 m³/t，含氯化钙 100 g/L，氨 5 mg/L。

氨碱法废气主要是工艺废气，包括碳酸化废气（含 0.34%氨）、石灰窑废气（含尘和

SO₂）、吸氨塔尾气（含 0.02%氨）、凉碱炉排放的尾气含有少量碱尘。

纯碱生产中，废泥的产量约为 0.74 t/t 纯碱。

**1．氨碱法生产纯碱工业污染核算**

表 12-11　国内部分氨碱企业废水氨氮排放情况

| 企业 | 纯碱产量/（万 t/年） | 排水量/（m³/t 碱） | 氨氮/（mg/L） | 氨氮排放量/（kg/t 碱） |
|---|---|---|---|---|
| 山东某企业 | 220 | 16.3 | 48.5 | 0.79 |
| 河北某企业 | 160 | 29.2 | 25 | 0.73 |
| 江苏某企业 | 110 | 17 | 50 | 0.85 |
| 山东某企业 | 65 | 13 | 63.9 | 0.83 |
| 内蒙古某企业 | 30 | 13.2 | 115.57 | 1.53 |
| 新疆某企业 | 15 | 14.2 | 180 | 2.56 |
| 平均 | 100 | 17.15 | 80.5 | 1.22 |

**2．联碱法生产纯碱工业污染核算**

表 12-12　国内部分联碱企业废水氨氮排放情况

| 企业 | 纯碱产量/（万 t/年） | 排水量/（m³/t 碱） | 氨氮/（mg/L） | 氨氮排放量/（kg/t 碱） |
|---|---|---|---|---|
| 四川某企业 | 50 | 10 | 200 | 2 |
| 湖北某企业 | 60 | 4.3 | 356.9 | 1.53 |
| 江苏某企业 | 40 | 17 | 60 | 1.8 |
| 江苏某企业 | 30 | 8 | 33.8 | 0.27 |
| 天津某企业 | 26 | 3.5 | 188 | 0.66 |
| 四川某企业 | 20 | 12 | 53 | 6.36 |
| 浙江某企业 | 15 | 5.5 | 68 | 7.1 |
| 湖南某企业 | 15 | 3.04 | 114 | 6.88 |
| 湖南某企业 | 10 | 32.4 | 83 | 2.96 |
| 湖南某企业 | 10 | 18 | 200 | 2 |
| 平均 | 30.7 | 12.6 | 150.7 | 3.5 |

# 第六节　电解锰工业污染核算

## 一、电解锰工业的原料与能耗

我国电解锰生产湿法冶金工艺中 95%以菱锰矿为原料，经直接酸浸、净化、电解沉积后生产金属锰。国内锰电解企业直流电耗处于 5 900～6 300 kW·h/t 锰，已经处于国际先进水平。

## 二、我国电解锰工业生产的基本工艺

目前，金属锰的生产以湿法冶炼技术最为成熟。典型的电解锰生产过程包括粉碎、酸浸、化合、净化、压滤、电解、钝化、水洗、烘干、剥离等各工段。

### 1. 制粉车间

将矿坪中堆积的菱锰矿石送入雷蒙机破碎,再用球磨机制成 100 目左右的锰矿粉,供化合车间化合之用。多数企业均有制粉车间,亦有少数企业直接从锰粉加工厂购买锰粉,因此无制粉车间。在此过程中,产生粉尘、噪声环境污染。

### 2. 化合车间

包括浆化、浸出、氧化、中和的工艺流程。有的企业设置了浆化桶,浆化后泵入化合桶中;也有企业未设置浆化工段,四个工艺流程均在化合桶内完成。因大部分企业未采用自动密闭投料装置,化合过程中,将产生粉尘污染;加入硫酸时,将产生大量的 $CO_2$,携带化合液逸出桶外,形成水雾状气体,即硫酸雾。

### 3. 压滤车间

化合车间制好的合格浆液,泵送至压滤车间,经粗压和精压后,加入抗氧剂二氧化硒,制成合格液。也有企业要经过反复三次压滤。压滤后的滤渣即为锰渣。多数企业的压滤房建在渣场高程以上,压滤后的渣直接进入渣场,由于使用年限过长,部分渣场坡度较小,因此,必须及时清理产生的滤渣,方可正常生产。压滤车间未建于渣场之上的企业,则采用渣车运输锰渣至渣场堆放。

### 4. 电解车间

主要包括电解、钝化、抛光、水洗、烘干、剥离、洗板等工艺流程。极板出槽、剥离后洗板、清洗隔膜框布等过程中将产生含锰废水;钝化后洗板则产生含铬废水。车间内设有分类收集管网,对各类废水进行收集后送废水处理站处理。

### 5. 冷却水系统

合格浆液在电解槽内电解时将产生大量的热量,而电解锰的生产工艺要求槽温严格控制在 47℃ 以下,因此,在电解槽周围布有冷却水管,对电解槽降温。各企业的冷却水系统采用闭路循环。配有冷却水循环池、冷却塔等设施。

## 三、电解锰工业产排污节点

电解锰是一个高能耗、高污染的行业,电解生产的各个环节都可能产生污染。其工业废弃物主要有三类:固体废弃物、废气和废水。固体废弃物主要包括酸浸产生的锰渣、废水处理产生的铬渣、电解过程产生的阳极泥;工业废气主要包括粉尘、有毒废气(包括酸雾、氨气)等,主要产生于粉碎、化合、酸浸、电解、干燥等工段;工业废水主要有电解钝化过程的极板清洗废水、钝化废水、板框清洗废水、渣库渗滤液、冷却水等。

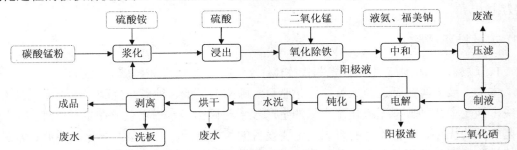

图 12-25 电解金属锰产排污节点

表 12-13　电解金属锰主要污染物说明

| 污染物类型 | 来源及特征 |
|---|---|
| 废渣 | 电解锰生产过程中产生的废渣主要包括：压滤过程中产生的锰渣和电解过程中产生的阳极泥。由于我国电解锰行业使用的原料大多是低品位的菱锰矿（主要成分 $MnCO_3$），杂质多，生产 1 t 金属锰约产生 6～7 t 的锰渣 |
| 废水 | 电解锰生产过程中产生的含 Mn、$NH_4^+$-N 工业污水主要来源于清洗过程，包括阴极板、车间地面和设备的清洗，由于电解过程中有一定量的水量蒸发损失，可采用工业污水于化合工段补充，严格控制清洗水的用量，实现污水的零排放。<br>电解过程中需要大量的冷却用水。通过选用合适的冷却装置可以实现冷却水的循环使用。目前，由于气候的原因，冬季（通常是气温在 10℃ 以下时）可以做到冷却水 70%以上循环利用，夏季由于气温较高目前冷却用水只能达到 40%的循环利用率 |
| 粉尘 | 电解锰生产企业的粉尘主要来源于锰矿粉碎和投料。锰矿粉碎大都采用普通球磨设备，防尘效果不好，产生大量的粉尘；锰矿粉在人工搬运、人工投料过程中，也会有粉尘产生 |
| 噪声 | 噪声主要来源于锰矿的粉碎过程和阴极板上锰片的剥离过程 |

## 四、电解锰工业污染

### 1. 电解锰工业固体废弃物

电解金属锰生产固体废弃物主要来源于矿石酸浸后固液分离产生的锰渣和含铬废水处理过程中产生的含铬污泥。其他废渣有阳极泥、硫化渣、生活垃圾等。

锰渣主要含有锰、可溶性盐类及其他固态矿物成分，其中硫酸盐、氨氮、锰的浓度极高，属一般工业固体废弃物（Ⅱ类）。排放量较大，达 6～10 t/t 产品。铬渣污染是废水处理过程中所产生的沉淀物，是一种有毒有害的固体废弃物。

目前国内电解工艺阳极泥产出率约为 15.0%（占产品量的比例），即产生量为 150 kg/t 锰。

### 2. 电解锰工业废气污染

废气主要来源于矿粉加工过程产生的含尘气体和矿石浸取过程中的硫酸酸雾，粉尘和酸雾对人体和环境均具有危害性。

### 3. 电解锰工业废水污染

电解锰生产主要废水污染源是工艺废水，包括钝化废水、洗板清洗废水、车间地面冲洗废水、滤布清洗废水、板框清洗废水、清槽废水等，其他还有渣库渗滤液、厂区地表径流、电解槽冷却水等。工艺废水中的主要污染物是总锰、六价铬和氨氮等；渣场渗滤液所含污染物以高浓度氨氮、总锰为主；厂区地表径流所含污染物以悬浮物、总锰、氨氮为主。

## 本章推荐读物

1. 颜鑫. 无机化工生产技术与操作[M]. 北京：化学工业出版社，2011.

本书主要内容包括：合成氨、化学肥料、硫酸与硝酸、纯碱与烧碱、主要无机盐五个模块，涉及十几种典型无机化工产品的生产技术与操作。本书重点放在生产原理的剖析、工艺条件的优化、工艺流程的组织、主要设备的结构分析、典型生产操作的控制、常见故障的排除，同时加强了对新工艺、新技术、新设备、节能减排等方面内容的介绍。

2．田伟军，杨春华．合成氨生产[M]．北京：化学工业出版社，2012．

这本书结合国内中小型合成氨企业的生产实际，基于合成氨及氨加工产品的生产流程分四个学习情境介绍了合成氨原料气生产、合成氨原料气净化、氨的合成以及尿素生产，每个学习情境下创设了若干个课业和具体的工作任务。

3．张艳君．氯碱生产与操作[M]．北京：化学工业出版社，2013．

本书共分为一次盐水精制、二次盐水精制及电解、氯氢处理、液氯的生产、氯化氢及盐酸、成品碱六个大项目，内容重点突出，理论联系实际，通俗易懂。每个项目开头提出知识目标、能力目标，每个子任务完成后编排了一定数量的任务训练。

4．环境保护部清洁生产中心，中国氯碱工业协会．烧碱行业清洁生产培训教材[M]．北京：化学工业出版社，2013．

本书以清洁生产为主线，对清洁生产概念及国内外进展、烧碱行业的清洁生产、清洁生产审核、清洁生产方案的实施和效果验证、持续清洁生产进行了介绍，并着重从烧碱工艺出发介绍了清洁生产的途径。本书适用于烧碱行业的从业人员以及清洁生产咨询、审核人员和其他环境保护工作者。也可供大专院校相关专业师生参考。

5．梅光贵，等．中国锰业技术[M]．长沙：中南大学出版社，2013．

本书较详细介绍了：锰的性质、用途、国内外现状与发展趋势。论述了锰业的地质、采矿、选矿、冶炼（火法、湿法）、电解金属锰、电解二氧化锰、化学二氧化锰、四氧化三锰及其产品深加工、环境保护、节能减排、清洁生产及综合利用、锰业标准及产业政策、电解金属锰厂及电解二氧化锰厂的工艺设计与产品的分析方法，特别是介绍了有关新技术、新工艺与新设备，共 21 章。

**思考与练习：**

1．我国合成氨工业的原料结构如何？

2．硫酸基本生产工艺包括哪些？

3．请简述氯碱工业的主要污染来源。

4．请问电解锰工业的污染情况是怎样的？

5．请利用互联网查找我国无机盐工业的主要污染包括哪些方面。

# 第十三章　石油化工与煤化工工业污染核算

本章介绍了我国炼油、炼焦、煤制气、煤制油工业的环境问题和节能减排基本要求；这几个行业的原辅材料结构、产品、基本能耗；这几个行业的主要生产设备与基本工艺；排污节点和环境要素分析；主要污染来源与污染机理分析。要求学生了解和掌握炼油、炼焦、煤制气、煤制油生产原辅料、能源消耗、生产工艺与其大气污染物排放之间的关系，了解基本生产流程的大气排污节点和环境要素。

专业能力目标：
1. 了解炼油、炼焦工业环境问题和节能减排途径；
2. 了解炼油、炼焦工业的原料结构和产业布局；
3. 了解炼油、炼焦工业的原料结构与生产工艺；
4. 了解煤制油、煤制气的基本生产工艺；
5. 掌握炼油工业的主要大气污染来源及环境要素分析；
6. 掌握炼焦工业的主要大气污染来源及环境要素分析。

## 第一节　炼油工业污染核算

石油工业是有机化学工业的基础，也是一种重要能源和优质化工原料。以原油加工为龙头，以乙烯工业为基础的石化行业是能源和原材料工业的重要组成部分，是我国国民经济的基础产业和支柱产业。炼油产品（汽车，煤油，柴油，润滑油，石脑油等），基本有机原料（醇类，醛类，酮类，羧酸类，酯类，酚类，醚类等）和合成材料已经广泛应用于汽车、机械、家电、纺织、建筑、包装、农业、国防、航空航天等各个领域。石化工业是决定国民经济发展的重要基础产业，而其中又以乙烯为最甚者，它对相关下游发展的带动作用日益明显。

### 一、炼油工业现状

目前，我国原油一次加工能力居世界第四位，世界各国用于工业生产的炼油技术我国都有，我国自主开发的主要炼油技术，如催化裂化、催化重整、加氢裂化、加氢精制等都已达到了当代世界先进水平。

从石油加工可分为 3 种类型，一为燃料型，二为燃料-润滑油型，三为燃料-化工型。

在中石化集团公司和中石油天然气集团公司两大公司内第一种类型的炼油厂约占 64.7%；第二种类型的炼油厂约占 26.5%；第三种类型的炼油厂约占 8.8%。按生产规模划分，也可分为三种类型，第一种规模为 400 万 t 以上的大型炼油厂，占总炼油厂的 47%；第二种规模为 100 万～400 万 t 的中型炼油厂，约占总炼油厂的 47%；第三种规模为 100 万 t 以下的小型炼油厂，占总炼油厂的 6%。

目前我国炼油厂的装置构成是：催化裂化占 33.4%，焦化占 6.8%，重整占 5.6%，加氢裂化占 4.9%，加氢精制和加氢处理占 8.2%。

### 二、炼油工业的环境问题

随着石油炼制工业原油加工量的不断增加和原油品质的劣质化，导致行业污染物总排放量居高不下，非甲烷总烃、$SO_2$、$NO_x$ 的污染问题尚未得到有效控制；石油炼制工业较发达的辽河、海河、长江、黄河、珠江流域，渤海、黄海、东海、北部湾近海的水污染控制也趋于紧迫。预计随着炼油企业规模和原油加工量的增加至 2020 年原油加工量约 6.5 亿 t。据此测算，按照目前的排放控制水平，到 2020 年石油炼制工业排放的 COD 为 18 341 t/年，石油类 722.3 t/年，$SO_2$ 126 993 t/年。由此可见石油炼制工业污染物排放对生态环境的影响将越来越严重。

石油炼制业采用物理分离和化学反应相结合的方法，将原油和天然气加工成所需要的石油产品。石油加工过程一般是在高温下进行，这就需要消耗燃料及冷却介质（水）。产品精制用水和机泵轴封冷却水与油品直接接触，使水受到污染。催化反应或化学加工将原料油中的有害物质硫、氮等分离转化为新的化合物，随气体排出或溶入水体。不凝气放空，加热炉、锅炉和燃烧炉的燃烧，催化再生烟气、制硫尾气、挥发性原材料，中间及最终产物的储存及运输等都会造成大气污染。油品化学精制、汽油碱洗碱渣、工艺废催化剂、废水处理及设备检修等会产生一定数量废渣，多属于危险废物。大功率运转机械的普遍应用、气体放空、气流及管线阀门噪声等构成了噪声的危害。石油炼制业的污染物具有明显的特点，水污染物主要是石油类、硫化物、挥发酚、COD、悬浮物；大气污染物主要是硫化物、烃类、氮氧化物、烟尘，相当数量的大气污染物是通过设备的大小、呼吸、泄漏、蒸发、吹扫造成的。

目前全国 100%炼油企业都建设并运行了污水预处理和达标处理系统，约 50%炼油企业建设了污水深度处理回用系统。当前中国石化炼油企业加工吨原油外排污水平均达到了 0.74 t 的水平，节水减排好的企业达到了 0.25 $m^3$/t 原油，外排污水达标率大于 95%；90%以上的企业对污水储罐、池，污水处理构筑物采取了封闭措施，30%企业对污水技术系统产生的废气进行了处理；100%的企业采用气柜回收工艺排放的烃类气体。90%以上的企业对硫磺回收尾气进行了回收；90%以上工艺加热炉采用了低氮燃烧方式。

石油炼制工业产生废水经污水处理设施处理后，排放废水中尚没有检测出持久性有机污染物（POPs）和《剧毒化学品名录》中的物质以及对人体造成"三致"效应或对生态造成环境危害的物质。由于原油中所含金属主要是镍、钒、钠、钙和非常低量的其他金属，加工过程中只使用催化剂，所以废水污染控制因子中也设一类污染物。石油炼制工业排放的含烃类废气中含有苯、甲苯、硫化氢、烯烃、烷烃、环烷烃、甲硫醇、二甲二硫。

### 三、石油炼制原理

石油炼制是以原油为基本原料，经过一系列炼制工艺，如常减压蒸馏、催化裂化、催化重整、延迟焦化、炼厂气加工及产品精制等，将沸点不同的原油成分裂解和分馏为不同的石化产品。原油经若干炼油设备和辅助装置系统的一次和二次加工，生产轻质油（汽油、煤油、柴油）、重质油（重油、渣油）、溶剂油、润滑油、石蜡、沥青、石油焦以及多种石油化工基本原料产品。

炼油过程主要包括以下工序：分离工艺；转化工艺；油品精制工艺；原料和产品的储运。

### 四、石油精馏的设备

在石油炼制工业中，各种油品的炼制都要通过各种塔设备来分离和加工各种油品，包括蒸馏塔（精馏塔）、吸收塔、解吸塔、抽提塔、洗涤塔。

**1．蒸馏塔**

蒸馏塔是利用加热炉将油品加热成气态，再通过塔内部各层塔盘将不同沸点的各组分进行气液分离。精馏又称分馏，它是在精馏塔内同时进行的液体多次部分汽化和汽体多次部分冷凝的过程，蒸馏塔是实现不同沸点组分分离的装置。

在炼油厂中，都有一个细高和一个矮粗的两个直立蒸馏塔。细高的叫常压分馏塔（简称常压塔）；矮粗的叫减压分馏塔（简称减压塔）。石油经过加热炉加热后，先送到常压塔，再将常压塔塔底的产物，经加热炉再加热后送入减压塔。这个过程在炼油厂叫蒸馏过程。石油精馏的主要设备有加热炉和蒸馏塔。

油气从塔顶排出，重质馏分从塔底排出，每层塔盘分别分流出不同馏分的油品，从侧线流出。

加热炉：一般为管式加热炉，是利用燃料燃烧为热源，加热炉中流动的物料，使其达到所需温度。管式加热炉一般由辐射室、对流室、余热回收系统、燃烧及通风系统五部分组成。燃料燃烧会产生烟气。

**2．吸收塔、解吸塔**

通过吸收液来吸收和分离气体的装置是吸收塔，加热吸收液使溶解其中的气体释放的装置是解吸塔。

**3．抽提塔**

通过某种液体溶液将液体混合物中有关产品分离出来的装置，如润滑油车间丙烷拓沥青中的抽提塔。

**4．洗涤塔**

用水吸收气体中杂质成分或固体尘粒的装置，称为洗涤塔。

炼厂的一、二、三次加工：把原油蒸馏分为几个不同的沸点范围（即馏分）叫一次加工；将一次加工得到的馏分再加工成商品油叫二次加工；将二次加工得到的商品油制取基本有机化工原料的工艺叫三次加工。

石油炼制主要包括原有分离工艺、油品转化工艺、油品精制工艺、原料和产品的储运。

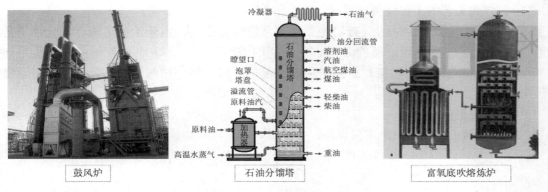

图 13-1　加热炉蒸馏塔

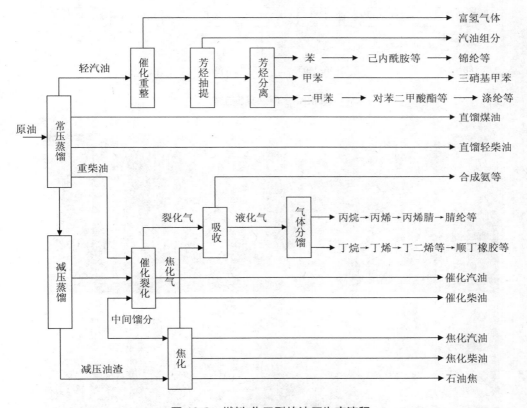

图 13-2　燃料-化工型炼油厂生产流程

## 五、分离工艺

石油分离工艺装置主要包括电脱盐、初馏、常压蒸馏、减压蒸馏四个部分。石油炼制操作的第一个阶段是使用三个石油分馏工艺，常压蒸馏、减压蒸馏、轻烃回收（气体加工）把原油分割为它的主要馏分。原油由包括烷烃、环烷烃和带有少量杂质硫、氮、氧和金属的芳香烃等烃类化合物的混合物组成。炼油厂分离工艺把原油分割为沸点相近的馏分。

### 1. 分离工艺的主要设备

加热炉、分馏塔、油水分离器是分离工艺的主要设备，也是主要污染源。分馏塔是通过精馏方式进行不同油品的分离。一般精馏塔都从塔顶、塔底和若干侧线获得不同产品，会产生石油加工污染。加热炉主要是使用燃料加热分馏的原料，会产生燃料燃烧污染。

### 2. 主要生产工艺

原油蒸馏工艺包括三个主要设备：初馏塔、常压塔和减压塔。

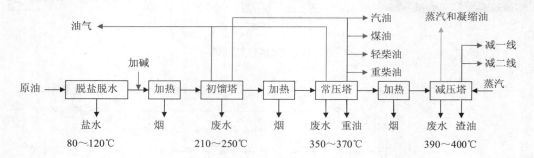

图 13-3　原油蒸馏工艺

图 13-4　常减压蒸馏装置

## 六、转化工艺

为了满足高辛烷值汽油、喷气燃料和柴油的需求，像渣油、燃料油和轻烃被转化为汽油和其他轻馏分。裂化、焦化和减黏裂化工艺被用于把大的石油分子裂化为较小的分子。聚合和烷基化工艺被用于接合小石油分子为较大的分子。异构化和重整过程被用于重排石油分子的结构以生产相似分子大小的较高价值的分子。

转化工艺包括催化裂化、加氢裂化、延迟焦化、烷基化、催化叠合等设备和工艺，通过与品转化，生产高价值油品。

一次加工（蒸馏）分馏的轻质油品只占原油的 10%～40%，其余为重质馏分和残渣。催化裂化和催化重整是炼厂重要的二次深加工，可以得到更多的轻质馏分。我国汽油产量70%、柴油产量的 33%是由该工艺生产的。

**1. 催化裂化**

催化裂化装置是炼油厂二次加工装置，按处理的原料可以分为蜡油催化裂化、重油催化裂化、催化裂解等装置。主要包括反应-再生系统、分馏系统、稳定系统、脱硫系统、热工系统、三机（风机、气压机、增压机）系统等。

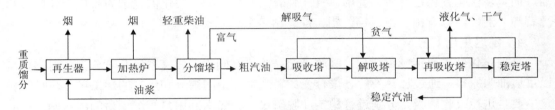

图 13-5　催化工艺流程

图 13-6　催化裂化装置

**2. 催化重整**

催化重整属石油加工过程中的二次加工方法，常以汽油馏分（石脑油）为原料，以铂为催化剂，进行油品脱氢、异构化反应，生产高辛烷值汽油，还为化纤、橡胶和精细化工提供苯、甲苯、二甲苯等芳烃原料，以及提供液化气、溶剂油，并副产氢气。

催化重整工艺分固定床半再生和连续再生重整两种类型，主要装置由原料预处理、催化重整、芳烃抽提、催化剂再生四部分组成。

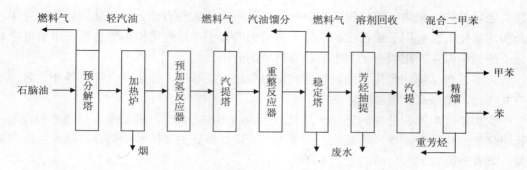

图 13-7　催化重整工艺流程

### 3．加氢裂化工艺

加氢裂化作用是改变油品的氢碳比，使重质油品通过裂化反应转化为汽油、煤油和柴油。加氢裂化装置包括反应、分馏、气体脱硫三部分。加氢裂化催化剂的载体为硅铝酸和沸石等，活性组分有铂、钯、钨、钼、镍、钴等金属元素。

### 4．延迟焦化工艺

延迟焦化装置包括延迟焦化、吸收稳定、冷焦水回用、放空系统几部分。延迟焦化是以重质油为原料，通过加热裂解、聚合变成轻质油、中间馏分和焦炭的加工过程；吸收稳定主要是进行吸收解吸，分别进行稳定和脱硫过程；焦水回用是经沉淀后的污水回用；放空系统为塔顶油气经冷循环吸收油气的过程。

### 5．烷基化工艺

烷基化是以炼厂气为原料，异丁烷和烯烃在催化剂存在条件下进行加成反应生成烷基化汽油（航空汽油和车用汽油）的生产过程。工业上广泛采用的烷基化催化剂有氢氟酸和硫酸，氢氟酸法烷基化生产装置包括反应系统、分馏系统、氢氟酸再生系统；硫酸法烷基化生产装置包括预分馏、反应、产品分馏、冷冻四部分装置。

## 七、油品精制工艺

油品精制工艺通过分离不适当的组分和脱除不希望的元素稳定和升级石油产品。由加氢脱硫、加氢精制、化学脱硫和酸性气脱除工艺去除不希望的元素，像硫、氮、氧和金属组分。精制工艺主要使用加氢、碱洗、溶剂脱沥青、吸附的工艺分离石油产品。脱盐被用于在炼制之前从原油进料中脱除盐、矿物质、泥沙和水。氧化沥青被用于聚合和稳定沥青以改善沥青的抗老化性能。

各装置生产的油品一般还不能直接作为商品，为满足商品要求，除需进行调和、添加添加剂外，往往还需要进一步精制，除去杂质，改善性能以满足实际要求。常见的杂质有含硫、氮、氧的化合物以及混在油中的蜡和胶质等不理想成分。它们可使油品有臭味，色泽深，腐蚀机械设备，不易保存。除去杂质常用的方法有酸碱精制、脱臭、加氢、溶剂精制、白土精制、脱蜡等。

油品精制包括加氢精制、化学精制、溶剂精制、糠醛精制、酚精制、酮苯脱蜡、丙烷脱沥青、白土精制、脱硫醇等。

脱硫装置

脱硫醇装置

加氢精制

**图 13-8　油品精制设备**

**表 13-1　油品精制工艺**

| 工艺 | 原理 |
| --- | --- |
| 加氢精制 | 装置包括反应系统和分馏系统。<br>原料与氢气通过固定的催化剂床层发生化学反应，将硫、氮和氧等杂质转化为硫化氢、氨和水，金属则截留在催化剂中，同时烯烃、芳烃得到饱和；<br>分馏过程是将反应生成的油品杂质去除的过程；<br>催化剂一般采用氧化铝为载体，钼钴、钼镍、钼钴镍等 |
| 化学精制 | 使用化学药剂（硫酸、氢氧化钠）与油品中的杂质（硫、氧、烯烃、沥青质、胶质等）发生化学反应，去除杂质，降低硫、氮的含量，改善油品品质。<br>酸精制是用硫酸处理油品，可除去某些含硫化合物、含氮化合物和胶质。<br>碱精制是用烧碱水溶液处理油品，如汽油、柴油、润滑油，可除去含氧化合物和硫化物，并可除去酸精制时残留的硫酸。氢氧化钠溶液对烃类几乎不产生化学作用，但可除油品中的含氧化合物（如环烷酸、酚类）、硫化物（硫醇、硫化氢等）及中和酸洗后油品中的残酸。<br>酸碱精制在高压电场作用下，可以促进反应，加速聚集和沉降分离，也称电化学精制 |
| 糠醛精制 | 糠醛精制是润滑油的精制工艺。再抽提塔内利用糠醛将杂质与油品分离；塔顶馏出的精制液经蒸汽气提后送出装置；塔底产生的含糠醛废液，经三效蒸发塔回收糠醛，再经气体塔抽取其他油分，作为废水排出 |
| 酚精制 | 酚作为润滑油的精制溶剂，选择性较糠醛差，溶解能力比糠醛强。酚精制的流程包括酚抽提、精制液和抽出液回收、溶剂干燥脱水。<br>将原料油加热后进吸收塔，吸收酚蒸气，送入抽提塔与酚进行逆向抽提，精制液从塔顶抽出，抽出液从塔底进酚回收系统。精制液经加热进入蒸发塔和汽提塔，进行脱酚。塔底部出来的抽出液，经干燥、蒸发、汽提后，在干燥塔顶排出酚蒸气供抽提塔和吸收塔使用，少量含酚废水排放 |
| 酮苯脱蜡 | 酮苯脱蜡装置由结晶单元、过滤密闭单元、溶剂回收干燥单元、冷冻单元组成。<br>在低温下加入溶剂使原料中的油、蜡分离；在真空密闭条件下利用真空转鼓过滤机将蜡液分离；再利用三效蒸发工艺回收溶剂，脱去溶剂水分回用；以氨为制冷剂提供脱蜡所需低温 |
| 硫磺回收 | 硫磺回收装置由制硫、成型和尾气焚烧三个单元组成。<br>以生产过程回收的硫化氢为原料，在燃烧炉内高温制硫，再转化器内低温催化制硫；生成的硫磺经冷凝分离，收集，凝固成硫磺产品；焚烧尾气经脱硫排放 |
| 丙烷脱沥青 | 丙烷脱沥青装置由抽提和回收两个系统组成。<br>利用丙烷对沥青中的润滑油和蜡有较大溶解度，对胶质和沥青几乎不溶的特点进行产品分离、抽提，脱除的沥青油进入临界回收塔，经加热汽提将残余丙烷提出，使沥青沉降分离 |
| 白土精制 | 一般放在精制工序的最后，用白土（主要由二氧化硅和三氧化二铝组成）吸附有害的物质。原油加热后进混合器，加入白土使油土混合，再加热后进蒸发塔，塔顶蒸发出轻组分和残余溶剂塔底油经过滤分离出废白土渣，精制油冷却后出装置 |

| 工艺 | 原理 |
|---|---|
| 脱硫醇 | 脱硫醇装置分为抽提、汽油氧化、碱液氧化三部分。<br>汽油在抽提塔内与循环碱液逆向接触，硫醇被碱液吸收；未被吸收的硫醇在混合氧化塔内继续被氧化成二硫化物，并被分离；硫醇被碱液吸收成硫醇钠盐。含硫醇钠盐的碱液在氧化塔内与空气反应被氧化成二硫化物，并被分离，再生碱液循环使用 |
| 裂解气的净化 | 裂解气中主要含甲烷、氢气、乙烯、丙烯，还含少量硫化物、二氧化碳、乙炔、丙二烯等杂质，裂解气的净化与分离是为除去杂质分离出单一烯烃和烃。<br>分离过程中气体净化系统包括：脱酸、脱水、脱 CO（甲烷化）、脱炔；<br>如裂解气中含 $H_2S$ 和 CO 低可采用碱洗法，如含硫量高，应先用乙醇胺做吸收剂除大部分硫后，再碱洗脱硫 |
| 炼厂气精制 | 炼油过程中产生的气体烃类统称炼厂气。炼厂气主要产自二次加工过程，如催化裂化、热裂化、延迟焦化、催化重整、加氢裂化等，其中催化裂化产气量最大。<br>炼厂气中常含有硫化氢等硫化物，会腐蚀设备，使催化剂中毒，并污染环境。气体精制的目的是脱硫，脱硫方法分两类，干法和湿法脱硫。干法脱硫是将气体通过固体吸附剂（氧化锌、活性炭等）床层，吸附硫化物，此法多用于处理含少量硫化氢的气体。湿法脱硫多采用醇胺法脱硫，其流程是通过气液分离器分出水和杂质，进吸收塔里与醇胺溶液接触，气体中的硫化氢和二氧化碳被吸收 |
| 天然气的处理 | 天然气从地下抽出后要使用油气分离器分离凝结态烃和水，天然气必须去除 $H_2S$（脱臭）、脱水；脱硫废气还要经过硫磺回收。目前广泛除 $H_2S$ 的方法是用胺溶液吸收。回收的 $H_2S$ 废气通常可以回收硫磺或生产硫酸，如不能回收，也可以通过火炬进行焚烧，大部分是采用高架的无烟火炬尾气焚烧炉，将 $H_2S$ 转变成 $SO_2$ 高空排放 |

## 八、炼油排污节点

### （一）分离工艺排污节点

表 13-2  石油分离工艺与污染

| 工艺 | 加工原理 | 工艺污染 |
|---|---|---|
| 电脱盐 | 在高压电场作用下，除去原油中无机盐类及悬浮状固体物质的工艺，可以防腐和防堵，还可防止后续工序催化剂中毒 | 脱盐脱水主要是水污染，这部分废水含无机盐、石油类和 COD，浓度较高，由于使用乳化液，水呈乳浊状 |
| 初馏工艺 | 通过加热（150℃）初馏塔，分出原油中的轻汽油馏分。塔顶出轻汽油馏分，塔底为拔头原油 | 常减压排水主要有含硫污水、含油污水和含盐污水。塔顶油水分离器污水：三个蒸馏塔顶产物冷凝后经油水分离器排出的污水，由于与油品直接接触，融入污染物较多，石油类、硫化物、氨氮质量浓度都在 100 mg/L 以上，COD 质量浓度在 500 mg/L 以上，BOD 质量浓度在 100 mg/L 以上，酚质量浓度在 10 mg/L 以上，水呈乳浊状。 |
| 常压蒸馏 | 通过加热（350℃）常压塔，分出原油中沸点低于350℃的轻质馏分油，塔顶出汽油，各侧线馏分油经汽提、换热、冷却后出装置，塔底是沸点高于350℃的重油 | |
| 减压蒸馏 | 通过加热（500℃）常压塔，从重油中分出沸点低于500℃的高沸点馏分油。塔顶一般不出产品，与抽真空设备相连，侧线各馏分油经换热、冷却后出装置，作为二次加工的原料。塔底渣油经换热、冷却后出装置，作为下道工序如焦化、溶剂脱沥青的原料 | 加热炉烟气：主要是加热炉排放的烟气，含 $SO_2$、$NO_x$、粉尘等。产生烟气中的污染物计算与燃料种类、品质和消耗量有关。<br>设备维修吹扫，会有部分油气放空排放，应严格管理。<br>产生的硫化氢气体经常产生泄漏，主要部位在三塔顶回流罐脱水部位，产生无组织排放，主要污染物有硫化氢和酚 |

### （二）转化工艺

#### 1. 催化裂化工艺排污节点

（1）催化裂化工艺原理。在催化剂（硅铝或沸石催化剂）作用下，加热减压和焦化产生的重质馏分油或渣油，重质馏分产生裂解转化，分馏出汽油、轻、重柴油、石油气等产品。催化裂化装置分三部分，反应部分（催化裂解）、分馏部分（初步分离，得部分产品和中间品）、吸收稳定部分（气体和汽油送稳定部分，经吸收、解吸、再吸收、稳定得液化石油气和稳定汽油）。

（2）催化裂化工艺排污节点见表 13-3。

表 13-3　催化裂化工艺与污染

| 污染物 | 排污节点 |
|---|---|
| 废水 | 粗汽油罐污水：主要是来自反应器、分馏塔气体塔等产生的蒸气凝结污水，吸收了反应油气中的硫化氢、氨、酚等物质，也成含硫污水，主要污染物硫化物、COD 质量浓度在 1 000 mg/L 以上，BOD 和氨氮质量浓度在 500 mg/L 以上，石油类和酚质量浓度在 100 mg/L 以上。<br>凝缩油罐排水：来自压缩富气注水和少量油气中的凝结水，含有较高的硫化氢、氨等污染物 |
| 废气 | 再生烟气：由再生器燃烧待生催化剂上的积炭产生的烟气，主要污染物有 $SO_2$、$NO_x$、CO 等，主要取决于催化剂原料的含硫。<br>无组织排放的废气：装置的主要塔、器顶均有泄压线，当系统压力过高会产生放空减压，因此产生火炬燃烧污染，应回收放空气。<br>粉尘：催化裂化装置在开停工期间，要装入或卸出催化剂，会产生催化剂粉尘污染，当系统异常时，也会出现催化剂粉尘被再生烟气带出现象，主要污染物有粉尘和重金属 |
| 废渣 | 废渣：有碱洗精制的碱渣、更换的废催化剂、停工检修产生的脱硫醇的废活性炭等，多属于危险废物 |

#### 2. 催化重整工艺排污节点

（1）催化重整工艺原理。原料预处理是将原料切割成适合重整的馏分，脱出有害的废金属和金属杂质；催化重整是在催化剂（铂、铑）作用下，将使脑油中的环芳烃、烷烃脱氢，异构化生成芳烃；芳烃抽提是利用溶剂将芳烃抽提出来；催化剂再生是在再生器内经烧焦、氯化、干燥，再用氢气进行还原将催化剂再生。

（2）催化重整工艺排污节点见表 13-4。

表 13-4　催化重整工艺与污染

| 污染物 | 污染 |
|---|---|
| 废水 | 含硫废水：来自预处理单元回流罐切水、油气分离器、溶剂再生抽空排水产生含有硫化物和氯化物的废水，废水主要含油类、SS 质量浓度在 100 mg/L 以上，COD 质量浓度在 5 000 mg/L 以上，COD、BOD 和酚质量浓度在 1 000 mg/L 以上。<br>抽真空冷凝水：系统回收塔油水分离器产生废水，含一定量的苯类物质。<br>含碱废水：催化剂再生过程产生含氯酸性废水，进行碱中和，会产生碱性废水 |
| 废气 | 加热炉烟气：主要是加热炉排放的烟气，含 $SO_2$、$NO_x$、粉尘等。<br>催化剂再生烟气：在催化剂烧焦过程产生氯酸烟气，经碱洗中和，燃烧后产生的废气排放。<br>无组织排放的废气：装置产生的弛放气、芳烃采样口外泄的废气 |
| 废渣 | 催化剂再生单元产生的废干燥剂、抽提系统精脱色处理产生的废白土、抽提系统产生的老化溶剂（环丁砜，每两个月一次，每次 2 t）、更换的废催化剂，多属于危险废物 |

### 3．加氢裂化工艺排污节点

（1）加氢裂化工艺原理。反应过程在高温高压条件下，利用催化剂使原料进行加氢裂化和异构化过程，还可除去硫、氧、氮等杂质。

分流过程是将反应后的生成油，经过常减压分馏成各种油品。

气体脱硫是将产生的含硫化氢干气用乙醇胺类溶剂进行中和，再进行吸收再生工艺，脱出硫化氢和二氧化碳。

（2）加氢裂化工艺排污节点见表 13-5。

表 13-5　加氢裂化工艺与污染

| 污染物 | 排污节点 |
| --- | --- |
| 废水 | 含硫废水：从高低压分离器排出经分馏塔顶回流罐排出高含硫化氢和氨的废水。<br>含油废水：导凝排液、原料罐切水、蒸汽冷凝水等含油废水。<br>含碱废水：催化剂再生碱液吸收过程产生的废水。<br>装置停工吹扫产生的高含硫废水 |
| 废气 | 加热炉烟气：主要是加热炉排放的烟气，含 $SO_2$、$NO_x$、粉尘等。<br>酸性废气：塔顶部位排出含硫废气，但排入火炬燃烧会产生含硫酸性废气。<br>无组织排放的废气：装置停工是对残留有毒气体进行吹扫产生的无组织排放 |
| 废渣 | 包括废催化剂（镍钼和镍钨催化剂）、废溶剂（使用的二异丙醇胺）老化产生的废溶剂，都属于危险废物 |

### 4．延迟焦化工艺排污节点

（1）延迟焦化工艺原理。延迟焦化是以重质油为原料，通过加热裂解、聚合变成轻质油、中间馏分和焦炭的加工过程；吸收稳定主要是进行吸收解吸，分别进行稳定和脱硫过程；焦水回用是经沉淀后的污水回用；放空系统为塔顶油气经冷循环吸收油气的过程。

（2）延迟焦化工艺排污节点见表 13-6。

表 13-6　延迟焦化工艺与污染

| 污染物 | 工艺污染 |
| --- | --- |
| 废水 | 冷焦水：焦炭塔内的少量残油进入冷焦水，经脱油产生含油污水。<br>除焦水：高压水对焦炭切割，产生的废水，可以全部回用。<br>冷却塔、分馏塔顶分离切水，产生含油、含酚废水。<br>以上废水污染物中含硫化物、氨氮、COD 质量浓度在 100 mg/L 以上，BOD 质量浓度在 500 mg/L 以上，石油类、酚质量浓度在 100 mg/L 以上 |
| 废气 | 加热炉烟气：主要是加热炉排放的烟气，含 $SO_2$、$NO_x$、粉尘等。<br>冷焦水防空塔废气：会产生有恶臭的含硫废气，应进行碱洗。<br>液态烃、干气、富气采样口泄漏的含烃废气 |
| 废渣 | 废渣：正常运行时产生焦粉和粉尘；装置停工检修时产生少量油泥及焦粉沉积物，可用于制砖 |

### 5．烷基化工艺排污节点

（1）烷基化工艺原理。

氢氟酸法反应系统：原料经干燥脱水后，在氢氟酸催化剂作用下，在反应器内发生反应，上层产物经分馏得到烷基化油、丙烷、丁烷，下层水溶液经氢氟酸再生系统，再生得到高浓度氢氟酸回用。

硫酸法：在预分馏部分丙烷、正丁烷、丙烯、丁烯馏分，取异丁烷-丁烯混合物经脱水、冷却后与浓硫酸催化剂混合，进入反应器反应；产物经碱洗、水洗后送分馏系统分馏得到烷基化油和工业异辛烷；冷冻系统采用循环氨，控制烷基化反应温度。

（2）烷基化工艺排污节点见表 13-7。

表 13-7　烷基化工艺与污染

| 烷基化方法 | 污染物 | 排污节点 |
|---|---|---|
| 氢氟酸法 | 废水 | 干燥剂再生分水罐排水：这部分水从原料脱出，水质与原料有关。<br>氟化钙沉淀池排水：碱洗罐和中和器排放的废液均含有氟化物，通过混合槽，加入氯化钙取出氟化物，废水可能含氟化钙。<br>中和池排水：所有含氟化物的酸性废水统一排入中和池，用碱中和后排出碱性废水 |
| | 废气 | 主分馏塔底重沸炉烟气：主要是加热炉排放的烟气，含 $SO_2$、$NO_x$、烟尘等。<br>火炬烟气：主分馏塔顶回流罐排放气体及酸泄放管产生的放空火炬含氟废气。<br>无组织排放的废气：停工检修各塔（器）等装置进行吹扫，产生的吹扫含氢氟酸废气 |
| | 废渣 | 氟化钙废渣，丙烷、丁烷脱氟剂废渣，丙烷、丁烷氢氧化钾处理废渣，废干燥剂等，均属危险废物 |
| 硫酸法 | 废水 | 原料脱水塔排水：干燥脱水中的主要污染物是石油类和 COD、BOD。<br>烷基化产物水洗水：烷基化产物经碱洗后，排出碱性废水。<br>装置停工吹扫废水：装置停工吹扫前，应做到物料退净，以免产生的含油、溶剂废水中 COD 浓度过高 |
| | 废渣 | 在烷基化反应过程，要求酸度高于 85%，会排放大量高浓度废酸渣；在碱液洗涤过程定期排放废碱渣；装置检修过程会排出少量油泥等固体废物。以上废渣都视为危险废物 |

## （三）油品精制工艺排污节点

表 13-8　油品精制工艺及污染

| 工艺 | 污染因素 |
|---|---|
| 加氢精制 | （1）含硫废水：反应过程生成硫化氢和氨，产生含硫、含氨废水；<br>含油废水：导凝废水、原料罐切水等含油较高的石油类、COD、BOD、酚、硫化物；<br>含碱废水：再生催化剂产生含碱废水；<br>检修吹扫、清洗废水：含油、COD、BOD 等。<br>（2）加热炉烟气：含 $SO_2$、$NO_x$、烟尘等；<br>含硫富气：气提塔顶回流罐产生含硫富气，硫化氢体积分数占 30%以上，污染严重；<br>工艺尾气：高压、抵压分离器产生含硫在 8%体积的废气；<br>检修吹扫废气。<br>（3）废渣：废催化剂、检修产生的废渣 |
| 化学精制 | 酸碱洗涤后，还需水洗去除酸碱杂质。电化学精制主要是来自罐底外排的含酸碱污水，主要污染物是 COD、油、酸碱等 |
| 糠醛精制 | （1）糠醛精制的废水主要来自脱水塔排出的含糠醛废水，废水中含糠醛、油、硫化物、COD 等。<br>（2）废气：主要是装置泄漏的糠醛废气和检修过程产生的吹扫废气。<br>（3）废渣：仅在检修时会清扫除少量废渣 |

| 工艺 | 污染因素 |
|---|---|
| 酚精制 | （1）吸收塔顶排水：属含酚含油的废水；<br>干燥塔排水：废水中含酚、油、COD 等；<br>停工检修产生吹扫废水。<br>（2）加热炉烟气：含 $SO_2$、$NO_x$、烟尘等；<br>酚水罐顶产生的不凝气体排空属无组织排放，含酚。<br>（3）废渣：仅在检修时会清扫除少量废渣。 |
| 酮苯脱蜡 | （1）酮回收塔排水：该废水与溶剂直接接触 COD 较高。<br>装置检修吹扫废水：在吹扫过程产生的废水含油、溶剂、COD 等污染物。<br>（2）加热炉烟气：含 $SO_2$、$NO_x$、烟尘等；<br>过滤器安全排空废气含丁酮、甲苯等溶剂污染物；<br>冷冻系统氨不凝气排空污染；<br>检修时吹扫废气含酮、苯、氨污染。<br>（3）废渣：检修时产生的废渣 |
| 硫磺回收 | （1）酸性凝结水：输送过程，酸性管线带液属于高含硫废水；<br>检修吹扫排水：吹扫废水含较高的硫化物。<br>（2）制硫尾气：制硫装置产生的尾气含高浓度 $SO_2$，二级转化总流转化率仅为 92%～95%。<br>（3）废渣：废制硫催化剂、吹扫产生的废渣 |
| 丙烷脱沥青 | （1）混合冷凝器和沥青池排水：该水与丙烷直接接触，排水质量较差，废水中主要含一定量的油、硫化物、COD 等；<br>压缩机入口缓冲罐切水：含有丙烷溶剂中的较重组分。<br>（2）加热炉烟气：含 $SO_2$、$NO_x$、烟尘等；<br>丙烷泵泄漏含溶剂的气体；<br>检修时吹扫含残存丙烷的废气。<br>（3）废渣：检修时产生的废物 |
| 白土精制 | 废水主要是油水分离罐排出的废水，废水中含油量多，还含 COD 和 SS 等。过滤装置产生废白土渣，白土的用量一般为油品的 2%左右 |
| 脱硫醇 | （1）尾气分液罐排水：主要污染物为挥发酚、硫化物、碱液、酚、氨氮、COD 等；<br>（2）尾气放火炬排出的废气有硫醇臭味，检修吹扫产生无组织废气，含烃类和硫醇污染；<br>（3）废渣：碱液分离罐产生的废碱渣；检修产生的废渣 |
| 裂解气的净化 | 产生碱洗废水，废水中含碱、硫化物等，泄漏的废气中含烃类物质 |
| 炼厂气精制 | 液化气中的硫化物主要是硫醇，可以用吸附或化学方法脱硫。化学方法主要流程是液化气进抽提塔与含催化剂（磺化酞菁或聚钛菁钴）的氢氧化钠碱液接触，硫醇被碱液抽提，脱硫的液化气洗去碱液后，出装置。碱液进氧化塔经加热、加压硫醇钠氧化为二硫化物，氧化后的气液混合物经分离废气送火炬，再生碱液回用 |
| 天然气的处理 | （1）分离器废水：含油大量油、硫化物、酚、COD、BOD；<br>（2）脱硫尾气：含 $H_2S$、$CO_2$、$N_2$、$CH_4$ 等；<br>硫磺回收尾气：含 $H_2S$、$SO_2$、$CS_2$、COS、固态 S 等；<br>装置排放的尾气：火炬尾气主要含 $SO_2$、$H_2S$、$CS_2$ 等 |

## 九、炼油厂的污染

### （一）炼油厂废水污染

目前国内石油炼厂规模都较大，拥有各类生产装置。原油炼制加工，要多次加温、冷却、催化裂化、汽提、冷凝、酸碱洗涤、水洗、脱盐、脱水、直流冷却及油罐脱水、冲洗等，都是产品和水直接接触，使水受到污染，在生产工艺过程中产生含有废油、COD、硫、酚、酸碱、氰、重金属等有毒有害物质的废水。此外，还有动力站、空压站、储油罐区、循环水厂等辅助设施排放的污水和办公生活设施的排水。

### 1. 炼油厂的废水

目前，国内加工原油污水排放量大型企业 $0.4\sim1.0\ m^3/t$，水平较好的在 $1\ m^3/t$，最好的水平可达 $0.4\ m^3/t$，平均用水量约 $1\ m^3/t$，已经接近国外 $0.2\sim1\ m^3/t$ 水平。中小型企业还都在 $1.0\ m^3/t$ 以上。

在炼厂的用水中动力站耗水量最大，占全厂新鲜水用量的 50%；循环水厂补充水量占第二位，约占全厂的 28%，生产装置用量约占 5%，生产辅助设施用水量约占 17%。生产装置的用水中新鲜水约占 10%，循环水占 90%。

国内炼油厂污水处理厂进水口的主要污染物 COD 质量浓度 $400\sim600\ mg/L$，石油类 $300\sim500\ mg/L$。

### 2. 废水主要来源

炼厂的装置特别多，废水来源也很多，废水类型也很复杂，主要有以下几类废水：

①含油废水。是炼油厂排水量最多的一种废水，约占全厂混排废水量的 80%，主要含油、悬浮物及大量有机物。主要来自油气冷凝水、凝缩水、油气水洗水、油罐切水及油罐等设备的洗涤水等，水中主要含原油、成品油、润滑油及少量溶剂、催化剂等。含油废水中主要污染物浓度石油类 $500\sim1\ 000\ mg/L$，COD 平均 $1\ 000\ mg/L$。

②含硫废水。主要来自加工装置的油水分离罐、富气水洗罐、液态烃水洗罐等，这部分废水排放量较小，约占全厂废水的 10%~20%。这部分废水的特征污染物主要有硫化物、氨氮、氰化物、酚类化合物等，一般约占全厂污水中硫化物、氨氮总量的 90%。

③含酚废水。主要来自常减压、催化裂化、延迟焦化、电解精制及叠合汽油水洗装置，其中催化裂化装置分流塔顶油水分离器排水中的含酚最高，约占全厂废水中总酚产生量的一半以上。高浓度含酚废水一般要在生产装置附近进行预处理，再与低浓度含酚废水一并送污水处理厂进行集中处理。常用的预处理方法有蒸汽汽提、溶剂萃取法等。

④含盐废水。主要来自电脱盐排水、碱渣利用的中和废水、油品碱洗后的水洗水，催化再生废水等排水，这部分废水量约占总水量的 5%。含盐废水的特征污染物有 pH 值、石油类、无机盐、游离态碱、硫化物和酚等。

⑤其他生产废水及生活办公污水。主要来自循环水厂冷却水排放、锅炉排水、油罐喷淋冷却水，生活辅助设施的排水等，此类废水污染度较低。

### （二）炼油厂废气的污染

炼油厂排放的废气安排放形式分为有组织排放源和无组织排放源。

炼油企业有组织排放源有四类：①催化裂化催化剂再生烟气；②酸性气回收装置尾气；③有机废气收集处理装置排气；④工艺加热炉烟气。主要是固定式的经常性的排放源，如锅炉、加热炉和焚烧炉的烟气，焦化放空气、硫回收尾气、氧化沥青尾气等。

炼油企业无组织排放源包括油品在装卸、贮存过程的油气挥发，设备、管道、阀门泄漏的油气，未能收集的弛放气、再生排放气，没有封闭措施的恶臭物质的散发产生的废气污染。主要污染物为 $SO_2$、$NO_x$、CO、颗粒物、非甲烷总烃、沥青烟、苯、甲苯、二甲苯、酚类、氯化氢。

抚顺石油化工研究院在对多家炼油企业的恶臭污染调查中，曾测定、检出过硫化氢、甲硫醇、乙硫醇、甲硫醚、乙硫醚、二硫化碳、二甲二硫、氨、甲胺、二甲胺、三甲胺、苯、甲苯、二甲苯、苯乙烯、苯酚、甲酚、总硫、总烃、$C_1 \sim C_8$ 烃等物质和项目，可以将这些恶臭污染物归类为硫化物、烃类、氨、有机胺等。

炼油厂废气排放量大，成分复杂，大多对人体和环境有一定毒性。炼油废气中多数为烃类和酸性废气，我国炼厂烃类加工损失量为原油加工量的 1%～3%，其中储运损失为加工损失的 50%。挥发的烃类物质有很高的回收价值，炼厂一定要严格控制无组织排放，既能减少损失，又可减少大气污染。

**表 13-9 炼油厂主要恶臭污染源**

| 排放方式 | 污染源类型 | 产污过程 |
|---|---|---|
| 有组织废气 | 氧化沥青工序 | 高温油渣与空气氧化生成胶质和沥青质，氧化分解、聚合时产生恶臭，不仅有毒，而且难闻，为炼厂主要恶臭源 |
| | 脱硫醇尾气 | 因催化汽油和液烃含一定量的硫醇，需通过脱硫醇装置去除。硫醇与含催化剂的碱液反应转变为硫醇钠，再通过空气氧化成硫化物。硫醇尾气含烃、$H_2S$、硫醇、硫醚等恶臭物质 |
| | 减压塔不凝气排放 | 常减压装置的减压塔顶减顶油水分离器的不凝挥发中含 $H_2S$ 质量浓度超过 6 000 $mg/m^3$、丙硫醇质量浓度 400 $mg/m^3$、丁硫醇质量浓度 150 $mg/m^3$，恶臭难闻 |
| | 酸性火炬气排放 | 酸性专用火炬线，当火炬为点燃或燃烧不充分时，会产生 $H_2S$ 和氨的恶臭污染 |
| | 生产装置停工吹扫 | 硫磺回收、脱硫、脱硫醇装置、氨回收、氨精制、重整、催化、焦化等装置吹扫时，可能产生各种恶臭物质（氨、$H_2S$、有机硫、有机胺等）排放 |
| 无组织废气 | 碱渣处理装置 | 当处理催汽碱渣和脱硫醇碱渣时，甲酸中和回收粗酚，产生恶臭（主要是有机硫和 $H_2S$）污染。碱渣处理装置是炼厂无组织排放的主要污染源 |
| | 各种气体放空 | 酸性气、瓦斯脱液、硫磺回收、含硫废水产生的放空气，都含有有机硫、$H_2S$，产生恶臭 |
| | 油品污油罐、芳烃罐 | 轻污油罐、重污油罐及芳烃罐，其罐顶呼吸阀有饱和油蒸气和恶臭物体排出，如 $H_2S$、甲苯和二甲苯等 |
| | 污水处理设施及污染物回收设施 | 污水处理厂、含硫污水罐、氨水罐、污油回收罐等挥发和排放的废气中含 $H_2S$ 和有机硫，特别是污水厂的浮选池和生化池释放的臭气，影响面较大 |

注：摘自陈家庆编著《石油石化工业环保技术概论》。

在生产过程中，对可能产生恶臭的设备、管线、阀门应采取有效的密封、隔断等手段，减少恶臭气体进入大气。对必须排放恶臭气体的部位，应建立集气系统、脱臭装置，对收集的恶臭废气进行焚烧、吸附、吸收等措施进行无害化处理。

**图 13-9 炼油工业废气和污水**

在石油和油品的罐内调和、车船运输的收发油、加油站加油和地下储罐收油过程中，由于蒸发产生油品损耗主要包括储存损耗、运输损耗、加油站损耗等。散发到大气中的油气含有苯和有机活性化合物，与 $NO_x$、$SO_2$ 混合在紫外线作用下可能产生二次污染和光化学烟雾。

表 13-10 油气蒸发损耗　　　　　　　　　　　　单位：kg/（次·t 油）

| 油种类<br>油气损耗节点 | 原 油 | | 汽 油 | | | 其他轻质油 | |
|---|---|---|---|---|---|---|---|
| | 储罐 | 车船运输 | 储罐 | 车船运输 | 加油站 | 储罐 | 车船运输 |
| 转运和装卸损失 | 0.19 | 1.2 | 0.64 | 3.4 | 3.4 | 0.4 | 3.4 |

注：摘自陈家庆编著的《石油石化工业环保技术概论》。

### （三）炼油厂的废渣污染

炼油厂生产过程产生多种固体废物，形态有固态、半固态和液态，大多数属于危险废物，部分具有可燃、有毒和易反应特点。固体形态的主要是废白土、废页岩渣、废催化剂；半固形态的主要有污水厂的"三泥"、储罐底泥等；液态的主要有废碱液、废酸液废溶剂等。

加工含硫较高的原油每吨原油产生的碱渣量为 5.5 kg，加工低硫原油每吨原油产生的碱渣量不到 1 kg。

国外炼油厂的数据显示：每吨原油加工的污水处理产生的污泥量约为 0.4～0.5 kg。我国炼油企业原油加工能力 700 万 t 以下污水处理污泥控制较好的可以达到 0.7 kg/t 原油，原油加工能力大于 1 000 万 t 污水处理污泥控制较好的可以达到 0.5 kg/t 原油。

表 13-11 废液来源和性质

| 废物种类 | 废物来源 | 废物性质 |
|---|---|---|
| 废酸液 | 废酸液主要来源于酸洗、油品的精制、烷基化装置、异辛烷装置、聚合装置的废硫酸催化剂 | 大部分废酸液为黑色黏稠液体，含酸浓度约 50% 以上，含油 20%，还含叠合物、磺化物、硫化物、胶质沥青质等 |
| 废碱液 | 主要来自油品的碱洗精制、各生产工序中的碱洗涤 | 大部分碱液位具有恶臭的黏液，多为乳白色或浅棕色，含碱 5%，含油 15%，含环烷酸和酚较高 |

| 废物种类 | 废物来源 | 废物性质 |
|---|---|---|
| 废白土 | 炼厂许多产品用活性白土精制，失活的白土称白土渣。精制润滑剂的白土精制，石蜡和地蜡的白土脱色工序 | 为黑褐色的干固体废渣，含油或蜡的量约25% |
| 罐底泥 | 贮油罐和各类容器清洗时的油泥 | 大部分为含油和杂质的黑色固体 |
| 污水处理设施"三泥" | 隔油池池底沉淀的油泥、投加絮凝剂浮选产生的浮渣、曝气池剩余的活性污泥，简称"三泥" | "油泥和浮渣为硫酸铝等水化物与乳化油的糊状物质，剩余活性污泥主要是生物菌团组成，含一定量的无机物和有机物 |
| 废催化剂 | 主要来自铂重整、加氢裂化、催化裂化装置，当催化剂更换时，产生废催化剂 | 大部分催化剂和分子筛为硅、铝氧化物固体并含贵重金属 |
| 页岩渣 | 一般加工油母页岩时提取的油只占总量的4%，其余的页岩都作为废渣排放 | 其渣为灰红色固体，主要成分为二氧化硅，还含未去除的有机、无机物质 |

# 第二节 石油化工工业的污染核算

## 一、石油化工工业存在的问题与节能减排

### （一）石油化工工业存在的问题

#### 1. 环保意识不强，宣传不到位

不少石油化工生产企业只重视生产，倾向于经济建设重于环境保护，没有真正树立环保意识，在环境意识中具有很强的"依赖政府型"，不少石油化工生产企业管理者认为政府在环保方面应负更多的责任，认为保护环境主要是政府的责任。不少石油化工生产企业管理者环境保护意识模糊，在对环保事业中作用的认识上，认为政府应负最大责任。因此，"谁污染，谁治理"的环保责任意识需要进一步加强，以增强企业的环保自律和自觉行为。首先，不少石油化工生产企业没有成立专门的环保机构，没有配备专门的人员。环保机构是环境保护的基础，没有机构就很难开展工作。石油化工生产企业应成立以企业主要负责人为领导的环保机构，抽调专业人员，可以从企业相关职能部门和专业部门抽调，包括应急指挥、环境风险评估、生产过程控制、安全、组织管理、监测、消防、工程抢险、医疗急救、防化等各方面的专业人员和企业内部、外部专家，对人员进行职责分工，制定任务和工作计划。其次，缺乏资金的投入。环境保护需要花钱，有些企业不愿意把钱花在这方面，因为当前我国企业向政府交纳排污费的数额要比企业投资治理污染的成本低得多，大约为企业投资治理污染成本的 1/4～1/5。这就造成企业宁可被政府罚款也不愿购置设备治理污染。这时，政府罚款已不是惩罚性质的收费，而是企业变相向政府购买污染权，由此可见，企业的环境保护也就成了纸上谈兵。

#### 2. 缺乏完善的环境保护法律法规与环境保护管理制度

虽然我国先后颁布了《中华人民共和国环境保护法》与《中华人民共和国循环经济促进法》，到目前为止我国已经颁布实施国家级的环境保护相关法律 6 部，与环境有关的资源法 9 部，环境保护行政法规 29 项，制定环境标准 364 项。但是，随着经济与社会的快

速发展，环境保护法律法规还需要进一步健全与完善。不少石油化工生产企业缺乏完善的环保管理制度，而环保管理制度是环境保护的基础，只有完善环保管理制度，然后进行落实，才能把环境保护工作做好。

### 3．石油化工生产对水与空气污染严重

国家对水污染的治理非常重视，不仅在 1984 年颁布了《中华人民共和国水污染防治法》，为防治废水对环境的污染，制定了标准；而且国家每年都会投入大量的资金。众所周知，石油化工生产对水的污染相当严重，因为不管是石油开采还是石油加工，都需要大量的水。在开采石油的时候需要水，石油加工的时候更需要水对装置的冲洗，所以在此过程中便产生了水污染问题。同时，在石油的运输过程中，有时会由于一些主客观原因，造成石油在运输过程中的泄漏，也会污染水源。在石油的提炼生产过程中由于需要大量的热量，所以会排除大量的气体，含硫量较大，造成大气的污染，并且早有研究报道石油化工产生废气对儿童的呼吸功能有影响。

### （二）石油化工工业的节能减排

#### 1．优化调整产业结构，提高产品质量水平

继续做好淘汰落后产能工作，2015 年底前要淘汰 200 万 t/年及以下常减压装置（青海格尔木、新疆泽普装置除外）、380 万 t 电石落后生产能力；积极推进炼化一体化和乙烯原料结构优化，提高资源利用效率；淘汰或改造其中部分能耗高、污染重的产能和装置，提高新建项目的能效和环保门槛；大力发展高性能合成材料、新能源产业基础材料、高端专用化学品等技术含量和附加值高的产品，延伸产业价值链，提高石化工业的精细化率。

#### 2．推动节能减排技术研发和推广

支持企业、科研院所建设技术创新平台，积极开展石化装置能量系统优化技术、高浓度难降解有机废水削减和治理技术等关键共性技术的研发攻关和应用示范。加快回收低位工艺热预热燃烧空气技术、高效清洁先进煤气化技术等重点节能减排技术的推广应用，编制推广方案，组织实施示范工程。

#### 3．加快低碳能源的开发利用，积极发展低碳技术

大力支持以二氧化碳驱油技术、煤基多联产技术、二氧化碳作为碳源合成有机化学品技术等为代表的生产过程中二氧化碳少产生、好收集、再利用的工艺技术装备的研发和推广应用。在合成氨、甲醇、电石、乙烯和新型煤化工等重点碳排放子行业中开展碳捕集和封存的示范项目。

#### 4．夯实节能减排管理基础

完善企业节能减排责任制度，督促重点用能企业和污染物排放企业建立能源管理体系和环境管理体系，有条件的企业要积极开展能源管理体系和环境管理体系认证。加强石化企业能源审计和能源统计工作，建立和完善石化工业节能减排信息监测系统，抓好污染排放在线监测和突发事件应急处置工作。加强企业节能减排能力建设，针对石化工业生产特点，有计划、有步骤、有针对性地对企业节能环保管理人员、技术人员和重点岗位操作人员进行系统培训，使重点用能企业和污染物排放企业均具备专业化节能环保人员队伍。

## 5．推动信息化和智能化建设

在炼油、乙烯、化肥、氯碱、电石、等子行业开展能源管理中心建设，对能源的购入存储、加工转换、输送分配、最终使用和回收处理等环节实施动态监测、控制和优化管理，实现系统性节能降耗。鼓励产学研联合开发石化和化学工业企业能源信息化、智能化管理技术和系统，逐步建立统一的企业综合能耗及排放数据采集、传输、处理接口标准，为构建石化工业节能减排信息监测系统提供支撑。

## 6．加强企业能效对标达标工作

完善石化工业能效领跑者发布制度，定期发布合成氨、甲醇、烧碱、乙烯等产品的能效领跑者及其指标，制定石化工业能效提升路线图计划，指导、督促石化企业开展能效对标达标活动。组织行业协会不断完善能效对标信息平台和对标指标体系，总结并发布能效最佳实践案例，引导企业提高能源资源利用水平。

## 7．落实大气污染防治计划，推进重点领域治污减排工作

重点做好石油化工污染物排放量较大子行业的污染防治。推进挥发性有机物污染治理，在石化行业实施挥发性有机物综合整治，完善涂料、胶粘剂等产品挥发性有机物限值标准，推广使用水性涂料，鼓励生产、销售和使用低毒、低挥发性有机溶剂，京津冀、长三角、珠三角等区域要于 2015 年底前完成石化企业有机废气综合治理。加强基础化学原料制造和涂料、油墨、颜料等行业重金属污染防治工作，减少重金属排放。推进磷矿石、磷石膏、电石渣、碱渣、硫酸渣、废橡胶等固体废物综合利用；加强与钢铁、建材企业合作，联合处置铬渣。

## 8．全面推行循环经济和清洁生产

构建以企业为主体、市场引导和政府推动相结合的循环经济和清洁生产推行机制，将硫酸、磷肥、氯碱、纯碱、农药、橡胶等子行业推进循环经济和清洁生产的成功经验在全行业进行推广。推广以煤电化热一体化为代表的共生耦合产业发展模式。加强对石化工业进行清洁生产审核，针对节能减排关键领域和薄弱环节，采用先进适用的技术、工艺和装备，实施清洁生产技术改造；到 2017 年，重点行业排污强度比 2012 年下降 30%以上。推进非有机溶剂型涂料和农药等产品创新，减少生产和使用过程中挥发性有机物排放。制修订氮肥、磷肥、农药、染料、涂料等重点子行业清洁生产技术推行方案和清洁生产评价指标体系，指导企业开展清洁生产技术改造和清洁生产审核。引导企业开展工业产品生态设计，尽可能少用或不用有毒有害物质；在农药等重点领域开展有毒有害原料（产品）替代，开发推广环保、安全替代产品；实施一批清洁生产示范项目，培育一批清洁生产示范企业，创建一批清洁生产示范园区。

## 9．推进企业责任关怀行动

推广以资源节约、环境友好、安全健康、清洁生产为主旨的企业责任关怀行动，构建有中国特色的责任关怀体系，制定评价标准，探索责任关怀评估认证方法，促进责任关怀工作规范有序发展。把责任关怀与"健康、安全、环保"（HSE）工作紧密结合起来，深入开展责任关怀试点，大力宣传石化和化学工业责任关怀工作成效，树立责任关怀工作先进典型，提升石化工业整体形象，增强企业社会责任意识，提高行业整体竞争力。

### 10．加强行业节水工作

制定石化工业高耗水产品、工艺、设备、项目限制类和淘汰类目录。推动企业加强节水管理工作，重点用水企业要制定和完善节水管理制度、规划，配备节水设施和器具。加快研发先进节水技术、设备、器具及污水处理设备，大力推广节水新技术、新工艺、新设备，加大节水技术改造资金投入。加快推进工业废水深度循环利用，开展废水"零排放"试点。到 2017 年，在石化工业树立一批节水标杆企业。

### 11．开展资源节约型、环境友好型企业创建活动

选择一批有代表性的石化企业，开展"资源节约型、环境友好型"企业创建试点工作。制定"资源节约型、环境友好型"企业认定标准。积极总结先进典型经验，加强经验交流和推广，研究制定鼓励"资源节约型、环境友好型"企业发展的具体政策，推动全行业向资源节约型、环境友好型发展模式转变。

## 二、石油化工工业

石油化工的发展与石油炼制工业、以煤为基本原料的化工生产及三大合成材料的发展密切相关。用石油和石油气（炼厂气、油田气和天然气）作原料生产化工产品的工业，叫石油化学工业，简称石油化工工业。石油化工工业包括基本有机原料工业和合成材料工业。合成化工工业本是在第三节阐述。基本有机化工又分为基础有机化工和基本有机化工。

基础有机化工，从天然原料制取乙烯、丙烯、丁烯、乙炔、苯、甲苯、二甲苯、萘等。

基本有机原料以基础有机原料进一步加工制成的产品，也有部分是直接通过农副产品经发酵、水解、干馏加工而来的，如有机氧化物（醇、醛、有机酸、酮等）、有机硫化物（硫醇、硫醚等）、有机氮化物（胺、腈、酰胺、吡啶等）、卤化物（氯乙烷、氯甲烷、环氧氯丙烷等）、芳烃衍生物（苯胺、硝基苯、苯酚等），如甲醇、以醇、丙酮、醋酸、丁辛醇、苯乙烯、环氧乙烷、丙烯腈、苯酐、卤代烃等。

生产石油化工产品的一次加工是对原料油和气（如丙烷、汽油、柴油等）进行裂解，生成以乙烯、丙烯、丁二烯、苯、甲苯、二甲苯为代表的基本化工原料。二次加工是以基本化工原料生产多种有机化工原料（约 200 种）及合成材料（塑料、合成纤维、合成橡胶）。这两步产品的生产属于石油化工的范围。有机化工原料继续加工可制得更多品种的化工产品，习惯上不属于石油化工的范围。

如要求年产 30 万 t 乙烯，粗略计算，约需裂解原料 120 万 t，对应炼油厂加工能力约 250 万 t，可配套生产合成材料和基本有机原料 80 万～90 万 t。

## 三、基础有机化学工业

### （一）烯烃工业

在烯烃工业中"三烯"（乙烯、丙烯、丁二烯）是重要的有机化工基础原料，其中以乙烯最重要，产量也最大，乙烯产量常作为衡量一个国家基本有机化工的发展水平和规模。我国乙烯主要的下游产品包括聚乙烯、乙二烯、PVC 及苯乙烯等产品。

我国的乙烯工业开始于 1960 年代初期，经过 40 多年的发展，生产能力和技术水平不

断提高，初步形成了以乙烯为龙头，三大合成材料为主体，有机原料协调发展，品种较为齐全的是石化工业体系，并成为我国的支柱产业。

石油化学工业中大多数中间产品（有机化工原料）和最终产品（三大合成材料）均以烯烃和芳烃为原料，除由重整生产芳烃以及由催化裂化副产物中回收丙烯、丁烯和丁二烯外，主要由乙烯装置生产各种烯烃和芳烃。乙烯装置在生产乙烯的同时，副产大量的丙烯、丁烯、丁二烯、苯、甲苯和二甲苯，成为石油化工基础原料的主要来源。除生产乙烯外，世界上约 70% 的丙烯、90% 的丁二烯、30% 的芳烃均来自乙烯的副产。以三烯（乙烯、丙烯、丁二烯）和三苯（苯、甲苯、二甲苯）总量计，约 65% 来自乙烯生产装置。

乙烯是一种最简单的烯烃，用于制造合成橡胶、合成树脂、合成纤维、塑料以及多种基本有机原料。乙烯可由天然气、液化石油气、轻油（石脑油）、轻柴油、重油、原油、乙烷和丙烷等为原料制得。乙烯的 45% 用于生产聚乙烯；其次是由乙烯生产的二氯乙烷和氯乙烯；乙烯氧化制环氧乙烷和乙二醇；乙烯烃化可制苯乙烯；乙烯氧化制乙醛；乙烯合成酒精；乙烯制取高级醇。

表 13-12　2000—2013 年我国三烯年产量

单位：万 t

| 年份 | 2000 | 2001 | 2002 | 2003 | 2004 | 2005 | 2006 | 2007 | 2008 | 2009 | 2010 | 2011 | 2012 | 2013 |
|---|---|---|---|---|---|---|---|---|---|---|---|---|---|---|
| 乙烯 | 469 | 479 | 540 | 612 | 627 | 778 | 941 | 1 025 | 1 033 | 1 077 | 1 419 | 1 527 | 1 487 | 1 600 |
| 丙烯 | 469 | 478 | 545 | 593 | 620 | 673 | 740 | 1 028 | 1 000 | 1 150 | 1 380 | 1 470 | 1 272 | 1 900 |
| 丁二烯 | 59 | 65 | 74 | 86 | 88 | 95 | 115 | 135 | 138 | 150 | 199 | 246.4 | 285 | — |

注：数据摘自化工知识与信息网。

丙烯用量最大的是生产聚丙烯，丙烯可制丙烯腈、异丙醇、苯酚和丙酮、丁醇和辛醇、丙烯酸及其脂类以及制环氧丙烷和丙二醇、环氧氯丙烷和合成甘油等。

丁二烯是合成橡胶和合成树脂的重要单体。由于丁二烯可生产顺丁橡胶、丁苯橡胶、丁腈橡胶、氯丁橡胶，也可生产聚丁二烯、ABS、BS 等树脂。此外还可生产丁二醇、己二胺（尼龙的单体）。

工业获得低级烯烃的主要工业方法是将石油烃类原料（天然气、炼厂气、轻油、柴油、重油）进行热裂解反应，生成分子量较小的烯烃。烃类的热裂解生产主要产品有乙烯、丙烯、丁二烯等，其中重要的生产环节是烃的热裂解和裂解产物的分离。

乙烯生产方法：烷烃（固定床反应器）催化脱氢制乙烯、乙烷催化氧化制乙烯、石脑油催化裂化制乙烯技术、甲醇（由天然气甲烷合成甲醇）制乙烯。

丙烯生产方法：我国的丙烯生产根据来源可分为两类，一是裂解丙烯，来自于乙烯裂解装置，是乙烯的联产品；二是炼厂丙烯，是从催化裂化炼厂气中分离出来的。

工业化的丁二烯生产方法主要有 C4 馏分溶剂抽提法和脱氢法，其中抽提法按使用的溶剂又分为 DMF（二甲基甲酰胺）法、NMP（N-甲基吡咯烷酮）法、ACN（乙腈）法。

热裂解废气中含硫化氢、烃类、环芳烃、焦油气等。废水中含硫化物（硫醇、硫醚、噻吩、硫茚等）、废碱、油、环芳烃等。

乙烯裂解装置：乙烯裂解装置是以轻柴油、石脑油、天然气、炼厂气机油田气为原料，通过高温裂解与深冷分离制取乙烯、丙烯、氢气、甲烷、碳四、液化气及裂解汽油、燃料油等。

表 13-13　乙烯裂解工艺与污染

| 加工原理 | 工艺污染 |
|---|---|
| 高温裂解分为裂解反应和油系统循环。裂解单元是将原料加热至高温使其断链，生成富含烯烃和芳烃的小分子主、副产品；油系统循环和水系统循环继续将裂解气降温回收热；裂解气深冷分离包括裂解气压缩、酸性气体脱除、干燥、炔烃脱除，第二单元为裂解气的分离精制 | 含酚废水：来自对工艺废水汽提，从塔底排出含酚废水；含硫废水：来自裂解气的碱洗脱硫废水；废碱液：来自裂解气碱洗工艺；废黄油：来自碱洗系统的黄油罐，废水含一定量的废黄油 |
| | 燃烧烟气：裂解炉、蒸汽锅炉用燃料燃烧产生含 $SO_2$、$NO_x$、烟尘的烟气；清焦废气：裂解炉定期清焦产生的烟气；火炬尾气：工艺尾气经火炬燃烧排放；检修吹扫废气 |
| | 废渣：废干燥剂、废焦渣、废炉渣、废催化剂（含钯、含镍）、检修费丙烯聚合物、汽油分馏焦炭末 |

### （二）芳烃工业

#### 1. 我国芳烃工业的现状

芳烃是含苯环结构的碳氢化合物的总称，芳烃中的"三苯"（苯、甲苯和二甲苯）是重要的有机化工基础原料。芳烃中以苯、甲苯、二甲苯、乙苯、异丙苯、十二烷基和萘最为重要，均为毒性物质。这些有机物是重要的基础有机化工原料，可用于合成橡胶、合成树脂、合成纤维、医药、农药、炸药和染料等一系列重要化工产品。同时也可作为涂料、橡胶等溶剂；在炼油工业中苯是提高汽油辛烷值的掺合剂。

表 13-14　2000—2013 年我国纯苯年产量　　　　　　　　单位：万 t

| 年份 | 2000 | 2001 | 2002 | 2003 | 2004 | 2005 | 2006 | 2007 | 2008 | 2009 | 2010 | 2011 | 2012 | 2013 |
|---|---|---|---|---|---|---|---|---|---|---|---|---|---|---|
| 纯苯年产量 | 184 | 205 | 214 | 225 | 256 | 306 | 344 | 417 | 403.4 | 465.9 | 541.5 | 665.8 | 662.6 | 717.9 |

注：数据来自中国化工网、环球研究报告网、慧典网苯市场研究报告。

#### 2. 苯在化学工业中的应用

以苯为原料的化工产品众多，主要衍生物有苯乙烯、苯酚、烷基苯、环己烷、氯化苯、硝基苯和顺酐等。苯乙烯是纯苯最主要的衍生物。以苯乙烯为原料可生产聚苯乙烯、ABS、SBS 和丁苯橡胶等多种聚合物。我国纯苯消费结构如下：27.25%用于合成苯乙烯，12.65%用于聚酰胺树脂（环己烷）生产，11.37%用于苯酚生产，10.98%用于氯化苯生产，9.8%用于小基本生产，7.84%用于烷基苯，5.56%用于农用化学品，4.71%用于顺酐生产，9.84%用于其他医药、轻工及橡胶制品。苯的化工利用见图 13-10。

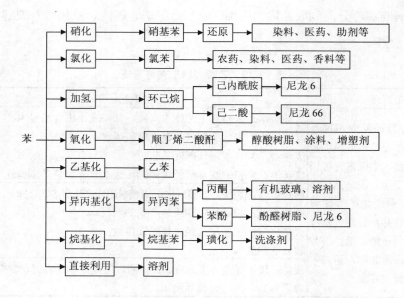

**图 13-10　苯化工利用示意图**

我国现有纯苯生产企业 50 余家，其中焦化苯产能占总生产能力的 20%，其余为石油苯。

**3．苯类产品的主要来源**

目前苯有 6 种来源：催化重整、裂解汽油、甲苯歧化、甲苯加氢脱烷基化、焦碳炉轻油、煤焦油。其中催化重整和裂解汽油苯各占 38%，甲苯歧化占 13%，甲苯加氢脱烷基化生产的苯为 6%，焦化苯为 5%。

目前我国生产的苯，一是来自炼焦副产品的焦化苯，二是来自炼油与乙烯装置的石油苯。

焦化苯是以粗苯为主要原料精制的苯类产品，粗苯是焦炭生产过程中的主要副产品之一，其主要成分是：苯、甲苯、二甲苯以及一些重质苯的混合物。由于粗苯成分混合而复杂，经过精制把粗苯分离出苯、甲苯、二甲苯以及重质苯产品。

煤在焦炉中干馏，除了生成 70%～78% 的焦炭外，还产生副产品粗煤气 18%～26%（其中粗苯约占 1.1%），煤焦油 3%～4.5%。粗煤气经初冷、脱氨、脱萘、终冷后，再进行粗苯回收，粗苯中"三苯"约占 85%，硫化物占 1%～3%。粗苯经分馏分成轻苯（主要是"三苯"、不饱和烃和硫化物）和重苯，轻苯再分馏塔顶出轻沸物，塔底为"三苯"。煤焦油经分馏得到轻油、酚、萘、蒽等馏分，再经精馏、结晶可以分离出苯系、萘系、蒽系等芳烃。煤干馏工艺污染在焦化生产中介绍。

还有煤焦化生产中化学品回收副产芳烃产品，其污染见本章第三节焦碳工业污染核算。还有部分芳烃产品是直接通过农副产品经发酵、水解、干馏加工而来的，如有机氧化物（醇、醛、有机酸、酮等）、有机硫化物（硫醇、硫醚等）、有机氮化物（胺、腈、酰胺、吡啶等）、卤化物（氯乙烷、氯甲烷、环氧氯丙烷等）、芳烃衍生物（苯胺、硝基苯、苯酚等）都可以通过发酵生产。

#### 4．石油苯的生产

我国石油化工是以石脑油和裂解汽油为原料经环丁砜抽提、芳烃精馏而制得，一般包括反应、分离、转化三部分。我国原油属重质原油直馏石油脑（石脑油中含芳烃3%～10%）只占6%，我国目前大力发展氢裂化石脑油、加氢处理焦化汽油、裂解汽油萃取油作为重整的原料。

目前工业上广泛应用的是溶剂抽提法，其步骤是宽馏分重整汽油进入脱戊烷塔，脱戊烷塔顶流出戊烷成分，塔底物流进入脱重组分塔，塔顶分出抽提进料进入芳烃抽提部分，塔底重汽油送出装置。抽提进料得到芳烃物质和混合芳烃物质，非芳烃送出装置，混合芳烃经过白土精制，芳烃精馏后，得到苯、甲苯、二甲苯和邻二甲苯产品，重芳烃送出装置。

芳烃反应主要采用催化重整（主要催化剂含铂、氟、氯）和裂解汽油加氢，我国催化重整工艺用于生产芳烃和生产汽油的各占50%。乙烯工业的副产品裂解汽油加氢生产的苯已占全年苯产量的35%。

芳烃馏分的分离采用溶剂萃取，原料与萃取液逆相接触，根据溶剂对烃类的溶解度差异，把非芳烃提取除去，提高芳烃的纯度。

我国芳烃资源短缺，多采用甲苯、碳9芳烃的烷基转移、甲苯歧化、二甲苯异化等生产工艺转化成芳烃。芳烃的转化包括异构化反应、歧化反应、烷基化反应和脱烷基化反应，都是在酸性催化剂作用下进行的。

#### 5．芳烃工业的污染

芳烃精馏的主要污染：废水来自塔顶回流罐切水、分离罐切水、溶剂再生抽空排水等，废水主要含油类、COD、酚、芳烃等。酚含量可达 1 000 mg/L 以上，COD 质量浓度可达 2 000 mg/L 以上。

废气主要是加热炉排放的烟气，含 $SO_2$、$NO_x$、粉尘等。设备尾气含 $H_2S$、芳烃、氨等。

#### 6．我国萘工业的现状

萘通常为白色晶体。萘及萘系产品广泛应用于生产减水剂、扩散剂、增塑剂、抗凝剂、分散剂、苯酐、各种萘酚、萘胺等，是生产合成树脂、增塑剂、橡胶防老剂、表面活性剂、合成纤维、染料、涂料、农药、医药和香料等的原料。

萘及萘系衍生物是有机化工重要原料之一，萘及萘系产品通常可由煤焦油与石油裂解焦油提取，有工业萘、精萘和甲基萘之分。煤焦油萘系产品硫含量高，而石油萘系产品硫含量低，更适于生产精萘、精甲基萘等。石油工业萘是以重芳烃为原料，通过精馏、富集、结晶、分离而制成，为基本化工原料。

#### 7．萘的提取

萘按生产原料不同分为煤焦油萘和石油萘，目前无论在国内外，煤焦油萘都占大多数。

石油萘通常先从石油裂解 C10 中采用萃取及吸附的方法提取，最后用溶剂吸收洗涤或升华结晶法提纯。石油萘硫含量低，更适合于生产精萘、精甲基萘等。

萘按生产原料不同分为煤焦油萘和石油萘，目前无论在国内外，煤焦油萘都占大多数。

将煤焦油蒸馏切除轻油馏分、酚油馏分下，切取 210～230 度馏分，即得萘油馏分。

石油萘通常先从石油裂解 C10 中采用萃取及吸附的方法提取，石油萘硫含量低，更适合于生产精萘、精甲基萘等。另外在石油炼制过程中，利用催化裂化、重整等馏分为原料，经过加氢精制、催化脱烷基、脱氢等工艺，最后用溶剂吸收洗涤或升华结晶法提纯获得萘，通称石油萘。

# 第三节　焦炭工业的污染核算

由于焦炭生产工艺过程复杂、污染物排放强度大等特点，不仅大量消耗煤炭资源，而且污染物排放量大，给社会造成了巨大的资源、能源和环保压力。一大批焦化企业环保设施不到位，废水、废气等污染物排放不达标，特别是土焦、改良焦的生产，一些盲目重复建设、没有焦化产品回收和焦炉煤气回收利用装置的小机焦的生产，仍在继续严重浪费国家资源和污染当地的生态环境。

在消耗能源的同时，炼焦生产同样产生大量的焦炉气资源。据了解，每吨机焦可生产出 400 $m^3$ 焦炉煤气，全国目前每年将生产出近 800 亿 $m^3$ 焦炉煤气，粗略估计全国每年约有 250 亿 $m^3$ 焦炉煤气未得到有效利用。差距意味着节能减排的空间。据专家测算，每淘汰 1 t 土焦、改良焦的产能，可节约标准煤 220 kg。据有关专家测算，每淘汰 1 万 t 落后的焦炭产能，每年可减排 3 900 t 焦化废水。

## 一、焦炭工业的环境问题和节能减排

### （一）焦炭行业的环境问题

焦炭工业是钢铁工业重要的辅助产业，经过多年发展，仍然存在着布局不合理、生产分散、无序竞争、集中度低的问题，焦化生产环境污染和资源浪费依然十分严重。近年来，国内一些企业盲目扩大产能，出现国内市场供大于求、国际市场容量有限的局面。现有焦化企业由于受环保的严格要求及《焦化行业准入条件》的限制，采取了较先进的污染治理措施。但仍有一些企业不能满足污染物标准和总量排放要求，导致产焦区环境污染严重。

煤炭气化和液化对环境的影响：

$CO_2$ 的排放产生了严重的温室效应，而且此后果不是可以计算得到的，是非线性的，是混沌的。氮的氧化物有 $N_2O$、$NO$、$NO_2$、$N_2O_3$、$N_2O_4$、$N_2O_5$ 等几种，总称氮氧化物，常以 $NO_x$ 表示。其中污染大气的主要是 $NO$ 和 $NO_2$。作为酸性气体，$NO_x$ 是仅次于 $SO_2$ 形成酸雨和酸雾的大气污染物，对生态环境和人体健康有着巨大危害。

### （二）焦炭行业节能减排措施

#### 1. 继续狠抓小土焦、改良焦等高污染、高消耗落后炼焦生产的取缔工作

20 世纪 80—90 年代，我国炼焦业产品中土焦和改良焦占焦炭产量近 50%。粗放型生产模式带来了沉重的环境负担，为此，国家相关部委于 1997 年及时发布了取缔土焦和改良焦的文件，提出建设大型机焦炉的发展战略。

2003 年，由于国内外焦炭市场需求的强刺激，据中国炼焦协会调研有近 4 000 万 t 土焦生产又死灰复燃，因此对小土焦、改良焦取缔还需加大力度，坚持不懈。

**2．加强国际合作，开发利用少污染、高效率的炼焦生产工艺技术装备**

我国炼焦行业近年来在干熄焦技术、脱硫脱氰技术等方面都取得长足进步，除了大力推进这些技术装备应用外，还需跟踪其他污染少、效率高的炼焦生产技术的进展。如美国、德国、日本等国家在改进传统水平室式炼焦炉基础上，开发了低污染炼焦新炉型；美国开发应用了"无回收炼焦炉"；德国、法国、意大利、荷兰等 8 个欧洲国家联合开发了"巨型炼焦反应器"；日本开发了"21 世纪无污染大型炼焦炉"；乌克兰开发"立式连续层状炼焦工艺"；德国还开发了"焦炭和铁水两种产品炼焦工艺"等。我国也有"新型捣固焦炉"、"清洁型热回收焦炉"等的开发，各国对传统的炼焦炉改进的技术趋势是：扩大炭化室有效容积；采用导热、耐火性能好、机械强度高的筑炉材料；配备高效污染治理设施；生产规模大型化、集中化。

开展各种环保型炼焦新技术、新工艺的国际交流与开发合作，进行分析比较，寻求科学合理的生产、技术、装备是十分必要的。

**3．采取措施，减少焦炭使用量**

我国钢铁生产焦炭消耗多的原因，主要是高炉入炉焦比高、综合焦比高，炼钢铁钢比高。因此钢铁工业产业结构要继续深入调整，要更多采用高炉富氧喷煤等节约焦炭的技术应用水平和比例。关注、开发、适时采用先进的非高炉炼铁技术。同时减少不必要的非生产性焦炭消耗。减少焦炭消耗，一方面可节约宝贵的煤炭资源，另一方面也减少炼焦过程中的环境污染。

**4．加强炼焦生产中的污染防治工作**

炼焦生产中的污染治理应贯穿生产工艺全过程，从装炉煤调湿、干熄焦、地面除尘设施、高效的酚氰废水处理工艺、炼焦过程计算机控制与管理、煤气脱硫、脱氨到焦炉煤气综合开发利用等先进工艺技术等。国家有关部门正准备委托中国钢铁工业协会组织炼焦污染防治专项规划制定，拟确定切实目标、实施方法和配套政策，争取各种渠道对炼焦生产污染治理的资金投入，争取国家有关部门针对焦化废水等治理难点给予必要的技术研究开发、应用推广等方面的支持。

**5．开展总量控制，排污许可证和排污权交易相结合办法，减少污染转移**

总量控制与单位排放浓度控制是中国环保管理部门两种并行的环境管理办法，目前都是排污收费计算的依据。国内在部分地区进行污染物排放总量指标交易试点，建议在焦化等污染较重的产业也开展试点。

排污权交易有利于促进污染水平低而生产率高的产业结构调整，有利于污染治理技术的进步，因为排污权总量是有限的，以某种形式初始分配给企业之后，老企业进行环保技改投入等措施削减下来的排污指标就可以转让、竞价出售，而新加入的企业只能从市场上购买必需的排污权，从而提高了行业准入门槛值，排污权交易可使企业治理污染变得有利可图，先进的环保技术应用将会更加普及，调动企业治理污染的积极性。

## 二、焦化工业生产简介

焦化技术是以煤炭为原料，隔绝空气经高温干馏获得焦炭产品和荒煤气，并从荒煤气中分离和精制出多种化学产品。在中国钢铁联合企业的能耗中焦炭和焦炉煤气提供的能源占绝大部分，所以大部分焦化厂设在钢铁厂，一部分是独立焦化企业，另一部分设在民用煤气或化工企业中。

**1.焦化原理**

炼焦过程即煤的热解过程，也称煤的干馏，是指以煤为原料，在隔绝空气条件下对煤进行加热，加热到950～1050℃，煤在不同温度下发生的一系列物理变化和化学反应的复杂过程，生成焦炉气、液体（焦油）、固体（半焦或焦炭）等产品的一种煤转化工艺。煤的热解过程大致可以分为三个阶段：第一阶段，室温～300℃，干燥脱气阶段，这一阶段煤的外形基本无变化；第二阶段，300～600℃，这一阶段以解聚和分解反应为主，形成半焦，生成和排出大量挥发物（煤气和焦油）；第三阶段，600～1000℃，以缩聚反应为主，半焦变成焦炭，该阶段析出焦油量极少，挥发分主要是煤气，又称为二次脱气阶段。按热解最终温度的不同，煤的干馏分为低温干馏（500～600℃）、中温干馏（700～800℃）和高温干馏（950～1050℃）。

**2.炼焦原料及炼焦能耗**

炼焦生产是以经过洗选，含水约10%的炼焦煤为原料，粉碎成细颗粒状。制取1t焦炭需消耗焦煤或洗精煤1.36～1.45 t，炼焦所需燃料主要有焦炉煤气，辅料主要有硫酸、洗油等。目前，国际先进水平的工序能耗为167 kg 标煤/t 焦，烟（粉）尘排放为1.0 kg/t 焦，吨焦耗新鲜水量2.5 m³，吨焦耗蒸汽量0.2 t，吨焦耗电量30 kW·h。

炼焦所需能源来自加热煤气的占90%，炼焦生产能耗占焦化工序能耗的75%。目前，一些企业焦化工序能耗统计中只包括炼焦生产部分，不包括化产品部分，所以出现了焦化工序能耗偏低的现象。正常的焦化工序能耗应在150 kg 标准煤/吨左右。多数焦化厂的产品带出热没有回收，采用干熄焦回收红焦热量的企业不到5%，回收高温粗煤气和燃烧废气热量的企业较少。

**3.焦化产品**

通过对烟煤的炼焦，可以获得优质的焦炭、煤焦油和荒煤气及其宝贵的化工产品（煤焦油、粗苯、硫铵、硫磺等）。目前我国化产品回收品种相对较少，与先进国家差距很大，先进国家目前从荒煤气净化中可以提取的化产品多达100多种，煤气冷却可分离回收氨、苯类、煤焦油等化学品。煤焦油精制可以得到奈、酚、沥青等产品。粗苯经过精制，可以得到苯、甲苯、二甲苯、溶剂油、古马隆原料等产品。而我国目前仅可回收化产品50种左右。同时，我国焦化行业在煤气净化、煤焦油深加工等工艺普遍存在技术装备水平落后，存在着很大的发展空间，无疑会成为今后焦化行业清洁生产技术的发展方向。

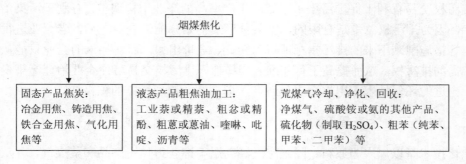

图 13-11　焦化主要产品图

表 13-15　炼焦化学品的产率

| 名称 | 焦炭 | 焦油 | 苯烃 | 焦炉气 | 氨 | 化合水 | 硫化氢及其他 |
|---|---|---|---|---|---|---|---|
| 干馏产率/% | 70～75 | 4～4.5 | 1～1.6 | 15～21 | 0.3 | 3 | 1.0～1.4 |
| 近似产率 | 73 | 4.0 | 1.4 | 17 | 0.3 | 3 | 1.3 |

### 4. 焦化设备

按生产流程煤焦化公司一般分为配煤车间、炼焦车间、回收车间、焦油车间以及精苯车间。一座焦炉通常由 25～70 个炭化室组成。炭化室顶部有装煤孔、煤气导管，炭化室两侧有推焦炉门。我国正在生产的机械化焦炉主要是顶装焦炉、捣固热回收焦炉和直立炉。其中顶装工艺的炼焦炉炉型最为复杂、繁多，但根据国家相关政策（逐步淘汰落后、污染严重的 4.3 m 以下焦炉，鼓励焦炉大型化趋势）、不同炭化室高度炉型的污染物产排量的特点，规模一般分为炭化室高度<4.3 m 顶装焦炉、4.3～6 m 顶装焦炉（包括 4.3 m）以及炭化室高度≥6 m 焦炉三类。

常规机焦炉系指炭化室、燃烧室分设，炼焦煤隔绝空气间接加热干馏成焦炭，并设有煤气净化、化学产品回收利用的生产装置。装煤方式分顶装和捣固侧装。半焦（兰炭）炭化炉是以不粘煤、弱粘煤、长焰煤等为原料，在炭化温度 750℃ 以下进行中低温干馏，以生产半焦（兰炭）为主的生产装置。加热方式分内热式和外热式。热回收焦炉系指焦炉炭化室微负压操作、机械化捣固、装煤、出焦、回收利用炼焦燃烧废气余热的焦炭生产装置。以生产铸造焦为主。

### 三、炼焦工艺

焦化生产过程，主要有煤的配备、炼焦、熄焦、化学品回收和煤气净化回收。目前我国焦炭的主流生产工艺主要有水平室式常规机械化焦炉、捣固式热回收焦炉、直立炉生产工艺。

### 1. 水平室式常规机械化焦炉

机械化焦炉生产工艺已很成熟，其备煤、炼焦和煤气净化工艺流程见图 13-14。

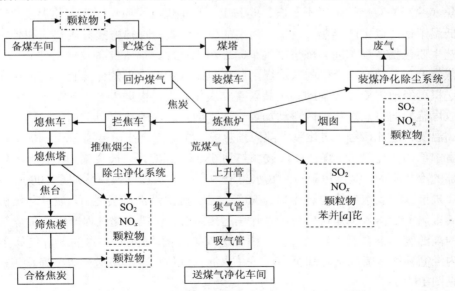

图 13-12　水平室式炼焦及焦处理工艺流程排污环节示意图

## 2．捣固式热回收焦炉

目前捣固式热回收焦炉以 SJ-96 型捣固式热回收焦炉和 QRD-2000 捣固式热回收捣固式焦炉为代表，前者是由山西三佳煤化有限公司开发研制，属冷装冷出工艺，后者由山西省焦化技术研究会和山西省化工设计院共同研发，属热装热出工艺。两者均已经过多年试生产运行。

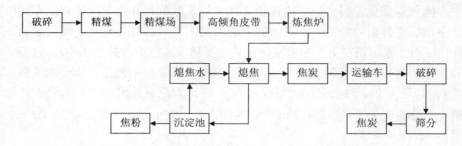

图 13-13　冷装冷出捣固式热回收焦炉生产工艺流程图

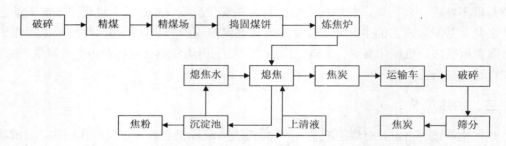

图 13-14　QRD-2000 捣固式热回收捣固机焦炉生产工艺流程示意图

## 3．直立炭化炉

半焦（兰炭）炭化炉是以不黏煤、弱黏煤、长焰煤等为原料，在炭化温度 750℃ 以下进行中低温干馏，以生产半焦（兰炭）为主的生产装置。加热方式分内热式和外热式。其生产工艺主要包括备煤车间、炼焦制气车间、污水处理、煤气储备及输送部分。

半焦生产工艺简介：合格的入炉煤用胶带机卸入炉组上部的储煤仓，经带有卸料车的袋式输送机再经放煤旋塞和辅助煤箱装入直立炭化炉内。根据生产工艺要求，每隔一段时间打开放煤旋塞向直立炭化炉内自动加煤一次。加入炉内的块煤自上而下移落，与燃烧室送入的高温气体逆流接触。炭化室上部为预热段，块煤在此被预热到 360～400℃；接着进入炭化室中部的炭化段，块煤在此段被加热到 680～720℃，并被炭化为半焦；半焦通过炭化室下部的冷却段时，经排焦箱与炉底水封槽内产生的水蒸气换热冷却至 200～160℃，最后被推焦机推入炉底水封槽内被冷却到 50℃ 左右，由刮焦机连续刮出，通过刮焦机尾部时经烘干装置烘干后落入半焦料仓后进入筛焦运焦系统。煤料炭化过程产生的荒煤气与进入炭化室的高温废气混合后，经上升管、桥管进入集气槽，120℃ 左右的混合气体在桥管和集气槽内经循环氨水喷洒被冷却至 80℃ 左右。混合气体和冷凝液送至煤气净化工段。其工艺流程见图 13-16。

水平室式常规机械化焦炉　　　　捣固焦炉　　　　　　直立炉

**图 13-15　半焦生产工艺设备**

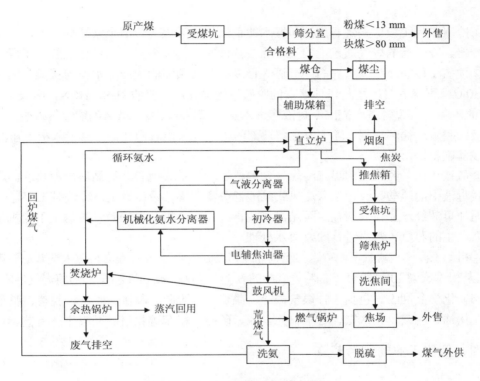

**图 13-16　直立炉生产工艺流程图**

## 4．现有的焦化企业基本生产工艺

（1）备煤。洗精煤或混煤进入贮煤场，经堆料机堆、取均匀煤质，再经带式输送机送至配煤槽，再经破碎至合格粒度，输送到配煤塔备用，如果是捣固焦还需将配合煤装入装煤推焦车的煤槽内，用捣固机捣固成煤饼。常规配煤包括配煤、制型煤及煤调湿等备煤生产工艺。

（2）炼焦。煤炭原料可以从焦炉顶部和侧面装入焦炉，在炭化室内隔绝空气条件下，加热至工艺温度经过结焦干馏，成熟的焦炭用推焦机从炭化室推出，经拦焦机将红焦导入熄焦车，熄焦车由电机车牵引至熄焦塔进行降温熄焦（分湿熄焦或干熄焦），熄焦后的焦炭卸至焦台进行晾焦，冷却后的焦炭由带式输送机送至筛焦楼进行焦炭的破碎和筛分，再外运；生产过程炭化室产生的荒煤气经桥管汇入集气管，桥管处喷洒稀氨水，焦油由700℃左右被迅速冷却至 90℃左右，析出随荒煤气被送至化产回收车间。炼焦分顶装焦炉炼焦、捣固焦炉炼焦、无回收焦炉炼焦等炼焦生产工艺。

炼焦生产是以经过洗选，含水约 10% 的炼焦煤为原料，粉碎成细颗粒，这一过程称焦煤的配备。配好的焦煤再从焦炉顶部装入炭化室，隔绝空气，加热到约 1 000℃，经高温干馏产生焦炭，这一生产过程为高温炼焦或高温干馏。原料煤中的硫分约 70% 残留在焦炭中，其余硫以硫化氢形式进入荒煤气。高温红焦用推焦车从炭化室推出，装在接焦车上，用水进行淋熄或置入关闭的槽内由循环惰性气体冷却成焦炭，这一过程称熄焦，分干熄焦和湿熄焦。炼焦过程产生的焦炉气通过导管传输到化学回收车间，经冷却、净化分离出煤气使用，这一过程称化学品回收。在焦炭生产过程中产生的粗干馏煤气，含多种芳香烃和杂环化合物、氨、硫化物、氰化物等。

（3）煤气净化。

①冷凝鼓风工段。夹带着焦油和氨水的荒煤气沿吸煤气管道至气液分离器，再经过横管初冷器，冷却后的煤气通过电捕油器除去焦油雾，再经鼓风机加压送至脱硫工段。

②脱硫工段。冷凝鼓风后的煤气进入预冷塔与塔顶喷洒的冷却水逆向接触，煤气被冷却到 30℃，再送入脱硫塔与塔顶喷淋的脱硫液逆向接触，吸收 $H_2S$、$HCN$，吸收了 $H_2S$、$HCN$ 的脱硫液从脱硫塔底流出经封液槽进入反应槽，泵入再生塔用压缩空气再生，再生后的溶液回脱硫塔循环使用，浮于再生塔顶部的硫磺泡沫由硫泡沫槽下部流入板框压滤机压滤生成硫磺粉饼。

③硫铵工段。经脱硫的煤气经煤气预热器进入喷淋式饱和器经循环母液喷洒，煤气所含氨被母液中的硫酸吸收，进入旋风式除酸器分离酸雾，最后送至终冷洗苯工序，吸收了氨的循环母液经过晶粒分级被送至结晶槽，再经过离心机分离的硫铵被送至干燥机干燥。换热后产生的蒸氨废水需进行酚氰废水处理。

④粗苯工段。从硫铵工段输送的煤气经冷却器温度降至 26℃ 左右再进入洗苯塔与塔顶喷洒的（从粗苯蒸馏工序来的）贫油将煤气中的苯洗至 4 000 mg/m³ 以下，然后将煤气供应用户。

（4）化学品回收。包括各种煤气鼓冷、脱焦油、脱硫、脱氰、脱氨、脱萘、脱苯净化工艺及焦油、硫铵、无水氨、氨水、元素硫、硫酸、粗苯等化产品回收生产工艺。

## 四、焦化工业的排污节点

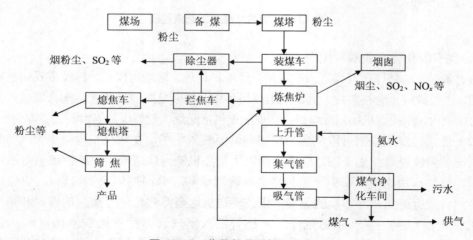

**图 13-17　焦化行业的排污节点图**

表 13-16　焦化企业主要废气排污节点及所采取的主要控制措施表

| 序号 | 工段 | 排污节点 | 污染物 | 防治措施 | 说明 |
|---|---|---|---|---|---|
| 1 | 储备煤工序 | 储煤场 | 颗粒物（无组织排放，约 2.5 kg/t 焦）占焦化无组织排放总量的 22% | （1）筒仓储煤；<br>（2）封闭式储煤库储煤；<br>（3）四周设挡风抑尘网和洒水设施 | 采用其中任何一种可满足要求 |
| 2 | | 破碎机 | | （1）输送廊道全封闭；<br>（2）在破碎机产尘点设置集尘罩，统一经集尘管送除尘装置，一般采用袋式除尘器 | （1）、（2）、（3）措施同时建设，配套使用 |
| 3 | 炼焦工序 | 装煤 | 颗粒物（1.6 kg/t 焦）、$SO_2$、BaP、BSO、CO、$H_2S$、$NH_3$、HCN 等，间断排放，占炼焦无组织排放总量的 50% | （1）高压氨水喷射；<br>（2）装煤地面站（炉顶设集尘系统、炉体一侧地面上设除尘系统。根据是否设置有燃烧装置和采取除尘方式不同，具体又有以下几种形式：不燃烧＋干法袋式除尘、不燃烧＋湿法除尘、燃烧＋干法袋式除尘、燃烧＋湿法除尘等）；<br>（3）炉顶设置侧吸管，将装煤烟气吸入相邻炭化室燃烧处理；<br>（4）炉顶设置移动式消烟除尘车；<br>（5）装煤孔盖，特制泥浆封闭 | 一般（1）是各企业普遍采用的装煤消烟抑尘设施，在此基础上，尾部配套采用或（2）或（3）或（4），任一种除尘措施[（2）、（3）、（4）三种措施均包括集尘和除尘两部分设施] |
| 4 | | 推焦 | 颗粒物（1.2 kg/t 焦）、$SO_2$、CO、$H_2S$、$NH_3$、BaP、BSO、HCN 等，间断排放，占炼焦无组织排放量的 40% | （1）拦焦车上设捕集罩；<br>（2）捕集烟气送地面站，地面站采用干法或湿法除尘；<br>（3）捕集烟气送炉顶消烟除尘车 | （1）是各焦化企业出焦除尘的捕集措施，是后面各措施的基础。捕集后烟气可送（2）或（3）进行处理 |
| 5 | | 炉门、炉顶、上升管、桥管等 | 颗粒物（0.4 kg/t 焦）、$SO_2$、CO、$H_2S$、$NH_3$、BaP、BSO、HCN 等，间断泄漏，占炼焦无组织排放量的 10% | （1）密封炉门；<br>（2）上升管和桥管水封；<br>（3）加强管理；<br>（4）敲打刀边炉门、弹性刀边炉门 | （1）、（2）、（3）同时配套使用，（4）是新技术 |
| 6 | | 输煤、筛焦及转运站 | 颗粒物（2 kg/t 焦）、占焦化无组织粉尘排放量的 17% | （1）转运站落料点可设喷雾装置抑尘；<br>（2）输送廊道全封闭；<br>（3）在产尘点设置集尘罩，统一经集尘管送除尘装置，一般采用袋式除尘器或泡沫除尘器 | （1）、（2）、（3）措施同时建设、配套使用 |
| 7 | | 晾焦台、焦场 | 颗粒物（2.7 kg/t 焦）占焦化无组织粉尘排放总量的 23% | 无措施 | 无组织排放，无法收集粉尘 |
| 8 | | 焦炉烟囱 | 颗粒物、$SO_2$、$NO_x$ 有组织排放 | 采用脱硫、脱氨后的净煤气为燃料 | 对焦化企业煤气净化和化产回收设施，应建冷鼓脱焦油脱萘、湿法脱硫、喷淋式饱和器脱氨、焦油洗脱苯四部分 |

| 序号 | 工段 | 排污节点 | 污染物 | 防治措施 | 说明 |
|---|---|---|---|---|---|
| 9 | | 熄焦塔 | 颗粒物（1.5 kg/t 焦）、SO₂、CO、H₂S、NH₃、BaP、BSO、HCN等，间断排放，占无组织粉尘排放总量的15% | 塔顶设折流板滞尘干法熄焦密闭设备，配备布袋除尘设施 | （1）和（2）同时建设，配套使用 |
| 10 | 煤气净化和化产回收 | 硫铵干燥器 | 颗粒物 | 旋风除尘＋雾膜水浴除尘 | |
| 11 | | 粗苯管式炉 | 颗粒物、SO₂、NOₓ | 采用脱硫、脱氨后的净煤气为燃料 | |
| 12 | | 蒸氨塔 | 氨 | （1）氨气冷却成氨水，送脱硫装置；（2）不经冷却，送硫铵饱和器 | 采用（1）或（2）任一种方式 |
| 13 | | 各类贮槽等 | 颗粒物、SO₂、CO、H₂S、NH₃、BaP、BSO、HCN等 | （1）管道收集，送排气洗净塔，用蒸氨废水洗涤后可达标排放；（2）设置呼吸阀；（3）设置压力平衡装置，返回煤气系统 | 贮槽类型和位置不同，以上三种方式可配合使用 |
| 14 | 锅炉烟气 | 锅炉房 | 颗粒物、SO₂、NOₓ | （1）以脱硫、脱氨后的净煤气为燃料，烟气可直接排放；（2）燃煤锅炉烟气应配脱硫除尘设施 | 一般焦化企业均采用燃气锅炉，部分焦化企业采用燃煤锅炉 |
| 15 | 剩余煤气 | 脱苯塔 | H₂S、BaP、CO、H₂S、NH₃等 | （1）可作甲醇企业生产原料；（2）可作镁合金企业生产燃料；（3）可作焦油加工、苯精制等原料或燃料；（4）其他用途 | 如未建剩余煤气综合利用设施，直接送放散管点燃放散 |

表 13-17　焦化企业主要废水排污节点及所采取的控制措施表

| 序号 | 废水名称 | 排污节点 | 主要污染物 | 治理措施 |
|---|---|---|---|---|
| 1 | 熄焦废水 | 熄焦塔 | COD、氨氮、氰化物、挥发酚、石油类等，含油量低，一般在 50 mg/L 以下，不少都低于 30 mg/L | 设置焦沉池，沉淀去除粉焦后循环使用，不外排 |
| 2 | 水封排水 | 上升管、桥管水封 | | 送污水处理装置 |
| 3 | 剩余氨水 | 冷鼓工段焦油氨水澄清槽 | | 送蒸氨装置 |
| 4 | 洗脱苯废水 | 粗苯控制分离器 | | 送机械化氨水澄清槽 |
| 5 | 终冷废水 | 煤气终冷器 | | 送污水处理装置 |
| 6 | 管线冷凝液 | 煤气排送管道冷凝液收集处 | | 送污水处理装置 |
| 7 | 蒸氨废水 | 蒸氨塔 | COD_Cr、NH₃-N、挥发酚、总氰化物、硫化物 | 送污水处理装置 |
| 8 | 地坪冲洗水 | 地坪冲洗 | SS、氨氮、酚、氰等 | 送污水处理装置 |
| 9 | 生活化验水 | 办公楼、宿舍楼等 | BOD₅、COD、SS 等 | 送污水处理装置 |
| 10 | 化学水处理站排水 | 锅炉给水处理站 | 盐分 | 作为熄焦、煤场抑尘、加湿卸灰使用 |
| 11 | 锅炉排污水 | 锅炉 | 盐分 | |
| 12 | 循环水系统排水 | 化产、制冷循环水系统 | 盐分 | |
| 13 | 污水处理装置出水 | 污水处理装置 | COD、氨氮、氰化物、挥发酚、硫化物、石油类等 | 污水处理工艺一般 A/O 法（包括 A²/O，A/O²，A²/O² 法）。处理后出水作为熄焦或洗煤补充水，不得排放 |

注：木屑过滤法对生化出水中 BaP 的去除率达 95%以上，可使出水中 BaP 含量降至 0.5 μg/L 以下；混凝沉淀法对生化出水中 BaP 去除率高在 91%以上，出水中 BaP 质量浓度为 0.8 μg/L 到 6.2 μg/L；活性炭吸附法对生化出水中 BaP 去除率高达 98%以上，出水中 BaP 质量浓度平均为 0.018 μg/L，最高为 0.05 μg/L；催化湿式氧化法对焦化废水中 BaP 的去除率达 97%左右，出水中 BaP 的质量浓度为 0.679 μg/L。

表 13-18　焦化企业主要固体废物产生节点及采取的处置措施表

| 序号 | 固体废物名称 | 产生部位 | 主要污染成分 | 处置方式 |
|---|---|---|---|---|
| 1 | 粉焦 | 熄焦焦沉池 | 焦尘 | 一般固废，外售给周边居民或企业作燃料 |
| 2 | 焦油渣 | 冷鼓工段机械化氨水澄清槽和焦油分离器 | 含一定量焦油和氨水的煤粒及游离碳的混合物，一般含水 8%～15%，挥发分 60%左右 | 危险废物，可掺入煤中炼焦 |
| 3 | 脱硫废液 | 脱硫工段脱硫液贮槽 | 主要为 $Na_2S_2O_3$、$NaCNS$、$(NH_4)_2S_2O_3$、$NH_4CNS$ 成分 | 危险废物，可掺入煤中炼焦 |
| 4 | 酸焦油 | 硫铵工段满流槽 | 约含甲苯可溶物 50%～70%，灰分 5%～10%，以及苯族烃、萘、蒽、酚类、硫化物等 | 危险废物，可掺入煤中炼焦 |
| 5 | 沥青渣 | 蒸氨塔 | 沥青渣 | 危险废物，掺入煤中炼焦 |
| 6 | 再生残渣 | 粗苯工段洗油再生器 | 主要为芴、联亚苯基氧化物等 | 危险废物，掺入煤中炼焦 |
| 7 | 剩余污泥 | 污水处理装置 | 有机物、细菌、微生物及重金属离子等 | 危险废物，可掺入煤中炼焦 |
| 8 | 除尘灰 | 备煤、筛焦袋式除尘系统，装煤、出焦除尘地面站 | 煤尘、焦尘等 | 一般固废，可掺入煤中炼焦 |
| 9 | 生活垃圾 | 办公楼、宿舍楼等 | 有机物、无机物等 | 定点堆放 |

表 13-19　焦化厂噪声及其他污染控制措施表

| 污染名称 | 产生部位 | 主要污染成分 | 采取措施 |
|---|---|---|---|
| 噪声 | 破碎机、振动筛、煤气鼓风机、锅炉鼓风机、锅炉引风机、锅炉排汽、空压机、除尘风机、物料及废水输送机泵、焦炉机械等 | 噪声 | （1）选择低噪设备；（2）大型设备布置于室内，设置隔音设施；（3）根据实际情况，可用隔声、吸声、消声、减振等措施；（4）绿化美化隔声 |
| 事故风险 | 蒸氨塔事故 | 含氨氮、氰化物、挥发酚、硫化物、石油类等 | （1）设置型号相同的备用蒸氨塔；（2）设置蒸氨废水收集池 |
| | 储槽区事故 | 含焦油、氨水、苯等物质 | （1）加强事故预警，建设安全预警设施；（2）设置事故水池；（3）设置围堤和防火堤 |
| | 荒煤气放散 | 尘、$SO_2$、$CO$、$H_2S$、$NH_3$、$BaP$、$BSO$、$HCN$ 等 | （1）设置循环氨水泵、鼓风机等备品，保证随时投用；（2）设置煤气放散自动点火装置；（3）保证双回路电源，使每路均能承担 100%负荷 |
| 环境管理和监测 | 全厂 | 无 | （1）焦炉烟囱、全厂总排口安装连续在线监测仪；（2）设专职环保机构和环保人员，并有可满足要求的环保监测仪器 |

| 污染名称 | 产生部位 | 主要污染成分 | 采取措施 |
|---|---|---|---|
| 跑冒滴漏 | 全厂设备连接处 | 焦油、氨水、焦化废水 | （1）在易产生跑冒滴漏的装置区周边设收集渠道，将其引入污水处理装置；<br>（2）在易产生跑冒滴漏设备处设收集槽，并设置专用集液车，可即时收集送污水处理装置 |
| 初期雨水收集 | 全厂 | 地面冲刷污染物 | 按照全厂地形特点，设置初期雨水收集池，收集初期雨水送污水处理装置 |
| 厂区防渗 | 全厂 | 焦油、氨水、焦化废渣 | 对重点装置区和重点构建物进行防渗处理，要求全厂硬化或绿化，不存在裸露地坪 |

### 五、焦化工业的废气污染

焦炭生产过程排放废气特征污染物主要有废气中的 TSP、$SO_2$、BaP 和废水中的氨氮、挥发酚和石油类。焦化废气污染物产生指标装煤、推焦产生的颗粒物、苯并[a]芘、$SO_2$；焦炉烟囱产生的 $SO_2$；焦炉无组织逸散的废气污染物。

装煤过程排放的污染物占炼焦过程排放总量的 50%，推焦占 40%，炼焦设备泄漏占 10%。钢铁厂焦炉的加热常采用高炉煤气混焦炉煤气加热，非钢铁厂的大型焦炉采用煤气加热，中小锅炉采用焦炉煤气加热。产生的废气量约 1 500 $m^3$，废气中有少量 $SO_2$、$NO$。泄漏的 CO、$SO_2$、甲烷、焦油气、苯并[a]芘等，主要是无组织排放，而且是间断排放。

#### 1. 焦化厂的粉尘污染

焦炉在煤场装卸、贮煤、输煤、筛焦、转运，焦场、焦炭运输过程产生的无组织扬尘排放严重，大约 7 kg/t 焦。

在炼焦车间的装煤、推焦、湿熄焦、放焦过程中产生大量烟粉尘约 4.5 kg/t 焦（装煤 1.55 kg/t 焦、推焦 1.2 kg/t 焦、炉门炉顶泄漏 0.36 kg/t 焦、熄焦 1～2 kg/t 焦）。

焦炉煤气的产生量为 $M = 280 + 1\,000 \times (H - 22\%)$ $m^3$/t 吨煤，其中 $H$ 为煤的挥发分（%），如缺少煤的挥发分数据可采用平均值 $M = 345$ $m^3$/t 煤，或 450 $m^3$/t 焦。其中含水蒸气 140 kg、焦油 40 kg、粗苯 12 kg、氨 5 kg 和煤气 350～430 $m^3$（主要含 $H_2$、$CH_4$、COD、氰化物、$NO_x$ 等可燃成分）。荒煤气的温度在 700℃ 左右，离开炭化室时带走的热量约占总加热煤气热量的 35%，折合为 1 280 MJ/t 焦。荒煤气经过氨水喷洒冷却，再进一步分离煤焦油、净煤气、粗苯等化产品。

干法熄焦和湿法熄焦比较。出炉红焦的显热约占焦炉能耗的 35%～40%，干法熄焦可回收 80% 的显热，吨焦生产可节约 80～100 kg 动力煤（每吨动力煤燃烧可产生烟尘 1.8 kg、16 kg$SO_2$、1 t $CO_2$）、可降低能耗 50～60 kg、节约用水 450 kg；干法熄焦投资（110～150 元/t）是湿法熄焦投资（10～15 元/t）的 10 倍。先进的配煤技术工艺可使炼焦煤节约 30% 以上，通过提高煤气净化技术可大大提高粗苯、粗萘、粗蒽的回收率。

在化学产品回收和精制车间设备和管道的泄漏，将生产过程中的许多化学品硫化氢、苯、酚、氰化物、碳氢化合物、氨、环芳烃等排放到外界环境，都属于有毒化学品。

表 13-20 焦化行业烟气量、工艺废气量、粉尘产生量系数表

| 工艺 | 规模 | 烟气量/<br>(m³/t·原料) | 工艺废气量/<br>(m³/t·原料) | 粉尘量/<br>(kg/t·原料) |
|---|---|---|---|---|
| 顶装 | 炭化室≥6 m | 1 368~1 924 | 2 302（干熄焦） | 0.003 4~0.024 7（烟尘） |
| | | | 1 879~2 021（湿熄焦） | 7.169（无组织） |
| | 炭化室<br>4.3 m~6 m | 1 511~3 376 | 2 385（干熄焦） | 0.003 5~0.029 3（烟尘） |
| | | | 1 946~2 090（湿熄焦） | 7.766（无组织） |
| | 炭化室<br><4.3 m | 1 660 | 2 391~2 568（湿熄焦） | 0.004（烟尘） |
| | | | | 10.541（无组织） |
| 捣固 | 全部 | 1 598~2 133 | 1 970~2 115（湿熄焦） | 0.003 7~0.028 8（烟尘） |
| | | | | 7.995（无组织） |
| 热回收 | 全部 | 4 096 | 433（干熄焦） | 0.437（烟尘） |
| 煤焦油加工 | 全部 | 4 166 | 921 | 0.002 2（烟尘） |

注：①工艺废气量为：装煤地面站+出焦地面站+备煤、筛焦、转运站处+熄焦的废气量，粉尘无组织排放量为装煤地面站+出焦地面站+（备煤、筛焦、转运站处）的粉尘量；②炭化室规模等级 4.3~6 m 包括炭化室高 4.3 m 焦炉，但不包括 6 m 焦炉；③烟气量和工艺废气量的单位为 Nm³/t 产品，粉尘产生量的单位为 kg/t 产品。④数据来自《第一次全国污染源普查工业污染源产排污系数手册》。

表 13-21 焦化生产无组织粉尘排放量　　　　　　　　　　单位：kg/t 焦

| 规模 | 煤场 | 焦场 | 备煤、筛焦、转运 | 装煤 | 推焦 | 焦炉泄漏<br>（炉门炉顶） | 湿熄焦 | 合计 |
|---|---|---|---|---|---|---|---|---|
| 炭化室≥6 m | 2.543 | 2.658 | 1.968 | 1.55 | 1.210 | 0.363 | 1.028~1.936 | 11.3~12.2 |
| 炭化室 4.3 m~6 m | 2.794 | 2.807 | 2.165 | | | | | 11.9~12.8 |
| 炭化室<4.3 m | 3.794 | 3.976 | 2.771 | | | | | 14.7~15.6 |

注：数据来自《第一次全国污染源普查工业污染源产排污系数手册》、胡学毅等著《焦炉炼焦除尘》、山西李云兰著《焦化生产中废气来源与危害》。

### 2. 焦化厂的二氧化硫污染

如果炼焦煤的含硫率为 $S$，约 1.4 t 原煤生成 1 t 焦炭，焦化过程煤中约有 30%的硫进入焦炉煤气，生产 t 焦炭进入到焦炉煤气中的硫约为 $1\ 400S \times 30\% = 420S$ kg。如果焦煤的含硫率为 0.6%，则有 2.52 kg 硫分（95%的硫以 $H_2S$ 的形式存在，因为硫化氢在水中的溶解比为 1∶2.6，所以硫化氢溶解于冷凝水中的量很小）进入焦炉煤气，如焦炉煤气未脱硫，燃烧后产生的 $SO_2$ 约为 5.04 kg。如有脱硫措施，排放量根据实际去除率测算。

焦炉煤气中一般含有 $H_2S$ 6~8 g/m³ 和 HCN 1.5~2 g/m³，若不事先脱除，将会有 50%的 HCN 和 10%~40% $H_2S$ 进入氨、苯回收系统，加剧了设备的腐蚀。焦炉煤气净化工艺流程的选择，主要取决于脱氨和脱硫的方法。根据上述焦煤炼焦过程硫的平衡测算（按 0.6%的硫分，焦炉煤气含硫分 2.52 kg，若考虑部分 $H_2S$ 进入氨、苯回收系统，实际进入焦炉煤气的硫分总量为 1.5~2 kg）。

一般焦炉产生的焦炉气满足炼焦需要只需 45%的焦炉煤气（160~200 m³）即可，其余煤气属于富余煤气，有时为了保证炼焦质量还要适当使用一定量的高炉煤气，富余的焦炉煤气量还会更多（多于 200 m³）。如果炼焦全部使用焦炉煤气，炼 1 t 焦炉煤气中的硫分

产生的 $SO_2$ 量还会少。如果焦炉气经过脱硫实际用于炼焦产生的 $SO_2$ 量和普查系数情况大致相同。如果焦炉气未脱硫多出现在中小炼焦企业，除了 45%直接用于炼焦，其余焦炉气如外输，必须脱硫，也不会在焦化企业使用，其中 45%的硫分在炼焦过程转为 $SO_2$ 量；如不能外输，多进行点火放散，即焦化产生的硫分全部转为 $SO_2$ 量。

表 13-22　煤在高温干馏时其硫在产品中的分布

| 产品 | 焦炭 | 煤气 |
|---|---|---|
| 占煤中总含硫量（质量分数）/% | 70 | 30 |

注：数据主要参考向英温等著《煤的综合利用基本知识问答》。

表 13-23　山西焦炭行业不同炉型大气污染物排放系数汇总　　单位：kg/t

| 炉型 | 清洁型热回收焦炉 | 大机焦 | 小机焦 | 改良焦 | 土焦 |
|---|---|---|---|---|---|
| $SO_2$ | 0.59 | 0.2 | 1.936 | 1.53 | 3.41 |

注：摘自山西省社会科学院能源研究所曹海霞著《山西省焦化行业污染物排放总量控制研究》。

表 13-24　焦化行业二氧化硫产生量系数表　　单位：kg/t 产品

| 工艺 | 规模 | 燃料 | 有组织 | 无组织 | 工艺 | 燃料 | 有组织 | 无组织 |
|---|---|---|---|---|---|---|---|---|
| 顶装 | 炭化室≥6 m | 高炉煤气 | 0.013 9 | 0.032 | 捣固 | 高炉煤气 | 0.015 | 0.048 |
| | | 焦炉煤气 | 0.062 2[①] | | | 焦炉煤气 | 0.011 7[①] | |
| | | | 0.098 8[②] | | | | 0.122 3[②] | |
| | 炭化室 4.3 m～6 m | 高炉煤气 | 0.014 7 | 0.046 | | | 1.808[③] | |
| | | 焦炉煤气 | 0.069 5[①] | | 热回收 | 焦炉煤气 | 5.039 | |
| | | | 0.113 2[②] | | 煤焦油加工 | 焦炉煤气 | 0.041[①] | |
| | | | 1.705[③] | | | | 0.071[②] | |
| | 炭化室<4.3 m | 焦炉煤气 | 0.131 8[②] | 0.050 | | | | |
| | | | 1.878[③] | | | | | |

注：①采用湿式氧化脱硫（$H_2S$）工艺（包括 HPF 法、T.H 法、F.R.C 法、ADA 法等）的焦炉煤气加热；②采用湿式吸收脱硫（$H_2S$）工艺（包括 A.S 法、索尔菲班法、真空碳酸盐法等）的焦炉煤气加热；③采用未脱硫的焦炉煤气加热；④无组织排放仅指装煤和推焦污染物系数。⑤数据主要来自《第一次全国污染源普查工业污染源产排污系数手册》。

### 3. 焦化厂的氮氧化物污染

焦化工艺氮氧化物形成机理：由于规划和工艺需要，加热煤气包括焦炉煤气或高炉煤气。加热煤气中的氮形成氨已被洗去，炼焦过程中的氮氧化物主要是热力型的 $NO_x$（空气中的氮转化形成）。在温度小于 1 350℃时，几乎没有热力型 $NO_x$，只有温度超过 1 600℃，热力型 $NO_x$ 才会明显增加。由于炼焦加热的温度未达到 1 350℃，故炼焦过程中的氮氧化物产生量比较小。使用高炉煤气加热比使用焦炉煤气加热所需的气量比较大，产生的烟气量也比较大，故使用高炉煤气加热比使用焦炉煤气加热的氮氧化物产生量要大。

表 13-25　焦化行业氮氧化物产生量系数表　　　　　　　　　　　　单位：kg/t 产品

| 工艺 | 顶装 | | | 捣固 | 热回收 | | 煤焦油加工 |
|---|---|---|---|---|---|---|---|
| 规模 | 炭化室≥6 m | 炭化室4.3 m～6 m | 炭化室<4.3 m | 全部 | 全部 | | 全部 |
| 氮氧化物 | 0.34～0.413 | 0.389～0.452 | 0.439 | 0.403～0.462 | 0.177（铸造焦） | 0.393（冶金焦） | 0.206 |

注：①本表中的氮氧化物产生量为烟气中的含量，均为有组织排放。②数据来自《第一次全国污染源普查工业污染源产排污系数手册》。

### 4．焦化厂的苯并[a]芘（BaP）污染

泄漏的苯并[a]芘排放量为 1～3 g/t 焦，成为焦化生产过程的主要废气。

表 13-26　山西焦炭行业不同炉型大气污染物排放系数汇总　　　　　单位：kg/t

| 炉型 | 清洁型热回收焦炉 | 大机焦 | 小机焦 | 改良焦 | 土焦 |
|---|---|---|---|---|---|
| 苯并[a]芘（BaP） | 0.000 13 | 0.001 | 0.001 5 | 0.002 9 | 0.034 |

注：摘自山西省社会科学院能源研究所曹海霞著《山西省焦化行业污染物排放总量控制研究》。

## 六、焦化工业的废水污染

国内领先水平的耗水指标为 4.5 t/t 焦，耗电为 40 kW·h/t 焦等。湿法熄焦每吨红焦需 1.4～1.6 t 水，蒸发的水量约 0.5 m³/t 焦。生产过程冷却水消耗最大的是上升管喷洒的剩余氨水，其次为煤气由 70℃冷却到 25℃左右的初冷水。在污水处理过程中，为满足去除氨、氮的要求，需补充大量新水用以稀释高浓度废水。焦化生产具有不同生产规模和工艺差别，但循环水补充用量为 2.0～6.0 t/t 焦，处理后外排水量为 0.5～3.0 t/t 焦。蒸汽消耗主要在蒸氨、精苯加工、焦油加工等生产系统，现有生产水平下的平均蒸汽耗量为 50～400 kg/t 焦。

焦化废水主要来自熄焦废水、蒸氨酚氰废水、备煤工段产生的污染物蒸氨废水。焦化废水中污染物主要有 COD、挥发酚、氰化物、硫化物、石油类、氨氮等。

焦化厂的污水主要产生于炼焦、制气、化学产品回收过程。废水量大，水质复杂。废水中有大量铵盐、硫化物、氰化物、油类、氨氮，还有酚、苯、多种环芳烃和杂环烃等，不仅有毒有害、难以降解，而且还有致癌物质，对环境污染极其严重。

焦化厂的洗煤污水、冲地污水、湿法熄焦水、除尘污水，这类污水主要含 SS，一般经澄清处理后可重复使用。

荒煤气的冷却、净化洗涤水、粗苯加工的蒸汽冷凝水、焦油加工的冷凝水和洗涤水、设备清洗水等称酚氰废水，含一定浓度的酚、氰化物、硫化物、焦油类、氨，这类废水毒性极强，是焦化废水治理的重点。废水中氨氮质量浓度 600 mg/L。

从 BaP 的特征看，由于其在水中溶解度极低，常温下仅 0.05 μg/L，它虽难溶于水却可溶于焦油中。分析其在水中存在形态有 3 种：①以固态存在，可以其本身形成悬浮物存在，或被吸附于水中的污泥上；②溶于油中，以悬油滴存在于水中或与油一起溶于水中；③以极小溶解度溶于水中。通过分析剩余氨水和蒸氨废水中 BaP 的存在形式，发现 98%以上的 BaP 是以固态形式存在于水中，结果见表 13-27。

表 13-27　BaP 在焦化工艺废水中的质量分布　　　　　　　　　　　　　　　单位：%

| 焦化废水 | 分布于固相中 | 分布于液相中 |
|---|---|---|
| 剩余氨水 | 99.6 | 0.4 |
| 蒸氨废 | 98.3 | 1.7 |

表 13-28　焦化行业水污染物产生量系数表

| 工艺 | 规模 | 蒸氨工段采用的工艺 | 工业废水量/(t/t 产品) | COD/(g/t 产品) | BOD₅/(g/t 产品) | 氨氮/(g/t 产品) | 石油类/(g/t 产品) | 挥发酚/(g/t 产品) | 氰化物/(g/t 产品) |
|---|---|---|---|---|---|---|---|---|---|
| 顶装 | 炭化室≥6 m | 硫铵 | 0.48 | 730.2 | 256.8 | 93.5 | 93.1 | 186.7 | 3.9 |
| | | 水洗氨 | 0.64 | 1 308.5 | 381.1 | 142.4 | 135.6 | 253.8 | 5.7 |
| | 炭化室 4.3～6 m | 硫铵 | 0.50 | 885 | 293.1 | 104.5 | 114.6 | 267.5 | 4.5 |
| | | 水洗氨 | 0.68 | 1 435.1 | 419.4 | 162.8 | 168.5 | 371.3 | 6.5 |
| | 炭化室<4.3 m | 硫铵 | 0.53 | 1 206.8 | 435.4 | 136.4 | 149.1 | 297.2 | 7.6 |
| | | 水洗氨 | 0.71 | 2 147.3 | 643.8 | 205.3 | 205.2 | 423.2 | 12.2 |
| 捣固 | 全部 | 硫铵 | 0.58 | 1 017.3 | 326.8 | 115.8 | 117.3 | 263.3 | 5.6 |
| | | 水洗氨 | 0.79 | 1 838.3 | 451.4 | 179.5 | 152.9 | 355.2 | 9.3 |
| 煤焦油加工 | 全部 | | — | 0.364 | 32.034 | 11.585 | 6.124 | 5.824 | 4.604 | 0.321 |

注：数据来自《第一次全国污染源普查工业污染源产排污系数手册》。

　　焦化废水是煤制焦炭、煤气净化及焦化产品回收过程中产生的废水，废水排放量大，水质成分复杂，除了氨、氰、硫氰根等无机污染物外，还含有酚、油类萘、吡啶、喹啉、蒽等杂环及多环芳香族化合物（PAHs）。

　　焦化废水以蒸氨过程中产生的剩余氨水为主要来源。蒸氨废水是混合剩余氨水蒸馏后所排出的废水。剩余氨水是焦化厂最重要的酚氰废水源，是含氨的高浓度酚水，由冷凝鼓风工段循环氨水泵排出，送往剩余氨水贮槽。剩余氨水主要由三部分组成：装炉煤表面的湿存水、装炉煤干馏产生的化合水和添加入吸煤气管道和集气管循环氧水泵内的含油工艺废水。剩余氨水总量可按装炉煤 14% 计。剩余氨水在贮槽中与其他生产装置送来的工艺废水混合后，称为混合剩余氨水。混合剩余氨水的去向，有的是直接蒸氨，有的是先脱酚后蒸氨，有的是与富氨水合在一起蒸氨，还有的是与脱硫富液一起脱酸菜氨，脱酸蒸氨前要进行过滤除油。

　　焦化废水所含污染物包括酚类、多环芳香族化合物及含氮、氧、硫的杂环化合物等，是一种典型的含有难降解的有机化合物的工业废水。焦化废水中的易降解有机物主要是酚类化合物和苯类化合物，砒咯、萘、呋喃、咪唑类属于可降解类有机物。难降解的有机物主要有砒啶、咔唑、联苯、三联苯等。焦化废水的水质因各厂工艺流程和生产操作方式差异很大而不同。一般焦化厂的蒸氨废水水质如下：$COD_{Cr}$ 3 000～3 800 mg/L、酚 600～900 mg/L、氰 10 mg/L、油 50～70 mg/L、氨氮 300 mg/L 左右。焦化废水一般按常规方法先进行预处理、然后进行生物脱氮二次处理。

　　焦化污水的水量、水质因焦化生产的规模、采用的煤气净化工艺以及对化工产品加工的深度不一而有所不同，但水质水量的变化基本遵从表 13-29 的规律。

表 13-29　国内焦化废水的水质

| 废水名称 | | 挥发酚/(mg/L) | BOD/(mg/L) | COD$_{Cr}$/(mg/L) | 焦油类/(mg/L) | 氰化物/(mg/L) | 苯/(mg/L) | 硫化物/(mg/L) | 挥发氨/(mg/L) | 萘/(mg/L) | 水温/℃ | 水量/(m³/t 焦炭) |
|---|---|---|---|---|---|---|---|---|---|---|---|---|
| 蒸氨废水 | 已脱酚 | 150~200 | 1 500 | 4 000~6 000 | 200~500 | 10~25 | | 50~70 | 120~350 | | 98 | 0.34~1.05 |
| | 未脱酚 | 200~12 000 | 1 500 | 5 000~8 000 | | | | | | | | |
| 粗苯分离水 | | 300~600 | | 1 000~2 500 | 微量 | 100~250 | 100~500 | 1~2 | 100~200 | | 46~65 | 0.05~0.08 |
| 终冷水排水 | | 100~300 | | 700~1 000 | 200~350 | 100~200 | | 20~50 | 50~100 | 10（水洗） | 30 | 0.5 |
| 精苯车间废水 | | 350 | | 350~2 500 | | 50~750 | 200~400 | 5~30 | 35~85 | | | 0.012~0.022 |
| 古马隆废水 | | 30 | | | | 5~10 | | | | | | 0.015 |
| 水封槽排水 | | 10 | 200~300 | | 5~10 | 1 | | 0.7~3 | 20~30 | | | 0.01~0.04 |
| 沥青池排污 | | 10 | | | 20~40 | 1~5 | | 5~10 | 20~40 | | | |

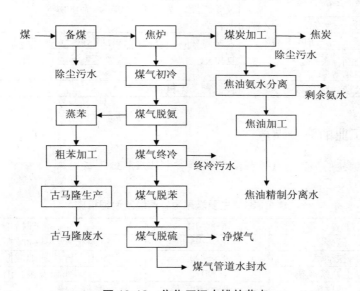

图 13-18　焦化厂污水排放节点

## 七、焦化工业的废渣污染

备煤工段收尘器回收的煤尘、装煤推焦除尘系统除下的粉尘、熄焦筛焦系统回收的焦粉、冷鼓工段的焦油渣、粗苯再生渣和剩余污泥成分复杂，如固体废物露天堆置，随风飘散或被雨水冲刷会对大气、土壤和水体产生污染。因此，必须对这些废物采取有效的综合利用和合理处置。

焦炭生产、煤气净化、化学产品精制过程中会产生固态、半固态及液态的固体废物，如尘泥、焦油渣、酸焦油、洗油残渣、黑奈、吹苯残渣及残液、生化处理污泥、酚和吡啶精制残渣、脱硫残渣、焦油于焦油残渣等。这些废渣除尘泥外，均为有毒、易燃的危险废物，应严格管理，尽量回收利用。

焦化企业产生的固体废物中，除粉焦、除尘灰外，其余均为危险废物，掺入入炉精煤中炼焦是目前较为可靠的综合利用方式。

检查固体废物主要产生源、产生量；检查各类固体废物现场堆存量和堆存方式，判断是否满足危废暂存要求；检查固体废物综合利用措施，判断是否符合危废处理处置规范。

若采用外销方式，应检查是否有外销协议，协议方是否有处理危废的资质。

焦化企业固体废物来源、主要成分或常见处置方式见表 13-30。

表 13-30  固体废物来源、主要成分或常见处置方式

| 污染源名称 | 来源 | 主要污染成分 | 处置方式 |
|---|---|---|---|
| 粉焦 | 熄焦——焦沉池 | 焦尘 | 外售 |
| 焦油渣 | 冷鼓——机械化氨水澄清槽和焦油分离槽 | 含有一定量焦油和氨水的煤粒及游离碳的混合物，一般含水 8%～15%，挥发分 60%左右 | 掺煤炼焦 |
| 脱硫废液 | 脱硫——溶液贮槽 | 主要为 $Na_2S_2O_3$、NaCNS、$(NH_4)_2S_2O_3$、$NH_4CNS$ 成分 | 掺煤炼焦 |
| 酸焦油 | 硫铵——满流槽 | 约含甲苯可溶物 50%～70%，灰分 5%～10%，以及苯族烃、萘、蒽、酚类、硫化物等 | 掺煤炼焦 |
| 沥青渣 | 蒸氨——蒸氨塔 | 沥青渣 | 掺煤炼焦 |
| 再生残渣 | 脱苯——洗油再生器 | 主要为芴、联亚苯基氧化物等 | 掺煤炼焦 |
| 剩余污泥 | 污水处理装置 | 有机物、细菌、原生动物及重金属离子等 | 掺煤炼焦 |
| 粉灰 | 地面站等除尘装置 | 煤尘、焦尘等 | 掺煤炼焦 |
| 生活垃圾 | 办公楼、宿舍楼等 | 有机物、无机物等 | 定点堆放 |

### 八、焦化工业的环境噪声

焦化企业主要噪声源、声级及治理措施参照表 13-31。

表 13-31  主要噪声源、声级及治理措施

| 工序名称 | 主要设备 | 声级 dB | 治理措施 |
|---|---|---|---|
| 备煤筛焦 | 破碎机 | 85～95 | 室内布置、基础减振、隔音操作 |
|  | 振动筛 | 85～90 | 室内布置、基础减振、隔音操作 |
|  | 除尘系统风机 | 90 | 基础减振、消音器 |
| 炼熄焦 | 鼓风机 | 85～100 | 减振支座、消音器、隔音操作 |
|  | 地面站风机 | 100 | 室内布置、基础减振、消音器 |
| 煤气净化 | 煤气鼓风机 | 90～100 | 室内布置、消音器、隔音操作 |
|  | 氨水泵 | 95 | 基础减振 |
|  | 焦油泵 | 90 | 基础减振 |
|  | 其他泵 | 75～90 | 基础减振、隔音室 |
| 空压站 | 空压机 | 90～100 | 室内布置、基础减振、隔音室 |
| 泵房 | 水泵 | 85～95 | 减振支座、隔音室 |
|  | 排污泵 | 95 | 减振支座、隔音室 |
| 制冷站 | 制冷机组 | 90 | 减振支座、隔音室 |
| 锅炉房 | 鼓风机 | 95～100 | 减振支座，消音器、隔音室 |
|  | 引风机 | 95～100 |  |
|  | 排汽 | 105 | 消音器 |

## 第四节　煤炭的气化工业污染核算

我国缺油、少气，煤炭资源相对比较丰富。在油价上涨、天然气供不应求的形势下，如何利用我国煤炭资源相对丰富的优势发展煤化工、煤制油和煤炭综合利用，煤炭气化是中国煤炭清洁利用的重要途径之一。煤气化是煤化工产业的龙头，为下游装置提供原料气，大部分煤化工工艺如煤制甲醇、合成氨等都要采用气化工艺将固态的原料煤转化为 CO、$H_2$ 和 $CO_2$ 等气态物质，而后再进行相应的后续工艺。

以煤炭为原料，采用空气、氧气、$CO_2$ 和水蒸气为气化剂，在气化炉内进行煤的气化反应，可以生产出不同组分不同热值的煤气。为了提高煤气化的气化效率和气化炉气化强度，改善环境，实施节能减排，符合清洁生产要求，煤气化技术总的方向是气化压力由常压向中高压（8.5 MPa）发展；气化温度向高温（1 500～1 600℃）发展；气化原料向多样化发展；固态排渣向液态排渣发展。固态床、流化床、气流床等几种不同类型的煤气化技术均取得了较大的进展和较好的效果。

### 一、煤炭气化的原理

煤的气化是利用气化剂（水蒸气、空气、$O_2$、$H_2$），将煤炭及其干馏产物（半焦、碎炭、焦炭）的有机物最大限度地转化为煤气（CO、$H_2$、$CH_4$ 等）的过程，由于使用的设备是煤气发生炉，也称为发生炉煤气。另外，煤炭通过干馏得到的煤气称为干馏气，其煤气产气率远低于发生炉煤气。

### 二、发生炉煤气的种类

依据所用气化剂的不同，发生炉煤气主要种类见表 13-32。

**表 13-32　发生炉煤气种类**

| 煤气种类 | 气化剂类型 | 煤气地位热值/（kJ/$m^3$） | 煤气主要燃气组分（体积）/% | | |
|---|---|---|---|---|---|
| | | | $H_2$ | CO | $CH_4$ |
| 水煤气 | 水蒸气 | 10 032～11 286 | 50 | 37 | 0.3 |
| 半水煤气 | 水蒸气＋适量空气或富氧 | 10 032～10 405 | 37 | 33 | 0.3 |
| 空气煤气 | 空气 | 3 762～4 598 | 1 | 33 | 0.3 |
| 混合煤气 | 空气＋适量水蒸气 | 5 016～6 270 | 11 | 28 | 0.5 |

注：摘自向英温等著《煤的综合利用基本知识问答》（冶金工业出版社 2009 年版）。

### 三、煤炭气化的设备

每种气化炉都有其适宜气化的煤种要求，而这些要求又是因为炉型的特点而产生的。煤气化的主要设备根据煤的性质和对煤气的不同要求有多种气化方法，相应的气化设备有固定床（移动床）气化炉，如间歇式（UGI）煤气化炉、连续式（鲁奇）煤气化炉等；流化床（沸腾床）气化炉，如温克勒煤气化炉等；气流床煤气化炉，如 K-T 煤气化炉、德士古煤气化炉等。各种炉型的气化条件和生成气特征均不相同。

### 1. 常压固定床煤气发生炉

最早工业化应用的是常压固定床煤气发生炉（主要作为燃料气使用），在气化过程中，块煤灰碎煤从顶部加入，气化介质（空气、氧气、水蒸气等）从底部鼓进炉内。实际上煤料在气化过程中以很慢速度向下移动。该技术成熟，但单炉气化能力小，副产物多，煤种适应性差，存在吹风放空气对大气污染严重等缺点，环境友好性差。我国生产氮肥主要采用常压固定层空气、蒸汽间歇制气，属于将逐步被淘汰的工艺。

常压固定层无烟煤（或焦炭）富氧连续气化技术由间歇式气化技术发展而来，以富氧作为气化剂。其特点是对大气污染小、设备维修费用低，适于用无烟煤原料，是对已有的常压固定层间歇式气化技术的改进。典型工艺有常压固定层间歇式无烟煤（或焦炭）气化技术、常压固定层无烟煤（或焦炭）富氧连续气化技术、鲁奇固定层煤加压气化技术等、英国 BGL 高温熔渣煤气化技术。

固定层间歇式气化技术吹风过程放空气对环境污染严重，属于将逐步淘汰的工艺。固定层富氧连续气化技术生成气中氮气含量高，不适于做合成甲醇的原料气。鲁奇固定层煤加压气化技术适用于生产城市煤气和燃料气。由于产生的煤气中含有焦油、1%的高碳氢化合物、10%的甲烷，且焦油的分离以及含酚污水处理程序较为复杂，故不推荐用以生产合成气。

图 13-19　分别为 3.2 m、6 m、2.0 m 两段式冷煤气站

### 2. 流化床气化技术

以小颗粒（0～10 mm）煤为原料，以空气、氧气和水蒸气为气化剂，气体从炉下部吹入在适当的煤粒度和气流速度下形成流化状态。煤粒在高温沸腾状态下进行气化反应，称为流化床（沸腾床）造气。典型工艺有灰熔聚流化床、德国的温克勒气化炉、恩德炉、美国的 U-Gas 气化炉。

恩德炉属于改进后的温克勒气化炉，存在飞灰量大，对环境污染及飞灰综合利用问题有待解决等环境问题，不适合做甲醇合成气。灰熔聚流化床粉煤气化技术煤气中几乎不含焦油和挥发酚，煤中硫分 90% 以 $H_2S$ 形式转化到煤气中，但第二旋风分离器排出细灰量还较大，环境污染问题有待进一步解决。

### 3. 气流床气化技术

用气化剂将粒度 100 μm 以下的煤粉带入气化炉，也可将煤粉现制成水煤浆，再用泵打入，煤粉在高于熔融温度状态下与气化剂燃烧、气化，形成了气流床，灰扎以液态排出。当然，真正的气流床气化炉煤粉或水煤浆是和气化介质一起从烧嘴中喷涌而出的，所以，气流床又可以叫做射流床。

典型工艺有德士古水煤浆加压气化技术、壳牌干煤粉加压气化技术、GSP 干煤粉加压气化技术、多原料浆加压气化技术、多喷嘴对置式水煤浆气化技术、两段式干煤粉加压气化技术。

德士古水煤浆加压气化技术可气化褐煤、烟煤、次烟煤、无烟煤、高硫煤以及低灰熔点的劣质煤、石油焦等，均能用作气化原料，煤气除尘比较简单。属于气流床加压气化技术，可气化褐煤、烟煤、无烟煤、石油焦以及高灰熔点的煤。可气化煤种为褐煤、烟煤、贫煤、无烟煤以及高灰分、高灰熔点的煤，不产生焦油、酚等。

### 四、煤炭气化工业的污染

#### （一）煤炭气化工业的废气

**1．气化工业的废气主要来源**

煤场仓库、煤堆表面粉尘颗粒的飘散和气化原料准备工艺煤破碎、煤磨、筛分现场产生的扬尘；煤气炉加煤装置泄漏的煤气及放散煤气，造成有害气态污染物的污染较为突出；其次，煤气炉开炉启动、热备鼓风、设备检修、放空以及事故处理时的放散操作都会向大气直接放散一定量的煤气；在冷却净化处理过程，循环冷却水沉淀池和凉水塔周围有害物质的蒸发、逸出到大气。有害物质酚、氰化物是泄漏蒸发废气中的主要成分。

**2．废气治理措施**

（1）控制煤气炉的加煤装置的煤气泄漏，常采用蒸汽封堵设备活动部分，局部负压排风。平时，要加强设备保养来控制有害气体的泄漏污染。

（2）煤气站循环冷却水中的有害物质蒸汽逸出，其中有害物质是酚、氰化物。控制飘逸在循环冷却水沉淀池、凉水塔周围的有害物质，主要采用降低循环水中有害物质含量，在凉水塔塔顶设置有效的捕滴层吸收有害物质。

（3）水煤气一般采用间歇生产，运行过程吹风阶段吹出的风含有大量废气和烟尘，还含有化学热和大量显热。在煤气站应设置热能回收装置（燃烧蓄热室、废热锅炉等），并采用有效的除尘器治理烟尘污染。

煤经煤气发生炉反应生产煤气，供加热炉、退火炉燃烧，根据厂家提供的经验数值，以每千克煤平均产生 $3\ m^3$ 煤气，每立方米煤气产生 $2.23\ m^3$ 烟气计。

#### （二）煤炭气化工业的废水

在煤的气化过程中，煤中含有的一些氮、硫、氯和金属，在气化时部分转化为氨、氰化物和金属化合物；一氧化碳和水蒸气反应生成少量的甲酸，甲酸和氨又反应生成甲酸氨。这些有害物质大部分溶解在气化过程的洗涤水、洗气水、蒸汽分流后的分离水和贮罐排水中，一部分在设备管道清扫过程中放空等。

**1．煤气发生站废水**

煤气发生站废水主要来自发生炉中煤气的洗涤和冷却过程，这一废水的量和组成随原料煤、操作条件和废水系统的不同而变化，在用烟煤和褐煤做原料时，废水的水质相当恶劣，含有大量的酚、焦油和氨等。煤气化污水氨质量浓度一般都在 6 000 mg/L 以上，总酚质量浓度平均 5 000 mg/L 左右，$CO_2$ 质量浓度约为 2 500 mg/L，污水呈弱酸性。

### 2．气化工艺废水

固定床、流化床和气流床三种气化工艺的废水情况见表 13-33。

表 13-33　气化工艺的废水水质　　　　　　　　　　单位：mg/L

| 污染物种类 | 污染物浓度 | | |
|---|---|---|---|
| | 固定床（鲁奇床） | 流化床（温克勒炉） | 气流床（德士古炉） |
| 焦油 | <500 | 10～20 | 无 |
| 苯酚 | 1 500～5 500 | 20 | < 10 |
| 甲酸化合物 | 无 | 无 | 100～1 200 |
| 氨 | 3 500～9 000 | 9 000 | 1 300～2 700 |
| 氰化物 | 1～40 | 5 | 10～30 |
| COD | 3 500～23 000 | 200～300 | 200～760 |

注：数据摘自令狐荣科所著《对煤气化三废的治理》（2009 年·工程科学）。

表 13-34　煤气厂含酚废水水质分析表　　　　　　　　单位：mg/L

| 污染物 | 总酚 | 挥发酚 | 石油类 | COD | 氨氮 | pH | 氰化物 | 硫化物 | 总磷 |
|---|---|---|---|---|---|---|---|---|---|
| 浓度 | 10 000～17 000 | 7 000 | 10 000 | 30 000～50 000 | 5 000 | 9 | 7 | 90 | 4 |

注：数据摘自工业废水处理网。

固定床气化炉在气化无烟煤时，主要污染物是洗涤煤气的循环水中的氰化物和硫化物。由于它们在循环水中易于挥发（有 50%～90%扩散到大气中），对环境造成较大污染。固定床气化炉在气化烟煤时，污染物的种类很多，主要的有洗涤煤气的循环水中的挥发酚类、BOD、COD、焦油、氨等，所产生的焦油也因为重质组分多、含灰、带水，很难处理利用，容易造成较大污染。

### （三）煤炭气化工业的固体废物

#### 1．煤气化废渣的来源

煤在蒸气锅炉内的燃烧和除尘产生的废渣，目前仅有 20%左右得到利用，其余大部分输送灰场处置；同样，在煤气化过程中，在高温条件下与气化剂反应，原料煤中的有机物转化成气体燃料，而煤中的矿物质形成含金属氧化物的灰渣；有些工艺中还会产生催化剂废渣。

#### 2．气化炉废渣的治理方法

（1）锅炉、气化炉产生的煤渣、灰渣、除尘粉尘，废水处理滤泥及氨氮污水处理排放的滤泥中不含有毒有害物质，均可直接送往厂外渣场堆放或加以综合利用。

（2）工艺中产生的废催化剂均由生产厂进行回收利用。

## 第五节　煤炭液化工业污染核算

煤炭的液化，即煤制油，是指以煤炭为原料制取汽油、柴油、液化石油气的技术。煤的液化分直接液化和间接液化两种。直接液化就是煤在高温高压下加氢裂解，转变成油料产品；间接液化就是先对原料煤进行气化：净化后，得到 CO 和 $H_2$ 的原料气，然后在高温、高压以及催化剂的作用下合成有关油品或化工产品。

从产品上看，煤炭液化主要产品为汽油、柴油、航空煤油、石脑油以及 LTG、乙烯等重要化工原料，副产品有硬蜡、氨、醇、酮、焦油、硫磺、煤气等。间接液化的产品可以通过选择不同的催化剂而加以调节，既可以生产油品，又可以根据市场需要加以调节，生产上百种高附加值、价格高、市场紧缺的化工产品。

## 一、煤制油的原理

煤和液体烃类在化学组成上的差别在于煤的氢、碳原子比较石油、汽油等低很多，一般石油的 H/C 约为 2.0，而煤的 H/C 随煤化程度不同而异，褐煤较高，也只有 1.1 左右，无烟煤只有 0.4 左右。

煤炭液化是把固体煤炭通过化学加工过程，使其转化成为液体燃料、化工原料和产品的先进洁净煤技术。根据加工过程的技术路线差别，煤炭液化可分为直接液化和间接液化两大类。

煤液化分为直接液化和间接液化两种工艺路线。主要产品是汽油、柴油石脑油和液化石油气。

煤炭直接液化原理是将油煤浆在一定的眼力、温度、催化剂作用条件下，经过一系列加氢反应生成液态及气态烃类，脱除煤中的硫、氮、氧等元素的深度转化过程。

煤炭间接液化是将煤炭先将气化制成合成气（CO + $H_2$），再在催化剂的作用下经过费托（F-T）合成反应，生成烃类产品和化学品的过程。

## 二、煤制油的资源消耗

煤直接液化消耗的原煤包括两部分，由煤直接液化装置所消耗的精煤和煤制氢所消耗的原煤。比例约为 6∶4。

表 13-35　以煤炭为原料替代能源路线单元规模消耗数据表

| | 直接液化制油 | 间接液化制油 | 甲醇 | 二甲醚 |
|---|---|---|---|---|
| 单元规模/（万 t/年） | 100 | 100 | 60 | 20 |
| 原料煤＋燃料煤/（万 t/年） | 350～400 | 400～450 | 95～105 | 40～50 |
| 新鲜水消耗/（m³/年） | 1 200～1 400 | 1 400～1 600 | 610～620 | 230～250 |

注：数据摘自林励吾著《化石能源优化利用——煤液化合成油的可行性》。

## 三、煤制油的工艺

### 1. 直接液化工艺——加氢液化

直接液化是在高温（400℃以上）、高压（10 MPa 以上）、催化剂和溶剂作用下，使煤的分子进行裂解加氢，直接转化成液体燃料，再进一步加工精制成汽油、柴油等燃料油，又称加氢液化。加催化剂、加压至 20～30 MPa，生成各种液化油，其反应条件不同，就得到不同种类的油。直接液化是把煤直接转化成液体产品。其工艺主要有 Exxon 供氢溶剂法（EDS）、氢-煤法等。

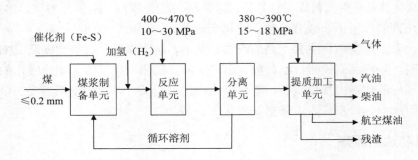

图 13-20　煤炭直接液化工艺流程

典型的煤直接加氢液化工艺包括氢气制备、油煤浆制备、加氢液化反应、油品加工 4 个步骤。氢气制备是加氢液化的重要环节，可采用煤气化或天然气转化获得。煤液化制备是将煤、催化剂和循环油制成的油煤浆，与制得的 $H_2$ 混合送入反应器。在液化反应器内，煤先产生热解反应，再与氢在催化剂存在条件下结合，形成分子量比煤低得多的初级加氢产物。反应器生成的产物构成复杂，包括气、液、固三相。气相的主要成分是 $H_2$，分离后循环返回反应器重新使用；固相为未反应的煤、矿物质及催化剂；液相则为轻油（粗汽油）、中油等馏分油及重油。液相馏分油经提质加工（如加氢精制、加氢裂化和重整）得到合格的汽油、柴油和航空煤油等产品。重质的液固淤浆经进一步分离得到循环重油和残渣。

加氢液化的特点是：液化油收率高，例如采用 HTI 工艺，我国神华煤的油收率可高达 63%～68%；煤消耗量小，如我国西部某直接液化项目，生产 1 t 液化油，需消耗原料洗精煤 2.4 t 左右（包括 23.3% 气化制氢用原料煤，也不计燃料煤）；馏分油以汽、柴油为主。

图 13-21　煤液化装置

### 2．间接液化工艺

煤间接液化是先将煤先行气化，制成合成气（CO + $H_2$），温度为 270～350℃；然后在 2.5～3.0 MPa 压力和催化剂的作用下，加压合成汽油。间接液化已在许多国家实现了工业生产，主要分两种生产工艺，一是费托（Fischer-Tropsch）工艺，将原料气直接合成油；二是摩比尔（Mobil）工艺，由原料气合成甲醇，再由甲醇转化成汽油的。

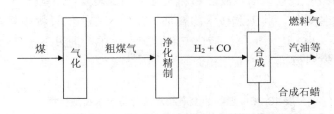

图 13-22　煤间接液化工艺流程

　　典型间接液化工艺包括：（1）煤的气化及净化、变换和脱碳；（2）合成气的转变；（3）油品加工等 3 个纯"串联"步骤。气化装置产出的粗煤气经除尘、冷却得到净煤气，净煤气经 CO 宽温耐硫变换和酸性气体（$H_2S$ 和 $CO_2$ 等）去除，得到成分合格的合成气。合成气进入合成反应器，在一定温度、压力及催化剂作用下，$H_2$ 和 CO 转化为直链烃类、水以及少量的含氧有机化合物。生成物经三相分离，水相去提取醇、酮、醛等化学品；油相采用常规石油炼制手段（如常、减压蒸馏），根据需要分馏出不同石油产品馏分，经进一步加工（如加氢精制、临氢降凝、催化重整、加氢裂化等工艺）得到合格的油品或中间产品；气相经冷冻分离及烯烃转化处理得到 LPG、聚合级丙烯、聚合级乙烯及中热值燃料气。

图 13-23　煤液化装置图

　　煤间接液化可分为高温合成与低温合成两类工艺。高温合成得到的主要产品有石脑油、丙烯、$\alpha$-烯烃和 C14～C18 烷烃等，这些产品可以用作生产石化替代产品的原料，如石脑油馏分制取乙烯、$\alpha$-烯烃制取高级洗涤剂等，也可以加工成汽油、柴油等优质发动机燃料。低温合成的主要产品是柴油、航空煤油、蜡和 LPG 等。

## 四、煤制油产生的污染

### 1. 煤制油的污水

　　煤制油生产工艺用水量非常大，直接液化制油耗水量为 12～14 $m^3/t$ 油，间接液化制油耗水量更达到 14～16 $m^3/t$ 油，某省一家年产 20 多万吨甲醇的煤化工企业，在投产半年后，精馏工段出现醇油含量高、废水量大的问题，原先在项目投产前按照环评要求设计的水处理工艺已经不能有效处理。

煤直接液化的核心装置包括煤液化和加氢稳定联合装置、加氢改质装置及轻烃回收装置，除了轻烃回收装置外，其工艺技术均属加氢反应。在加氢过程中将煤中的 S、N、O 转化为 $H_2S$、$NH_3$、$H_2O$ 进入干气、液化气和含硫污水中，通过下游环保设施进行净化处理，去除污染物，这与炼油生产工艺相似。

表 13-36　煤制油生产新水消耗与污水排放数据　　单位：$m^3/t$

| 指标 | 原料新水消耗 | 产品新水消耗 |
|---|---|---|
| 数据 | 3.22 | 10.1 |

### 2. 煤制油的废气

煤间接液化工艺过程产生的废气主要是油品加工单元加热炉产生的烟气、$SO_2$、$NO_x$、烃类等。

表 13-37　煤制油气体废物排放　　单位：kg/t

| 指标 | 原料烟尘排放量 | 原料烃类排放量 | 原料 $SO_2$ 排放量 | 原料 $NO_x$ 排放量 |
|---|---|---|---|---|
| 数据 | 0.1～0.3 | 0.12～0.8 | 0.1～0.58 | 0.4～2.4 |

注：摘自神华煤制油有限公司，雷少成编《煤制油产业环境影响分析》（《神华科技》2009.6）。

### 3. 煤制油的固体废物

煤直接液化产生的固体废物是废油渣，其主要成分为转化的煤、灰分、有机铁基催化剂，含油量约为 50%，硫含量占 3.45%（重量），可以作为锅炉的燃料加以利用。

炼油过程会产生石油焦，其中含有较高的重金属和硫（5%～6%以上），石油焦产品在生产、使用和加工过程会产生环境污染。

煤炭的直接液化和间接液化生产工艺与石油炼制产生的固体废物相似，都会产生非催化剂、废填料、污水处理的"三泥"、废罐底泥、燃煤锅炉的灰渣等固体废物，其处理处置方法基本相似。不同的是煤液化生产过程会产生大量煤制氢气过程的灰渣和煤粉制备过程产生的废渣，因此类废渣没有毒害，属于一般工业固体废物，采用合理填埋处置即可。

煤间接液化工艺产生的固体废物主要是废保护剂、废催化剂、废吸附剂等。

表 13-38　煤制油固体废物排放　　单位：kg/t

| 指标 | 原料固废产生量 | 产品固废产生量 | 原料危废产生量 | 产品危废产生量 |
|---|---|---|---|---|
| 数据 | 234 | 733 | 0.44 | 1.37 |

### 思考与练习：

1. 简述我国炼油、炼焦工业的原料结构和产业布局。
2. 到企业调研或在网上查找最新的炼油、炼焦行业的生产工艺和产生的污染物。

3．到企业调研或在网上查找最新的煤制油和煤制气的主要设备和工艺流程和排污节点。

4．分析炼油和炼焦的无组织排放源及排放量。

5．分析炼油、炼焦生产过程二氧化硫和氮氧化物排放较高的原因及最佳可行技术。

6．分析炼油、炼焦产生的危险固废的种类和环境风险。

# 参考文献

[1]  王玉彬. 大气环境工程师实用手册[M]. 北京：中国环境科学出版社，2003.

[2]  李芳芹. 煤的燃烧与气化手册[M]. 北京：化学工业出版社，1997.

[3]  沈英林，肖丹凤. 锅炉运行与维护技术问答[M]. 北京：化学工业出版社，2009.

[4]  朱法华，等. 火电行业主要污染物产排污系数[M]. 北京：中国环境科学出版社，2009.

[5]  李青，潘焰平，宋淑娜. 火力发电厂节能减排手册[M]. 北京：中国电力出版社，2010.

[6]  余洁. 中国燃煤工业锅炉现状. 洁净煤技术，2012（3）.

[7]  唐平，曹先艳，赵由才. 冶金过程废气污染控制与资源化[M]. 北京：冶金工业出版社，2008.

[8]  王社斌，许并社. 钢铁生产节能减排技术[M]. 北京：化学工业出版社，2009.

[9]  郝素菊. 高炉炼铁 500 问[M]. 北京：化学工业出版社，2008.

[10]  许传才. 铁合金冶炼工艺学[M]. 北京：冶金工业出版社，2008.

[11]  刘卫，王宏启. 铁合金生产工艺与设备[M]. 北京：冶金工业出版社，2009.

[12]  王少文，等. 冶金工业节能和减排技术指南. 北京：化学工业出版社，2009.

[13]  徐宁. 水泥工业环保工程手册[M]. 北京：中国建材工业出版社，2008.

[14]  李坚利，周惠群. 水泥生产工艺[M]. 湖北：武汉理工大学出版社，2008.

[15]  袁文献，陈章水，曹伟. 水泥生产工艺和规模与单位产品废气排放量的关系探讨[J]. 水泥，2005（4）：57-60.

[16]  王永红，薛志钢，柴发合，等. 我国水泥工业大气污染物排放量估算[J]. 环境科学研究，2008（2）：207-212.

[17]  苏达根，许红金. 水泥窑废气污染防治的几个问题[J]. 水泥技术，2009（5）：94-95.

[18]  李得科，田涛，刘小云. 我国建筑卫生陶瓷行业资源消耗状况与节能减排的对策[J]. 陶瓷，2009（96）：56-61.

[19]  张平. 玻璃工业企业对于大气环境及水环境的污染及防治[J]. 建材世界，2009（2）：58-61.

[20]  彭寿. 平板玻璃行业脱硫现状与建议[J]. 建材世界，2010（6）：1-3.

[21]  陈国山. 现代矿山生产与安全管理[M]. 北京：冶金工业出版社，2011.

[22]  煤矿开采方法. 北京：煤炭工业出版社，2012.

[23]  娄花芬. 铜及铜合金熔炼与铸造[M]. 长沙：中南大学出版社，2010.

[24]  杨学富. 制浆造纸工业废水处理[M]. 北京：化学工业出版社，2006.

[25]  高玉杰. 废纸再生实用技术[M]. 北京：化学工业出版社，2003.

[26]  何北海. 造纸工业清洁生产原理与技术[M]. 北京：中国轻工业出版社，2007.

[27]  刘秉钺. 制浆造纸污染控制[M]. 北京：中国轻工业出版社，2009.

[28]  纪培红，鞠成民. 造纸工艺与技术[M]. 北京：化学工业出版社，2009.

[29]  韩金梅. 制浆工艺与技术[M]. 北京：化学工业出版社，2005.

[30] 张运展. 现代废纸制浆技术问答[M]. 北京：化学工业出版社，2009.

[31] 万金泉，马邕文. 废纸造纸及其污染控制[M]. 北京：中国轻工业出版社，2005.

[32] 中国造纸学会. 中国造纸年鉴 2009[M]. 北京：中国轻工业出版社，2009.

[33] 程信君，吕竹明，孙晓峰. 轻工重点行业清洁生产及污染控制技术[M]. 北京：化学工业出版社，2010.

[34] 万端极，等. 轻工清洁生产[M]. 北京：中国环境科学出版社，2006.

[35] 汪苹，宋云. 造纸工业节能减排技术指南[M]. 北京：化学工业出版社，2010.

[36] 武书彬. 造纸工业水污染控制与治理技术[M]. 北京：化学工业出版社，2001.

[37] 陈一飞. 纺织印染加工工艺[M]. 北京. 化学工业出版社. 2008.

[38] 李闻欣. 皮革加工技术丛书——制革污染治理及废弃物资源化利用[M]. 北京：化学工业出版社，2005.

[39] 吴浩汀. 制革工业废水处理技术及工程实例（二版）[M]. 北京：化学工业出版社，2010.

[40] 徐庭栋. 猪皮制革的现状与前景[J]. 中国皮革，2007（13）.

[41] 吴楠，徐晓颖，陶小平，等. 复鞣加脂对皮革中六价铬含量的影响[J]. 皮革科学与工程，2012（04）.

[42] 许晓红，刘建国，周建飞，等. 铬鞣废液的有效循环利用[J]. 西部皮革，2010（11）.

[43] 徐士强. 揭开制革污染的红盖头[J]. 中国皮革，2003（24）.

[44] 程殿林，曲辉. 啤酒生产技术[M]. 北京：化学工业出版社，2010.

[45] 肖冬光，赵树欣，陈叶福，等. 白酒生产技术：2 版[M]. 北京：化学工业出版社，2011.

[46] 于信令. 味精工业手册[M]. 北京：中国轻工业出版社，2009.

[47] 王少纯. 金属工艺学[M]. 北京：清华大学出版社，2011.

[48] 夏立芳. 金属热处理工艺学[M]. 哈尔滨：哈尔滨工业大学出版社，2008.

[49] 黄菲，张万灵，涂元强. 钢铁发蓝工艺研究. 武汉工程职业技术学院学报，2010（2）：14-17.

[50] 颜鑫. 无机化工生产技术与操作[M]. 北京：化学工业出版社，2011.

[51] 陈五平. 无机化工工艺学：3 版[M]. 北京：化学工业出版社，2001.

[52] 陈群. 化工生产技术[M]. 北京：化学工业出版社，2009.

[53] 汪达翚，徐新华，杨岳平. 化工环境工程概论[M]. 北京：化学工业出版社，2002.

[54] 方天翰，等. 化工环境保护设计手册[M]. 北京：化学工业出版社，1998.

[55] 潘长华. 实用小化工生产大全（第一卷）[M]. 北京：化学工业出版社，1997.

[56] 潘长华. 实用小化工生产大全（第二卷）[M]. 北京：化学工业出版社，1997.

[57] 中国石油和石化工程研究会，炼油化工企业污染与防治[M]. 中国石化出版社，2009.

[58] 朱和. 中国炼油工业现状、展望与思考[J]. 国际石油经济，2012（05）.

[59] 李雪静. 世界炼油工业发展新趋势[J]. 中国石化，2012（05）.

[60] 曹湘洪. 坚持绿色低碳方针改造与提升我国炼油产业[J]. 当代石油石化，2012（06）.

[61] 谢克昌. 煤的热解，炼焦和煤焦油加工[M]. 北京：化学工业出版社，2010.

[62] 何秋生，范晓周，王新明，等. 煤焦化过程中颗粒物和二氧化硫的释放[J]. 地球与环境，2007（03）.

[63] 徐广成. 炼焦产业结构调整分析[J]. 山东冶金，2007（02）.

# 后 记

　　本次编写的《工业污染核算》第二版教材是在《工业污染核算》（2007 年版）的基础上，鉴于近年来我国工业化发展的进程和节能减排工作促使工业企业在环境保护工作方面的持续改进，结合第一次全国污染源普查工作的成果，考虑到我国工业企业的主要生产工艺、原材料消耗、污染物来源的变化，修编本教材。

　　考虑目前专科层次的教学以实践教学为主，学生的计算能力相对较弱，本教材适当减少了对污染物产生的定量化描述。在每章的思考题环节增加了通过网络查询的方式对资料进行收集、整理和分析，以补充实践教学的不足。

　　教材编写过程中，得到了环境保护部污染物排放总量控制司、环境监察局、中国环境监测总站等业务部门和很多地方环保部门的鼎力支持。

　　本教材涉及几十个行业的生产工艺、原材料消耗、污染来源等方面的问题，所引用的数据难免会出现差错，欢迎大家批评指正。并请将本教材使用过程中的建议和好的工作经验、实例及时反馈给我们，以便在下次修订时能够及时补充新的内容。

　　联系人：

　　中国环境管理干部学院　　毛应淮教授

　　电话：13081872132，E-mail：maoyinghuai@163.com。

# 教师反馈卡

尊敬的老师：您好！ 进一步加强我们与老师之间的联系与沟通，请您协助填妥下表，
　　谢谢您购买本书出版信息，您还有机会获得我们免费寄送的样书及相关的教辅材
以便定期向您寄诺的教学工作以及论著或译著的出版提供尽可能的帮助。欢迎您对我
料；同时我们宝贵意见，非常感谢您的大力支持与帮助。
们的产品和

| | 年龄： | 职务： | 职称： |
| | 学院： | 学校： | |

姓名： _____ 邮编： _____

系别 _____（家）_____ E-mail _____

_____ 毕业学校： _____

讲学经历： _____

| 教授课程 | 学生水平 | 学生人数/年 | 开课时间 |
| --- | --- | --- | --- |
| | | | |
| | | | |

3. _____

您的研究领域： _____

您现在授课使用的教材名称： _____

您使用的教材的出版社： _____

您是否已经采用本书作为教材：□是；□没有。

采用人数： _____

您使用的教材的购买渠道：□教材科；□出版社；□书店；□其他。

您需要以下教辅：□教师手册；□学生手册；□PPT；□习题集；□其他_____
　　　　　　　（我们将为选择本教材的老师提供现有教辅产品）

您对本书的意见： _____

您是否有翻译意向：□有；□没有。

您的翻译方向： _____

您是否计划或正在编著专著：□是；□没有。

您编著的专著的方向： _____

您还希望获得的服务： _____

**填妥后请选择以下任何一种方式将此表返回（如方便请赐名片）：**

地址：北京市东城区广渠门内大街 16 号环境大厦　中国环境出版社教材图书出版中心

邮编：100062

电话（传真）：（010）67113412

E-mail：shenjian1960@126.com

网址：http://www.cesp.com.cn